The Last of The Kampfgruppe IV

ラスト・オブ・カンプフグルッペ IV

高橋慶史
Takahashi Yoshifumi

大日本絵画
Dainippon Kaiga

はじめに

『ラスト・オブ・カンプグルッペ』は、私の個人的趣味や興味を持った、主に第二次大戦時のヨーロッパ戦線における枢軸軍、時として連合国軍のあまり知られていない小規模な部隊や戦闘団（Kampfgruppe）の戦史を、コンパクトにまとめて世に紹介するということで始まったものです。

正巻、続巻は主に大戦末期の題材が多く、近刊のⅢ巻については1941年から1945年までの東部および西部戦線、南東戦線まで幅広い部隊と戦闘を題材としています。

本書Ⅳ巻の構成は、まず第1章と第2章で高名な戦史について取り上げていますが、徹底してドイツ軍側からの眼で書いてある点が特徴的です。多分、読者にとっては新鮮なアンツィオ・アニーやディエップ上陸作戦であるに違いありません。

そして、第3章から第5章では、50日間しか存在しなかった戦車師団、コサック部隊そして空軍地上師団とマイナー部隊の戦史が続き、第6章は第Ⅲ巻でご紹介したスロヴァキア快速師団の続編として、あまり語られることがなかったスロヴァキア蜂起について取り上げています。

第7章と第8章は、〝ラスカン魂〟炸裂ということで（笑）、戦争末期のプラハ蜂起、最後の戦車師団〝クラウゼヴィッツ〟を題材とし、最終章は『艦コレ』や武蔵発見で意気上がる日本帝国海軍に対抗して、ドイツ海軍が誇る？　知られざる高射砲艦（Flak Kreuzer）で締めくくるという構成になっています。

料理で言うと、前菜、魚料理、スープ、肉料理、そしてデザートを付け合わせた豪華なフルコースといったところでしょうか。

もちろん、「戦史愛好家、プラモデラーやシミュレーションゲーマー、軍装ファンなどの良質な参考文献となる」という最初のコンセプトは変わらぬままであります。昨今は誰でもネットを通じて専門的な情報を無料かつ迅速に調べることが容易となりましたが、それでもなお、本書のクオリティが皆さんの本棚に置いて頂けるレベルであると信じて止みません。

筆者はもうすぐ60歳を迎えます。体力、知力、根性の続く限り、『ラスト・オブ・カンプフグルッペ』の世界を皆さんにお届けしたいと思っておりますので、今後ともご声援をよろしくお願いいたします。

２０１５年6月6日　高橋　慶史

The Last of The Kampfgruppe IV

目次
CONTENTS

The Last of The Kampfgruppe Ⅳ
第Ⅰ部 part Ⅰ

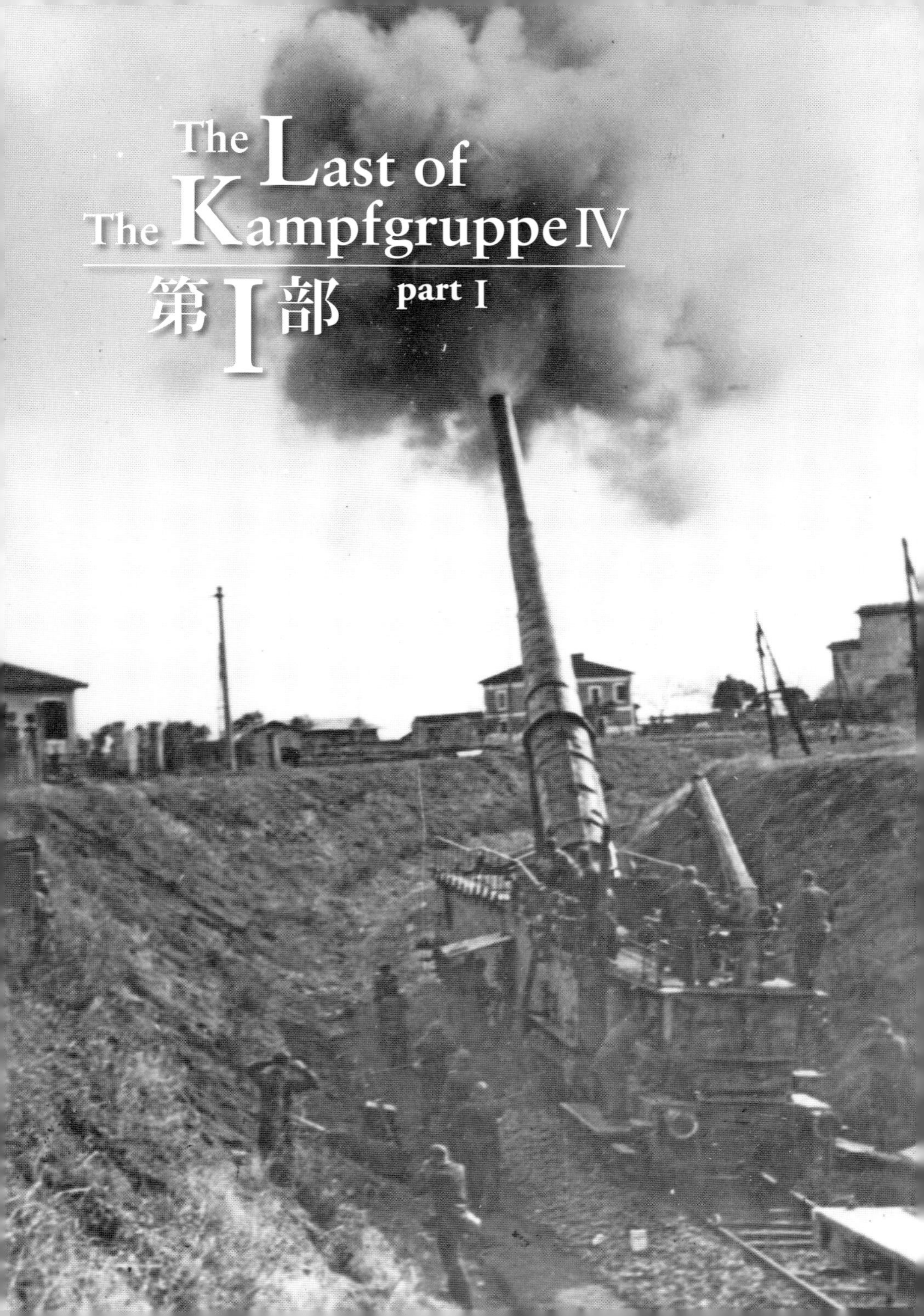

第Ⅰ部

第1章
午後4時の恐怖
――アンツィオ・アニー――

筆者はもう少しで還暦を迎えることになり、体力・知力とも衰えを感じるこの頃です。それにしても元気なのは我が母親。大正15年生まれで、今年で90歳です。

筆者の母親は元教師で、子供と犬は叩いて教育するというのを基本とし、体罰至上主義者。いたずらをすると「布団叩き」で手足を叩かれ、そのあまりの痛さに泣き叫ぶ毎日でした。中学生ぐらいになると、自分より大きくなった息子を叩くことには躊躇を覚えたのか、布団叩きの刑は少なくなりましたが、その代わりに登場したのが「焼き討ち」という荒技です。

高校に入る頃には、筆者はプラモデル三昧の毎日で進級も危うい状況。あれは確か期末試験の1週間前のことですが、学校から帰ってくると押し入れに保管してあったプラモデルがごっそりなくなっています。

「あれ、母さん、ここにあったプラモデルは？」

「ああ、あれなら庭にありますよ」

「……（嫌な予感）」

果たして、庭へ出てみると、……そこには変わり果てたプラモデルの残骸が、真っ黒な炭になって燻っています。黒こげになったハセガワの1/72列車砲レオポルト、すなわちアンツィオ・アニーの箱絵がなぜか印象的でした。私はがっくりして、おもわず膝をついてしまいました。なんという子供の人権侵害、蹂躙！ 作ってもらえずに焼かれたキット達が哀れで、思わず涙がこぼれました。

さて、このようなトラウマを持つ筆者は、長ずるにつれてアンツィオ・アニーにちなんだ場所を訪れたいという欲求にかられました。

まず、ドイツ留学時代の1981年5月にアンツィオ海岸を午後4時に訪れ、夕焼けを眺めてきました。さらに2001年2月には、念願のアバディーンにある兵器博物館に行くことができ、屋外展示してある彼女に初めて出会うことができました。それは筆者が今までに見た最も大きな陸上兵器であり、おそらく、もう死ぬまでそれが変わることはないでしょう。

そして2009年5月、遂に筆者はアンツィオ・アニーが砲撃拠点としたアルバノ高地へ行き、伝説となったトンネルの真上に立つことができました。「焼き討ち」から、既に40年余の歳月が流れていましたが、こうして筆者の焼かれたプラモデルキットたちの鎮魂、聖地への巡礼は終了したのでした。

先日、実家に帰った際、息子どもがゲームばかりして勉強しないので、昔にならってプレステを「焼き討ち」しようかと思っていると母親に言ったところ、こういう答えが返ってきました。

「男の子は小さなことにはこだわらず、おおらかに育てないとダメですよ。それに子供にもちゃんと人権があるんですからね。だいたい、子供の物を焼くなんて、私がそんな野蛮なことをするはずがないじゃありませんか。お前も歳をとってボケてきたのかねえ、ほーっほっほっほっほ」

「……（自分に都合が悪いことは全部忘れる新型アルツハイマーかよ!?）」

Photo1-1：フランスのパ・ド・カレーにあるオーダンゲーヌにある大西洋防壁博物館の野外展示場に現存する28㎝ K-5（E）列車砲。海岸近くなので、かなり錆が出て劣化が進んでいたが、近年になって再塗装されて修復が進められている。シュランケ・ベルダ（ほっそりベルダ）の渾名通りのスマートな姿とマッシブな重量感は現在も変わってない。

1　28㎝K-5E列車砲

１９３４年にクルップ社で設計が開始された28㎝K-5（E）列車砲は、極めてオーソドックスな列車砲で、１９２０年代末から'30年代にかけて営々と築き上げてきた基礎研究の上に花開いた列車砲の傑作であった。その技術は１９１８年に１２０㎞以上の遠距離から３０３発の巨弾を撃ち込んで、パリを恐怖のどん底に叩き込んだ〝パリ砲〟を基本としていた。開発に際しては、基礎技術が完成していたため、２年後には試作砲を製造してメッペン演習場で射撃試験が行なわれ、１９３７年には早くも第1号が完成するというスピードぶりであった。

28㎝K-5（E）は、28cm Kanonen-50km-Eisenbahnlafatte、すなわち「射程50㎞の口径28㎝カノン砲を搭載した列車砲架」という意味で、実際の射程は35式特殊榴弾を使用すると最大59㎞にまで達した。また、外見は非常に洗練されており、無骨なトラス（強度を保つための桁）補強構造が多い列車砲にあって、全溶接のボックスガータータイプが採用された。このため、シュランケ・ベルダ（ほっそりベルダ）の異名を持つ。

28㎝K-5（E）は以下に挙げるいくつかのタイプがあるが、いずれも砲腔内のライフル施条の相違のため、外観は全く同じである（＊1）。

◎１９４０年までに完成された8門：10㎜深溝腔綫型——

K-5（E）10㎜ Tiefzug
◎1943年までに完成された9門：7㎜深溝腔綫型——K-5（E）7㎜ Tiefzug——初期型の1門が腔内爆発を起こしたため、腔綫の溝を3㎜浅くする対策を施した中期型
◎1943年以降完成された6門：多溝腔綫型——K-5（E）Vielzug——軟鉄弾帯を有する42式榴弾用に腔綫の溝数を多くした後期型。射程は62・18kmに延伸

なお、K-5（E）の派生型としては28㎝砲身の腔綫を削って口径を31㎝とした滑腔砲——31㎝K-5（E）Glatt——があり、ペーネミュンデ研究所で開発された特殊矢型弾を用いると、射程は151kmにも達した。この特殊矢型弾は長さ1・8m、直径120㎜で、4枚の尾翼を持ち、空気抵抗は普通の弾丸の35％しか受けず、毎秒1500mという高初速度が得られた。7門が計画されてそのうち2門が完成し、1945年1月のアルデンヌ戦においてモンシャウを砲撃したといわれているが定かではない（＊2）。

2　英仏海峡の砲撃戦

最初に28㎝K-5（E）を装備した部隊は、第710および第712列車砲兵中隊であり、1939年からリューゲンヴァルデ演習場で教育訓練が重ねられた。ポーランド戦役ではこれらの部隊は実戦に間に合わなかったが、1940年に入ると第725／2列車砲兵中隊を含めた3個中隊が出撃準備状態となった。

1940年5月10日、第710列車砲兵中隊はメッツの東方55kmの地点から初の砲撃を開始、20発の巨弾を発射してメッツ鉄道駅周辺へ6発から8発が命中した。これらの3個列車砲兵中隊はドイツ軍の進撃とともに移動し、その後、アルロン（ベルギー）、ヴァランシエンヌ（フランス）で射撃を行なった後にパ・ド・カレーへと達した。なお、28㎝K-5（E）には〝ロキ〟、〝ツィウ〟、〝トール〟、〝ドーラ〟などのニックネームが1門ずつ付けられていたが、残念ながら確証が得られているのはごく僅かである。

◎1940年パ・ド・カレー方面の列車砲部隊
・第710列車砲兵中隊（名称不明の2門）
・第712列車砲兵中隊（〝ロベルト〟、1門は名称不明）
・第725／2列車砲兵中隊（〝レオポルト〟、〝マルガレート〟の2門）

ここで各中隊は、英仏海峡を越えてケント州を砲撃するため、3ヶ月に渡って準備作業を進めた。第712列車砲兵中隊は、ブーローニュの北方7kmにある丘の中腹をくり貫いた人口洞窟を構築し、そこまで新たな鉄道を敷設した。

1940年8月12日午前10時を期して、3個列車砲兵中隊の列車砲6門が、合計36発の歴史的な砲撃をイギリス本土へ

Photo1-2：21㎝K-12（E）列車砲は2門が製作されたが、実戦配備されたのは油圧制御装置を備えた21㎝ K12N（E）列車砲1門のみである。最大射程120㎞と喧伝されたが、実射程は本文中にあるとおり90㎞程度であったらしい。
(BA 101II-MW-0996A-32 ／ Dietrich)

加えた。そのうちの1発は、10時34分にディールにあるイギリス海軍のバラックを直撃した。こうしてその後、49ヶ月に渡って英仏海峡を越えた砲撃が続くことになるのである。

１９４０年11月になると、21㎝K-12（E）を１門装備した第７０１列車砲兵中隊が参戦し、ドイツ軍列車砲部隊は１９４０年９月から１９４１年中頃までに72発を発射した。これらの着弾箇所はディール、イーストボーンなどの沿岸のほか、フランス本土から88㎞の地点、すなわち英国ケント州レインハムへの弾着が確認されている。その後、さらに第７６５列車砲兵中隊などが加わって戦力は大きく拡充したが、１９４１年６月にバルバロッサ作戦が発起されると活動は低調となり、戦意高揚のための定期砲撃や新型遠距離砲弾のテストが主な任務となった。

そして、80㎝列車砲〝グスタフ〟を含む列車砲兵部隊の主力は東部戦線へ出撃し、パ・ド・カレーに展開された列車砲群は次第に忘れられた存在となっていったのである……（＊３）。

3 アンツィオ橋頭堡

１９４３年９月８日のサレルノ上陸後、連合軍はナポリを陥落させ、破竹の勢いで北進を続けていたが、10月中旬になって河と峡谷を利用したアペニン山脈を縦断する強力なドイツ軍防衛線（グスタフライン）に突き当った。

連合軍は東側がイギリス第８軍、西側がアメリカ第５軍を配置して並進したが、ドイツ軍の遅滞戦闘によりその進撃速度は鈍り、特に10個師団という大軍を擁するアメリカ第5軍は、モンテ・カッシーノ付近で立ち往生してしまい、1943年末になってもラピド河手前のカッシーノ盆地に釘付けになっていた。

このため、連合軍最高司令部は、カッシーノ戦線の背後に奇襲上陸して強固な橋頭堡を構築し、これにより一気にローマまで進撃する作戦を立案した。

1944年1月21日、上陸作戦〝シングル（屋根板）〟が発動され、兵士4万名と軍需物資を甲板に満載した243隻の上陸用舟艇がナポリ湾を出航し、巡洋艦10隻と駆逐艦20隻がこれを援護した。1月22日1時50分に、この大部隊はローマの南60㎞の漁村アンツィオ前面に達し、6時間後にアンツィオ全体は侵攻部隊の占領するところとなった。

ドイツ軍の反撃は、7時15分頃に第29機甲偵察大隊／第1中隊が、敵のパトロール部隊と最初の戦闘を行なったのを皮切りに、8時過ぎにゲンザノに駐留していた1個17㎝野砲中隊、そしてメッサーシュミットBf109戦闘機6機が上陸用舟艇へ攻撃を加えた。だが、所詮は蟷螂の斧であり、奇襲上陸は完全に成功した。そして翌日の夜までに、橋頭堡には兵士3万6000名と車両3250両が陸揚げされ、上陸部隊のアメリカ第6軍団は、この時点でグスタフラインに位置するドイツ軍部隊の補給路を分断し、ローマへ直接進撃することも可能であった。

しかしながら、第6軍団は新しい部隊を陸揚げして橋頭堡を堅固に防御することに没頭し、この千載一遇のチャンスを何も活かさなかった。一方、C軍集団司令官ケッセルリング元帥は、この敵の失策がもたらした貴重な時間を利用し、1月24日までに後方部隊から4000名の部隊を橋頭堡付近にかき集め、極めて弱体ではあるが連続した防御線をなんとか構築することに成功した。そして、ここに4ヶ月に渡る橋頭堡の戦闘が繰り広げられるのである（＊4）。

4 イタリアへ！

当年28歳になるヘルマン・ボルカース大尉は、実戦経験はなかったが列車砲指揮官の経験は長く、フランスのシェルブール要塞で占領任務に就き、その後、第712列車砲兵中隊長を拝命した。そして1943年9月中旬、同中隊は第725／2、第765列車砲兵中隊と共に、突如として平和なパ・ド・カレーからイタリア戦線への移動を下命された。この措置は、ケッセルリング元帥が9月16日に陸軍最高司令部に対し、サレルノ戦線からの撤退を援護するため、強力な砲兵部隊の派遣を要請したことに端を発したものであった。

大重量の列車砲6門のアルプス越えについては何も記録が残されていないが、大変な苦難であったであろうことは想像

Photo1-3：1944年1月22日から24日にかけて撮影されたアンツィオ上陸作戦時の写真。戦車揚陸艇LST“360”号と“379”号はすでに車両などを揚陸済みのようである。それにしても、排水量1,625t（排水量だけでいうと日本海軍の吹雪型駆逐艦に相当）もあるこの種の艦艇を、わずか3年で1,052隻も建造する工業力には感嘆させられる。（IWM NA012136）

に難くない。いずれにせよ、この3個列車砲兵中隊は、1943年9月末にはブレンナー峠を抜けてイタリア国内へと運搬された。しかしながら、何分にも敵の空襲によりイタリア全土の鉄道網は各所で分断されており、とりあえず、第712列車砲兵中隊はジェノヴァから22km北西のトンネル内、第725／2列車砲兵中隊はラ・スペチアから32km離れた山岳の寒村ポントレモリ、第765列車砲兵中隊はルッカ方面に駐屯して待機することとなった。

意外にも、イタリア戦線に実戦投入された最初の列車砲兵部隊は、28cmK-5（E）を装備した上記3つの中隊ではなく、列車砲兵中隊〝エアハルト〟と呼称されていた第557列車砲兵中隊であった。この中隊はエアハルト大尉指揮の下で、イタリア砲兵部隊の集積所にあったフランス製鹵獲24cm列車砲K（E）558（f）2門を整備して編成されたものであり、撃針が欠損していて長い間待機状態が続いていたが、発注した代替品がようやく到着し、ローマ南方へ進出して1944年1月26日からアンツィオ橋頭堡に向けて砲撃を開始した（＊5）。

このフランス製鹵獲24cm列車砲は最大射程が22・7kmと短い上に、ターンテーブル方式で射撃準備に時間がかかるという欠点を有していたが、その大口径榴弾の威力は充分であった。そこでエアハルト大尉は、敵制空権下を考慮して、悪天候に紛れての徹底したヒットエンドラン戦法を用いてゲリラ的な砲撃を多用した。彼らは、アメリカ軍戦線から約10kmしか離れていないアルバノ高地南端のラヌーヴィオ～ヴェッレ

Photo1-4：フランス沿岸に展開するフランス製鹵獲24cm列車砲K（E）558（f）。8門が鹵獲されてドイツ軍によって使用された。41.7口径24cmカノン砲の最大射程が22.7kmと、28cmK-5（E）の半分以下であり、ターンテーブル方式のため射撃速度も遅く、運用には難があった。

1944年2月～5月　チャンピーノ付近　列車砲展開図

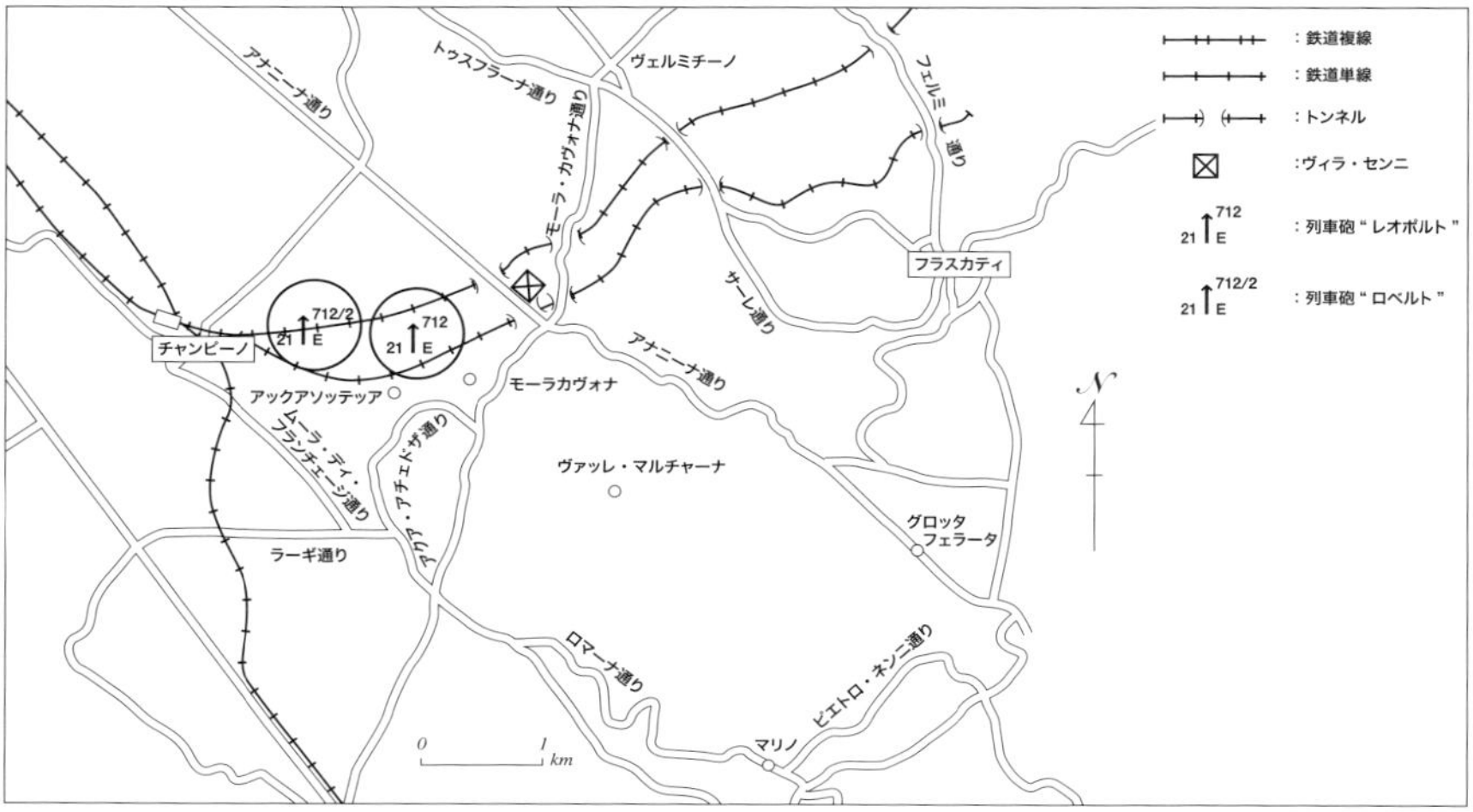

トリ間の鉄道線路に陣取り、５、６発撃ってはスピットファイアが来る前に遁走して近くのトンネルに身を隠し、翌日は別な地点に出現するということを繰り返した。

この90ｔもある列車砲２門が、２月に入っても全く敵の攻撃を受けず、損害は皆無であったのは奇跡と言えよう。

この時期、北部イタリアでは悪天候が長く続き、これを利用してドイツ軍鉄道工兵部隊は大車輪の活躍で各地の線路や架橋の修理作業を行ない、短期間のうちにローマ以北の鉄道網を回復することができた。しかしながら、各所には重量制限区域があり、６門の列車砲を一挙に南イタリア方面へ移動させるのは不可能であった。このため、第７１２列車砲兵中隊と第７２５／２列車砲兵中隊から１門ずつ抽出し、一部を分解・輸送・再組み立てを行なってローマ以南へと投入することが決定された。

１９４４年１月29日、第７１２列車砲兵中隊の〝レオポルト〟と第７２５／２列車砲兵中隊の〝ロベルト〟は、ローマ南方へ移動するよう命令を受け、２月３日（２日という説あり）には、ローマ市外から南方約10㎞、アンツィオから北方約40㎞にあるアルバノ高地北端に位置するチャンピーノへ到着した。彼らの利用する鉄道線路はチャンピーノ～フラスカティを結ぶ単線であり、線路の大部分は深い切り通しであることから上空からは発見されにくく、しかもチャンピーノから３㎞離れた地点にはトンネルがあり、その上には、荘園主の邸宅であったヴィラ・センニ（Villa Senni）が建っていて絶好の隠れ蓑となっていた。

この混成中隊は、第712列車砲兵中隊長のボルカース大尉が指揮を執ることとなったが、敵の制空権下での作戦行動には細心の注意が必要であった。このため、大尉は〝ロベルト〟の砲撃地点をチャンピーノ駅から300m南東の線路分岐地点、さらに〝レオポルト〟はその先の駅とトンネルの中間点にあるカーブ地点で射撃を実施し、砲撃後は速やかに2門ともトンネル内へ退避するという運用を行なうこととした。

幸いなことにアルバノ高地全体の対空戦力は増強に増強を重ねており、この時点で88mm高射砲65門、37mm高射砲36門、20mm高射砲181門という強力な高射砲部隊が展開していた。従って、敵の偵察機が低空・低速で周辺を旋回飛行することは難しく、発見される確率も低かった（＊6）。

また、両列車砲はフランスではダークグレイ一色であったと思われるが、イタリア戦線投入にあたって念入りに迷彩塗装が施された。

〝ロベルト〟はダークグレイ（ダークグリーンとの説あり）のベースにダークイエローで細かいパターンのスプレー迷彩が施されており、側面に頭文字の〝R〟が白字で描かれていた。また、〝レオポルト〟はダークイエローのベースにレッドブラウンで大きな帯状迷彩が施され、側面には〝Leopord〟と白字で描かれていた。なお、1944年6月7日にチヴィタヴェッキアでアメリカ軍に鹵獲された際には、写真で見る限りでは、帯状迷彩は上からの吹き付け塗装で消されており、左側面前部やその他に部分的に残されているのみで、大部分がダークイエローであった。

ちなみに、〝ロベルト〟および〝レオポルト〟の車両番号は〝Deutsche Reichsbahn Berlin 919216〟、同〝919219〟であり、側面に白字で記載されていた。なお、後者の車両番号等は下地のダークグレイが塗り残してあり、見やすいようになっていた。

Illust1-1：第712列車砲中隊の“レオポルト”に描かれていたマーキング（背景の迷彩パターンはイメージ）。

Photo1-5-1：“ロベルト”の砲撃地点であったチャンピーノ駅から300m南東にある線路分岐地点の現在の様子。右手の単線がチャンピーノ～フラスカティを結ぶ鉄道線である。
（高田洋義氏――Hiroyoshi Takata Collection 提供。2013年8月撮影）

Photo1-5-2：“レオポルト”の砲撃地点であったチャンピーノ駅とトンネルの中間点にあるカーブ地点の現在の様子。周辺は思いのほか開けており、射撃地点としては絶好である。
（高田洋義氏――Hiroyoshi Takata Collection 提供。2013年8月撮影）

Photo1-5-3：トンネルを西側から見たところ。想像していたよりも切り通しは低く、民家も近くにある。トンネル付近は植物が生い茂っているので、ある程度のカモフラージュにはなったのであろう。
（高田洋義氏――Hiroyoshi Takata Collection 提供。2013年8月撮影）

Photo1-6-1：トンネルの入り口付近。ここまで来ると切り通しは高くなり、上空からも非常に発見されにくい。
（高田洋義氏――Hiroyoshi Takata Collection 提供。2013年8月撮影）

Photo1-6-2：トンネルの内部の様子。天井はレンガで覆われており、壁はグラウト剤が吹きつけられているが、戦後に補修されたものであろう。
（高田洋義氏――Hiroyoshi Takata Collection 提供。2013年8月撮影）

Photo1-6-3：トンネルを東側から見たところ。こちら側の方が切り通しも高く、上空からも発見されにくい地形である。
（高田洋義氏――Hiroyoshi Takata Collection 提供。2013年8月撮影）

Photo1-7：1944年3月から4月にかけて撮影されたアンツィオ・アニー。切り通しとカーブという周辺の状況から、おそらくは“レオポルト”であると思われる。意外に民家が立ち並んでいて開けた地形であり、上空からも目立つ場所であるが、ここから後方2.5km余りのトンネルまでいかに早く逃げ込めるかが勝負であった。

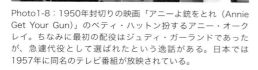

5　伝説の誕生

１９４４年２月５日15時15分、第７２５／２列車砲兵中隊の〝ロベルト〟は、17時30分までの間にアンツィオ港施設を目標にして15発の巨弾を送り込んだ。これには諸説があり、２月６日の夜とする説もある。なお、１９４４年３月24日とする説は誤りであり、１９４７年にアメリカ軍により発刊された〝Anzio Beachihead〟の誤謬がそのまま訂正されずに今日に至っているものである。

Photo1-8：1950年封切りの映画「アニーよ銃をとれ（Annie Get Your Gun）」のベティ・ハットン扮するアニー・オークレイ。ちなみに最初の配役はジュディ・ガーランドであったが、急遽代役として選ばれたという逸話がある。日本では1957年に同名のテレビ番組が放映されている。

連合軍側の記録によれば、２月６日の16時15分、第３１６戦闘爆撃機中隊のＰ-40戦闘機12機が列車砲兵中隊〝エアハルト〟を攻撃したが、損害を与えることはできなかった（連合軍記録によれば完全に破壊したとある！）。２月12日、フランス製鹵獲24㎝列車砲２門は再び出撃し、橋頭堡を拡張中のイギリス軍部隊に痛打を浴びせた。

〝ロベルト〟、〝レオポルト〟の28㎝Ｋ-５（Ｅ）２門による砲撃は、短期間のうちにアンツィオ橋頭堡に恐慌を巻き起こした。海面に28㎝榴弾が着弾すると、水柱が15ｍ以上も立ち上り、石造り３階建ての港湾施設は直撃により粉々になって吹き飛んだ。この時と場所を問わず飛来する巨弾は、橋頭堡内の兵士の士気に重大な影響を与えた。特に郵便部隊の施設が直撃弾を受けて全滅した時、家族からの手紙を心待ちにしていた兵士達は落胆したのだった。また、犠牲者は従軍看護婦から高級指揮官まで様々であり、階級や任務に関係なく突然降り注ぐ死の恐怖は拭いがたく、たちまちこの巨砲はＧＩたちにより〝アンツィオ・アニー〟または〝アンツィオ・エクスプレス〟というあだ名が付けられた。

なお、アニーというのは、実在した天才女性射撃手のアニー・オークレイに因んでいる。彼女は幼い時から射撃に秀でており、１８８５年の25歳のときにバッファロー・ビルにスカウトされてウェスタンショーの看板スターとなった。ライフルで27ｍの距離から横向きのトランプカードを分断し、

Photo1-9：第508重戦車大隊は1944年2月14日からアンツィオ橋頭堡戦に投入された。写真は3月に撮影されたもので、ネッツーノ方面へ移動中のティーガーI型を捉えたものである。ゲペックカステン（雑納箱）には独特の書体で“134”とあり、第1中隊／第3小隊の4号車であることがわかる。

地面に落ちるまでに5〜6個の穴をあけることが出来たという話や、ヨーロッパ巡業でドイツ皇太子が口にくわえた葉巻を撃ち落してみせたという逸話もある。第一次大戦の際には、新兵の射撃訓練の教官としても活躍した。１９２６年、自動車事故で死去している。

戦後に『アニーよ銃を取れ（Annie Get Your Gun）』というミュージカルが大ヒットし、その後、映画やテレビ番組にもなって世界中で有名になった。

連合軍の情報部は、その正体と所在を確かめようと躍起になっていた。パルチザン経由で最初に入手した2月13日の情報は、次の通りであった。

「３０５㎜列車砲がチャンピーノ付近のトンネル内に、別な列車砲がマリノ前面のトンネル内に隠れている。チャンピーノ東にある列車砲は、カッシーノへ向かう線路分岐点の南を定位置にしており、砲撃した5分以内にトンネル内に退避している。」

これらの情報は細部においては相違はあるものの、ボルカースとエアハルトの列車砲兵部隊の概要をほぼ捉えていた。

同じ日、第79戦闘航空団は列車砲兵中隊〝エアハルト〟を攻撃し、35発の爆弾を至近距離に投下し、翌日もカッロチェトの南方で発見した列車砲を攻撃したが、列車砲は間一髪のところでコンクリート製高架の下に逃げ込むことができた。この日は連合軍砲兵部隊も、観測機の誘導によって攻撃に参加し、10時30分に第977砲兵大隊のロングトム、15時には第976、第977高射砲大隊が159発を列車砲兵中隊〝エアハルト〟に浴びせた（＊7）。

1944年2月16日、ドイツ第14軍によるアンツィオ総攻撃が行なわれ、この日は列車砲を含む多種多様な火砲、すなわち野砲323門、ロケット砲76門、高射砲172門が橋頭堡に向かって一斉に火を噴いた。攻撃の第一波は歩兵66個大隊と戦車180両、突撃砲90両、対戦車砲150門であり、アメリカ軍は46個大隊と戦車400両、野砲175門で迎撃した。

この攻撃は翌日も継続し、ドイツ軍はアプリリア付近で戦線を突破して海岸が見える地点まで前進したが、沖を遊弋する連合軍の巡洋艦隊の艦砲射撃と空爆に阻止された。18日に発起した予備部隊と戦車60両による最後の攻撃も失敗し、ドイツ軍は防衛線まで後退して22日には防御に転じた。この攻勢による連合軍の損害は戦死者835名、負傷者5314名に上った（＊8）。

記録によれば〝ロベルト〟、〝レオポルト〟の2門は、2月16日だけで総計50発を発射したという。

戦線は膠着状態となり、連合軍空軍は再び列車砲を血眼になって捜し始めた。そして2月23日、偵察機による写真撮影で場所を特定した第79戦闘航空団は、朝と夕方に渡って23発の爆弾を投下し、遂に列車砲兵中隊〝エアハルト〟のフランス製鹵獲24㎝列車砲2門を行動不能にすることに成功したのである。連合軍が撮影した8日後の航空写真では列車砲は姿を消しており、後方へ牽引されたと推定された（＊9）。

6　伝説の実像

混成列車砲兵中隊の指揮官はボルカース大尉であったが、中隊と観測部隊を統括指揮していたのは騎士十字章拝領者のフリードリヒ・フィルツィンガー大佐であった。彼の観測所はモンテ・サヴェッロの南5㎞に位置し、ネッツーノからは27㎞の距離であり、そこから高倍率の望遠照準眼鏡を使って目標を捕捉し、ボルカース大尉率いる現場部隊に無線装置を使って指令していた。大佐は大の煙草好きであり、毎月大尉が兵2名を煙草工場があるブンデ（ハノーファーの西方）へ派遣し、煙草の補充を行なうほどであった。

すでに3週間の実戦から、列車砲兵中隊による照準、射撃、移動そして待機というルーチンワークは芸術的とも言えるほどになっていた。中隊員はヴィラ・センニが建っているトンネル内で寝起きしていて、特殊貨車が随伴していた。これらはキッチンやベッドなどが装備された貨車であり、爆薬を保管するために温度を10度に保つ空調設備が設けられたものもあった。

Photo1-10：フリードリヒ・フィルツィンガー大佐のポートレート。彼は1891年生まれのドレスデンっ子で、少佐時代の第8歩兵師団／第8砲兵連隊／第Ⅲ大隊長として1940年6月5日付で騎士十字章を授与されている。愛煙家だが肺がんにもならず、1984年まで87歳の長寿を全うしている。

また、彼らには専属の対空部隊が配置されていた。40㎜ボフォース高射砲1個中隊、ソ連製鹵獲重高射砲（52-K 85㎜高射砲？）1個中隊が付近に展開し、列車砲には４連装20㎜高射砲が２門ずつ配置され、さらに88㎜高射砲数門を装備した無蓋貨車もあったという。

一回の砲撃は6発から8発に制限され、敵機が時速６００㎞で飛来しても、パイロットが視認する前に、列車砲はトンネルに必ず退避できるようになっていた。このため、最初の砲弾は非常に重要で、着弾点はフィルツィンガー大佐の観測所で精密に計測され、素早く次弾の発射諸元を計算して無線でボルカース大尉へ指示された。ボルカース大尉のチームはそれを受け取ると、砲兵座標を用いて照準を修正して次の発射を行なった。最初のうち、この修正に5分間を要していたが、熟練度が上がるに従って短くなり、最後にはそれが45秒にまで短縮された。

彼らはもっぱら、夕方の16時とそれ以降の夕食時間を狙って砲撃を行なった。この砲撃の時刻は非常に正確で、橋頭堡内の多くの連合軍兵士たちは、列車砲の最初の弾着音で自分の腕時計を16時に合わせたという。夕闇が迫る頃、どこからともなく軽い咳払いのような発射音とともに、大口径砲弾が頭上へ降ってくる恐怖は、橋頭堡内の連合軍兵士達の精神をずたずたに苛み、新兵の中には発狂状態に陥る者もいた。

砲撃も段々と精密さを増し、2月18日には65フィートの雑用船ＹＭＳ１９８号が、27日には戦車揚陸艇ＬＣＴ１４０号がアンツィオ港内で直撃弾を蒙った。

１９４４年2月29日、再びドイツ軍による攻撃がアメリカ第3歩兵師団の戦線に加えられ、さらに戦車25両に支援された二次攻撃も発起された。ボルカースの列車砲部隊は、１日の最大発射弾数となる72発の28㎝榴弾を橋頭堡へ送り込み、３月２日にも18発を発射したが攻撃は最終的に撃退された。

３月８日早朝、ドイツ空軍偵察機は、ネッツーノ南方の

Photo1-11："ロベルト "を捉えたものとしてよく知られた写真。どうやら整備中らしく砲身筒内のクリーニング作業を行なっている。Photo1-6-3に写っているトンネル右側の送電柱の形状がそのままである！ ということは、この写真はトンネルの東側で撮影されたものだということが初めて確認できた。1944年3月の撮影。（BA 101I-311-0947-14A ／ Micheljack）

レ・グロタッツェに新たに構築したガソリン集積所を発見した。この情報はフィルツィンガー大佐の下にもたらされ、〝ロベルト〟、〝レオポルト〟は午後10時から真夜中にかけて8発の巨弾を発射した。その1発は集積所を正しく直撃し、ガソリンは誘爆して高さ300mの火柱が立ち上り、幅500m、長さ800m渡って火の海となった。これはアンツィオ・アニーにとって最大の戦果となった。

翌日の朝8時、再び〝レオポルト〟と〝ロベルト〟は補給集積所を狙って砲撃を開始した。しかし、8時15分に連合軍偵察機に発見され、さらに9時55分に第225戦闘機中隊のスピットファイアが「敵列車砲2門がチャンピーノから砲撃中」と打電した。

第27戦闘爆撃団は地上支援で手一杯であったが、P-40戦闘機8機を昼ごろ発進させ、初めてアンツィオ・アニーに対して本格的な銃爆撃を開始した。さらに第524戦闘爆撃中隊が、同じく8機のP-40により14時30分頃に列車砲を確認して銃爆撃を行ない、その後、第523および第522戦闘爆撃中隊がナポリから出撃し、同じように列車砲に激しい攻撃を加えた。

幸いなことに、列車砲2門は昼の攻撃時に無事にヴィラ・センニのトンネル内に退避することができ、損害は皆無であった。そして、健在ぶりを連合軍に示そうと、〝ロベルト〟が日没後の18時に4発の返礼を橋頭堡へ撃ち込んだ。

Photo1-12：同じく“ロベルト”の側面を捉えたもので、ダークイエローの基本色にレッドブラウンのスプレー塗装の二色迷彩がはっきりとわかる。ちなみに、「＋」と「∧」を組み合わせたような列車砲のシンボルマークが白色で描かれているが、標準的なものとは違っているのが興味深い。

3月12日に連合国側のラジオ放送は、誇らしげにドイツ軍の列車砲2門を破壊したと報じた。一体、連合軍の戦闘爆撃機は何を攻撃して破壊したのであろうか？

ボルカース大尉は、第712列車砲兵中隊がチャンピーノに到着した直後、列車砲に偽装した囮貨車の製作を命じた。砲身は電柱を用い、構造物は木製で、これを元塗装工の中隊員のひとりがメタリックに塗装し、その上からカモフラージュネットをかぶせると本物そっくりとなった。この囮列車は残念なことに上記の3月9日の攻撃で破壊されたが、2日後には同じような囮貨車ができあがり、1時間半に渡って例の元塗装工が念入りに作業した（＊10）。

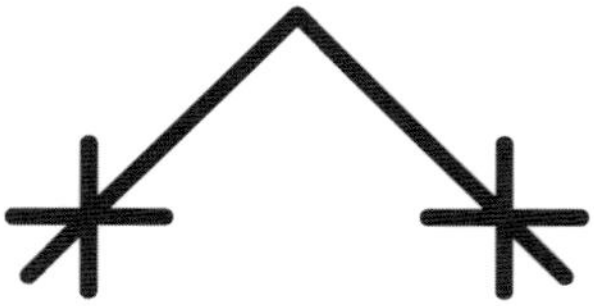

Marking1-1：列車砲のシンボルマーク。射撃地点と弾着点を表す2箇所の「＋」に遠距離砲撃の弾道を表す「∧」を組み合わせたものである。

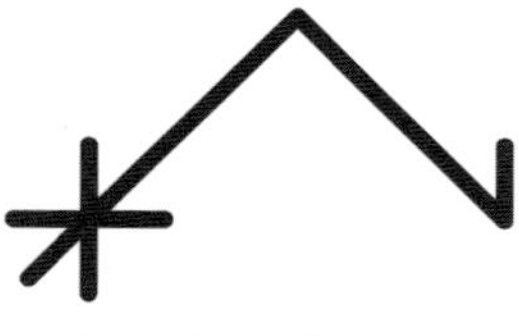

Marking1-2：ロベルトのマーキング。弾着点が「＋」ではなく「｜」であるところが面白い。

Photo1-13:前写真の連続写真で後方から見た“ロベルト”。甲板にはレールが設置されており、腔綫（ライフル）のクリーニングロッドが確認できる。それにしても単線の切り通し部分は非常に狭く、ギリギリの幅しかないのが良くわかる。

1944年5月23日現在　アンツィオ方面　戦況図（列車砲配置図）

〈ドイツ軍〉
- 362：第362歩兵師団
- 715：第715歩兵師団
- 4：第4降下猟兵師団
- 66：第66歩兵師団
- 3：第3機甲擲弾兵師団

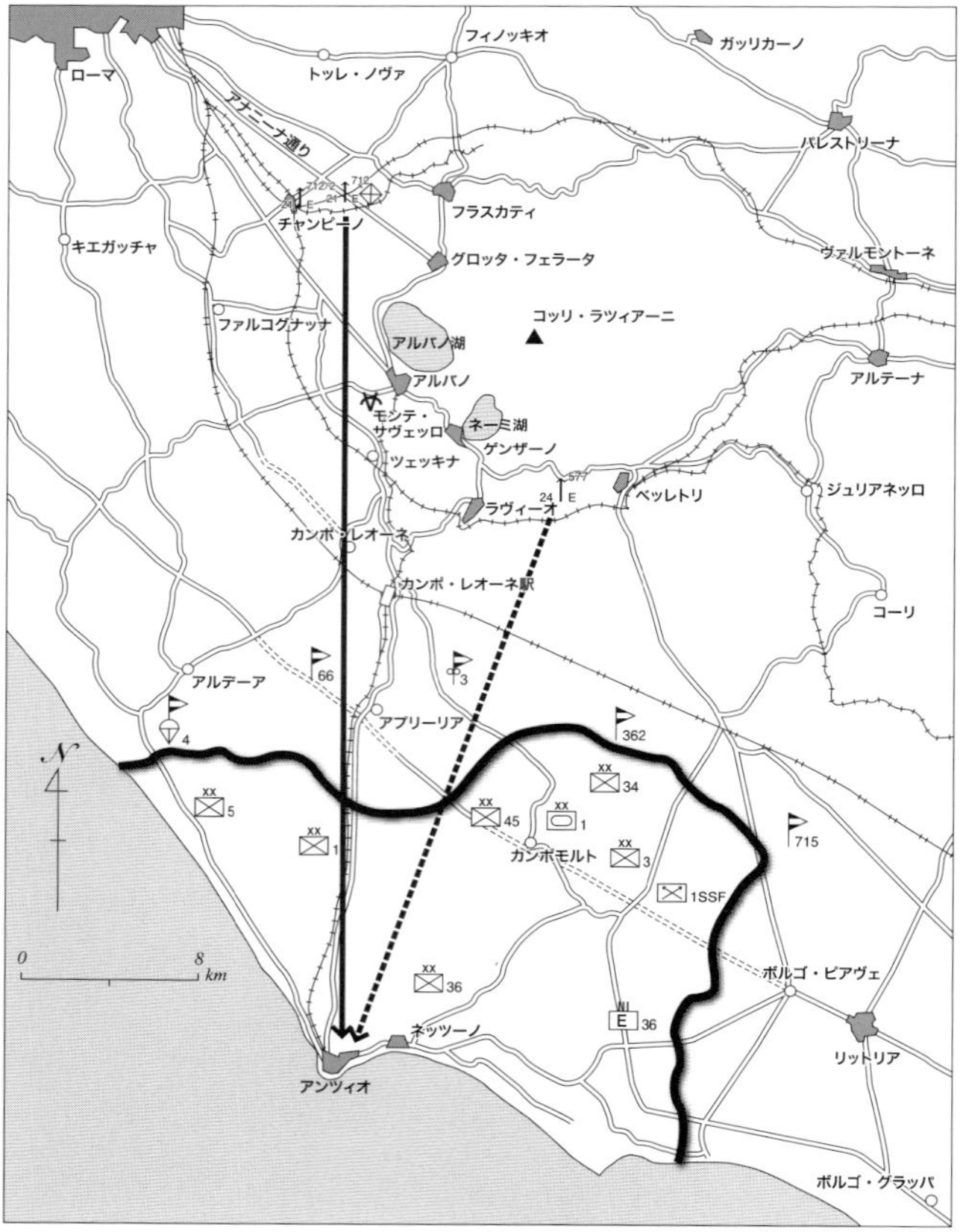

- ━━：1944年5月23日現在の戦線
- 21 E 712/2：列車砲“ロベルト”
- 21 E 712：列車砲“レオポルト”
- 24 E 577：列車砲中隊“エアハルト”
- ⊠：ヴィラ・センニ
- ：観測所
- →：アンツィオまでの射程（レオポルト）
- ⇢：アンツィオまでの射程（エアハルト）

〈連合軍〉
- xx 5：アメリカ第5歩兵師団
- xx 1：アメリカ第1歩兵師団
- xx 45：アメリカ第45歩兵師団
- xx 1：アメリカ第1機甲師団
- xx 3：アメリカ第3歩兵師団
- 1SSF：第1特別任務フォース
- III E 36：第36工兵大隊
- xx 36：アメリカ第36歩兵師団

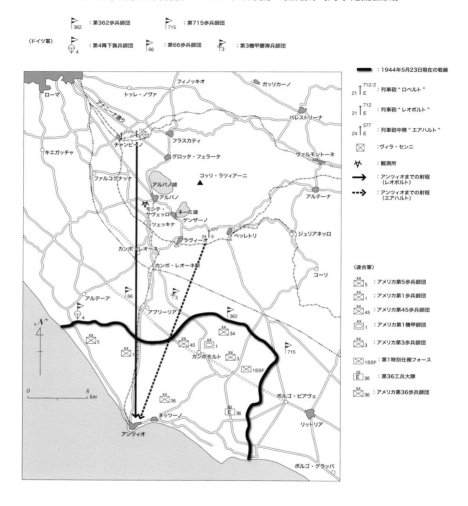

Photo1-14：チェコ製21㎝ K39/40重榴弾砲の極めて珍しい写真。ソ連軍に鹵獲されて使用中の状況で、おそらくは1943年冬の撮影ではないかと思われる。ターンテーブル式なので陣地を構築する必要があるほか、これまた射程が短いために運用は困難をきわめた。砲弾運搬用の三輪車がユニークである。

7 伝説の黄昏

〝ロベルト〟、〝レオポルト〟は、2月中に297発の28㎝榴弾をアンツィオ橋頭堡に送り込んだ。砲弾2発と発射薬は総重量1tもあり、これらは3日に1度、ラ・スペチアからトラックで運ばれてきた。荷降ろしが終わった空のトラックには、オレンジや桃が積み込まれて送り返された。しかしながら、3月に入るとドイツ本国の工場や鉄道網に対する連合軍の第8空軍による戦略爆撃が激化し、この補給は急速に悪化して3月末の砲弾ストックは僅か110発になっていた。したがって、3月中の発射数は約70発に止まっていた。

その代わり、この頃になるとチェコ製21㎝ K39／40重榴弾砲各3門を有する第659および第660重砲兵大隊が到着して砲撃を開始し、4月4日にはアンツィオ港内のタワークレーン4門を破壊した。これらの榴弾砲は3月23日から6月1日までの間に約300発を発射して、連合軍の頭痛の種を増やし続けた。

4月6日、アンツィオ・アニーの砲弾の1発は戦車上陸用舟艇LCT34を直撃し、運搬中の戦車27両のうち11両が破壊されて舟艇は大破した。列車砲兵部隊とチェコ製重榴弾砲部隊の射撃により、連合軍は4月7日に弾薬233tとガソリン1万9000ℓ、8日にはガソリン3万4000ℓを喪失

Photo1-15：チヴィタヴェッキアの鉄道駅構内で鹵獲された“ロベルト”。側面右側の梯子部分に列車砲のシンボルマーク、左の開放された制御盤カバーで見えにくいが“R”の頭文字が確認できる。塗装はダークイエローの基本色にレッドブラウンのスプレー迷彩である。(IWM NA-16346)

した。さらに、4月21日には弾薬182t、26日には同35tの被害を受けた。4月中の砲撃による連合軍の損害は、全補給量の5％にあたる1500tに上った。

4月のイースター祭には、ボルカース大尉はイタリア兵と交渉し、ストックしてあった煙草1000本を牛30頭、羊80頭に物々交換し、中隊全員が豪勢なディナーにありつくことができた。

砲弾の補給はさらに悪化し、5月に入るとボルカースの列車砲部隊は5月1日に6発、5月24日に7発を発射しただけであった。

5月13日、第8機甲擲弾兵連隊のひとりの兵がアメリカ第45歩兵師団の捕虜となり、尋問の中で彼は、列車砲2門がアルバノ高地に展開し、1門はチャンピーノの南方2㎞の地点、もう1門は南東1㎞の地点にあり、日中はトンネル内に隠れていることを明かし、アメリカ軍情報部はここでようやくアンツイオ・アニーの正しい所在地を突き止めることができたのである（＊11）。

8 伝説の終焉

1944年5月18日、難攻不落だったモンテ・カッシーノがポーランド第2軍団に占領され、その5日後、アンツィオにおいても連合軍の総攻撃が開始された。そしてついに5月25日、ドイツ第715および第363歩兵師団の戦線は突破

Photo1-16：“ロベルト”の砲尾に潜り込んでの記念写真。右側の巨大な鎖栓（sliding block breech）が目につく。外見はほとんど損傷がないが、この砲尾下部の高低射界装置は爆薬が仕掛けられて破壊されており、使用不能であった。（IWM NA16347）

Photo1-15-1：Photo1-15で確認できる制御盤は油圧制御機構のものであり、高低射界などの調整・点検の際には、油圧計やハンドル、バルブ、ペリスコープなどの専用付属装置を接続し、専門家が作業を行なう必要があった。

され、システルナはアメリカ第3歩兵師団によって占領された。この日、チェコ製21㎝榴弾砲は約100発の砲弾を撃ちまくり、〝ロベルト〟、〝レオポルト〟も8発を発射したが、残量は32発にまで減っていた。

　5月28日の夜を徹してボルカース大尉は残った28㎝砲弾の半分16発を発射し、これで累積射撃数は565発となった。戦況は急速に悪化し、ヴァルモントーネではまだヘルマン・ゲーリング降下戦車師団が頑張っていたが、ラヌーヴィオおよびヴェッレトリはアメリカ第34および第36歩兵師団の攻撃によって陥落した。さらに翌朝の9時30分、第316戦闘爆撃機中隊のP-40戦闘機8機がヴィラ・センニのトンネルを攻撃し、初めて至近弾によって線路に損傷を受けた。

　もはや一刻の猶予もならなかった。その日の夕方16時30分、ボルカース大尉は最後の16発をヴィラ・クロセッタに位置するアメリカ第168歩兵連隊の拠点に撃ち込み、夜に入って移動準備作業を開始した。ラ・スペチアまで後退できれば、デポには約250発の28㎝榴弾があり、再び28㎝K-5（E）列車砲2門の戦闘力を回復できるはずであった。

　この時点で、空爆により北方への鉄道線路は各地で寸断されており、脱出の可能性はほとんど残されていなかったが、フィルツィンガー大佐は敵が北上しつつある西方を海側へ突破し、その後に沿岸に沿って北上するルートに一縷の望みを

Photo1-17：同じくチヴィタヴェッキアの鉄道駅構内で鹵獲された“レオポルト”。側面の制御盤手前に白字で“Leopold”の文字が確認できる。“ロベルト”よりも損傷が激しいように見えるが、内部機構の破損がそれほどでもなかったらしい。アメリカ第168歩兵連隊の兵士達の得意満面な様子が伝わってくる。

Photo1-18：砲身部分を縦方向から撮影した“レオポルト”。手前に塗り残したレッドブラウンが僅かにあるほかは、ほとんどがダークイエローの基本色1色であることがわかる。前方の構内には、爆撃のために破壊された列車や貨車が散乱している。(IWM NA16345)

託していた。

5月30日夜、ボルカースの列車砲兵部隊は折からの悪天候をついて行動を開始した。そしてローマ西方を通り抜けて、奇跡的にローマの北西63㎞のチヴィタヴェッキアまで辿り着いた。しかしながら、隣のタルクイーニアでマルタ河の架橋が完全に破壊されており、もはやこれ以上の北上は不可能となってしまった。列車砲2門は駅の線路ヤード内に待機することとなり、大部分の中隊員はそこから徒歩で北進を続けた。〝レオポルト〟小隊のアルベルト・ザウアービーア上級曹長など少数の兵士は残留し、爆破用の爆薬5kgを準備して1km東方の森林に野営し、ひたすら橋が修理されるのを待った。

ドイツ軍は必死の努力を続けた。ジーベル型フェリー3隻がチヴィタヴェッキアまで急派されたが、5月31日に空襲により港内で全数撃沈された。ローマ前面に急造した臨時防衛線のケーザー（シーザー）ラインは、もはや風前の灯であり、長く持ち堪えられそうになかった。ローマから大量の補修用機材が運び込まれ、マルタ河架橋の修復作業が準備されたが、6月2日には連合軍の航空機により沿岸の主要架橋は徹底的に爆撃され、70tを超える高性能爆弾が投下された。もはや、打つ手はなくなっていた。

6月3日、ザウアービーア上級曹長は少数の兵士とともに線路ヤードへ戻り、〝レオポルト〟の高低射界装置を駆動する発電機と砲尾栓に爆薬を仕掛けた。そして同じように、100m離れた〝ロベルト〟にも爆薬がセットされ、万感の思いを胸に秘めながら起爆装置に点火した。最初の砲弾をアンツィオ橋頭堡に叩き込んでから、実に118日目のことであった。

翌日の1944年6月4日午後9時30分、最初のアメリカ戦車がローマへ入城した……（＊12）。

9　その後のアンツィオ・アニー

1944年6月6日10時、第79戦闘航空団第86戦闘爆撃中隊のP-47戦闘機12機は、チヴィタヴェッキアの駅および線路ヤード内を銃爆撃した。24発の爆弾が投下され、機関車2両が破壊されて弾薬輸送貨車が誘爆を起こし、すでに自爆した列車砲2両にさらなる損害をもたらした。そして24時間たった翌日の10時、チヴィタヴェッキアを占領した第168歩兵連隊の兵士たちは、駅の線路ヤードにうずくまる2頭の傷ついた巨象を見て立ちすくんだ。5月28日に最後の16発の巨弾を浴びた彼らは、アンツィオ・アニーの発見者としては、最もふさわしい部隊であったのかもしれない。

その後、アンツィオ・アニーはそのまま線路ヤードに放置されていたが、1944年8月16日に研究のためにアメリカ本土へ運搬することが決定された。修復と運搬方法の調査が開始され、比較的損傷が軽い〝レオポルト〟が選ばれて、1945年3月5日にタラントへと運搬された。5月13日、ニューヨークから7176tのリバティ貨物船〝ロバート・R・リヴィングストン〟が出航した。船は6月13日にタラントに到着し、総重量218tの巨体を積み込み、18日午後17時50分にヨーロッパ大陸を離れた。

航海は非常に順調であり、7月16日午前6時45分にニュー

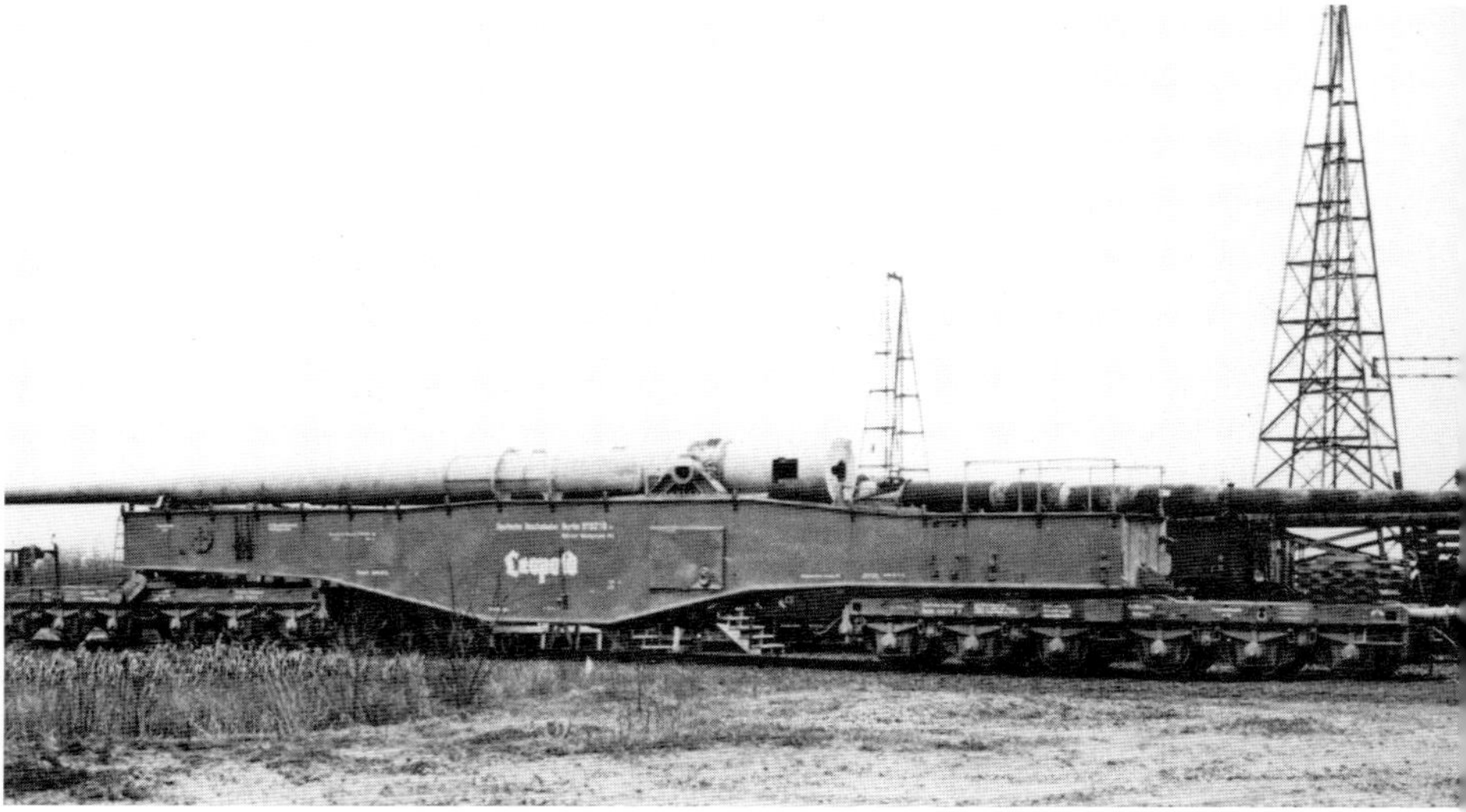

Photo1-19：アバディーン陸軍兵器実験場に到着して、再塗装された“レオポルト”。どうやらダークグレーに塗り直されたらしいが、砲身の塗装はこれからのようである。後方には28cmK-5（E）または31cm K-5（E）“Glatt”の姿が確認できる。従って、1946年2月以降の撮影である。

ヨークに到着し、アンツィオ・アニーは9月中旬にメリーランド州のアバディーン陸軍兵器実験場に到着した。〝レオポルト〟はその後、試射ができるほどの完全な修理がなされたが、〝ロベルト〟の部品や装置が流用されたのは言うまでもない。

　1946年2月には、28cmK-5（E）と31cmK-5（E）グラットが1門ずつ到着した。前者はライプツィヒの線路ヤードで、後者はヒラースレーベン陸軍実験場で鹵獲したものであった。アメリカ軍はこの頃、長距離射程を有する原子砲の開発を行なっており、ネヴァダ州で実験された原子砲は〝アトミック・アニー〟と呼称されていた。しかしながら、その後のミサイルやロケット技術の発達によりこの開発は中止され、アンツィオ・アニーの重要性は急速に薄れていったのである。

　朝鮮戦争が開始されるとスクラップの値段が急激に上がり、兵器実験場は不要となった多くの貴重な車両や火砲をスクラップ業者へと引き渡した。60cm自走砲〝カール〟1門、前述の列車砲2門、そしてチェコ製21cm榴弾砲がスクラップヤードへと運ばれたが、アンツィオ・アニーだけはそれを免れた（＊13）。

　そして、最初の砲撃の日から70年余りの月日が経った現在も、幸いなことに我々はヴァージニア州フォートリーで彼女の巨体を見ることができる（＊13）。

おわりに

その後、アンツィオ・アニーは、65年余の長きに渡りメリーランド州アバディーンのアメリカ陸軍兵器博物館の野外ヤードに展示されていましたが、２０１１年１月18日にヴァージニア州フォートリーの複合軍事施設（兵器学校、軍需博物館など）の野外展示場に移設されました。２１８ｔの砲架部分を４分割、列車部分を２分割してクレーンで吊り上げて分解し、輸送した後に再組み立てするという大作業だったそうです。

おそらくは、かつてドイツ軍が重量制限のためにイタリアで行なった分割・輸送・再組み立て作業も同じような工程で行われたと考えられます。まあ、当時は機材もないので、人海戦術だったに違いありません。

個人的に心配なのはアバディーンにあるその他の展示物で、全部移設する計画だったのが、予算カットによりできなくなったということで、一部の保存状態が悪い戦車、例えばエレファントやＫＶ戦車などの一刻も早い移設と補修が望まれます。

いずれにせよ、筆者もいつかはフォートリーを訪れて、またアンツイオ・アニーと再会したいと思っていますが、さていつになることやら……。

Photo1-20：65年ぶりの引っ越し作業中の“レオポルト”。ヴァージニア州フォートリーの複合軍事施設の屋外展示場が新しい住み家であるが、アバディーンから相当数の展示物がこちらへ移設する計画があり、詳細情報が待たれるところである。

ドイツ軍の列車砲について

第二次大戦中にドイツ軍が実用化した列車砲は、緊急生産計画による急造列車砲と長期開発プログラムによる新型列車砲の2つのタイプがある。前者は、第一次大戦中に計画された列車砲架に在庫の艦砲やその予備砲身、沿岸砲を改良して搭載したものであった。

後者の長期開発計画による新型列車砲は、1930年代から全く新たに開発されたもので、最新大口径艦砲や新設計によるカノン砲を搭載し、列車砲架についても電動式高低射界装置や最新式油圧装置などが用いられていた。

なお、既存資料のなかには、40・6cmH級戦艦の主砲を流用した40cm列車砲〃アドルフ〃の記載が見られるが、現実には沿岸要塞のカーゼマット式固定砲塔のみに3門が流用され、列車砲は完成しなかったというのが定説である。この他にドイツ軍は、フランス製鹵獲列車砲、海軍15cm列車砲（4門）などを実戦運用しており、これらの列車砲は確認されただけでも12個列車砲兵連隊、7個列車砲兵大隊、46個列車砲兵中隊に配備され、英仏海峡を挟んだ砲撃戦、レニングラード戦、セヴァストポリ要塞攻略戦、アンツィオ戦などに活躍した。なお、1個列車砲兵中隊の標準定数は2門である。

参考資料
1：『第二次大戦のドイツ列車砲写真集』 1977年航空ファン別冊　文林堂　P.84-P.94
2：Joachim Engelmann “German Artillery in World War II 1939-1945” Schiffer Publishing P.149-P.169

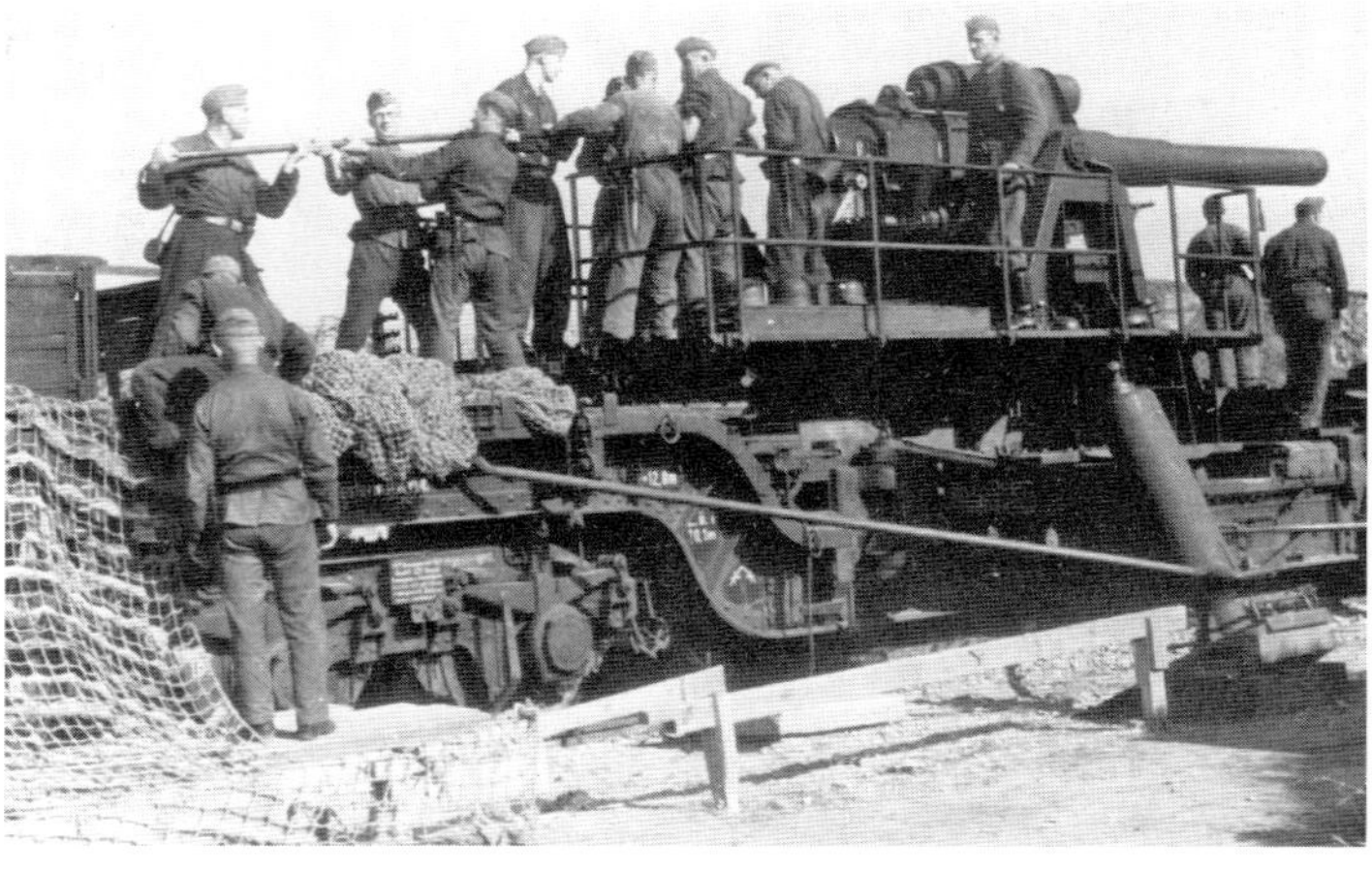

PhotoX1-1：15cm列車砲。第665列車砲中隊所属

表X1-1　緊急生産計画による列車砲

種類	愛称	搭載砲	最大射程(km)	生産数(門)
15 cm列車砲		40口径15 cm艦砲	22.5	10 (18説あり) 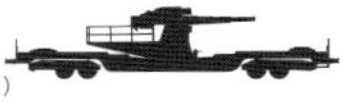
17 cm列車砲		40口径17 cm艦砲	26.8	6 
20 cm列車砲		60口径20.3 cm艦砲	36.4	8 
24 cm列車砲	テオドール	40口径24 cm艦砲	13.7	3 
24 cm列車砲	テオドール・ブルーノ	35口径24 cm艦砲	20.2	6 
28 cm列車砲	ランゲ・ブルーノ	45口径28 cm艦砲	36.1	3 
28 cm列車砲	クルツェ・ブルーノ	40口径28 cm艦砲	29.5	8 
28 cm列車砲	シュヴェーレ・ブルーノ	42口径28 cm沿岸砲	37.8	2 
28 cm列車砲	ノイエ・ブルーノ	新型28 cmカノン砲	46.6	3 

（注）新型28 cmカノン砲は、新たにクルップ社で設計・製造されたものであるが、弾道性能が悪くK-5（E）の生産が軌道に乗ったため、僅か3門で製造は打ち切られた。

表X1-2　長期開発計画による新型列車砲

種類	搭載砲	射程(km)	生産数(門)
28 cm K-5E列車砲	新型28 cmカノン砲	59	25 
21 cm K-12E列車砲	新型21 cmカノン砲	115	2 
31 cm K-5Glatt列車砲	特殊矢型弾用滑空砲	151	2 
38 cm列車砲“ジークフリート”	38 cmビスマルク級艦砲	55.7	3 
80 cm列車砲“グスタフ”、“ドーラ”	新型80 cmカノン砲	47	2 

PhotoX1-2：17㎝列車砲。1942年ベルギー（BA 101I-MW-6753-05／Wolf）

PhotoX1-3：20㎝列車砲。1944年フランス沿岸（BA 101I-615-2462-15A／Zwirner）

PhotoX1-4：24㎝列車砲“テオドール”。1941年フランス沿岸（BA 101I-27-1471-32／Harren）

PhotoX1-5：24㎝列車砲“テオドール・ブルーノ”。1943年ベルギー

PhotoX1-6：28㎝列車砲“クルツェ・ブルーノ”。1941年フランス沿岸

PhotoX1-7：28㎝列車砲“シュヴェーレ・ブルーノ”。1943年ノルウェー第689列車砲中隊

PhotoX1-8：28㎝列車砲“ノイエ・ブルーノ”。

PhotoX1-9：28㎝列車砲K5（E)。

PhotoX1-10：21㎝ 列車砲K12（E)。1940年フランス（BA 101II-MW-0996A-17／Dietrich）

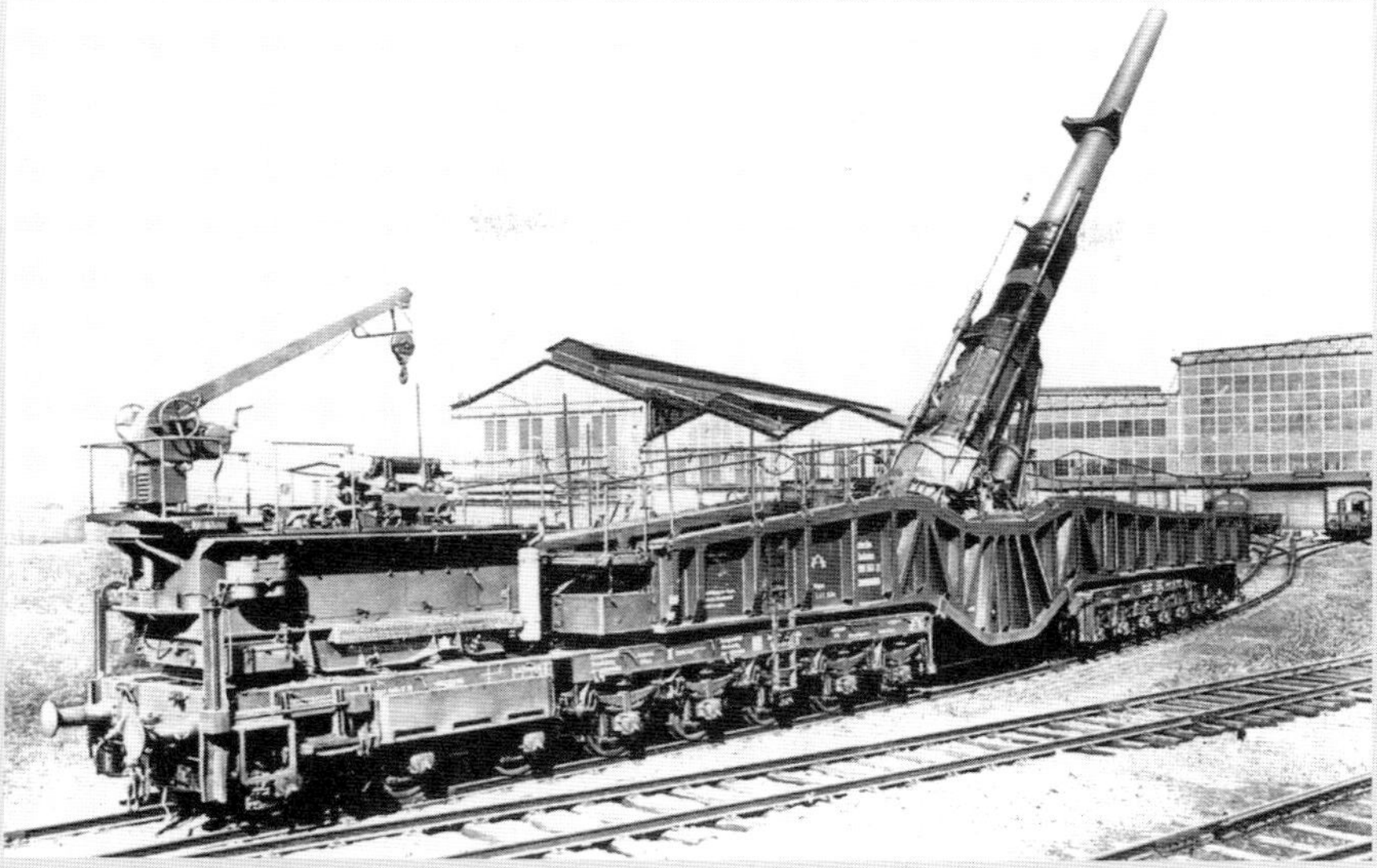

PhotoX1-11：38cm列車砲 “ジークフリート”。

PhotoX1-12：80cm列車砲 “ドーラ”。1942年クリミア

(＊1)出典：　Gerhard Taube "Deutsche Eisenbahn Geschütze" Motorbuch Verlag P.33-P.41
(＊2)出典：　イアン・V・フォッグ　『大砲撃戦』　サンケイ新聞社　P.146-P.156
(＊3)出典：　R.J.O' Bourke "Anzio Annie" Self Publication　P.7-P.14
(＊4)出典：　Franz Krowski "Battleground Italy 1943-1945" J.J.Fedrowicz Publishing P.132-P.136
(＊5)出典：　R.J.O' Bourke "Anzio Annie" Self Publication　P.18-P.35
(＊6)出典：　同上　P.36-P.47
(＊7)出典：　同上　P.51-P.69
Center of Military History US Army "Anzio Beachhead" P.113
(＊8)出典：　Jörg Staiger "Anzio-Nettuno" Scharnhorst Buchkameradenschaft P.97-P.116
(＊9)出典：　R.J.O' Bourke "Anzio Annie" Self Publication　P.85-P.87
(＊10)出典：同上　P.70、P.89-P.115
(＊11)出典：同上　P.125-P.167
(＊12)出典：同上　P.169-P.195
(＊13)出典：同上　P.196-P.210

第Ⅰ部

第2章

ディエップで朝食を
── カナダ第14機甲連隊(カルガリ連隊) ──

サラリーマンを長くやっていると、1度や2度は上司の無理難題の要求に直面し、会社人生の危機を迎えるようなことが起きます。

あれは、確か入社してから10年くらい経った時だと思うのですが、I副社長の鞄持ちで海外出張へ行ったことがあります。ロンドンで国際会議に出席し、その後、関係する海外メーカーさんとのレセプション、夜はパーティーなどが予定されていました。

英語力に不安はあったのですが、商社の担当者が現地でサポートしてくれることになっており、しかもI副社長は英語力抜群です。で、会議の末席にはいたものの、議論はちんぷんかんぷんで、そのうち時差ボケのせいもあってほとんど居眠り状態で、I副社長の活発な発言を夢うつつで聞いていました。

その後、午後はメーカーとのレセプション、夜はパーティーで、終わったのが23時頃です。ホテルへ帰ってくると、緊張していたせいかどっと疲れが出ていました。酔いも手伝ってふらふらになりながら、ともかく部屋のドアの前までI副社長を送り届けてひと安心。あとは一刻も早く、シャワーを浴びてベッドへ潜り込むだけです。

「というわけで、副社長、明日は7時30分に1階のレストラン“ティファニー”で朝食、8時30分に迎えが来る予定です。私の部屋は203号室ですので、何かあったらご連絡下さい。」
「うん、わかった。お疲れさま」
「では、副社長。おやすみなさい」
「ああ、ところでね、会議とレセプション、それからパーティーのおもだった人の発言内容の議事録を明日の朝までに作成しておいてくれ。朝食を食べながら確認したいからね。じゃあ、高橋君、おやすみ」(ガチャ、バタン)
「えええっ!?(呆然自失)」

軍隊でも上層部の無理難題にうまく対処するのが、部隊としての腕の見せ所なのはいうまでもありません。

さて、まだナチスドイツ軍が優勢を誇っていた1942年夏のヨーロッパ戦線でのお話。

お偉方から「明け方にディエップに上陸して半日ぐらい辺りをぶらついて、ドイツ軍と戦ったら帰ってこい」と言われた第2カナダ歩兵師団。無理筋とも思えるのですが命令は命令。

さっそく、揚陸用舟艇などを使って泥縄式の上陸訓練に励むのですが、さてカナダ将兵の運命やいかに……。

Photo2-1：カナダ第2歩兵師団によるワイト島での上陸演習のひとコマ。笑顔も見えて余裕が見られるが、まもなく冷徹な現実を知ることになる。背後のTLCマーク3型は長さ59m、幅9.1m、排水量650tで9ノット／時の航行が可能であり、40t級戦車5両を揚陸できる能力があった。（NAC PA-113243）

1 背景

１９４２年初頭の時点で、西側連合軍は大陸侵攻に必要な艦船、戦車、航空機をまだ用意することができず、充分な戦略的技術も待ち合わせていなかった。また、第一次大戦時のガリポリ侵攻作戦で、連合軍は戦死４万４０００名、負傷者９万７０００名という大損害を蒙って撤退を余儀なくされたというトラウマがあり、相当の準備がなくては大陸侵攻作戦に踏み切る意志はなかったのである。なお、暗示的な意味で述べると、ガリポリで蒙ったカナダ軍の損害は、戦死49名、戦傷93名に過ぎない（＊２）。

英国首相チャーチルはロード・マウントバッテン卿を連合作戦本部長に据え、陸・海・空共同の大規模上陸作戦に必要な準備をするよう命じた。ところが、侵攻に必要な特殊な舟艇、車両、機器の設計生産や将兵の訓練などやるべきことは山積しており、これらは長期的計画を立てて地道に進めなければならなかった。

そして、マウントバッテンはようやく１９４２年６月までに、１個師団を輸送できるのに充分な舟艇や艦船を用意することができた。その間、３月28日に実施された特殊部隊によるサン・ナゼール奇襲攻撃においては、大型乾式ドックを完全に破壊することに成功しており、もっと大掛かりな奇襲作戦を行なう機運も高まっていた。

ちなみに、この特殊部隊の秘匿名称「Commando（コマンドゥ）」は、元々ボーア戦争で奮戦したボーア軍の部隊名であったが、すっかり有名になって、今では特殊部隊を意味する一般用語となっている。


奇襲攻撃の地点は、イギリス戦闘機が掩護できる範囲内が条件であったが、シェルブールとル・アーヴルは大きすぎ、カーンは内陸過ぎるし、フェカンは小さ過ぎるということで、結局、ディエップが選ばれた。主要な攻撃目標は、各砲台、フレイヤ型レーダーサイト、内陸のサン・トーバン飛行場などであった。その他としては、敵部隊本部からの機密文書などの奪取、燃料貯蔵庫、ドックなどの重要施設の爆破、ディエップ刑務所からの囚人解放など、可能であれば実施するという程度であった。

作戦概要は明け方直前の5時頃に上陸し、上記の任務を遂行した後に早ければ昼過ぎ、遅くとも夕方には引き揚げるという局地的かつ限定的な上陸作戦であった（＊3）。

まるで、英国本土から朝食を食べにディエップに行くようなものだ！

主力部隊は、イギリス連邦同盟国の志願部隊の士気高揚ということもあり、南部イギリスに駐留していたカナダ第2歩兵師団に白羽の矢が立った。攻撃部隊はワイト島に集結したが、そこにはカナダ将兵5000名、海軍将兵4000名とイギリス軍コマンド部隊1000名、それと名目上参加するアメリカ軍レンジャー第1大隊50名、その他にパラシュート部隊や通信部隊、補給部隊などが含まれていた。

作戦名は当初「ラター」と命名されたが、7月中は悪天候により延期となって一旦は中止と決定された。そして、8月初旬に再度計画が承認され、パラシュート部隊の代わりにコマンド部隊が上陸することや、出港を3か所に分けて行なうなど微調整が加えられ、作戦名は「ジュビリー」（聖年、50年祭の意味）と新たに命名された。

決行日は8月19日！

Marking2-1：カナダ第2歩兵師団の師団マーク。ロイヤルブルーの長方形にカナダの象徴であるゴールドのメープルリーフを配したもの。1916年に制定されたもので、1965年に制定された国旗のメープルリーフといささか異なる。

2　上陸作戦〝ジュビリー〟の概要

上陸地点は次の8地点に分かれていたが、主攻撃地点は第14機甲連隊(カルガリ連隊)ほか4個連隊が上陸するディエップ市街正面の「レッド」および「ホワイト」であった。

◎ディエップ東方
・イエロー1＝ベルヌヴァル。目標：ゲッベルス砲台の制圧
・イエロー2＝ベルヴィル。目標：右に同じ
・ブルー＝ピュイ。目標：重高射砲中隊およびロンメル砲台の制圧
◎ディエップ市街正面
・レッド＝ディエップ市街中央。目標：市街占領
・ホワイト＝ディエップ市街西方。目標：右に同じ
◎ディエップ西方
・グリーン＝プルヴィル。目標：フレイヤ型レーダーサイトの制圧、ゲーリング砲台、ヒトラー砲台の制圧、第302歩兵師団本部の制圧
・オレンジ1＝ヴァレンジュヴィル。目標：ヘス砲台の制圧
・オレンジ2＝キベルヴィル東方。目標：右に同じ

上陸部隊については、編成図2-1のような陣容であった。なお、括弧内は予定上陸地点名であるが、実際は上陸しなかった部隊も記載してある。

Marking2-2：カナダ第14機甲連隊(カルガリ連隊)のマーキング。黒地の菱形に赤の横帯の中に黄色で「14 C.T.R.(14 Canadian Army Tank Regiment)」と書かれている。

主力の第14機甲連隊(カルガリ連隊)はTLC(戦車揚陸艇)10隻に分乗し、チャーチル歩兵戦車30両、スカウトカー7台、ユニバーサルキャリア1台、ジープ4台とブルドーザー2台、将兵161名という兵力であった。連隊は一部のみの動員であり、連隊本部＋1・5個中隊の規模の兵力であった。

各車両には名前と車体番号が白字で左右側面と前面に描かれており、白字の砲塔番号が黒地に青枠の〝○、□、◇〟内に描かれており、砲塔左右側面と前面に描かれていた。その他、側面にはカナダ国旗、前面には黒地の〝□〟に黄色のメープルリーフ、白字に〝175〟の数字が入った青と赤の二色旗が描かれており、なかなかカラフルであった。

また、車両名も動物、昆虫、植物、人名、愛称、女性名、形容詞など中隊毎に特徴があり、なかには隠された意味が

編成図 2-1　1944 年 8 月 19 日　上陸作戦“ジュビリー”の陸上部隊

カナダ第 2 歩兵師団および増強部隊

カナダ第 4 歩兵旅団

- エセックス・ソコティッシュ連隊（レッド・ホワイト）
- ロイヤル・ハミルトン軽歩兵連隊（レッド・ホワイト）
- カナダ・ロイヤル連隊（ブルー）

カナダ第 5 歩兵旅団

- カナダ・ブラックワッチ連隊／3 個小隊（ブルー）
- カルガリ・ハイランダース連隊／1 個迫撃砲小隊（予備として沖合で待機）

カナダ第 6 歩兵旅団

- フュージリアス・モン・ロイヤル連隊（レッド・ホワイト）
- カナダ・クィーンズ・オウン・キャメロン・ハイランダース連隊（グリーン）
- サウス・サスカチュワン連隊（グリーン）
- ローン・スコットランド予備歩兵連隊／第 6 防衛小隊（グリーン）

増強部隊

- 第 14 機甲連隊（カルガリ連隊）の分遣隊（レッド・ホワイト）
- 第 3 軽対空連隊の分遣隊（レッド・ホワイト）
- 第 4 野戦砲兵連隊の分遣隊（レッド・ホワイト・ブルー）
- トロント・スコティッシュ連隊の機関銃部隊（レッド・ホワイト）

コマンド部隊

- 第 3 コマンド部隊（イエロー 1・2）
- 第 4 コマンド部隊（オレンジ 1・2）
- 第 10 連合コマンド部隊（イエロー 1・2、オレンジ 1・2）
- イギリス海兵 A コマンド部隊（レッド・ホワイト）
- USA 第 1 レンジャー大隊の分遣隊（オレンジ 1・2）

表2-1　1944年8月19日　第14機甲連隊の戦闘車両一覧

TLC番号	部隊名	車両名	車体番号	車両型式	砲塔番号
TLC1号 (TLC145)	C中隊本部	CHIEF	T-31124R	チャーチルⅠ特型	F1+○
	同戦闘小隊	COMPANY	T-31878R	チャーチルⅠ	F3+○
		CALGARY	T-68559	チャーチルⅢ	F2+○
	同小隊本部	HORACE	F-64318	スカウトカー MkⅡ	8+◇
TLC2号 (TLC127)	第13小隊	COUGAR	T-68173	チャーチルⅢ特型	13+○
		CHEETAH	T-62171	チャーチルⅢ	13+○
		CAT	T-68696	チャーチルⅢ	13+○
	小隊本部	HECTOR	F-64306	スカウトカー MkⅡ	9+◇
TLC3号 (TLC169)	第8小隊	BULL	T-31862	チャーチルⅠ OKE型	8+□
		BOAR	T-320491	チャーチルⅠ OKE型	8+□
		BEETLE	T-68875	チャーチルⅠ OKE型	8+□
	その他			*ブルドーザー D7型	
TLC4号 (TLC126)	B中隊本部	BURNS	T-31135R	チャーチルⅠ	F1+□
	同戦闘小隊	BACKER	T-68352	チャーチルⅡ	F2+□
		BOLSTER	T-31107R	チャーチルⅠ	F3+□
	同小隊本部	HELEN		スカウトカー MkⅡ	6+◇
TLC5号 (TLC121)	第9小隊	BUTTERCUP	T-31655	チャーチルⅢ特型	9+□
		BLOSSOM	T-68651R	チャーチルⅢ	9+□
		BLUEBELL	T-68759R	チャーチルⅢ	9+□
	小隊本部	HARRY		スカウトカー MkⅡ	7+◇
TLC6号 (TLC163)	第6小隊	BOB	T-68557R	チャーチルⅢ	6+□
		BERT	T-68560R	チャーチルⅢ	6+□
		BILL	T-68558R	チャーチルⅢ	6+□
	その他			*ブルドーザー D7型	
TLC7号 (TLC124)	第10小隊	BEEFY	T-68177R	チャーチルⅢ	10+□
		BELLICOSE	T-68175	チャーチルⅢ	10+□
		BLOODY	T-68701R	チャーチルⅢ	10+□
	小隊本部	HUNTER		スカウトカー MkⅡ	1+◇
	その他			*ジープ	
TLC8号 (TLC125)	連隊本部	RINGER	T-68881	チャーチルⅡ	Z2+◇
		REGIMENT	T-31923R	チャーチルⅡ	Z1+◇
		*ROUNDER	T-68452	チャーチルⅡ	Z3+◇
	その他			*ユニバーサルキャリア	
				*ジープ	
TLC9号 (TLC166)	第7小隊	BRENDA	T-68760R	チャーチルⅢ	7+□
		BETTY	T-68880	チャーチルⅢ	7+□
		BLONDIE	T-68701R	チャーチルⅢ	7+□
	小隊本部	HARE	F-64319	スカウトカー MkⅡ	3+◇
	その他		CM4218884	ジープ（バンパーに“Z3”）	
TLC10号 (TLC165)	第15小隊	CAUSTIC	T-68702	チャーチルⅢ	15+□
		CANNY	T-68870	チャーチルⅡ	15+□
		CONFIDENT	T-68704R	チャーチルⅢ	15+□
	小隊本部	HOUND	F-64306	スカウトカー MkⅡ	2+◇
	その他			*ジープ	

（注）OKE型は火焔放射型戦車。＊印は上陸しなかった車両。

Photo2-2：1942年6月22日から23日にかけてワイト島で行われた演習“Yukon II”で撮影された貴重な写真。第14カナダ戦車連隊が勢ぞろいしている。一番手前のC中隊第13小隊の“COUGAR”（車両番号168173）は、後述するように海岸公園の道路まで突破したところで撃破されている。（NAC C-138688）

あってニヤッとさせられるものもある。

表2-1にTLC毎の分乗兵力を示すが、TLC1号〜10号は臨時に付与された番号であり、本来の公式艦艇番号は括弧内に記してある。なお、戦車揚陸艇については、初期のイギリス軍の呼称であるTLCを本書では使用しているが、一般的にはアメリカ軍が呼称したLCTが主流である（＊6）。

3　イギリス海軍の部隊編成

ジョン・ヒューズ＝ハレット大佐指揮の上陸艦隊は、237隻もの艦艇から構成されていたが、その大半は軽量艦艇や揚陸艇が大半であり、最大の戦闘艦は4インチ（102㎜）砲搭載のハント級駆逐艦8隻と砲艦1隻であった。その他は3インチ砲、40㎜や20㎜のボフォースまたはエリコン機関砲であり、威力不足が否めなかった。この当時、イギリス海軍はドイツ空軍による空爆を恐れており、海峡海域で戦艦や重巡洋艦を用いることを禁じていたのである。

その詳細を次ページの表2-2に示す。

4　ドイツ軍の防衛体制

一方、ディエップ周辺のドイツ軍側の防衛部隊は、アドルフ・クンツェン大将麾下の第81軍団であり、ディエップの直接防衛はコンラート・ハーゼ中将率いる第302歩兵師団が担っていた。師団本部はディエップから16㎞ばかり内陸にあ

Photo2-3：1942年5月に行なわれたワイト島での技術試験。キャタピラ社製D7型ブルドーザーがTLCより上陸している。地雷処理や鉄条網の突破に用いられる予定であったが、銃砲弾が飛び交う戦場では全く役には立たなかった。後方のTLC121（TLC5）は、ディエップの浜辺に遺棄される運命にあった。（IWM H20178）

表2-2　1944年8月19日
上陸作戦“ジュビリー”の海軍部隊

種類	隻数
ハント級駆逐艦	8
大型掃海艇・砲艦	2
歩兵揚陸艇（LSI）	9
兵員揚陸艇（LCP）	77
戦車揚陸艇（TLC）	24
高射砲艇（LCF）	6
ガンボート（エンジン駆動）（MGB）	12
ガンボート（蒸気駆動）（SGB）	4
ランチボート（エンジン駆動）（ML）	20
駆潜艇	7
その他掃海艇戦隊	2個戦隊

（注）兵員揚陸艇（LCP）は、突撃揚陸艇（LCA）60隻、支援揚陸艇（LCS）8隻と機動揚陸艇（LCM）7隻を搭載

Photo2-4：ディエップの戦闘の翌日、1942年8月20日に撮影されたもの。第302歩兵師団の将兵の前で勝利宣言と訓示を与える第81軍団長アドルフ・クンツェン大将（前列向かって左端）、その斜め右後ろのメガネを掛けているのが第302歩兵師団長コンラート・ハーゼ中将、そしてその右隣が第571歩兵連隊長ヘルマン・バルテルト中佐である。（BA 101I-291-1230-18 ／ Wiltberger）

Marking2-3 (1)：1940年末に制定された第302歩兵師団の師団マーク。マイセンの陶磁器で有名なマイスナーシュヴェルターと言われるシンボルマークで、師団長のハーゼ中将がドレスデン生まれに因んだものである。

Marking2-3 (2)：ディエップ戦以降に用いられた師団マーク。「D」はディエップ、その中の帆かけ舟は連合軍上陸部隊を表しており、ディエップ戦での勝利を記念したものである。

るアラク・ラ・バタイユにあり、第５７０～第５７２の３個歩兵連隊と、第３０２砲兵連隊、師団直轄部隊が広く沿岸や内陸に分散して駐留していた。このなかで、ディエップ近郊に駐屯する部隊は、兵力僅か１５００名のヘルマン・バルテルト中佐指揮の第５７１歩兵連隊であり、次ページの編成図２-２のような部隊配置であった。

この他に、市街と港湾その周辺の固定陣地には、野砲や戦車砲塔などが装備されていた。さらに、海軍の港湾防衛部隊の固定陣地には対戦車砲が配備され、空軍軽高射砲部隊も市街と港湾に展開していた。

ドイツ軍のディエップ防衛部隊の要は、沿岸および後方地

編成図 2-2　1942 年 8 月 19 日　ドイツ第 571 歩兵連隊

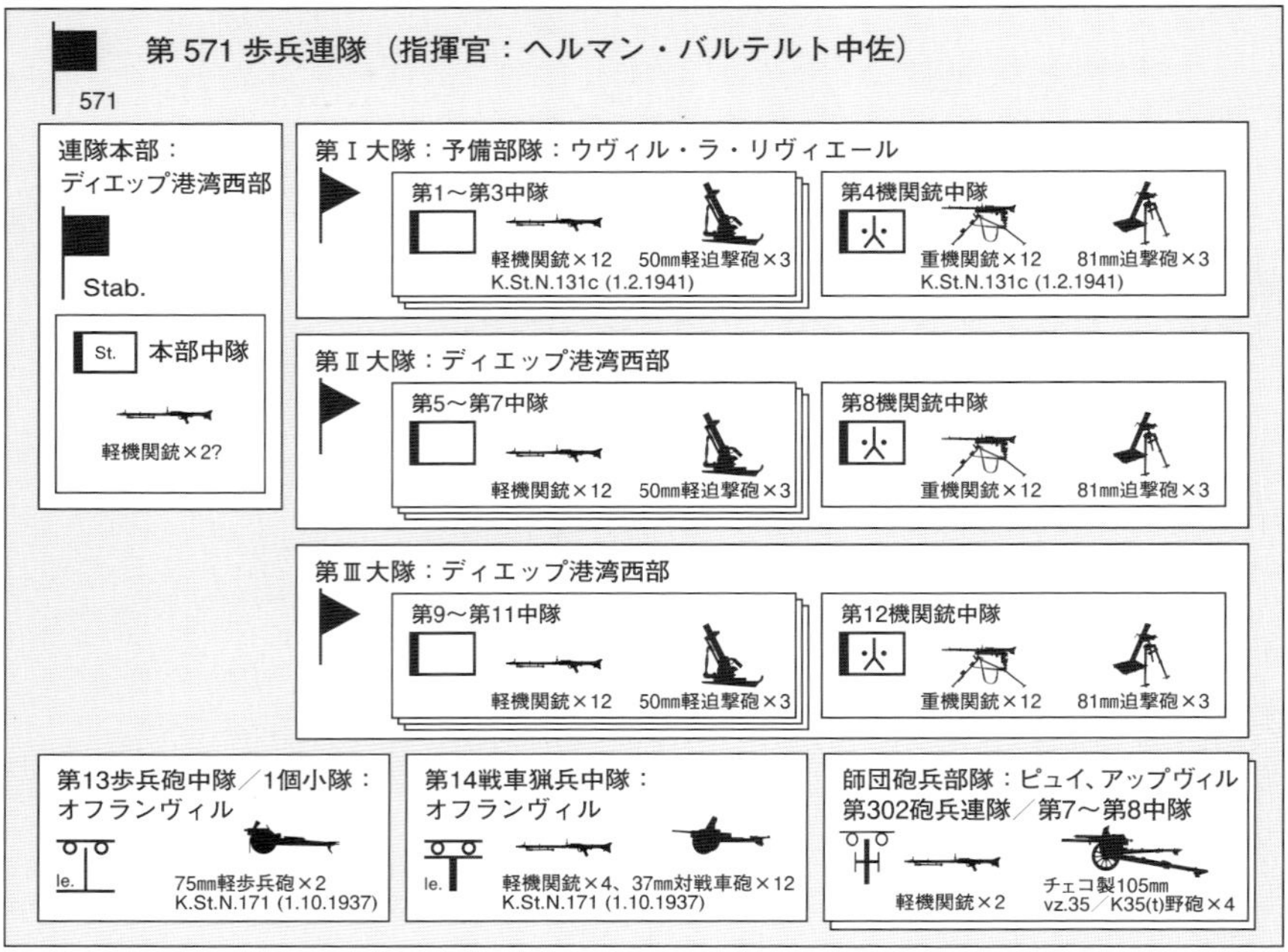

装備表 2-1　ディエップ周辺のドイツ砲兵部隊（1942 年 8 月 19 日付）

ヴァレンジュヴィル（オレンジ）	第 813 軍直轄沿岸砲兵中隊（ヘス砲台） フランス製155㎜重カノン砲K418（f）（GPF155㎜ K17）×6
アップヴィル北西 （ホワイト・レッド西方）	第 302 砲兵連隊／第 7 中隊（牽引式） チェコ製105㎜野砲K35（t）（vz.35）×4
レ・ヴェルテュ北西 （ホワイト・レッド南方）	所属部隊不明 砲兵 1 個中隊（ゲーリング砲台） チェコ製100㎜軽榴弾砲le.F.H.14/19（t）×4
レ・ヴェルテュ東方 （ホワイト・レッド後方）	空軍重高射砲中隊 フランス製鹵獲75㎜重高射砲 FlaK M36（f）×4
カルモン（アラク・ラ・バタイユ西方） （ホワイト・レッド南東）	第 265 軍直轄沿岸砲兵中隊（ヒトラー砲台） 150 ㎜重カノン砲 K16×4
ピュイ西方（ブルー東方）	空軍重高射砲中隊 フランス製鹵獲75㎜重高射砲FlaK M36（f）×4
ピュイ南東（ブルー南東）	所属部隊不明 砲兵 1 個中隊（ロンメル砲台） チェコ製100㎜軽榴弾砲le.F.H.14/19（t）×4
ピュイ南東（ブルー南東）	第302砲兵連隊／第8中隊（牽引式） チェコ製105㎜野砲K35（t）（vz.35）×4
ベルヌヴァル（イエロー）	第 770 軍直轄沿岸砲兵大隊／第 2 中隊（ゲッベルス砲台） 170㎜カノン砲K18 L/50×3 フランス製鹵獲105㎜軽榴弾砲K324（f）（シュナイダーM13）×4 

1942年8月18日　ディエップ上陸作戦　イギリス戦隊　経路図

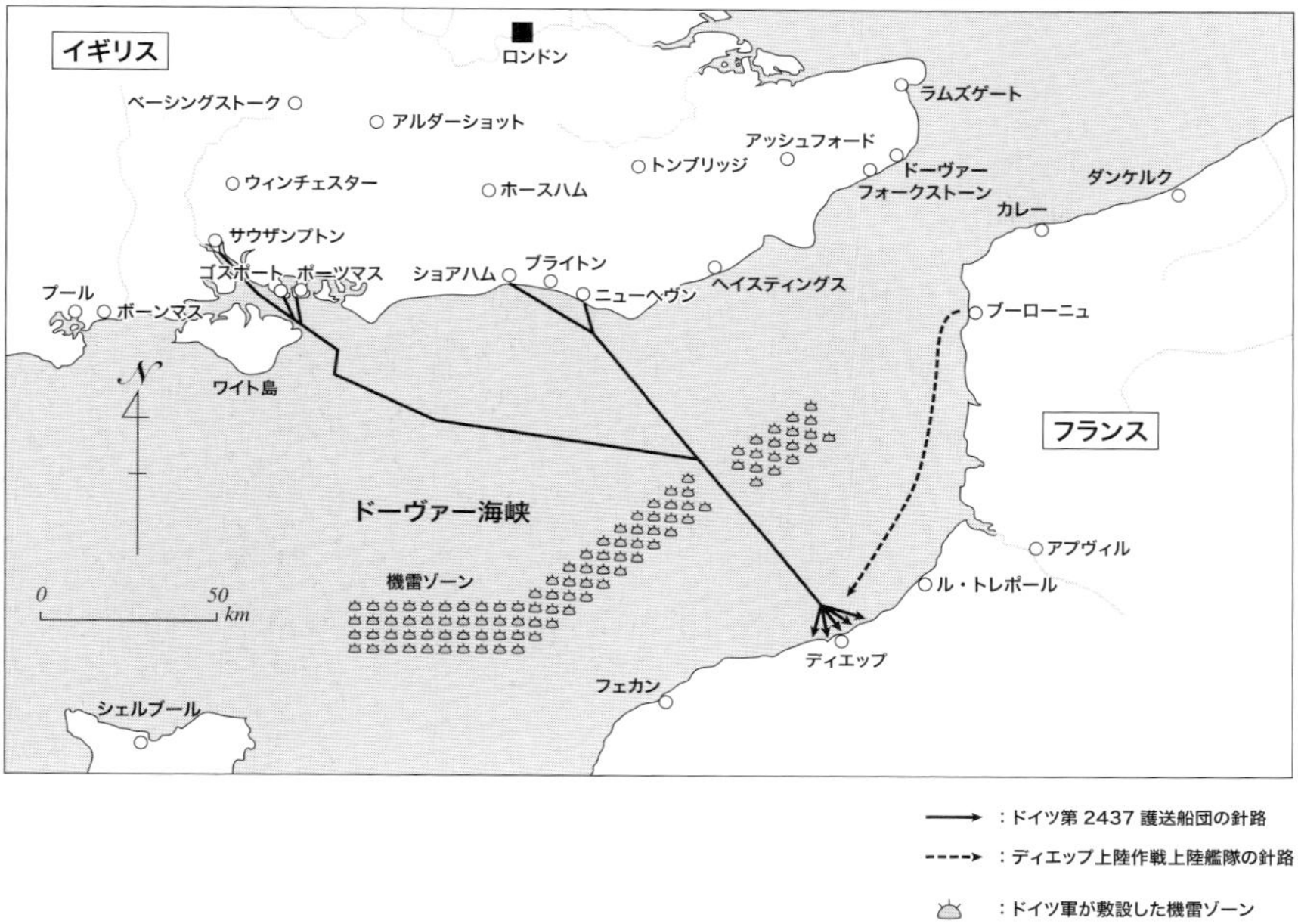

帯に展開する重砲兵部隊、空軍重高射砲部隊であり、合計9個中隊がバルテルト中佐の第571歩兵連隊を支援する役割を与えられていた。装備表2-1の部隊配置は西側からの順であるが、牽引式以外は固定陣地に据え付けられており、移動はできなかった。

その他の戦略予備部隊としては、アミアンを中心として駐留中のヴォルフガング・フィッシャー中将指揮の第10戦車師団、さらにはヴェルノンに駐留しているゼップ・ディートリヒSS大将率いるSS旅団〝LAH〟があった。しかしながら、この両部隊は東部戦線で大打撃を受けて休養・再編成中であり、車両や武器の整備不足、ガソリン不足、補充兵の錬度不足という三重苦に喘いでおり、戦車師団、自動車化歩兵旅団という額面通りの戦力には程遠かった。

第302歩兵師団長のハーゼ中将は、謹厳実直な性格であった。彼は7月にディエップ周辺で大規模な上陸迎撃演習を行ない、その教訓をもとに護岸に鉄条網を敷設し、浜から続く接近路には対戦車壁、幹線道路にはコンクリート・ブロックにより封鎖拠点を増設した。また、全沿岸の砲座には、コンクリートによる防御壁が増強された。さらに深さ2mの壕によってトブルクピット、ピルボックスなどの各防衛拠点が連結され、多くの個人用掩体（タコつぼ）が設けられて、狙撃兵には無煙火薬の薬莢が配布されていた。

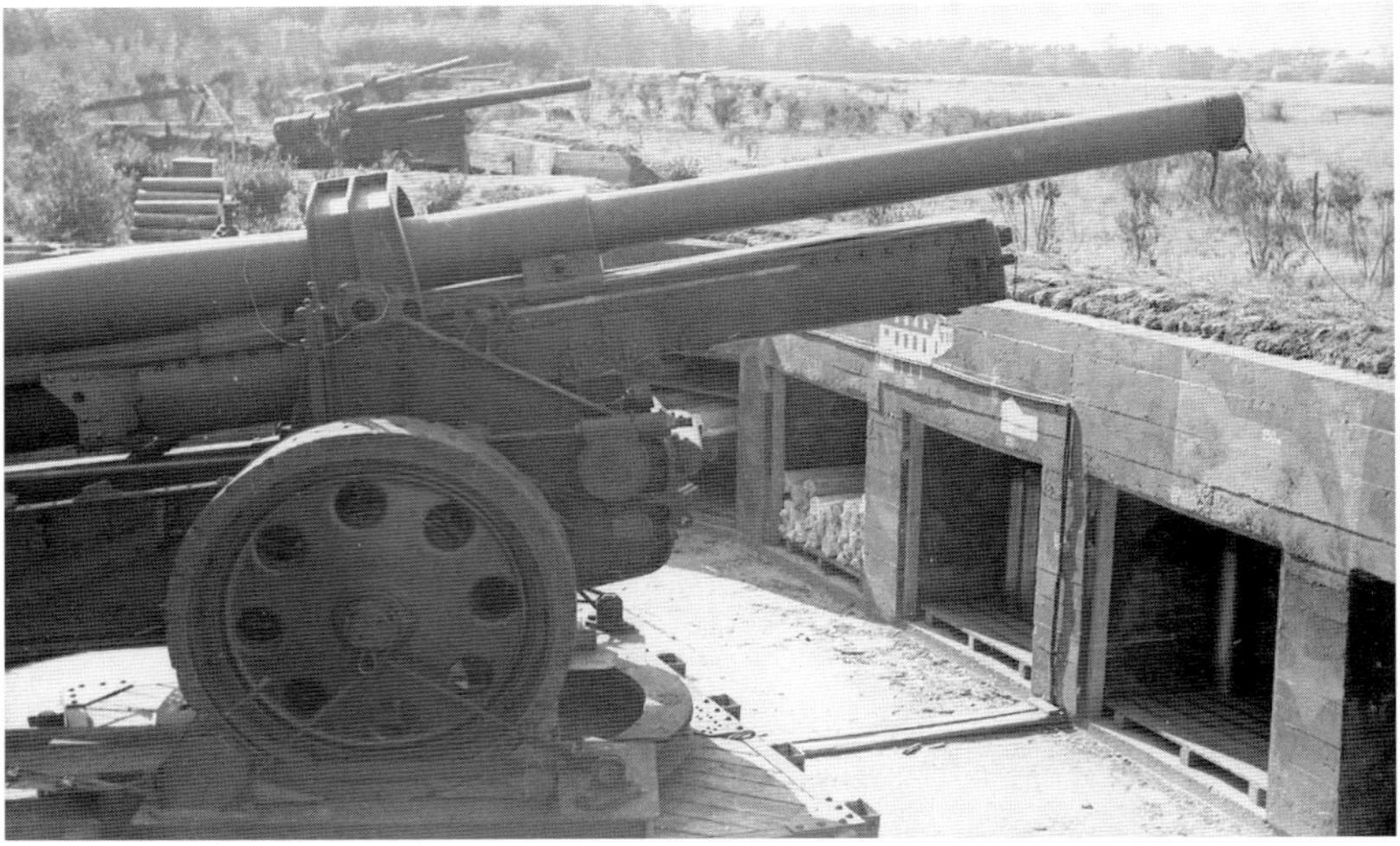

Photo2-5：カルモン（アラク・ラ・バタイユ西方）にある第265軍直轄沿岸砲兵中隊陣地、別名“ヒトラー砲台”である。この砲台は4門の150㎜重カノン砲K16で構成されており、ホワイト、レッド地点へ非常に精密な砲撃を実施してイギリス上陸部隊に甚大な損害を与えた。（BA 101I-291-1242-27 ／ Koll）

Photo2-6：フランス沿岸陣地で設置されたフランス製鹵獲75㎜重高射砲M36の大変貴重な写真である。初めて見た方も多いと思うが、この重高射砲は生産数が少なく、極めて少数が「7.5㎝ FlaK M36（f）」としてドイツ軍によって利用されている。

Photo2-7：駆潜艇“UJ1404”号を捉えたきわめて珍しい写真。472tトロール漁船“フランケン”を改造したものであり、前部デッキには88㎜高射砲と20㎜高射機関砲、後部デッキには爆雷投下装置が確認できる。面白いことに船首には白波がペイントされているが、これは遠目で速度を誤認させる（高速に見せかける）カモフラージュである。

5　知られざる海戦

１９４２年8月18日20時、ブーローニュからディエップに向かう第２４３７護送船団の8隻が出港した。目的地のディエップには翌日5時の到着予定であり、5隻の沿岸哨戒艇に護衛として第14駆潜艇戦隊の駆潜艇ＵＪ１４１１号、ＵＪ１４０４号、そして第40掃海艇戦隊の補助掃海艇Ｍ４０１４号が付き添っていた。その詳細は編成図2-3のとおりである。

船団の5隻は２００t～４００t級のタグボート、小型連絡船などの雑多な舟艇で、機関砲などの武装を装備して沿岸哨戒艇に改造したものであり、〝フランツ〟以外はいずれもオランダの鹵獲舟艇であった。一方、護衛戦隊の旗艦ＵＪ１４１１号は３５０t捕鯨船〝トレフⅢ〟、ＵＪ１４０４号は４７２tトロール漁船〝フランケン〟に88㎜高射砲1門と20㎜機関砲2門を搭載し、爆雷投下装置と無線装置を設置した中型武装漁船であり、補助掃海艇Ｍ４０１４にしても３５２t漁船〝グレットカウ〟の改造で、何やら生臭い魚の匂いが漂ってくるような護衛戦隊であった。

指揮官のヴルムバッハ海軍中尉（ケースター海軍中尉という説あり）はＵＪ１４１１号に乗船し、8月19日午前3時頃にベルヌヴァル沖合に差し掛かった。この時、他の船舶エンジン音が聞こえたため、ヴルムバッハは味方識別のために信号灯を点滅させた。応答はなかった。船団からはぐれた船か

Photo2-8：これまた大変珍しい補助掃海艇“M4014”の写真。352tの漁船“グレットカウ”を改造したもので、バルト海沿岸で使用された典型的な2本マスト型の中型トロール漁船である。前部デッキに高射機関砲、中央に高射砲、後部デッキに掃海器具が増設されている。

編成図2-3　ドイツ第2437護送船団
（1942年8月18日付）

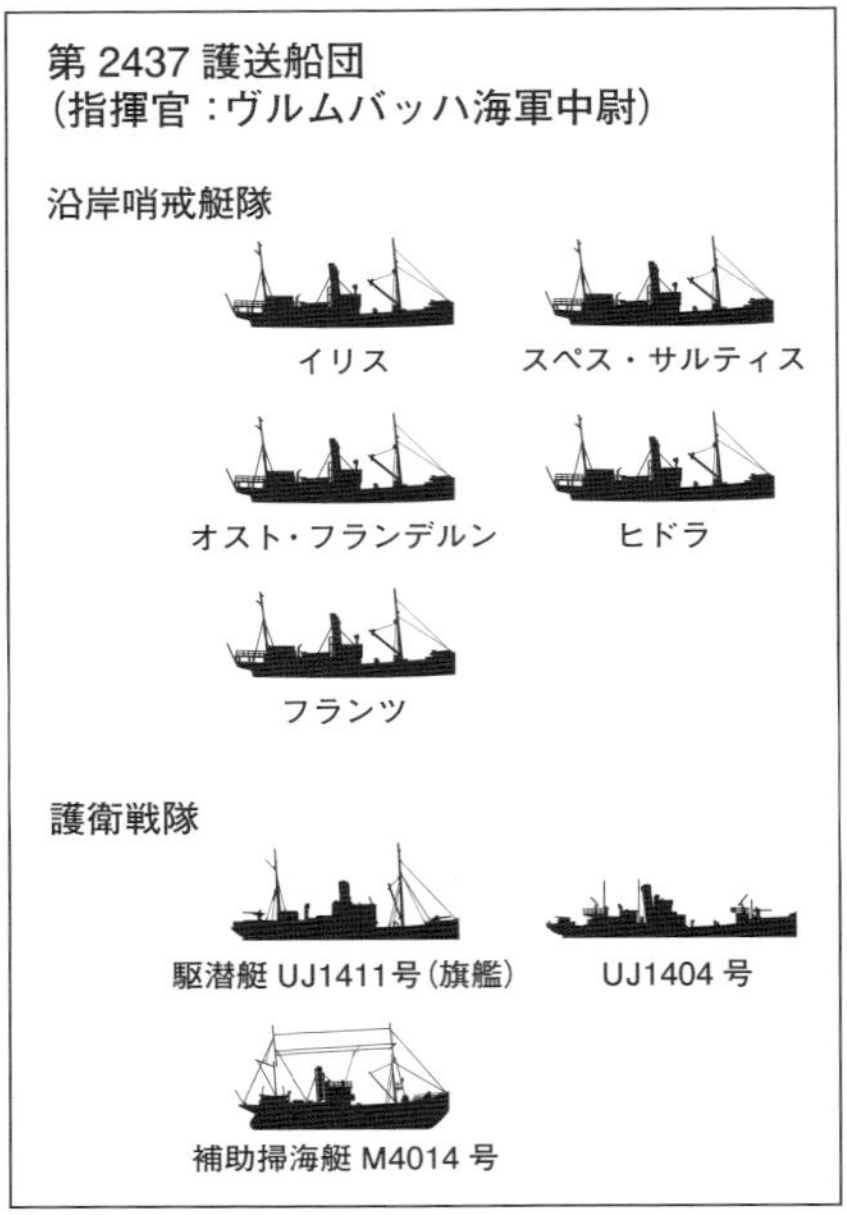

もしれないし、もしかしたら敵の高速魚雷艇の可能性もある。10分、20分、さらにもう5分……。

不安と焦燥の時間が過ぎ、3時47分（48分の説あり）まで中尉は待ったが、依然として応答はなかった。ヴルムバッハは敵だと確信し、照明弾を打ち上げた。その瞬間、思いもよらない驚天動地の光景が明々と映し出された。ヴルムバッハの護送戦隊は、沿岸を目指して進む兵員揚陸艇の大群の真っ只中にいたのである。

それはイエロー地点へ向かう第1舟艇部隊（第5グループ）であり、途端に双方の搭載砲と機関銃が咆哮し、真夜中の不期遭遇戦が開始された。曳光弾が飛び交い、ＵＪ１４１１号にも命中弾が相次いだ。

「侵攻だ！」

中尉は無線手に打電するよう命令したが、最初の命中弾でアンテナが撃ち飛ばされて通信不能であった。すぐに点滅信号で、ＵＪ１４０４号へ信号を送って打電するよう命令する。すぐに応答が帰って来た。「不可能。アンテナ破損」

ＵＪ１４１１号とＵＪ１４０４号は、88㎜高射砲と20㎜機関砲で、あたり一面の兵員揚陸艇に対して砲撃を加えた。イギリス側もガンボートＳＧＢ５号、ランチボートＭＬ３４６号、高射砲艇ＬＣＦ１号が反撃し、貧弱な護衛戦隊は大損害を蒙ってしまった。

ヴルムバッハは船団に対して、負傷者を収容して退避する

1942年8月19日　3:49の海戦

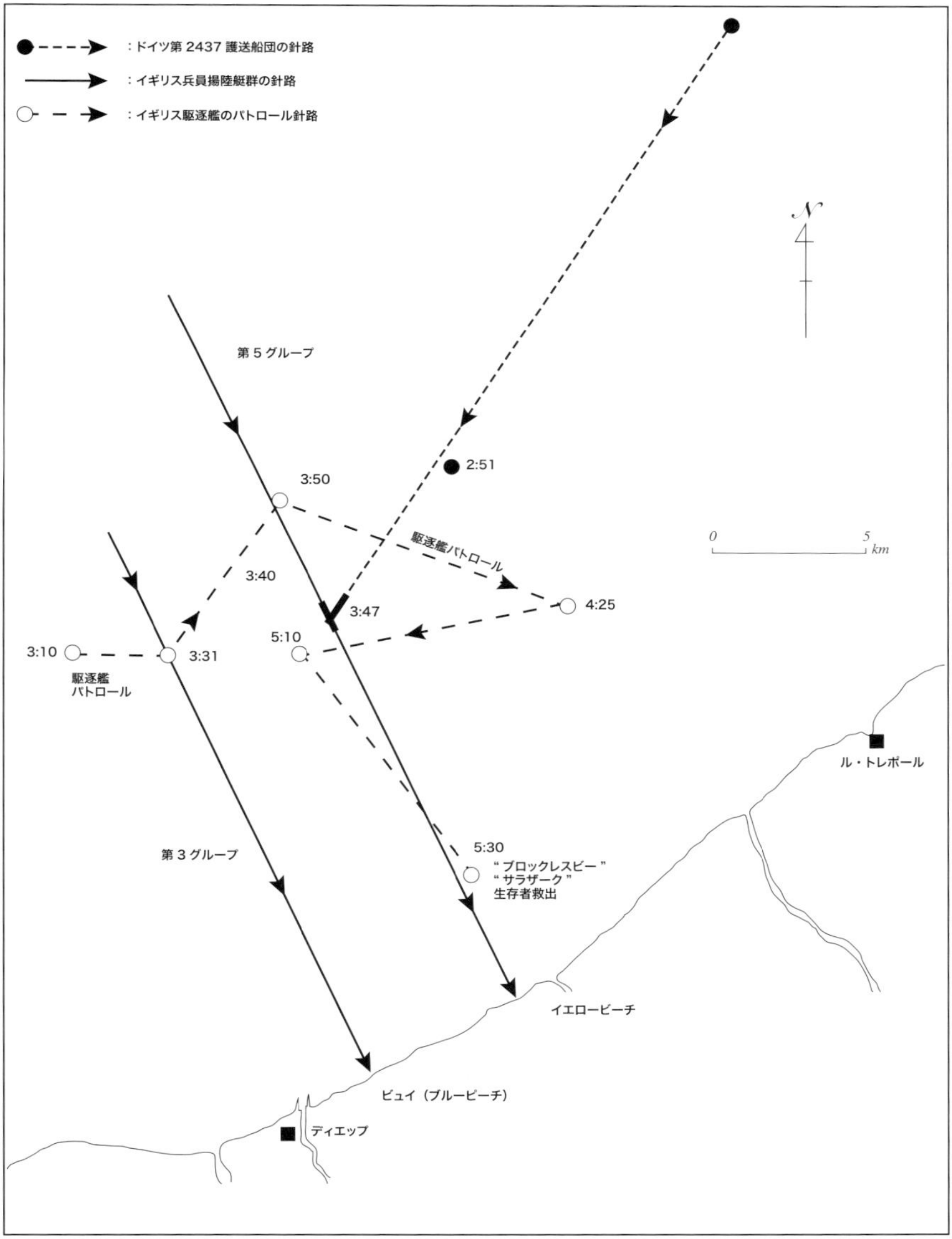

よう点滅信号で指示した。沿岸哨戒艇5隻のうち〝フランツ〟は沈没し、ＵＪ１４０４号は集中砲火を浴びて火だるまとなって漂流した後に沈没し、乗組員は救命ボートで脱出した。その後、この生存者25名は、5時30分にイギリス駆逐艦〝ブロックレスビー〟と〝サラザーク〟によって救助されたが、ドイツ側の戦死者は50名に上った（＊11）。

この予期せぬ海戦から1時間後の4時35分、沿岸に駐在する歩哨から、相次いでディエップ海軍通信所へ報告が届いた。「未確認船舶群プルヴィル正面にあり」通信所では、夜間認識誰可の閃光信号を発したが応答はなく、次いで警戒信号弾を打ち上げたがそれでも応答はなかった。

通信所の当直将校は地区港湾責任者へ報告し、この報告はル・アーヴル海軍司令部へと回され、そこで行動するドイツ海軍の艦艇がこの海域にないことが確認された。5時5分、地区港湾責任者を経由して、ル・アーヴル海軍司令部から次のような命令が通信所にもたらされた。

「集中攻撃を開始せよ」

すぐさま特殊信号弾が打ち上げられ、7つの緑色の星となって夜空を流れた。この信号弾を見て、ディエップ周辺沿岸に展開していた全ドイツ軍防衛陣地が、一斉に砲火の火蓋を切ったのであった。（＊12）

6　イエロービーチの戦闘——第3コマンド部隊

第２４３７護送船団に遭遇した第1舟艇部隊（第5グループ）は、イギリス本土からの航行途中で兵員揚陸艇（ＬＣＰ）4隻が脱落して19隻になっていたが、この夜間海戦により散り散りばらばらとなってしまった。4隻は破損して本土へと引き返し、掌握したＬＣＰは僅か8隻であり、7隻が行方不明となった。このため、駆逐艦〝カルプ〟の司令部は上陸作戦中止を決定した。しかしながら、この連絡がとれない「行方不明」の7隻は、実はベルヌヴァル海岸を目指して作戦を継続していたのである。

単独航行を続けたＬＣＰ15号は、4時45分に敵の迎撃を全く受けずにイエロー2ビーチへと上陸した。ピーター・ヤング大尉率いる第3コマンド部隊の一部、すなわち将校2名、兵卒17名の小グループは、予定通りゲッベルス砲台を目指してベルヌヴァル市街へと向かった。装備は小銃10挺、ブレン軽機関銃6挺、ボーイズ対戦車銃3挺、2インチ迫撃砲1門という軽装備であった。

そして市街から西方へ進み、トウモロコシ畑に分け入って砲台背後に回り込み、２００ｍの距離にブレン軽機関銃を据えて銃撃戦を開始した。突然の奇襲により砲台は大混乱となり、砲撃どころではなくなって貴重な１７０㎜重カノン砲の

Photo2-9：1944年に撮影されたスナップ写真。向かって左側からチャーリー・ヘッド少佐、ジョン・ダーンフォード＝スレイター准将、そして一番右側がピーター・ヤング中佐（大尉から昇進）である。

砲撃時間が失われた。ヤングの弱小兵力は、実に1時間半にも渡ってイエロー1ビーチからの増援を待ちながら、砲台に向けて銃撃戦を継続した。しかしながら、弾薬も残り少なくなり、小火器での砲台の制圧は不可能で、それ以上の戦闘は無意味であった。そして、LCP15号が待つ海岸からは、「撤退開始」の信号弾が打ち上げられた。ヤング大尉と18名はLCP15号へ戻り、さしたる損害もなくイギリス本土への帰還の途に着いた。

一方、イエロー1ビーチには、ML346号に護衛された6隻のLCPが午前5時15分に到着し、ウィル大尉指揮の第3コマンド部隊、USレンジャー部隊数名の計120名が上陸した。しかしながら、海上を進む時点でドイツ軍沿岸防衛拠点から凄まじい砲火を浴びて、甚大な被害を蒙った。上陸部隊は屈せず戦闘を継続し、オズモンド大尉率いる部隊は断崖絶壁を登ってル・プティ・ベルヌヴァル村へと突入した。

5時30分、アラク・ラ・バタイユの第302歩兵師団本部では緊急警戒警報が出され、大混乱の中で右往左往しながらも、あらゆる後方部隊に緊急出撃する命令を発していた。第302戦車猟兵大隊長ブリュッヒャー少佐は、ベルヌヴァル方面に対して臨時戦闘団を編成して送り出したが、これがドイツ軍のなかで一番早い増援部隊であった。編成図2-4にこの戦闘団の装備を掲げる。

Photo2-10：LCP4隻を従えて航行するランチボート“ML230”。乗船している将兵はカナダ第2歩兵師団／フュージリアス・モン・ロイヤル連隊で、予備部隊として待機している状況である。
（IWM A011230）

編成図2-4　1942年8月19日
臨時戦闘団“ブリュッヒャー”

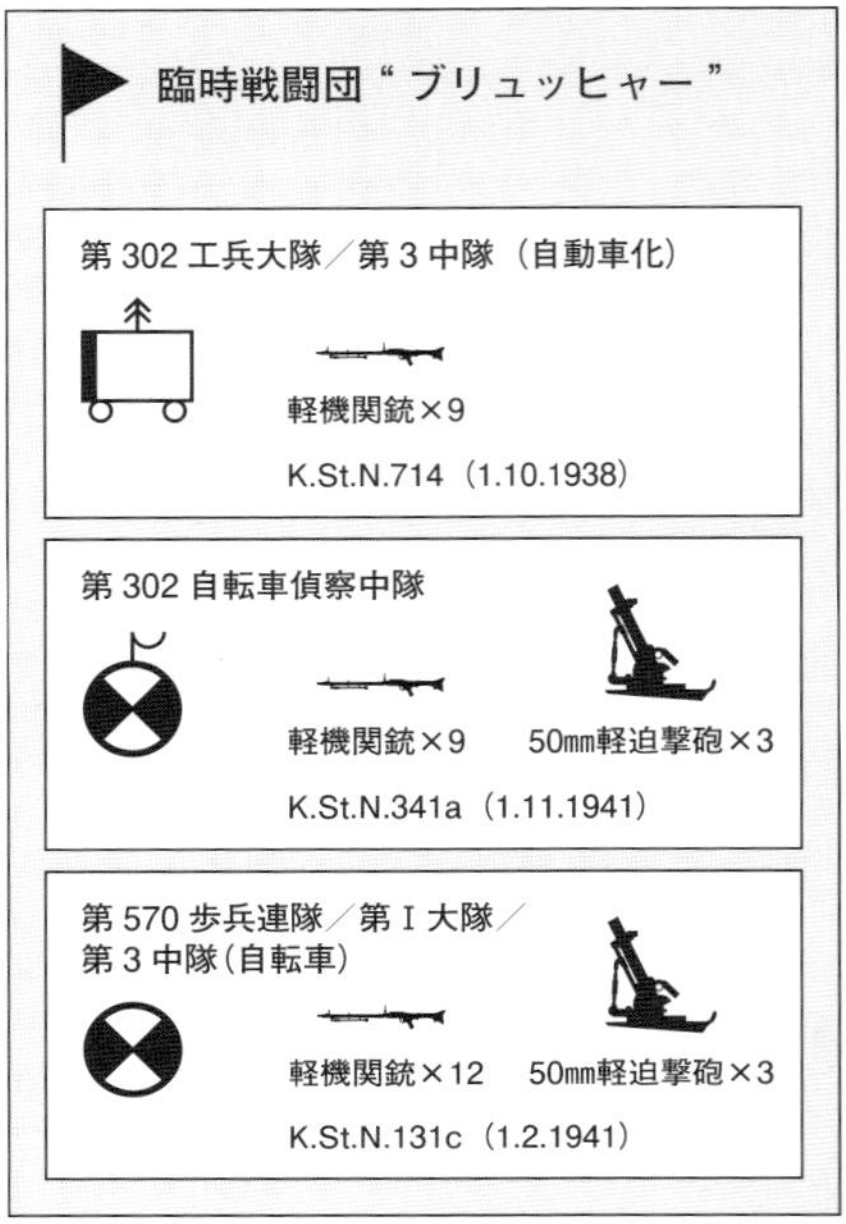

1942年8月19日　ディエップ上陸作戦　戦況図

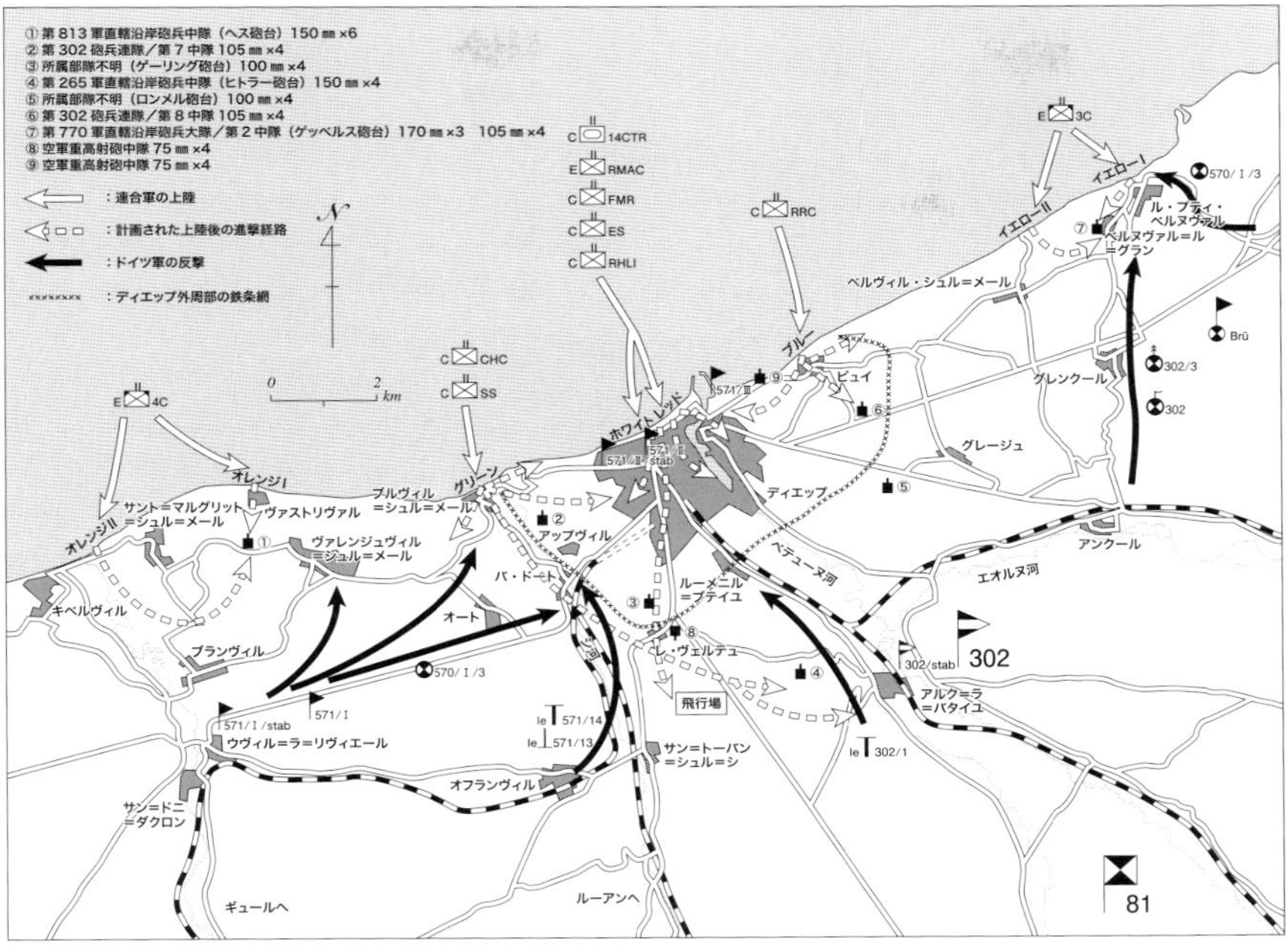

〈連合軍〉

[ホワイト&レッド]

C 14CTR　：カナダ第14機甲連隊／分遣隊

E RMAC　：イギリス海兵Aコマンド部隊

C FMR　：カナダ　フュージリアーズ・モン・ロイヤル連隊

C ES　：カナダ　エセックス・スコティッシュ連隊

C RHLI　：カナダ　ロイヤル・ハミルトン連隊

[ブルー]

C RRC　：カナダ　ロイヤル連隊

[グリーン]

C SS　：カナダ　サウス・サスカチュワン連隊

C CHC　：カナダ　クィーンズ・オウン・キャメロン・ハイランダース連隊

[イエロー]

E 3C　：イギリス第3コマンド部隊

[オレンジ]

E 4C　：イギリス第4コマンド部隊

注）上陸軍の各連隊は連隊本部と選抜された1個大隊であった。このため、大隊兵力としている。

〈ドイツ軍〉

81　：第81軍団

302　：第302歩兵師団

302/stab　：第302歩兵師団本部

Brü　：戦闘団"ブリュッヒャー"

302/3　：第302工兵大隊／第3中隊（自転車）

302　：第302自転車偵察中隊

570/Ⅰ/3　：第570歩兵連隊／第Ⅰ大隊／第3中隊（自転車）

571/Ⅱ　：第302歩兵師団／第571歩兵連隊／第Ⅱ大隊

571/Ⅱ/stab　：第302歩兵師団／第571歩兵連隊／第Ⅱ大隊本部

571/Ⅲ　：第302歩兵師団／第571歩兵連隊／第Ⅲ大隊

571/Ⅰ　：第302歩兵師団／第571歩兵連隊／第Ⅰ大隊

571/Ⅰ/stab　：第302歩兵師団／第571歩兵連隊／第Ⅰ大隊本部

571/Ⅰ/3　：第571歩兵連隊／第Ⅰ大隊／第3中隊（自転車）

le 302/1　：第302戦車猟兵大隊／第1中隊（37㎜対戦車砲×4）

le 571/14　：第571歩兵連隊／第14戦車猟兵中隊（37㎜対戦車砲×12）

le 571/13　：第571歩兵連隊／第13軽歩兵砲中隊／1個小隊（75㎜軽歩兵砲×2）

この戦闘団は、ちょうどル・プティ・ベルヌヴァル村から内陸に進もうとしていた第3コマンド部隊と遭遇し、激しい銃撃戦となった。7時になってコマンド部隊は撤退を開始したが、猛烈な銃砲撃により浜辺で釘付けとなり、残されていたLCPも破壊され、結局、10時過ぎには生き残ったコマンド兵は全員捕虜となった。イエロー1ビーチに上陸した120名のうち、37名が戦死して82名が捕虜となったが、そのほとんどが負傷していた。僅かに1名のみが沖合まで泳いで行って、LCPに拾われて本土へと帰還している。なお、USレンジャー部隊のエデュアルド・ラスタロット少尉がこの戦闘で戦死しているが、これは第二次大戦のヨーロッパ戦線で戦死した最初のアメリカ人である（＊13）。

7　オレンジビーチの戦闘——第4コマンド部隊

ヘス砲台を目指す第4コマンド部隊は、小型歩兵揚陸艇（LSI）〝プリンス・アルバート〟から7隻の突撃揚陸舟艇（LCA）に乗り換え、一路海岸へと進発した。4時45分、オレンジ1ビーチ（ヴァストリヴァル）には3隻が到着し、ミルズ＝ロバーツ少佐率いる87名が上陸。そして4時53分にオレンジ2ビーチ（キベルヴィル）に4隻、ロード・ロヴァット中佐率いる164名が上陸した。

ロヴァット隊は、海岸のピルボックス2ヶ所を制圧した後、サーヌ河沿いに内陸へと進んだ。なお、ヴィージー少尉の別動隊は、直接森林地帯を進んでサント・マルグリット村とヘス砲台の道路を封鎖する一方で、ロバーツ隊との合流を目指した。

オレンジ1ビーチのロバーツ隊は、切り立った崖を登ると厳重な鉄条網に出くわしたが、M1A1バンガロール爆薬筒で爆破して、そこの隙間から主力が内陸へと進んだ。一方、バウチャー＝マイヤーズ大尉の別動隊は側面援護のため砲台の右翼に進み、さらにカー少尉の分隊が灯台のケーブル切断のために分遣された。

ロバーツ隊の主力は5時40分頃にヘス砲台の鉄条網に達し、そこで迫撃砲と機関銃を据えつけた。計画では35分後にロヴァット隊と共に攻撃を開始するはずであったが、ヘス砲台の155㎜重カノン砲K418（f）が沖合の艦艇に対して砲撃を開始したため、ブレン機関銃と2インチ迫撃砲の火蓋が切られた。ジミー・ダニング上級曹長の迫撃砲チームが放った2発目は、偶然にも重カノン砲を直撃し、そばにあった弾薬が誘爆を起して大音響が轟き、辺り一面は炎と黒煙に包まれた。

その直後、ロヴァット隊が駆けつけて砲台の背後から奇襲を開始し、短機関銃と手榴弾の接近戦により、ついに砲台を制圧することに成功した。彼らは各カノン砲の砲口と砲尾栓に爆薬を仕掛けて破壊し、さらに地下の弾薬庫を爆破し、死

Photo2-12：ディエップから生還して英国本土ニューヘヴン港へ到着した第4コマンド部隊。左から指揮官ロード・ロヴァット中佐、ゴールドン・ウエッブ大尉、バウチャー＝マイヤーズ大尉。面白いことに中佐が肩に掛けているのは、愛用する狩猟用ライフルで、リー・エンフィールド小銃ではない。（IWM BH14844）

Photo2-11：ヴァレンジュヴィルにある第813軍直轄沿岸砲兵中隊陣地、別名“ヘス砲台”の珍しい写真。この砲台は、フランス製155㎜重カノン砲K418（f）（155㎜ GPFカノン砲K17）6門を装備していた。最大射程は19.500mと平均的であったが機動性に優れて使い勝手が良かった。

者と負傷者を全員連れてオレンジ1ビーチで待つ突撃揚陸舟艇（ＬＣＡ）へと向かった。そして、無事に撤退することに成功したのであった。

ロヴァット中佐率いる第4コマンド部隊の戦闘は、特殊部隊の輝かしい成功例として、今なお各国の特殊部隊養成学校のテキストの冒頭に、ケーススタディとして掲載されている（＊14）。

8　ブルービーチの戦闘——カナダ・ロイヤル連隊

ブルービーチ、すなわちピュイ海岸は切り立った崖であり、僅かに長さ250ｍの狭い砂浜からアクセスが可能であったが、その背後には3ｍ以上の土手が続いていた。また、ピュイの集落は高台にあり、そこに辿り着くにはいくつものピルボックスや機関銃座を経なければならなかった。

カナダ・ロイヤル連隊長ダグラス・キャットー中佐は、554名の部隊を三波に分けて上陸することとしたが、海岸に到着したのは予定時間を16分過ぎた5時6分で、辺りは白々と明けていたのである。兵員揚陸艇（ＬＣＰ）は狙い撃ちされ、高台の機関銃座、迫撃砲陣地からは雨あられの銃砲撃が加えられた。

最初の20分間で浜辺は血の海となり、遮蔽物のない海岸でカナダ兵は次々と斃れて行き、第二波が到着してもますます犠牲者は増える一方であった。僅かにキャットー中佐と25名

1942年8月19日　ディエップ上陸作戦　イエロービーチ戦況図

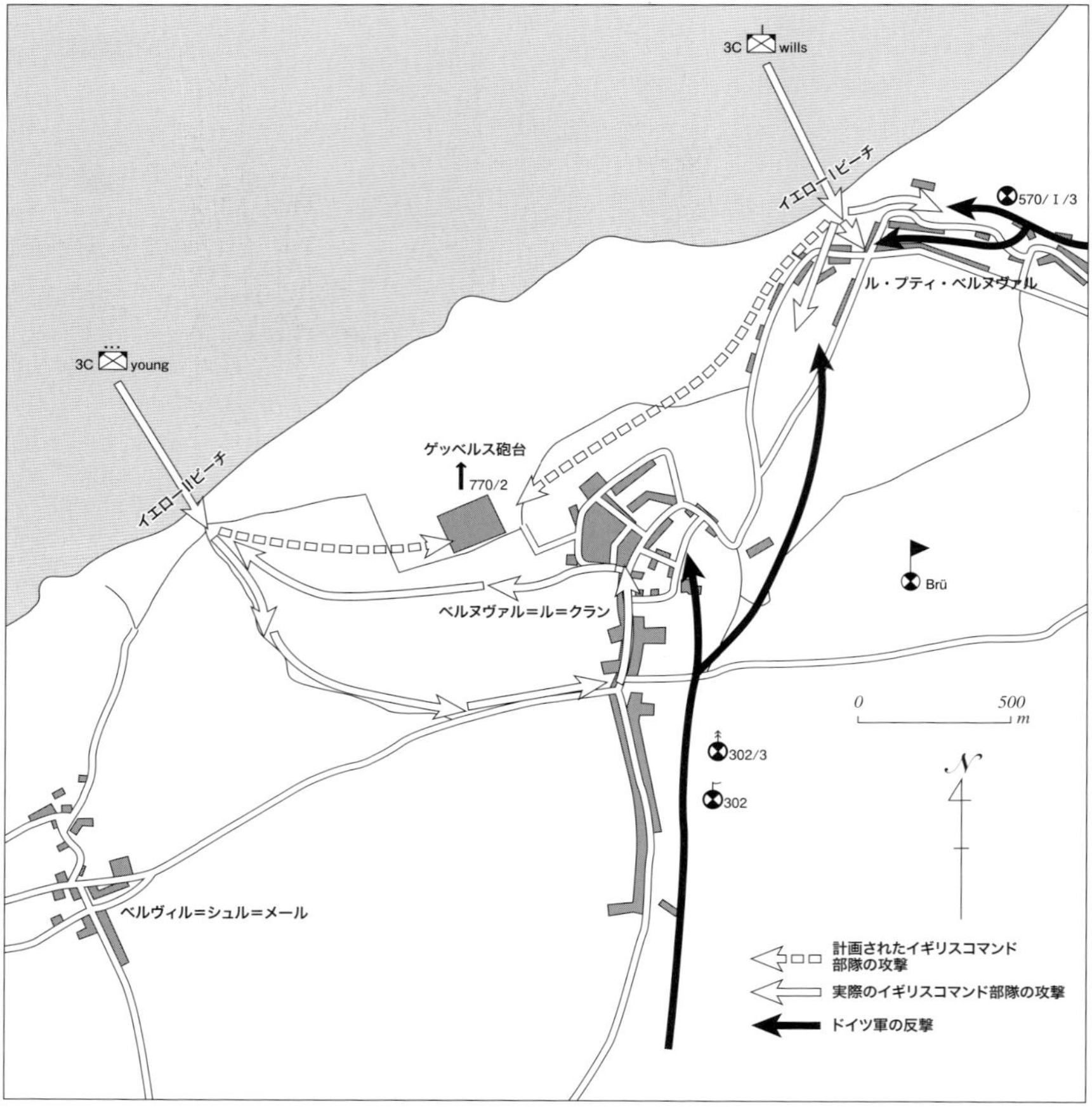

302/3　：第302工兵大隊／第3中隊(自転車)

302　：第302自転車偵察中隊

570/Ⅰ/3　：第570歩兵連隊／第Ⅰ大隊／第3中隊(自転車)

Brü　：戦闘団“ブリュッヒャー”

3C young　：第3コマンド部隊の一部 ヤング大尉指揮

3C wills　：第3コマンド部隊の一部 ウィルス大尉指揮

770/2　：第770軍直轄沿岸砲兵大隊／第2中隊(ゲッベルス砲台)

Photo2-13：ピュイでの凄惨な光景である。ごらんの通り遮蔽物のない海岸で、イギリス兵は高台から狙い撃ちされ、次々と斃されていった。上陸した554名のうち200名が戦死し、264名が捕虜となり、僅か90名ほどが生還できたに過ぎない。（BA 101I-291-1230-13 ／ Wiltberger）

の決死隊が、土手をよじ登ってピュイ集落の入り口まで到達したが、そこで釘づけとなって身動きがとれず、孤立して後に全員が捕虜となった。さらに第三波のカナダ・ブラックワッチ連隊の3個小隊ほかは、断崖の下に上陸してしまって戦闘もできない状況に追い込まれてしまった。

結局、上陸部隊554名のうち200名が戦死し、264名が捕虜となって90名ほどがかろうじて残った兵員揚陸艇（LCP）で撤退に成功している（＊15）。

9　グリーンビーチの戦闘——キャメロン・ハイランダース連隊&サウス・サスカチュワン連隊

グリーンビーチ、すなわちプルヴィル海岸はシ河の河口が広がり、断崖もなく上陸はしやすい地点であった。最初の目標となるフレイヤ型レーダーサイトと牽引式砲兵中隊陣地は、緩やかな斜面に位置して遮蔽物がなく、厳重な鉄条網が三重に取り囲み、要所にはピルボックスや機関銃座が設置してあった。

さらにバー・ド・オートー村を経て内陸へ行き、ヒトラー砲台と第302歩兵師団本部まで到達するのは至難の業であったが、ここでも奇襲の混乱に乗じての迅速な進撃がキーポイントであった。

Photo2-14：フレイヤ型レーダーサイト側から見た現在のプルヴィル海岸とシ河河口付近の全景。河は排水路化されて橋もプロムナードと一体化して様変わりしているが、ここから機関銃掃射と迫撃砲の集中射撃を受けたらひとたまりもあるまい。ドイツ軍将校宿泊所であった「ラ・メゾン・ブランシュ」は矢印の建物であり、今でもリゾートハウスとして宿泊することができる。

4時50分、最初にサウス・サスカチュワン連隊の1個大隊が上陸を開始したが、計画とは違って全部隊がシ河の東側に上陸してしまった。最左翼のAおよびD中隊はシ河河口に架かる橋を渡ろうとしたが、敵の東岸からのピルボックスや機関銃座からの銃撃で、橋の欄干の下は死体で埋まった。

A中隊の残余は前哨ポストの機関銃座を制圧し、対戦車砲2門を破壊して進み、レーダーサイトから100mの地点にまで達したが、そこでサイト周辺の鉄条網、塹壕と機関銃座に阻まれ、それ以上の進出は不可能となってしまった。あまりにも兵力が少なすぎたのである。

D中隊の残余はレーダーサイト北方の砲兵中隊陣地とキャトル・ヴォン農場を目指したが、敵守備部隊の機関銃座と迫撃砲陣地に阻まれた。そこで貴重な時間が費やされ、後述するドイツ側増援部隊が到着して戦況は一変し、後退するしか道は残されていなかった。

橋を渡れなかったA、D中隊の兵士とBおよびC中隊は、東側の高台にあるドイツ軍将校宿泊所になっている〝ラ・メゾン・ブランシュ〟を急襲した。将校たちは夜を徹して昇級パーティを開催し、地元の娘達とちょうどベッドを共にしていた最中であり、たちまち制圧されて5人の娘達は大隊本部へと護送された。

その後、部隊は右翼側面を固めるべく、三方向へと分かれて北東へと進んだ。

カナダ・クィーンズ・オウン・キャメロン・ハイランダース連隊（以下キャメロン連隊）は、5時50分に予定時間を30分遅れてシ河東岸へと上陸した。D中隊は、本隊とは別にシ河西岸をなんとか渡ってそのまま河沿いに北上した。

一方、ラウ少佐率いるキャメロン連隊の本隊は、一路シ河を北上してプルヴィル集落を経由し、バー・ド・オートー村へと向かった。ここで橋を渡ってシ河西岸へ渡り、ディエップ市街に上陸したカナダ第14機甲連隊のチャーチル戦車群と合流する一方で、さらに内陸に進出するつもりであった。

そのころ、アラク・ラ・バタイユの第302歩兵師団本部にあるハーゼ中将は、各地点の戦況報告を分析した結果、キャメロン連隊の進撃が最大の脅威であることを認識し、編成図2-5のような緊急出撃部隊を送ることを下令した。

この緊急出撃部隊は、バー・ド・オートー村のシ河西岸の橋の入り口に75㎜軽歩兵砲2門を据えつけて封鎖地点を構築し、さらに第14戦車猟兵中隊の一部は自転車部隊とともにアペルヴィルを経て、キャトル・ヴォン農場方面のカナダ部隊を迎撃した。キャメロン連隊の主力が橋に到着したのはこの後のことであり、軽火器のみ装備のキャメロン連隊の3個中隊の残余が橋を突破するのは不可能であった。

そして、プルヴィルのシ河東岸にも、ドイツ軍増援部隊が到着すると、もはや内陸への進撃は非現実的であり、キャメロン連隊とサウス・サスカチュワン連隊は撤退するしか道は残されていなかった。

海岸まで退却できた兵士は、残っていた兵員揚陸艇（LCP）と撤退のため派遣された突撃揚陸艇（LCA）に再び乗船して沖合の駆逐艦へと向かった。6隻のLCAのうち上陸できたのは4隻であり、1隻は撃破され、1隻は兵員を詰め込みすぎて重量オーバーのため沖合で沈没し、あとの2隻は人員を駆逐艦に移した後に損傷により沈没した。

帰還した兵士はわずか341名であり、その他の生き残りは全員捕虜となった（＊16）。

編成図2-5　バー・ド・オートーへのドイツ緊急出撃部隊（1942年8月19日）

Photo2-15：鉄条網の前で37㎜対戦車砲を構えて警戒する第302歩兵師団／第14戦車猟兵中隊の兵士。同中隊は37㎜対戦車砲12門を装備しており、重火器を欠くイギリス上陸部隊にとっては脅威であった。残念ながら戦闘終了後のやらせ写真である。（BA 101I-291-1229-22 ／ Wiltberger）

10 ホワイトおよびレッドビーチの戦闘――エセックス・スコティッシュ連隊、ロイヤル・ハミルトン連隊

主攻撃の目標はレッドおよびホワイトビーチ、すなわちディエップ市街であった。右翼のロイヤル・ハミルトン連隊は、市街西部を制圧した後にリヴィル方面からのグリーンビーチ上陸部隊との合流し、さらに内陸のゲーリング砲台とサン・トーバン飛行場へと進撃する計画であった。

一方、左翼のエセックス・スコティッシュ連隊は、市街全体を制圧して、ピュイ方面のブルービーチ上陸部隊と合流するというものであった。しかしながら、それはカナダ第14機甲連隊のチャーチル歩兵戦車30両が、敵のトーチカや機関銃座などを掃討し、市街地を迅速に突破できるかにかかっていた。

5時2分、〝ガース〟、〝アルブライトン〟、〝バークレイ〟、〝ブリースデイル〟、そして砲艦〝ローカスト〟が数km沖に姿を現し、10分後に4インチ砲が一斉に火を噴き、同時に航空部隊が銃爆撃を開始した。そして5時23分には第一波が海岸へと上陸した。当初、ドイツ軍の反撃は弱く、カナダ兵は80m突進して第一次鉄条網にまで達し、さらに一部は1・5mの土手と第二次鉄条網にまで辿り着いた。

Photo2-16：バルテルト中佐指揮の第571歩兵連隊本部と第Ⅱ大隊本部が置かれた城館“シャトー・ミュゼ”側から見た海岸の全景。白い矢印がカジノである。戦闘から数日経っているせいか、TLCの残骸などは回収されているが、まだ浜辺には撃破されたチャーチル戦車が点々と確認できる。しかし、こんなところで戦車を揚陸して上陸作戦を行なうとは!?（BA 101I-291-1242-26 ／ Koll）

しかしながら、戦況は急変して機関銃と迫撃砲が雨あられと海岸に降り注ぎ、被害は雪だるま式に増えていった。特に高台にある機関銃座は海岸から見えないところにあり、砂浜から土手までの間のあらゆる物が掃射された。また、狙撃兵の個人用タコつぼ陣地も多数あって、特に将校と無線機を背負った通信兵が狙い撃ちされた。

7時4分、魔女の窯のような状態の砂浜に、フュージリアス・モン・ロイヤル連隊の兵員揚陸艇（LCP）群が突っ込んでいった。そのうち300名は地点を間違えて、右翼の断崖絶壁の下に上陸してしまい、そこで孤立して翌朝には降伏するという運命が待ち構えていた。少数がカジノ前面の砂浜に上陸し、そこでロイヤル・ハミルトン連隊の兵士と合流して戦った。

さらに予備部隊のロイヤルマリーンコマンド部隊も、レッドビーチに投入された。途中で指揮官のフィリップス中佐は、砂浜の惨状を見て兵員揚陸艇（LCP）群に引き返すよう手旗信号で命令したが、2隻が信号を見落としてそのままカジノ左翼に上陸した。このコマンド部隊の兵士は上陸した途端に激戦に巻き込まれ、生き残った兵士は全員捕虜となって一兵も帰還できなかった。

10時20分、撤退のため突撃揚陸艇（LCA）8隻がレッドビーチを目指したが、6隻が撃沈されて2隻のみ人員を載せ

Photo2-17：戦闘終了直後の海岸西端の情景。遺棄されているのはLCA BL5およびBL7で、まだカナダ軍将兵の遺体が散乱している。白い矢印は水没したカナダ第14機甲連隊本部所属の“REGIMENT”。
（BA 101I-362-2225-15／Schödle）

て帰還した。ホワイトビーチにはLCA4隻が向かったが、1隻が沈没し、3隻がなんとか人員を載せて発進したが沖合で2隻が沈没した。11時にはLCA5隻がホワイトビーチへと向かったが、これが最後のLCAであった。

12時15分、駆逐艦〝ブロックレスビー〟は、「海岸に残るカナダ兵は擱座したLCAの後方で待機しているが、もはや接近することは不可能」と打電。ついで12時20分、駆逐艦〝カルプ〟に座乗した司令官は撤退作戦の終了を告げた。この時点で約400名が海岸に残されていたが、彼らはもはや降伏するか戦死するかのどちらかしか残されていなかった（＊17）。

11　ホワイトおよびレッドビーチの戦闘──カナダ第14機甲連隊

チャーチル歩兵戦車9両を積載した、最初の戦車揚陸艇（LCT）3隻が上陸したのは5時33分から38分の間であり、さらに第二波の3隻が続き、その30分後、第三波の4隻が到達した。

市街海岸は1・5㎞と広かったが砂浜ではなく玉砂利であり、第一次鉄条網の後方は広い壕が2つ控えており、さらにその奥に1・5mの土手があった。そこを乗り越えても海浜公園が広がっており、建物が立ち並ぶ市街までの200mは何の遮蔽物もなく、十字砲火を浴びる公算が大であった。さらに市街地にはピルボックスや機関銃座、重火器を備えた

装備表2-2　ディエップ市街の重火器（1942年8月19日）

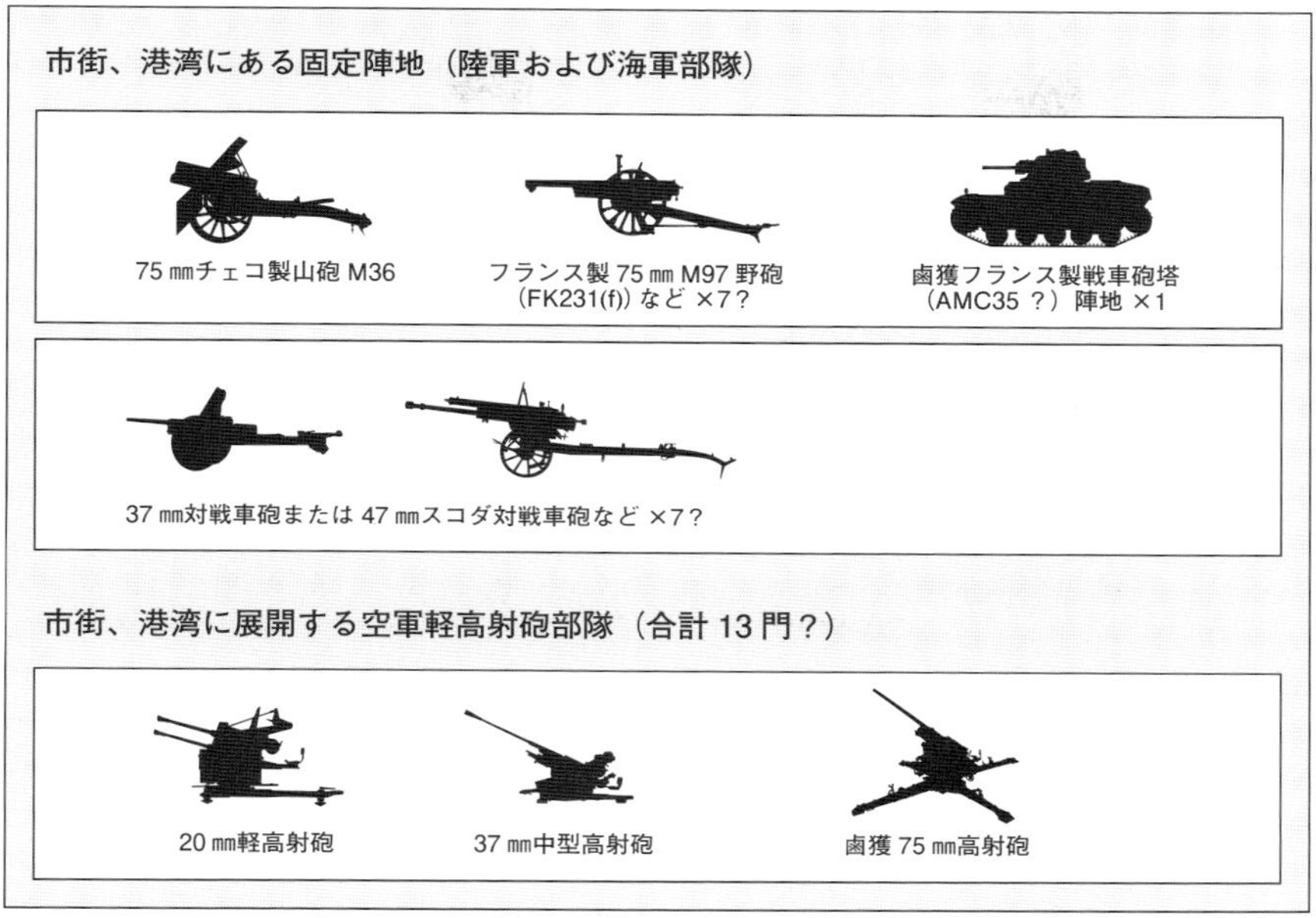

トーチカが各処に設置され、海岸に通じる道路には高さ7m、厚さ1・5mのコンクリート壁で封鎖されていた。

市街および港湾地区に展開する主な重火器は、装備表2-2のとおりである。

これとは別に、さらに東西の高台にも迫撃砲陣地や高射砲陣地があり、これらの重火器群とチャーチル歩兵戦車との戦闘が、勝敗のカギを握るのは明らかであった（＊18）。

以下に東から順に上陸したTLC毎の戦闘概況を述べる。

（1）C中隊本部

TLC1号はチャーチル戦車3両とスカウトカー1両を揚陸したが、集中砲火を浴びて漂流後に最東端の防波堤付近で沈没した。先頭の中隊長アレン・グレン少佐乗車のチャーチル〝チーフ〟は、上陸後は砂浜に留まって戦闘を継続。後続の第8小隊を載せたTLC3号が到着した際は、その西方まで動いてカジノを砲撃するなど上陸を援護した。

二番手の〝カンパニー〟は内陸に進んだが、第一次鉄条網手前で左側起動輪が吹き飛ばされ、擱座してそのままトーチカとして戦った。三番手の〝カルガリー〟は、スカウトカー〝ホーレス〟を牽引して最後に上陸したが、ホーレスは直後に左側面に直撃弾を蒙って撃破された。カルガリーもその後に左履帯が吹き飛ばされ、その後はトーチカとして6ポンド砲をもってカジノなどを射撃した（写真X

PhotoX2-1：C中隊本部の“COMPANY”。後ろに見えるのはTLC5（121）、右端には“RINGER”が確認できる。

2－1参照）。

（2）C中隊／第13小隊

ＴＬＣ2号に積載された第13小隊は、最東端の防波堤左翼付近で揚陸した。第13小隊はレッドビーチにおいては最も内陸まで進出した小隊であった。

一番手の〝クーガー〟は車体前部にチェスペリング装置を装備しており、細い木材をワイヤーで繋いだカーペットを敷いて砂浜を進んだ。第一次鉄条網、そして土手と塹壕を乗り越え、１１０ｍ進んで海浜公園の道路まで進んだとき、左側面から砲塔リング付近に直撃弾を受け、さらに左履帯が砲弾で吹き飛んだクーガーはその場に留まって6ポンド砲でタバコ工場などを射撃し、その後に乗員は砂浜まで脱出に成功した。

二番手の〝チーター〟は、海浜道路を越えて１４０ｍ地点まで進み、方向を東へ変えて〝クーガー〟を撃破した対戦車砲陣地を砲撃して沈黙させ、そこで砲撃を継続した。

三番手の〝キャット〟はスカウトカーの〝ヘクター〟を牽引して上陸。チーターの右翼から進んで海浜公園に入り、１５０ｍ地点まで進撃した。そこで敵のピルボックスや建物に対して砲撃を加えていたが、Ｊｕ87シュトゥーカの急降下爆撃でエンジンルームを直撃された。負傷者2名は残置されて捕虜となったが、その他の乗員は砂浜まで血路を

PhotoX2-2：C中隊／第13小隊の“HECTOR”。海浜公園まで到達した唯一のスカウトカーである。

開いた。ヘクターはスカウトカーの中で唯一、海浜公園まで進んで砂浜まで戻ることに成功した車両であり、最終的には第一次鉄条網の付近で遺棄された（写真X2-2、X2-3参照）。

（3）B中隊／第8小隊

第8小隊の火焔放射戦車群の成果は、あまり芳しいものではなかった。

TLC3号は第8小隊を積載して浜辺に進入し、波打ち際から手前10mの地点でランプを降下させたが、一番手の〝ブル〟は降下と同時に発進したため、3mの水深に水没してしまった。二番手の〝ボアー〟は、上陸後にカジノ方面の海岸公園手前まで到達し、そこで火焔放射を行なった後に浜辺へ戻り、トーチカとして撤退を援護した。三番手の〝ビートル〟は上陸したとたんに左履帯が動かなくなった。そこで波打ち際でトーチカとなり歩兵を支援した。TLC3号は乗員がほとんど戦死し、ブルドーザーD7を降ろせないまま行動不能となって浜辺に擱座した（写真X2-4参照）。

（4）B中隊／中隊本部

B中隊本部はTLC4号から上陸した。一番手の〝バーンズ〟は第一次鉄条網を突破し、1本目の壕で左ターンし

PhotoX2-3：C中隊／第13小隊の“COUGAR”。チェスペリング装置（ログ・カーペット敷設装置）が確認できる。

PhotoX2-4：B中隊／第8小隊の“BEETLE”とB中隊本部のスカウトカー“HELEN”。TLC3（169）の詳細が良くわかる。

PhotoX2-5：B中隊本部の“BACKER”。砲塔リング部にも直撃弾を蒙り旋回不能となり、戦闘能力は極めて制限された。

PhotoX2-6：B中隊／第9小隊の“BLOSSOM”。左の建物がカジノで、地面には細い木材を繋いだカーペットが敷かれているが、あまり役に立たなかったらしい。

ようとして左履帯に直撃弾を蒙り、そのまま行動不能となった。二番手の〝バッカー〟は、バーンズを援護しながら浜辺を西方へ向かったが、すぐに左履帯を吹き飛ばされ、行動不能となってその後トーチカとして戦った。車長のウォーレス少尉は負傷し、撤退の際には最後の将校として浜辺を離れた。三番手の〝ボースター〟は、スカウトカーの〝ヘレン〟を牽引して第一次鉄条網手前まで前進したが、そこで右履帯を損傷して動けなくなり、トーチカとして戦闘を継続した。ヘレンも牽引ロープを外さないうちに直撃弾を蒙って撃破された（写真X2-5参照）。

（5）B中隊／第9小隊

TLC5号はカジノ前面の砂浜に突っ込んだため、多数の命中弾を蒙って火災を起こして行動不能となり、戦車と車両の揚陸後に砂浜に擱座した。一番手の〝バターカップ〟は海浜公園の道路まで辿り着き、そこで西方高台の敵陣地、カジノや建物を砲撃した。撤退の際には、再び砂浜に戻って歩兵を掩護し、最後は波打ち際に遺棄された。

二番手の〝ブロッサム〟はチェスペリング装置を有していたが、鉄条網の手前で左履帯が損傷し、以降は目の前のカジノを砲撃してトーチカとして戦った。三番手の〝ブルーベル〟はカジノ手前で土手がよじ登れず、そのまま後退して砂浜まで戻って砲撃を続けた。その後、玉砂利でスタックしたスカウトカー〝ハリー〟を牽引しようとして、乗員は全員負傷するか戦死して戦車は波打ち際に遺棄された（写真X2-6参照）。

（6）B中隊／第6小隊

TLC6号は戦車3両を揚陸させたものの、ブルドーザーと迫撃砲チームは激しい砲撃で上陸することはできなかった。第6小隊は今作戦でもっとも内陸に進んだ小隊のひとつとなった。一番手の〝ボブ〟と三番手の〝ビル〟は、カジノの左手で土手をよじ登って海浜公園まで進出して、周囲の建物や機関銃座を砲撃し、撤退の際には波打ち際まで戻って歩兵を援護した。

二番手の〝バート〟もカジノ左側を通過して海浜公園を横切り、市街地へと到達した。撤退の際に、左履帯を撃破されてそのまま行動不能となり、乗員は車内に留まって全員捕虜となった。バートの撃破地点は海辺から220mの地点であり、もっとも内陸で撃破された戦車である（写真X2-7参照）。

（7）B中隊／第10小隊

第10小隊も、第6小隊と並んでもっとも内陸に進んだ小隊であった。〝ビーフィー〟、〝ベリコウス〟、〝ブラッディ〟の順に揚陸し、3両ともカジノ左翼の土手を突破して海浜

PhotoX2-7：B中隊／第6小隊の“BERT”。最も内陸で撃破された戦車で、城塞“シャトー・ミュゼ”がすぐ後ろに見える。

公園を横切って市街地手前まで達した。ブラッディは途中の壕でスタックしてしまったが、なんとかビーフィーに牽引してもらって脱出することに成功した。ここで3両は、ロイヤル・ハミルトン連隊の歩兵と共に市街地での戦闘に従事した。ベリコウスは、変速操向機の故障により修理のため浜辺へと戻ったところで、左履帯に直撃弾を受けて擱座した。残りの2両も撤退の際に浜辺まで戻って歩兵を援護した。

スカウトカー〝ハンター〟は、第一次鉄条網手前の上り坂を越えられず、砂浜を右往左往しているうちに撃破された。なお、TLC7号は揚陸後に退避した際に命中弾を多数受け、海岸に近い沖合で沈没した（写真X2-8参照）。

（8）連隊本部

連隊本部を搭載したTLC8号は第一波の3隻のなかの1隻であった。一番手の〝リンガー〟は砂浜に降りた途端にエンジンが停止して立ち往生したため、TLCは後退してホワイトビーチの最西端で後続車を降ろそうとしたが、二番手の〝レジメント〟は水没してしまい、〝ラウンダー〟はとうとう上陸しないままTLCは砂浜を離れた。結局、TLC8号は大小35発の命中弾を受けて乗組員のほとんどは戦死したが、ラウンダーと共に帰還することに成功した。なお、ラウンダーは、この作戦で英国本土へ帰還すること

PhotoX2-8：B中隊／第10小隊の“BEEFY”。後ろにはカジノの前で擱座した“BLOODY”が見える。

PhotoX2-9：連隊本部のユニヴァーサルキャリア。後ろには“BUTTERCUP”、水没した“BRENDA”が見える。右側の車体は“BLOODY”。

ができた唯一のチャーチル歩兵戦車である。

リンガーは再び動くことには成功したものの、すぐに左履帯が切れてしまい、そのままトーチカとして戦った。なお、ユニヴァーサルキャリアも揚陸したが詳細は不明であり、最後は第9小隊の〝バターカップ（キンポウゲ）〟の正面で遺棄されている。撃破された形跡がないため、おそらくは連絡や負傷者運搬に使用されたと思われる。

どうも連隊本部が一番冴えない戦闘内容であり、これでは連隊全体が苦戦するのも当然と言えよう（写真X2-9参照）。

（9）B中隊／第7小隊

TLC9号は6時5分にホワイトビーチへと上陸した。

一番手の〝ブレンダ〟は上陸してからひたすら西進し、カジノ付近で第6、第10小隊の後に続いて、土手をよじ登って海浜公園まで辿り着いた。そして周辺を砲撃した後に、撤退して歩兵を援護した後に水没させるために沖へと発進したが、途中で停止してそのまま遺棄された。

二番手の〝ベティ〟は直進してタバコ工場正面へと進み、海浜公園まで達したが、11時15分ころにキューポラに直撃弾を蒙った。バイザーブロックが壊れ、無線とインターコムが同時に使用不能となり、全く外の視認ができなくたったところで左履帯がくぼみに落ち込んでしまい、そのまま

PhotoX2-10：B中隊／第7小隊の“BETTY”。後ろの遠方に見えるのは、東側海岸地区でもっとも内陸で撃破された“CAT”と“CHEETAH”である。

PhotoX2-11：B中隊／第7小隊のジープ。銃砲弾が飛び交うオープンヤードではほとんど利用価値がなかった。

PhotoX2-12：C中隊／第15小隊の“CONFIDENT”。損傷はなく、最後まで戦闘能力は失われずに遺棄された。

スタックして行動不能となった。

三番手の〝ブロンディ〟は、上陸直後に左履帯が損傷し、以降、多くの戦車と同様にトーチカとして戦った。スカウトカー〝ヘアー（野うさぎ）〟は鉄条網手前で直撃弾により撃破され、そのまま遺棄された。ジープについては負傷者の運搬に活用されたらしい（写真X2-10、X2-11参照）。

(10) C中隊／第15小隊

第15小隊の3両、すなわち〝コーズスティック（辛辣な、痛烈な）〟、〝ケニー（慎重な、抜け目ない）〟、〝コンフィデント（確信して、大胆な）〟は、いずれも土手を越えられずに、砂浜で戦闘を継続した。撤退の際には最後まで歩兵を援護し、コンフィデントは波打ち際、コーズスティックとケニーは水没する地点で遺棄されている。なお、スカウトカー〝ハウンド（猟犬）〟は、例によって玉砂利に車輪が埋まって脱出不能となり、そのまま遺棄された（写真X2-12参照）。

(11) 撤退

午前11時、総司令官ロバート少将は、可動する全戦車を砂浜に集めて歩兵の撤退を支援するよう下令し、行動不能となったその他の戦車は、その場で弾薬が尽きるまで銃砲撃を継続した。12時25分、全戦車の乗員に脱出命令が出され、彼らは最後の後衛の歩兵と共に迎えに来たLCAで撤退するはずであったが、すでにLCAの大半は発進しており、乗員の大部分は脱出できずに捕虜となった。

イギリスを出港したカナダ第14機甲連隊は、将校32名、下士官・兵392名であり、うち将校17名、下士官・兵154名が上陸した。そして将校2名、下士官・兵10名が戦死し、下士官・兵士3名が脱出できただけで、残りは全員捕虜となった。

彼らは最後まで義務を果したのである（＊20）。

(12) 評価

水没した戦車は〝レジメント〟と〝ブル〟の2両のみであり、29両中27両が揚陸に成功した。そのうち12両は砂浜に留まって戦闘を行なったが、4両が砲撃、4両が玉砂利によって履帯を破損して擱座し、行動不能となった。最後まで機動力を維持できたのは1両のみであった。

残りの15両は鉄条網と壕を越えて進出し、10両が砂浜まで戻って来たが、その後に玉砂利によって4両が履帯を破損して擱座している。

評価としては、超堤能力120cm、超壕能力370cmというチャーチル歩兵戦車の不正地走破能力がある程度発揮されたと言えるが、一方で、履帯を損傷して擱座する戦車が続出し、同戦車の足回りの脆弱性が露呈した。

防御力については、ドイツ側の主力が37mmまたは47mm対戦車砲だったこともあり、僅かにバッカーの側面装甲板を貫通された例など2事例があるものの、ほぼ完全に防御することができ、ここではチャーチル歩兵戦車の最大102mmの装甲厚の優位性が発揮できたと言えよう。

スカウトカーやジープについては、〝ヘクター〟の事例を除くと、玉砂利でスタックして行動不能となって、ほとんど役には立たなかった。


なお、戦車の不充分な水密性、給排気設備の脆弱性、ターレットリング周辺の命中弾による砲塔固着、チェスペリング装置の欠点など様々な技術的課題が顕在化し、チャーチル歩兵戦車の改良点としてフィードバックがなされた（＊21）。

12 結末

ディエップの上陸部隊約6000名の兵士のうち、イギリス本土に帰還できた兵士は僅かに2078名であり、うち850名は実際には上陸していない兵士であった。カナダ将兵の死傷率は65％と惨憺たるもので、4963名のうち将校56名、下士官・兵906名が戦死し、全体の戦死・負傷者・捕虜の数は3367名に上った。ちなみに、カナダ部隊はその後にイタリアで20ヶ月の戦闘を行なっているが、僅か9時間のディエップの戦闘における犠牲者の方が多かったのである。

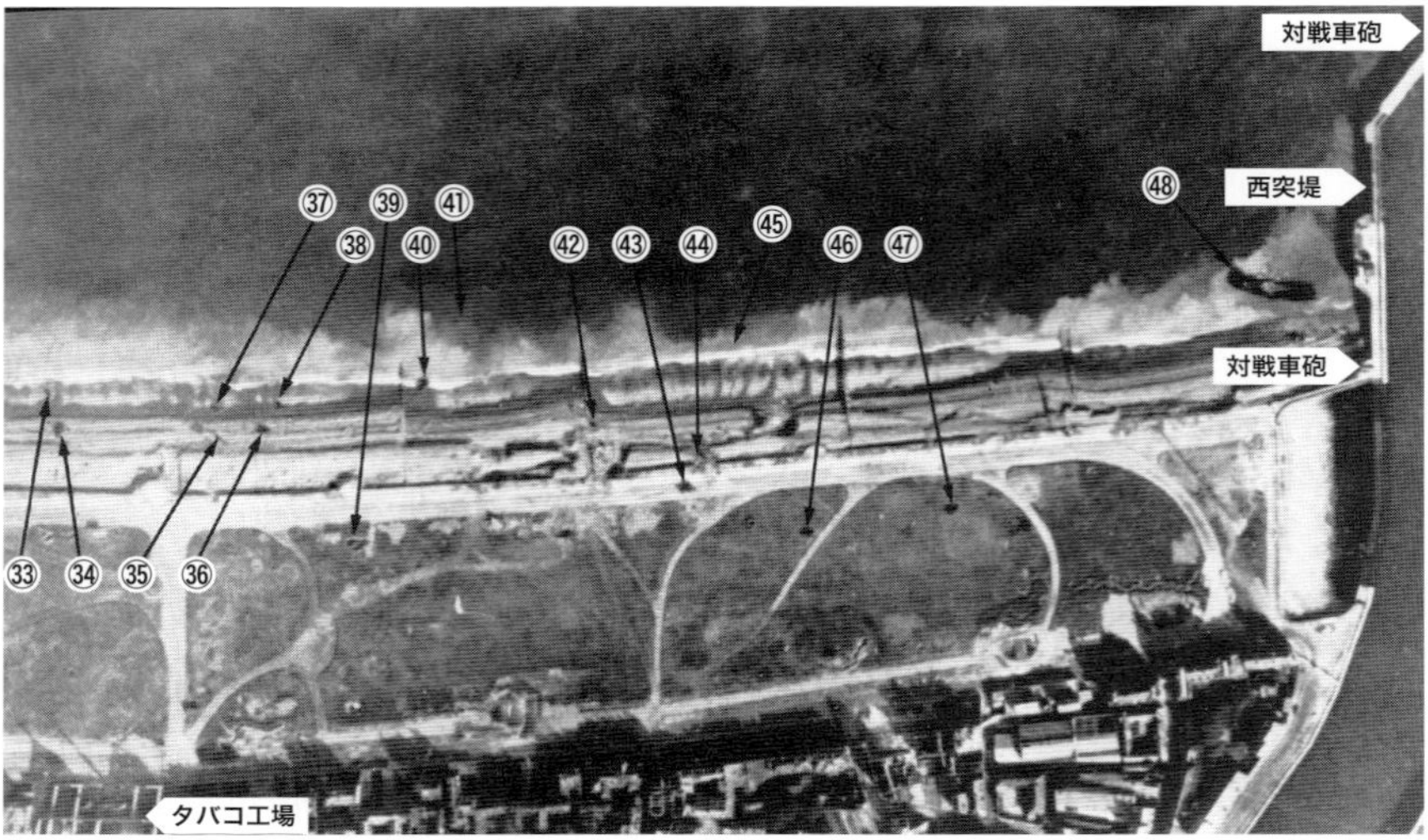

㉗BACKER ㉘突撃揚陸艇215号 ㉙HELEN ㉚BOLSTER ㉛BURNS ㉜RINGER ㉝HORACE ㉞COMPANY ㉟HARE ㊱BLONDIE ㊲ジープ ㊳HUNTER ㊴BETTY ㊵CONFIDENT ㊶CAUSTIC ㊷HOUND ㊸COUGER ㊹HECTOR ㊺CANNY（確度の高い推定） ㊻CAT ㊼CHEETER ㊽戦車用陸艇TLC1号（No,145）（NCA ACIU-C257-5075 1942年8月21日撮影）

装備表 2 - 3　1942 年 8 月 19 日 - 20 日　作戦“ジュビリー”での喪失艦艇と遺棄兵器

海軍部隊喪失艦艇

駆逐艦“バークレイ”（撤退時空爆にて沈没）		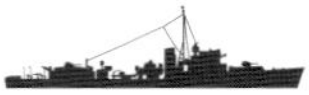
突撃揚陸艇（LCA）	×17	
兵員揚陸艇（LCP）	×8	
戦車揚陸艇（LCT）	×6	
機動揚陸艇（LCM）	×1	
支援揚陸艇（LCS）	×1	
高射砲艇（LCF）	×1	

上陸部隊遺棄兵器

チャーチル歩兵戦車	×29	
スカウトカー MkⅡ型	×7	
ユニバーサルキャリア	×1	
ジープ	×1	
重迫撃砲	×22（60 の説あり）	
軽迫撃砲	×58（70 の説あり）	
機関銃	×50（170 の説あり）	
ボーイズ対戦車ライフル銃	×60（42 の説あり）	
短機関銃	×165（60 の説あり）	
小銃	×1,244（1,300 の説あり）	

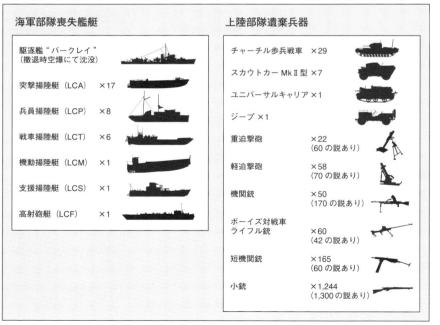

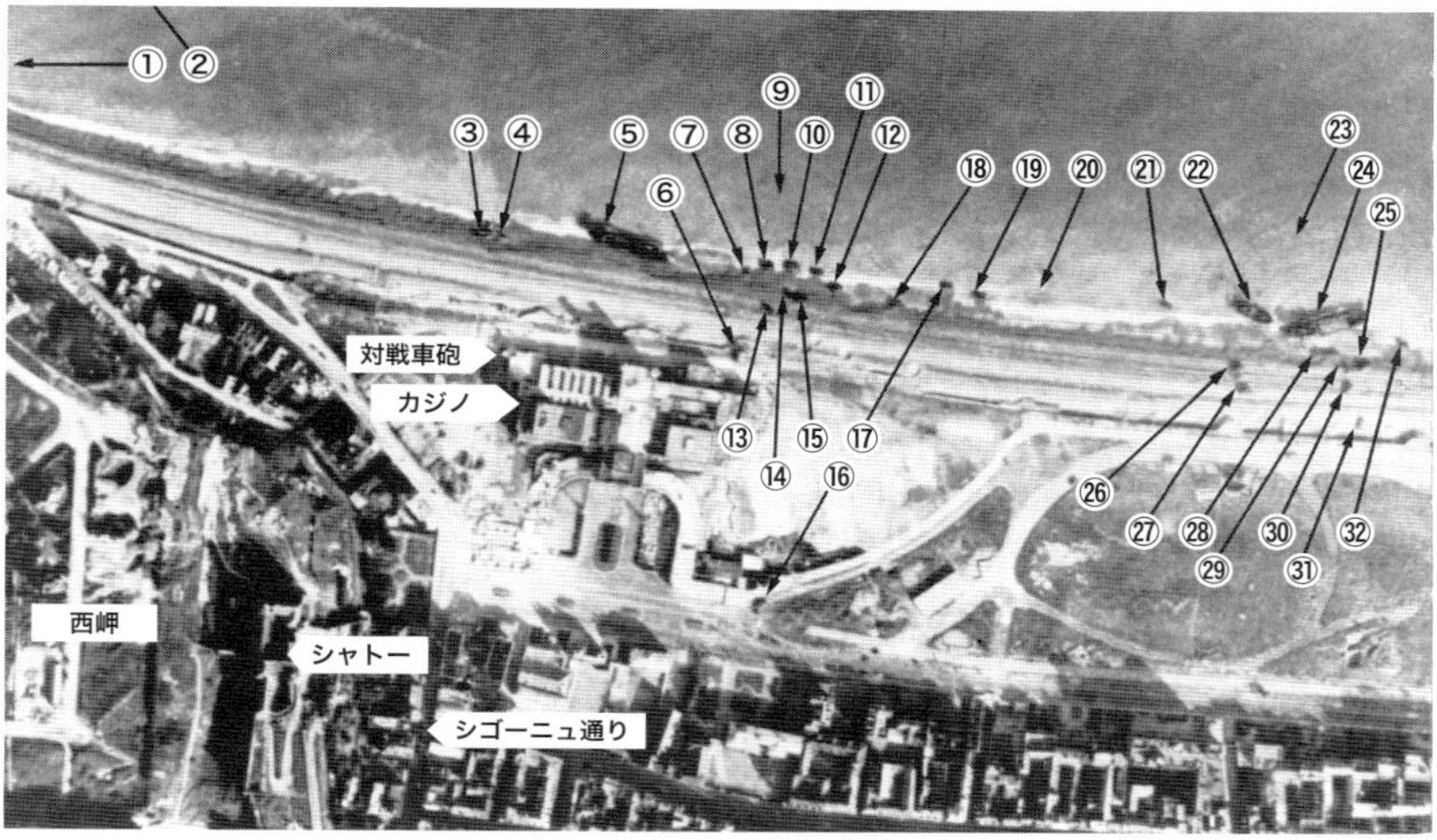

イギリス軍車両の到達（撃破）地点
①兵員揚陸艇LCP群　②REGIMENT　③突撃揚陸艇BL5号　④突撃揚陸艇BL7号　⑤戦車用陸艇TLC5号
⑥防禦拠点　⑦HARRY　⑧BLUEBELL　⑨BRENDA　⑩BUTTERCUP　⑪BOAR　⑫BEEFY　⑬BLOSSOM
⑭ユニバーサルキャリア　⑮BLOODY　⑯BERT　⑰BOB　⑱CALGARY　⑲BILL　⑳突撃揚陸艇284号
㉑CHIEF　㉒ドイツ軍サルベージ船　㉓BULL　㉔戦車用陸艇TLC3号（No.159）　㉕BEETLE　㉖BELLICOSE

その他、コマンド部隊の戦死・負傷者・捕虜の数は２７０名であり、イギリス海軍の戦死・負傷者・捕虜は５５０名に上り、イギリス空軍は１０６機を失い16機が撃破され、パイロットは67名が戦死を遂げた。

資材の損失も膨大なものであった。イギリス海軍部隊の喪失艦艇と上陸部隊の遺棄兵器は装備表２-３のとおりである。

一方、ドイツ軍は連合軍側に比べると軽微な損害であった。

○陸軍：戦死・負傷・行方不明、合計３３３名（うち戦死１３２名）
○海軍：戦死・負傷・行方不明、合計１１３名（うち戦死78名）
○空軍：戦死・負傷・行方不明、合計１６２名（うち戦死１０４名）

また、ドイツ空軍の喪失機は地上で破壊された物も含めて48機であり、他に撃破された機数は24機であった。ドイツ海軍については前述したとおりである。

ルントシュテット元帥は、夕方に陸軍最高司令部に対して戦闘結果を申告した後、もったいぶった言い方でこう付け加えた。「武装せるイギリス人は、ひとりといえども大陸に残存していない」

Photo2-18：戦闘終了直後の8月20日に撮影された捕虜たちの貴重な写真。ディエップ市街の公園に集められた捕虜たちは、第302歩兵師団本部のあるアンヴェルムまで徒歩行軍し、そこから列車で各地の捕虜収容所へと送られた。手前のいかにもイギリス将校っぽい兵士の悔しげな顔と疲労困憊した兵士の姿が印象的である。

Photo2-19：上陸部隊が遺棄した兵器の数々。ヘルメット、防毒マスク、リー・エンフィールド小銃、ボーイズ対戦車ライフルなどが確認できる。小銃1,244挺、対戦車ライフル60挺という鹵獲数を裏付けるような写真である。(BA 101I-291-1230-06 ／ Wiltberger)

勝利を祝してディエップ地区の全ドイツ部隊には、高級ワイン1壜半、タバコ10本、ビスケット2箱が特別配給となった。また、実際に戦闘を行なった部隊に対しては、さらに1日分の前線食糧、すなわちパン100g、肉50gと二級アルコール飲料が配給された。また、ディエップ市民に対してはヒトラーから1千万フランが贈られたほか、ディエップ出身者で捕虜収容所にある旧フランス兵約1000名については、恩赦により釈放された。ただし、ベルヌヴィルとヴァレンジュヴィルの出身者は、同地区の住民が上陸部隊に対して手を貸したという理由で、この恩典は与えられなかった(＊26)。

Photo2-20：1942年8月23日前後のスナップ写真で、西部軍集団司令官ゲルト・フォン・ルントシュテット元帥によって叙勲される第302歩兵師団の兵士達。ルントシュテットは元帥杖を持って祝福の握手をしており、後ろに控える副官が勲章の入った箱を携えている。
(BA 101I-291-1232-08 ／ Wiltberger)

おわりに

さて、冒頭のお話の続きです。

まず、最初に考えたことは、会社を辞めることでした。そこで自分の部屋に帰ると、議事録ではなく辞表を書き始めました。朝、I副社長に叩きつけて、日本へそのまま帰ろうと思ったのです。

次に思いついたのが、ホテルに放火することです。火事だったら、いくらなんでも許してもらえるだろう……議事録は燃えたと言えば良いし……でも、書き直してくれと言われたらどうしよう？

酔いが覚めて、正常な頭で考え始めたのが夜中の1時過ぎ、遂に名案が浮かびました。同行していた商社の日本人担当者を捜し出して、彼の口伝で私が議事録を作成するのです。こうして、真夜中に電話をかけまくり、ようやく担当者を叩き起したのが2時頃です。そして幸なことに、几帳面な彼は議事内容を詳細に手帳にメモっていたのでした。電話で議事内容を聞いて、それをワープロで清書し、朝の6時過ぎにようやく議事録は完成しました。1時間ほど仮眠してから、レストラン“ティファニー”で朝食です。

「これ、昨日ご指示頂いた議事録です（オラオラオラ、見たか俺様の実力を！）」

「ああ、ご苦労様。ほほう、なかなか要点がまとまっているじゃないか」

「いやー、文字通り朝飯前ですよ（こりゃ抜擢人事で次はマネージャーかな、ワッハッハッハ）」

「しかし、日本語だとニュアンスが伝わりにくいなあ......そうだ、明日から英語版のサマリーの議事録も一緒に頼むよ、なあ、高橋君」

「……（さてと、ガソリンはどこで買おうかな）」

現在もディエップでは、カナダ第2歩兵師団の慰霊碑には献花が絶えませんし、カナダ人観光客を載せた観光バスを、市街のあちこちに見ることができます。そして、西方の高台には、カナダ将兵を苦しめたトーチカや高射砲陣地跡を今なお見ることができます。

Photo2-21：現在のディエップ海岸を、西方高台のコンクリート製機関銃座（ピルボックス）跡から筆者が撮影した写真。天井から突き出て赤錆びているのは回転式ペリスコープである。その遠景には、Photo2-16と比べてもほとんど変わっていない街並みが広がっている。

Photo2-21：城館“シャトー・ミュゼ”の真下に建立されたディエップ戦で斃れたカナダ第2師団将兵の慰霊碑。花壇はメープルリーフの形をしており、鎮魂のための献花は絶えることがない。

(＊1)出典：　ジェイムズ・リーソー『グリーンビーチ』 早川書房　P.20
(＊2)出典：　Australian Department of Veterans' Affairs "ANZAC Day 21010 The Gallipoli Campaign"
(＊3)出典：　ジェイムズ・リーソー『グリーンビーチ』 早川書房　P.29-P.31
(＊4)出典：　同上　P.59-P.60、P.100-P.102
(＊5)出典：　Yves Buffetaut "Debarquement a Dieppe Militaria Magazine No.75" Histoire&Collections　P.10-P11
(＊6)出典：　Hugh G.Henry Jr.&Jean Paul Pallud "Dieppe" After The Battle　P.12
(＊7)出典：　Yves Buffetaut "Debarquement a Dieppe Militaria Magazine No.75" Histoire&Collections　P.14-P.15
(＊8)出典：　M.J.ホイットレー『第二次大戦駆逐艦総覧』大日本絵画　P.143-P.149
(＊9)出典：　Yves Buffetaut "Debarquement a Dieppe Militaria Magazine No.75" Histoire&Collections　P.12-P.13
(＊10)出典：ジェイムズ・リーソー『グリーンビーチ』 早川書房　P.93-P.100
(＊11)出典：同上　P.129-P.130
(＊12)出典：P.Paul "Das Inferno von Dieppe" Verlagsunion Erich Pabel-Arthur Moewig KG P.7-P.16
ジェイムズ・リーソー『グリーンビーチ』 早川書房　P.144
(＊13)出典：Ken Ford "Dieppe 1942" Osprey Publishing P.40-P.45
(＊14)出典：同上　P.45-P.53
(＊15)出典：同上　P.54-P.55
(＊16)出典：同上　P.56-P.60
ジェイムズ・リーソー『グリーンビーチ』 早川書房　P.150-P.151
(＊17)出典：Ken Ford "Dieppe 1942" Osprey Publishing P.61-P.74
(＊18)出典：P.Paul "Das Inferno von Dieppe" Verlagsunion Erich Pabel-Arthur Moewig KG P.47
Ken Ford "Dieppe 1942" Osprey Publishing P.35, P.61-P.64
(＊19)出典：Hugh G.Henry Jr.&Jean Paul Pallud "Dieppe" After The Battle　P.13-P.57
(＊20)出典：同上　P.59-P.60
(＊21)出典：同上　P.60
(＊22)出典：Ken Ford "Dieppe 1942" Osprey Publishing P.91
(＊23)出典：Yves Buffetaut "Debarquement a Dieppe Militaria Magazine No.75" Histoire&Collections P.78
ジェイムズ・リーソー『グリーンビーチ』 早川書房　P.235
(＊24)出典：Ken Ford "Dieppe 1942" Osprey Publishing P.91
(＊25)出典：Yves Buffetaut "Debarquement a Dieppe Militaria Magazine No.75" Histoire&Collections P.78
(＊26)出典：ジェイムズ・リーソー『グリーンビーチ』 早川書房　P.232、P.254

第Ⅰ部

第3章

ポンメルンの奇蹟
——戦車師団“ホルシュタイン”——

最近、皆さんによく聞かれるのは、「第二次大戦中のドイツ陸軍将軍の中で、一番能力があったのは誰か？」という質問です。これは実に難しい問題で、はっきり言ってこれは個人の価値観に左右されると思うのです。一般的にはロンメルやマンシュタイン、マントイフェル、モーデルというところでしょうか。ケッセルリング、ホト、フーベといったところも玄人好みと言えます。シェルナーなんて言う人は、ひねくれ過ぎでしょう。

私はちょっと変っていて、数的・質的に圧倒的に劣勢にあっても臨機応変に対処し、味方部隊の損害を最小限にしながら防戦するという能力に魅力を感じます。軍事の才能は生まれつき稀有なもので、自分でも気がつかないで一生を終えるとは司馬遼太郎の言葉ですが、極度に劣勢の中でも士気を維持して兵士をくじけさせないというのは、おそらく軍事の才能ではなくて、その指揮官の持つ人間的魅力が大きいのであろうと思います。

そういう意味で、私はフォン・テッタウ、ハインリーツィ、ヴェンクの3人を挙げたいと思います。後者2人については、コーネリアス・ライアンの名著『ヒトラー最後の戦闘』をお読みになると分かって頂けるのですが、フォン・テッタウとなると日本語で読めるものが……。

結局、私が自分で書くしか仕方がありませんよね（笑）。

今回ご紹介する戦車師団“ホルシュタイン”は、1945年1月に編成されてからたった2ヶ月しか存在しなかった戦車師団ですが、その間、フォン・テッタウ作戦軍団に配属され、ポンメルン防衛戦の要として活躍したのでした。

Photo3-1：1943年夏にデンマークで撮影された第233予備戦車師団所属のIII号戦車N型。ヴァイザーブロック上方には“Mäuschen”（子ネズミちゃん）という文字が確認できる。ビール瓶はロープで枝に結びつけられているが、何に利用するのであろうか？

1　第233予備戦車師団

第233予備戦車師団の前身は、1942年5月15日付で編成された補充軍の「師団番号233（自動車化）」（駐屯地はフランクフルト／オーデル）であり、これを母体として1943年9月、「戦車師団番号233」がデンマークにて編成を開始し、予備軍から西方軍集団へ移管された時点で、第233予備戦車師団と改名された。

その後、師団は1944年5月から9月にかけて、訓練・養成した人員を第25、第16および第19戦車師団、第102、第103、第104および第109戦車旅団の基幹人員として供出している。

第233予備戦車師団は通常編成とは違って、1個戦車大隊と1個砲兵大隊しかなく、機甲擲弾兵連隊も2個大隊編成であった。しかも、37㎜対戦車砲やI号火焔放射戦車など老朽化した中古兵器も多く、この時期には既に時代遅れとなったIII号戦車が戦車装備の半数を占めていた。また、通信部隊や補給部隊は貧弱であり、いわゆる教育および補充用戦車師団であったと言える。

なお、対戦車戦闘の教育訓練に力点が置かれていたため、戦車猟兵大隊の装備に関しては比較的充実しており、パンツァーシュレッケも約50基が装備されていて、その点では恵まれていた（＊1）（＊2）。

Photo3-2：同じく第233予備戦車師団所属のIV号戦車J型。中古品だが整備状態は良さそうである。画面左端の兵士は驚くほど若いが新兵かもしれない。1944年初頭、デンマークでの撮影。

Photo3-3：第233予備戦車師団のシュミット大佐（左）とエンゲルブレヒト大尉(右)。後ろの貨車には、工場から届いたばかりのSd. Kfz.251/1D型が積載されている。予備師団でも新品の支給があるのがこの写真でわかる。1944年春の撮影と思われる。(滝口彰氏――Akira Takiguchi Collection 提供)

１９４５年1月12日夜明け前、ソ連軍は１６３個師団、兵力約２２０万名、戦車／自走砲６４００両、各種火砲４万門以上をもって冬季攻勢を開始し、兵力約40万名、戦車１１５０両、各種火砲約４１００門をもってポーランド中央部のヴァイクセル（ウィスワ）河畔に沿って展開していたドイツA軍集団を粉砕し、平均１日40㎞の速さでポーランド全土を席巻した。そして1月31日には先鋒部隊が、キュストリン北方でオーデル河東岸に到達した（＊３）。

この東部戦線の破滅的な事態に対し、1月末に補充軍に対して警戒部隊の編成が緊急に要請された。このため、第２３３予備戦車師団を母体にして、機甲擲弾兵補充旅団〝グロースドイッチュラント〟、戦車射撃学校（プトロス）、戦車学校-Ⅰ（ベルゲン）、第４００補充および教育突撃砲旅団などから緊急警戒機甲戦闘団（Alarm-Panzer-Kampfgruppe）が編成され、その後、戦車師団〝ホルシュタイン〟と改称された（公式には１９４５年２月５日付）（＊４）。

2　戦車師団〝ホルシュタイン〟

１９４５年1月末日現在の計画された戦車師団〝ホルシュタイン〟の編成は、編成図３-１のとおりである（＊５）。

１９４５年２月２日時点での第44戦車大隊の戦力は、３個中隊にⅣ号戦車29両を有しており、師団がシュテッティン（現シュチェチン）南東へ鉄道輸送された２月９日にⅣ号戦車14両、2月11日にⅢ号指揮戦車3両が増強されて計46両となった。さらに、2月上旬にⅢ号突撃砲3両と75㎜対戦車自走砲9両（諸説あり）が第44戦車大隊へと増強され、第4中隊として編入された。なお、第144戦車猟兵大隊は計画のみで編成されなかったが、2月中旬にⅣ号駆逐戦車中隊と75㎜対戦車砲中隊が配備され、増強第144戦車猟兵中隊として独立運用されたといわれている。

戦車師団〝ホルシュタイン〟の戦力は装備表3-1のとおりである。

その他の部隊についても増強計画があり、2月中旬には第139と第142機甲擲弾兵連隊は3個大隊編成となり、第142機甲擲弾兵連隊／第3中隊がSPW（装甲兵員車）化されたほか、第144機甲工兵大隊にも15㎝ロケット発射機搭載マウルティーアが配属されたとされる。

しかしながら、基本的に戦車師団〝ホルシュタイン〟は戦車大隊と砲兵大隊を各1個ずつしか有しておらず、2月10日現在で兵力は総数7295名で、実質は機甲旅団規模の兵力であった。なお、この新しい戦車師団長には、編成母隊である第233予備戦車師団長のマックス・フレメライ中将がそのまま師団長となったが、これは臨時の処置であった（＊6）。

装備表3-1　1945年2月16日現在　戦車師団“ホルシュタイン”の戦車戦力

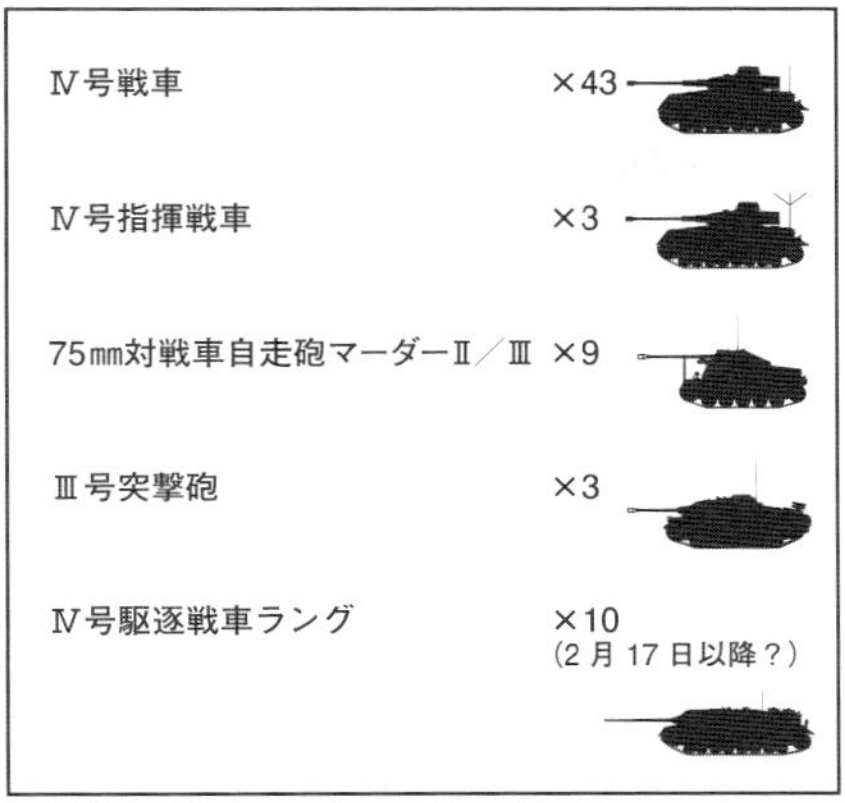

Ⅳ号戦車	×43
Ⅳ号指揮戦車	×3
75mm対戦車自走砲マーダーⅡ／Ⅲ	×9
Ⅲ号突撃砲	×3
Ⅳ号駆逐戦車ラング	×10（2月17日以降？）

マックス・フレメライは、1889年5月5日にケルンに生まれた。1910年3月に士官候補生として第7竜騎兵連隊へ入隊し、翌年8月に少尉へ任官している。共和国軍では第17乗馬連隊長などを歴任、第二次大戦勃発後は第480歩兵連隊長、第18狙撃兵旅団長を経て、1941年9月から1年間は第29（自動車化）歩兵師団長として前線で指揮を執った。冬季防衛戦とブラウ作戦での戦功により、1942年7月28日付で騎士十字章を授与されている。

その後、ハノーファー都市司令官となってからは後方勤務となり、1943年10月には第155予備戦車師団長、1944年6月には第233予備戦車師団長となり、機甲部隊の将兵育成に心血を注いだ。

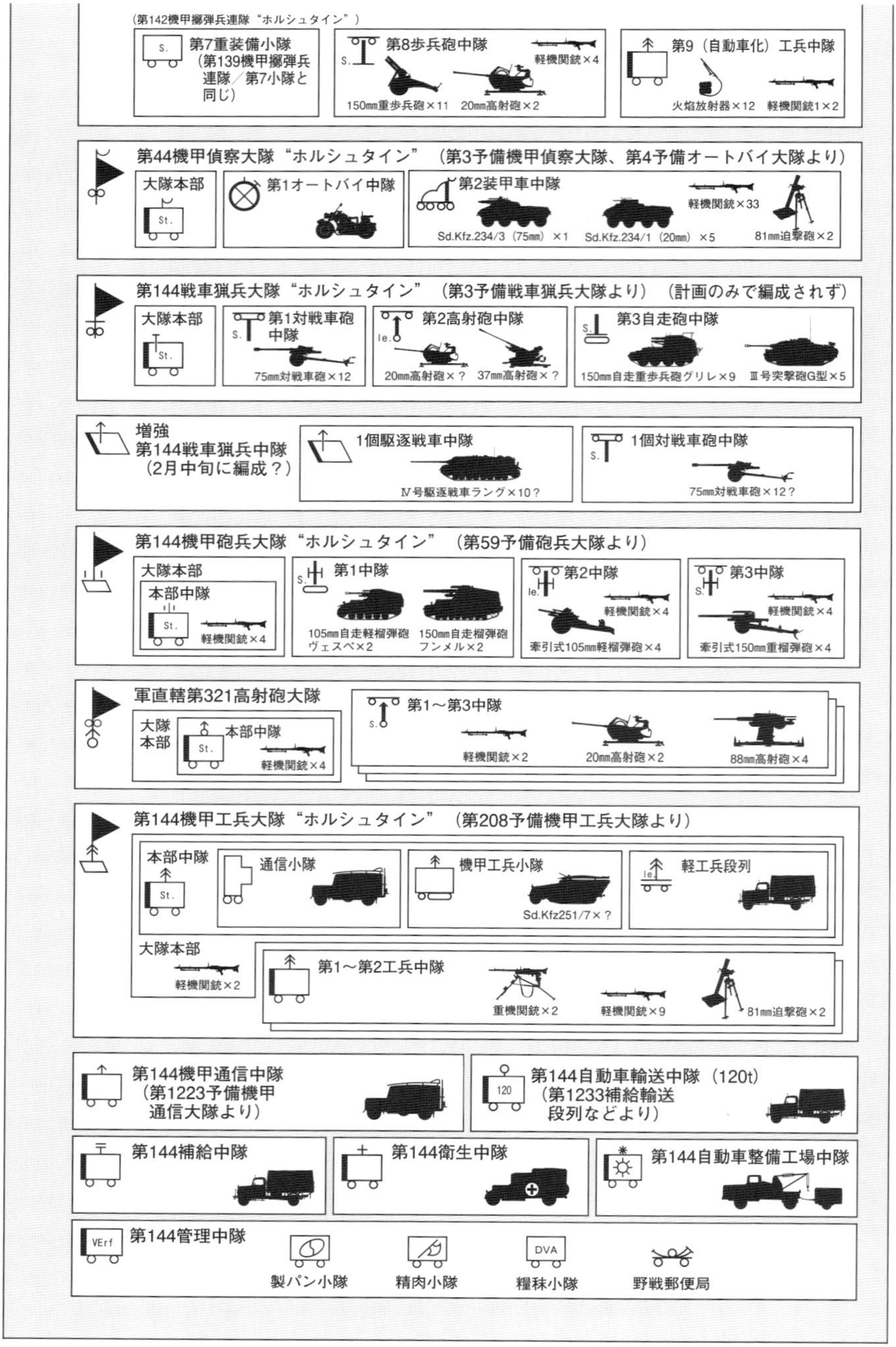
(第142機甲擲弾兵連隊“ホルシュタイン”)
S.
第7重装備小隊
(第139機甲擲弾兵連隊／第7小隊と同じ)
s.
第8歩兵砲中隊
軽機関銃×4
150㎜重歩兵砲×11
20㎜高射砲×2
第9(自動車化)工兵中隊
火焔放射器×12
軽機関銃1×2
第44機甲偵察大隊“ホルシュタイン”(第3予備機甲偵察大隊、第4予備オートバイ大隊より)
大隊本部
St.
第1オートバイ中隊
第2装甲車中隊
軽機関銃×33
Sd.Kfz.234/3(75㎜)×1
Sd.Kfz.234/1(20㎜)×5
81㎜迫撃砲×2
第144戦車猟兵大隊“ホルシュタイン”(第3予備戦車猟兵大隊より)(計画のみで編成されず)
大隊本部
St.
s.
第1対戦車砲中隊
75㎜対戦車砲×12
le.
第2高射砲中隊
20㎜高射砲×?
37㎜高射砲×?
s.
第3自走砲中隊
150㎜自走重歩兵砲グリレ×9
Ⅲ号突撃砲G型×5
増強
第144戦車猟兵中隊
(2月中旬に編成?)
1個駆逐戦車中隊
Ⅳ号駆逐戦車ラング×10?
s.
1個対戦車砲中隊
75㎜対戦車砲×12?
第144機甲砲兵大隊“ホルシュタイン”(第59予備砲兵大隊より)
大隊本部
本部中隊
St.
軽機関銃×4
s.
第1中隊
105㎜自走軽榴弾砲ヴェスペ×2
150㎜自走榴弾砲フンメル×2
le.
第2中隊
軽機関銃×4
牽引式105㎜軽榴弾砲×4
s.
第3中隊
軽機関銃×4
牽引式150㎜重榴弾砲×4
軍直轄第321高射砲大隊
大隊本部
本部中隊
St.
軽機関銃×4
s.
第1～第3中隊
軽機関銃×2
20㎜高射砲×2
88㎜高射砲×4
第144機甲工兵大隊“ホルシュタイン”(第208予備機甲工兵大隊より)
本部中隊
St.
通信小隊
機甲工兵小隊
Sd.Kfz251/7×?
le
軽工兵段列
大隊本部
軽機関銃×2
第1～第2工兵中隊
重機関銃×2
軽機関銃×9
81㎜迫撃砲×2
第144機甲通信中隊
(第1223予備機甲通信大隊より)
120
第144自動車輸送中隊(120t)
(第1233補給輸送段列などより)
第144補給中隊
第144衛生中隊
第144自動車整備工場中隊
VErf
第144管理中隊
DVA
製パン小隊
精肉小隊
糧秣小隊
野戦郵便局

編成図3-1　1945年1月末　戦車師団“ホルシュタイン”

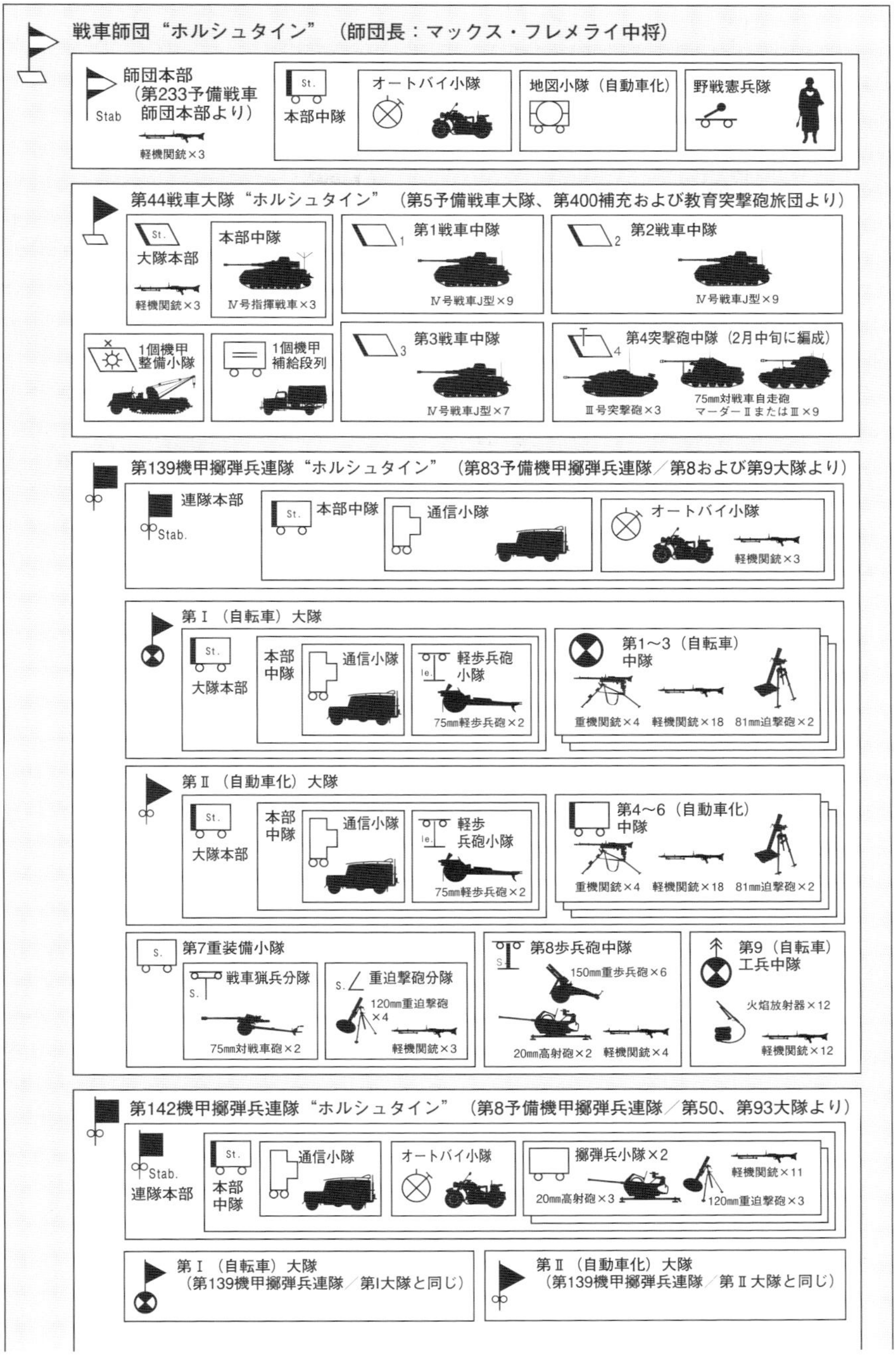

Photo3-8：エルンスト・ヴェルマン大佐のポートレート。襟元には1943年11月30日付で授与された柏葉付騎士十字章を佩用している。ドイツ共和国軍の黎明期にその基礎を築いた点で戦後の功績も大きい人物である。

Photo3-4：第233予備戦車師団長マックス・フレメライ中将のポートレート。型通りに襟に騎士十字章、左胸ポケットには1914年版鉄十字章徽章、一級鉄十字章、戦車突撃章、戦傷章（銀色）、右胸ポケットには1941年12月19日付で授与されたドイツ黄金十字章の一部が確認できる。
（滝口彰氏——Akira Takiguchi Collection 提供）

１９４５年1月末から戦車師団〝ホルシュタイン〟の編成に奔走し、自ら2月16日まで指揮を執ったが負傷。復帰後は2月22日付で第２３３戦車師団長となり、そのまま終戦を迎えた。

戦後は抑留されたが１９４７年7月に自由の身となり、平穏な余生を送った後に１９６８年9月20日に79歳でグリュンにて死去している（＊７）。

3　〝ゾネンヴェンデ（冬至）〟作戦

１９４５年1月末、陸軍参謀総長グデーリアン上級大将は、オーデル河へ進出したソ連軍先鋒部隊を、南北から挟み撃ちして撃滅する作戦を立案しており、北方のポンメルンから新編成のＳＳ第11戦車軍、南方からはアルデンヌ戦線から引き揚げられたＳＳ第６戦車軍を突進させることとしていた。しかしながら、ヒトラーはＳＳ第６戦車軍をハンガリーにおける反撃作戦（〝春のめざめ〟作戦）に転用してしまい、グデーリアンはなんとか北方のＳＳ第11戦車軍のみで攻撃を開始しようと躍起になっていた。

そして、終戦3ヶ月前にしては奇蹟とも思える手際の良さで、グデーリアンは質はともかくとして、2個軍団司令部と10個師団をヴァイクセル軍集団にかき集めることに成功した。しかしながら、１９４５年2月10日までに予定の半数の部隊も集結することはできなかった。

Photo3-5：1944年6月に撮影されたもので、作戦会議で地図を示して戦況を議論する戦車兵総監ハインツ・グデーリアン上級大将（左）と南ウクライナ軍集団参謀長ヴァルター・ヴェンク中将（右）。この翌月の7月21日付でグデーリアンは陸軍参謀総長、ヴェンクは7月22日付で参謀次長となってペアを組むこととなる。（UB 00644064）

一方、ヴァイクセル軍集団司令官はヒムラーSS長官であり、アルザス方面でオーバーライン軍集団司令官としてシュトラスブルク奪回作戦――〝ゾネンヴェンデ（冬至）〟作戦――を指揮していたが不首尾に終わり、1945年1月24日からヒトラーに指名されて指揮を執っていた。

ヒムラーには軍事的才能がないのは火を見るまでもなく明らかであったが、さらに悪いことに、SS長官、内務大臣、警察長官、補充軍司令官なども兼務しているため、彼の専用特別装甲列車「シュタイアーマルク」号の通信設備は行政的な通信だけで手一杯であり、しかも幕僚の到着が遅れたため軍集団の指揮は事実上麻痺し、ソ連軍の大攻勢にはなすすべもなく戦線大崩壊の遠因を作っていた。

グデーリアンの立案した挟撃作戦はヴァイクセル軍集団が対応することとなっており、ヒムラーは西部戦線の時と同じく〝ゾネンヴェンデ(冬至)〟作戦と命名して準備に取り掛かっていた。しかし、それは遅々として進まず、グデーリアンは遂に2月13日にヒトラーに直訴し、参謀次長ヴァルター・ヴェンクをヒムラーへ派遣して指揮権を移譲させた（＊8）。

こうして、ヴァイクセル軍集団の指揮は実質的にはヴェンクに委ねられ、遅くとも2月15日までにはシュタールガルト方面で、フェリックス・シュタイナーSS大将指揮麾下のSS第11戦車軍をもって攻勢を開始することとなった（＊9）。同戦車軍の編成を表3-1に示す。

表3-1　1945年2月19日現在　SS第11戦車軍の編成

SS第11戦車軍（フェリックス・シュタイナーSS大将）

○軍予備
・第163歩兵師団（残余）

○第2軍団
・第9降下猟兵師団
・戦闘団“デーネッケ”
・シュテッティン要塞部隊
・シュヴィーネミュンデ要塞部隊

○第39戦車軍団
・戦車師団“ホルシュタイン”
・SS第28義勇擲弾兵師団
“ワロニア（ヴァロニエン）”
・SS第10戦車師団“フルンツベルク”（SSF）
・SS第4警察機甲擲弾兵師団

○SS第3軍団
・SS第27義勇擲弾兵師団“ランゲマルク”
・SS第11機甲擲弾兵義勇師団“ノルトラント”
・戦闘団“フォイクト”
・SS第23義勇機甲擲弾兵師団“ネーダーラント”
・第281歩兵師団

○ムンツェル作戦軍団
・総統随伴師団（FBD）
・総統擲弾兵師団（FGD）

○SS第10軍団
・第402特別編成師団本部
・第5猟兵師団

○フォン・テッタウ作戦軍団（旧第604特別編成師団本部）
・警戒師団“ベアヴァルデ”
・警戒師団“ケスリン”
（後に“ポンメルラント”に改称）

4 シュタールガルトの戦闘

１９４５年２月９日、ＳＳ第11戦車軍／第39戦車軍団に配属となった戦車師団〝ホルシュタイン〟は、シュタールガルト（現スタルガルト・シュチェチンスキ）とシュテッティン・アルトダムの中間で輸送貨車から下りた。

第39戦車軍団司令部は、ＳＳ第10戦車師団〝フルンツベルク〟とともに西部戦線のオーバーエルザス戦区から移動して来たものであった。司令官のカール・デッカー大将は柏葉付騎士十字章拝領者で、その指揮能力には定評があり司令部幕僚も優秀なレベルにあった。

なお、ＳＳ第28義勇擲弾兵師団〝ワロニア（ヴァロニエン）〟はクールラント戦線から、そしてＳＳ第４警察機甲擲弾兵師団はバルカン戦線から引き抜かれたもので、特に前者は、再編中の師団から無理やり編成した兵力僅か２０００名規模の臨時戦闘団であり、ＳＳ第69義勇擲弾兵連隊の２個大隊、ＳＳ第70義勇擲弾兵連隊の１個大隊がＳＳ戦闘団〝ワロニア（ヴァロニエン）〟としてポンメルン戦線へ分遣されていた（＊10）。

すでに２月８日からシュタールガルト東方30㎞のヤコブスハーゲン付近では、ＳＳ第11義勇機甲擲弾兵師団〝ノルトラント〟が反撃に移っており、編成途中のＳＳ戦車大隊〝ベル

Photo3-6：塹壕の兵士達とタバコを分け合うSS第28義勇擲弾兵師団“ワロニア（ヴァロニエン）”師団長のレオン・デグレール（ドグレル）SS中佐（左から3人目）。襟元には柏葉付騎士十字章、左胸ポケット上には白兵戦章（黄金）が燦然と輝いている。1945年3月のアルトダム橋頭堡戦で撮影された写真である。

マン・フォン・ザルツァ〟の突撃砲12両、カールハインツ・シュルツ＝シュトレークSS中尉率いるSS第11突撃砲大隊の突撃砲、SS第503重戦車大隊のケーニヒスティーガー3両と第25降下猟兵連隊の1個中隊により敵の北側面へ痛撃を与え始めていた。

そして2月15日には緊急動員された編成中のSS第23、第24機甲擲弾兵連隊等の師団主力により、アルンスヴァルデ（現ホシュチェフ）の街へと進撃した。アルンスヴァルデは数日前に包囲され、SS第503重戦車大隊のケーニヒスティーガー7両、兵士1000名が民間人5000名と共に防衛戦を展開中であった。この攻撃は見事に成功し、その日のうちに包囲を突破して回廊を作ることができた（＊11）。なお、この戦闘でSS第11突撃砲大隊は、2月16日に22両、2日後には17両の敵戦車と対戦車砲多数を撃破し、3両のT－34を鹵獲するなどの戦果を挙げ、シュルツ＝シュトレークSS中尉は1945年5月2日付で騎士十字章を授与されている（＊12）。

この戦闘結果にヴァイクセル軍集団は俄然色めき立ち、2月16日をもって〝ゾネンヴェンデ（冬至）〟作戦開始を下令した。戦車師団〝ホルシュタイン〟の諸隊の一部はまだ輸送中であり、作戦可能な兵力は編成図3－2のとおりであった。なお、師団長は2月10日付でマックス・フレメライ中将からヨアヒム・ヘッセ大佐へ交代しているが、ヘッセは第16戦車師団／

第64機甲擲弾兵連隊長として200日を超える戦闘に従事し、1944年4月6日付で騎士十字章を授与されている経験豊かな指揮官であった（＊13）。

こうして1945年2月16日、戦闘団〝ホルシュタイン〟はマーデュ湖の西岸に沿って南進を開始した。この攻撃は順調に進み、先鋒部隊はピリッツ（現ピジツェ）、シェーニング運河まで到達した。編成したばかりの部隊の初陣としては、奇跡的な戦果と言えよう。しかしながら、ソ連軍第2親衛戦車軍と第61軍は、強力な砲兵部隊の援護の下でT-34、KV-1やスターリン重戦車を繰り出して反撃し、一進一退の攻防が繰り広げられた。

この日、陸軍参謀次長のヴァルター・ヴェンク中将は、このできたてホヤホヤの戦車師団の練成状態と装備状況を確認するため、わざわざ前線へ視察に来ていた。そして、師団の擲弾兵連隊長が輸送途中に空襲で戦死して空席であることを知ると、同行していたOKH機甲擲弾兵監察官のエルンスト・ヴェルマン大佐を当座の指揮官に指名した。

午後になると、師団先鋒はヨゼフ・スターリンII型を伴う強力なソ連軍戦車部隊の反撃に遭遇してフレメライ中将が運河付近の戦闘で負傷し、まだ新師団長ヘッセ大佐が着任していないことから、ヴェルマン大佐が師団長代理として指揮を執ることとなった（＊14）。

編成図3-2　1945年2月16日　戦闘団“ホルシュタイン”

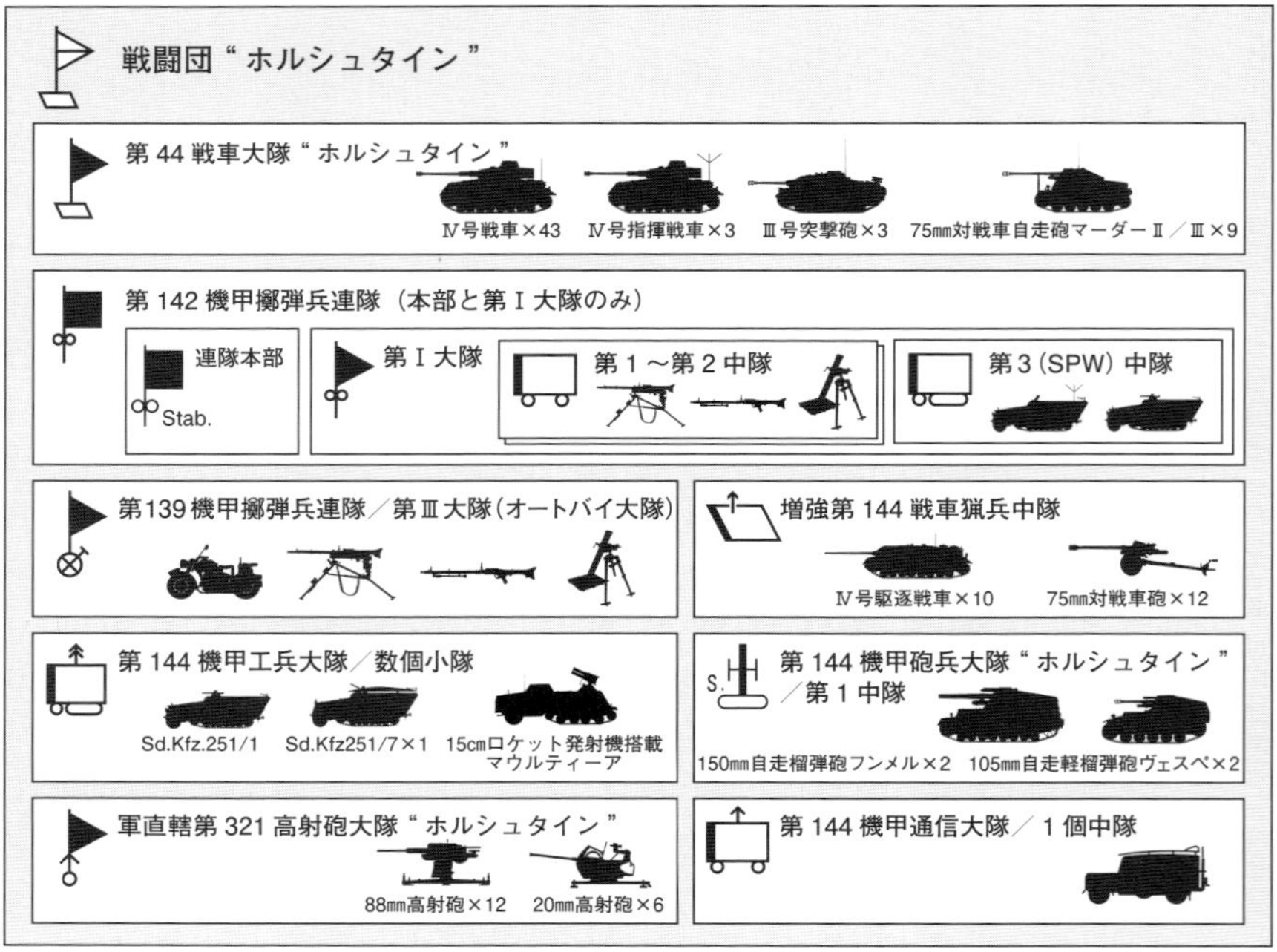

エルンスト・ヴェルマン大佐は、長く第3戦車師団の機甲擲弾兵部隊指揮官を経験しており、1942年9月2日付で騎士十字章、1943年11月30日には第3機甲擲弾兵連隊長としてベレソフカ、ポレワヤ付近での戦闘における勲功として柏葉付騎士十字章を授与されている古強者であり、まだ編成して間もない未熟な戦車師団の指揮官にはもってこいの人物であった。

後に第18機甲擲弾兵師団の戦闘団指揮官としてベルリン最終戦に参加。1945年4月29日にポツダム方面からヴェンク大将（昇進）率いる第12軍へ突破し、エルベ河を渡河してタンガーミュンデ付近でアメリカ軍の捕虜となった。戦後はドイツ共和国軍に奉職し、准将として1955年には初代機甲擲弾兵学校長となり1960年に退役。1970年7月17日にカールスルーエにて66歳の生涯を閉じている（＊15）。

Photo3-7：1945年2月初め、アルンスヴァルデ付近で撃破されたSS第503重戦車大隊のケーニヒスティーガー。車体は三色迷彩に「光と影」迷彩が施されているようである。前方には乗員の遺体が転がっており凄惨な情景である。

一方、戦闘団の左翼、すなわちマーデュ湖（現ミェトヴィエ湖）東岸で攻撃予定のハルメルSS准将指揮のSS第10戦車師団〝フルンツベルク〟（SSF）は、部隊の大半がまだ輸送中であり、当日になってようやくSS第21機甲擲弾兵連隊、SS高射砲部隊とSS第10戦車連隊／第Ⅱ大隊（Ⅳ号戦車）がシュタールガルト西方で卸下し、戦場偵察する暇もなくシェーニンガー運河目掛けて攻撃を開始した。

しかしながら、この攻撃は準備不足で部隊の連携もとれておらず、いたずらに損害が増えるばかりでヴァルニッツ（現ヴァルニツェ）付近の敵の第一次防衛線を突破することができず、攻撃は頓挫してしまった。

このため、ヴェンクは攻撃重点を変更し、SS第4警察機甲擲弾兵師団が突破に成功した25㎞西方のブルムベルク（現

Photo3-9：1945年2月、パイリッツの市街を進むSS第4警察機甲擲弾兵師団。右側の兵士は機関銃用三脚架を背負っており、周囲の兵士も弾薬箱を持っているので機関銃分隊かもしれない。左側にポツンと立てかけられたパンツァーファウストが面白い。

モジツァ）方面へSSFを転進させて、その方面から運河へ進撃するよう命じ、ヴァルニッツでの攻撃を戦車師団〝ホルシュタイン〟が受け継ぐよう下令した。そして、新生戦車師団で不足している下士官、技術者、重火器や自走砲などを短期的に手当てすることを約束し、ツォッセン（OKH）への連絡のため前線を離れた。

しかし、この約束は果されることはなかった。

ヴェンクはこの2月16日の夜、緊急にヒトラーの下へ出頭して戦況報告を行なうこととなったが、それが終わってベルリンの総統大本営地下壕を出た時には明け方近くであった。シュテッティンへの帰路途中、運転手のヘルマン・ドルンが疲労したため自分で運転を替わった。彼自身、三日三晩不眠不休の指揮で綿のように疲れ果てていたが、眠気覚ましに火のついていないタバコを噛みながら薄暗いアウトバーンを飛ばした。

しかしながら、30分後には彼も耐えがたい睡魔に襲われ、居眠り運転をして鉄橋の橋脚に激突したのである。後部座席で寝ていたドルンと某少佐は車外に放り出され、ヴェンクはハンドルとの間に挟まれたまま意識を失った。橋脚に引っかかった車は炎上し、後部座席の短機関銃の弾薬がはじけ飛んだ。この音でドルンは正気に返り、車の窓を叩き割ってヴェンクを救出した。

彼は頭蓋骨と肋骨5本を骨折、そのほか全身打撲を負っていた。奇跡的に命は助かったが肋骨のほとんどが折れる重傷のため、胸から膝まで外科用コルセットをするはめとなり、その後、バイエルンで静養することになった。

　そして、運命のいたずらにより、彼は第12軍司令官として最後のベルリン救出作戦を指揮することになるのである。


　2月16日午後遅く、ヴェルマン大佐指揮の第44戦車大隊、第144戦車猟兵大隊および88㎜高射砲部隊に支援された1個機甲擲弾兵大隊はヴァルニッツへ移動し、何とか南東方向に突破してリンデンベルゲ方面にいるSS第28義勇擲弾兵師団〝ワロニア（ヴァロニエン）〟と連絡をつけ、敵を挟撃しようと攻撃を再開した。

　攻撃第二日になると、敵の抵抗は激しさを増すばかりで師団は一歩も前進することはできず、SS第11戦車軍の他の攻撃部隊も一部が若干前進することができただけで攻撃は進展せず、この後、防御戦闘に切り替えられた。そして2月21日3時10分、ヒトラーは〝ゾネンヴェンデ（冬至）〟作戦の中止を下令し、アルンスヴァルデの奪回で始まったこの反撃作戦も、線香花火のように終わってしまった（＊16）。

　そのころ、アルンスヴァルデから120㎞離れた第2軍戦区のランデック付近では、大損害を蒙ったSS第15武装擲弾兵師団（レットラント第1）の将兵が、前線で休養を取っていた。同師団は、1月末にフレーダーボルン付近でソ連2個師団とポーランド第3軍により重包囲に陥り、師団長のアドルフ・アクスSS准将を先頭に、果敢にも2000名以上の負傷兵を引き連れて劇的な脱出戦を展開し、2月4日にようやく味方の前線があるランデックまで突破することに成功したばかりであった。そして、2月15日付でアクスSS准将はSS第32義勇擲弾兵師団〝1月30日〟の師団長に転出し、師団長はカール・ブルクSS准将となっていた。

　一方、ソ連軍はバルト海へ達する大規模な攻撃作戦のため、ロコソフスキー元帥率いる第2白ロシア戦線の第70軍と第19軍がランデック北東に集結中であった。その地点はドイツ軍にとって第3戦車軍（SS第11戦車軍を1945年2月26日に改称）と第2軍のちょうど境界線にあたる弱点であり、そ

Photo3-10：SS第15武装擲弾兵師団（レットラント第1）師団長のアドルフ・アクスSS准将のサイン入りポートレート。撮影はSS大佐時代のものである。

1945年2月15日～22日　アルンスヴァルデ戦区“ゾネンヴェンデ（冬至）”作戦

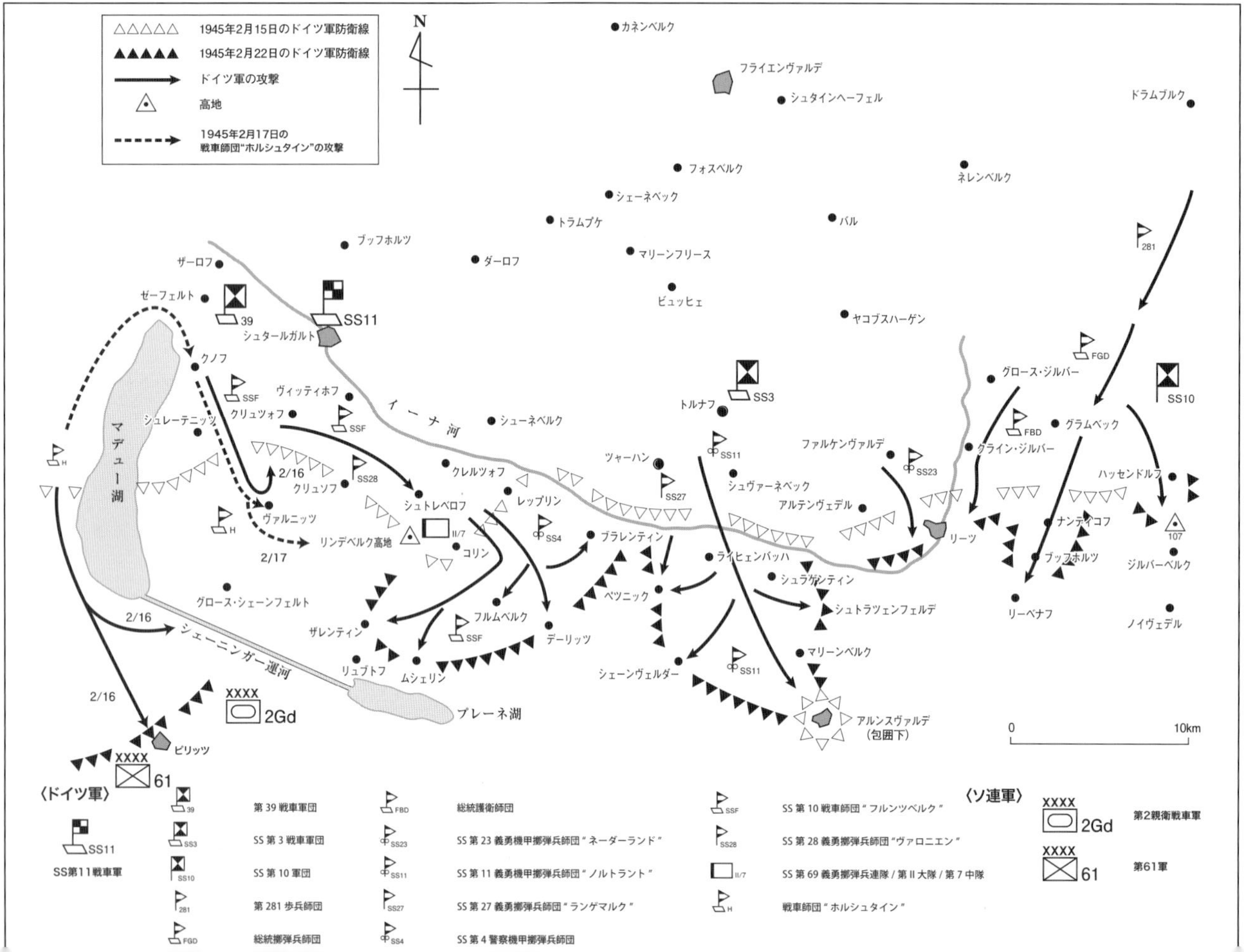

こは指揮官が代ったばかりで、重火器をほとんど失って疲れ果てた約８００名のラトビア義勇兵が守っているだけであった……（＊17）。

5　ポンメルン防衛戦

ドイツ軍はランデック～コーニッツ付近に敵大部隊が集結中であることは察知していたが、兵力不足で打てる手が限られており、かろうじて次のような対策を講じていた。

◎ＳＳ第33義勇擲弾兵師団〝シャルマーニュ〟はランデック北方のハマーシュタインへ進出
◎ＳＳ第15武装擲弾兵師団（レットラント第1）は、後方へ引き揚げずに前線で休養
◎緊急編成された警戒師団〝ポンメルラント〟はランデック北方50㎞のブブリッツ方面へ移動
◎戦車師団〝ホルシュタイン〟は予備としてシュタールガルト北方で待機

しかし、このような措置も、２個軍約12万名の兵力を持つソ連軍の前には無力であった。

１９４５年2月24日、ソ連第19軍の5個師団はランデックの東方シュローカウで戦線を突破し、バルト海沿いのケスリンを目掛けて北上を開始した。

2月27日付のヴァイクセル軍集団の戦闘日誌には、こう書かれている。

「シュローカウ付近で敵はポルノフまで突破に成功。アクスグループ――ＳＳ第15武装擲弾兵師団（レットラント第11）――はポンメルン陣地へ退避した。現在、西方から戦車師団〝ホルシュタイン〟、東方からＳＳ第４警察機甲擲弾兵師団および第２２６突撃砲旅団が急行中（途中略）。ここでは敵が奇襲に成功しており、ゼーネンゲ突破後は敵にとって地形的には有利となろう（平坦地が海岸まで続く）」（＊18）

また、ＳＳ第33義勇擲弾兵師団〝シャルマーニュ〟のＳＳ第57義勇擲弾兵連隊は、ＳＳ第15武装擲弾兵師団（レットラント第1）と第32歩兵師団の中間点で防衛線を構築し、突破して来たソ連軍と激烈な防衛戦を展開した後、僚友のＳＳ第58義勇擲弾兵連隊とともに2月27日にはノイシュテッティンまで撤退した。

この戦闘で５００名が戦死して数百名が行方不明となり、

Marking3-1：SS第15武装擲弾兵師団（レットラント第1）の師団マーク。左側の「L」はレットラント（ラトヴィア）の頭文字であり、添え字の「l」はレットラント第1師団を表す。

Marking3-2：SS第33武装擲弾兵師団“シャルマーニュ”の師団マーク。フランス義勇兵団の旧マーキングを受け継いだもので、左半分はドイツを象徴する鷲（アドラー）、右半分はフランスを象徴するシャルルル（カール）大帝のシンボルである3つのユリが描かれている。

Photo3-12：1943年末にアルザスのセルネーで撮影されたもので、SS演習場“ゼンハイム（セルネー）”にて忠誠の宣誓を行なうフランス武装SS義勇兵。翌年3月にはフランスSS義勇突撃旅団が編成され、SS第33武装擲弾兵師団“シャルマーニュ”の母体となった。なお、同師団は最大でも4,000名を超えることはなく、旅団規模の部隊であった。

Photo3-11：アクスSS准将の後を引き継いだSS第15武装擲弾兵師団（レットラント第1）師団長のカール・ブルクSS准将のポートレート。彼は1898年4月生まれの46歳で、第一次大戦で一級鉄十字章を授章。戦後は砲兵将校として共和国軍に奉職した。1933年にSSへ入隊し、高射砲部隊の育成に力を注ぎ、SS高射砲大隊“オスト”の指揮官などを歴任している。ポンメルンの戦闘で、師団が全滅を免れたのはブルクの指揮統率能力によるところが大きい。

SS第33義勇擲弾兵師団〝シャルマーニュ〟は約3500名の兵力に減少した。また重火器のほとんどを喪失し、僅かに75mm対戦車砲4門、105mm軽榴弾砲2門を有するに過ぎなくなっていた。

一方、警戒師団〝ポンメルラント〟は、戦闘団〝ザハトレーベン〟（連隊規模）を編成し、第77装甲列車とともにブブリッツ方面で敵の先鋒と激戦を演じていた（＊19）。

第3戦車軍の唯一の予備部隊は、戦闘経験がない2個緊急警戒師団しかもたないフォン・テッタウ作戦軍団であり、破局を前にして第3戦車軍司令部は、同軍団に前線部隊の残余と増援部隊を統合させ、なんとか敵先鋒部隊を西側面から攻撃牽制して時間を稼ごうと死に物狂いとなっていた。このため、シュタールガルト北方に待機していた戦車師団〝ホルシュタイン〟に緊急出撃が下令され、ベルガルト方面への必死の鉄道輸送が開始されていた（＊20）。

◎フォン・テッタウ作戦軍団（旧604特別編成師団本部）
・緊急警戒師団〝ポンメルラント〟残余（5000名？）
・緊急警戒師団〝ベアヴァルデ〟残余（5000名？）
・SS第33義勇擲弾兵師団〝シャルマーニュ〟残余（3500名）
・SS第15武装擲弾兵師団（レットラント第1）残余（3000名？）
・戦車師団〝ホルシュタイン〟残余（5000名？）

Photo3-13：大変めずらしくかつ貴重な写真である。セワストポリ攻略戦において、歩兵突撃でマルコフ要塞を陥落させて一躍有名になった第24歩兵師団長ハンス・フォン・テッタウ少将（当時）を訪れた大島浩駐独大使。隣には煙草を吸ってうつむき加減のテッタウが座っているが、まだ騎士十字章授与前であるため、襟元にはルーマニアから授与された戦功章を付けている。

Photo3-14：ハンス・フォン・テッタウ中将のポートレート。おそらくはセワストポリ攻略戦の戦功により騎士十字章を授与された直後の1942年秋に撮影されたもので、階級は少将である。温和な顔の下に秘められた強い意志が感じられる。
(BA 101I-233-0899-35 Wetteran)

ハンス・フォン・テッタウ中将は、１８８８年11月30日、ザクセンのバウツェンに生まれた。１９０９年に見習い士官候補生となり、第一次大戦では将校として二級、一級鉄十字章を授章。ヴァイマール共和国軍では、たたき上げの質実剛健の歩兵指揮官として各歩兵部隊長を歴任。１９３６年に大佐に昇進。平和時ではそのまま退役となるはずであったが、第二次大戦が勃発し、１９３９年12月に第１０１歩兵連隊長、翌年３月には少将に昇進して第24歩兵師団長を拝命した。

以降、第24歩兵師団長として長年ロシア戦線にあり、セワストポリ攻防戦においては、１９４２年６月30日に難攻不落のマルコフ要塞を歩兵突撃により陥落させた戦功により同年９月３日付で騎士十字章を授章。１９４４年３月より在オランダ教育軍司令官となり、９月17日から発起された〝マーケットガーデン〟作戦時には、海軍歩兵、警備部隊、武装ＳＳ、士官学校生徒、空軍部隊など雑多な寄せ集め部隊で臨時師団〝フォン・テッタウ〟を編成し、イギリスパラシュート部隊にいち早く対抗して貴重な時間を稼ぎ出した（＊21）。

彼は田舎の小学校の校長然とした風貌からは想像もつかない不屈の闘志を持っており、また、56歳という年齢と経歴から想像する硬直的な歩兵指揮官像とは全く違う、合理的かつ柔軟な作戦指揮能力を兼ね備えていた。

なお、後述するホルスト包囲陣からの脱出戦における戦功により、１９４５年３月16日付で大将へ昇進し、４月４日付

1945年2月22日～3月4日　ポンメルンにおけるソ連軍の攻勢

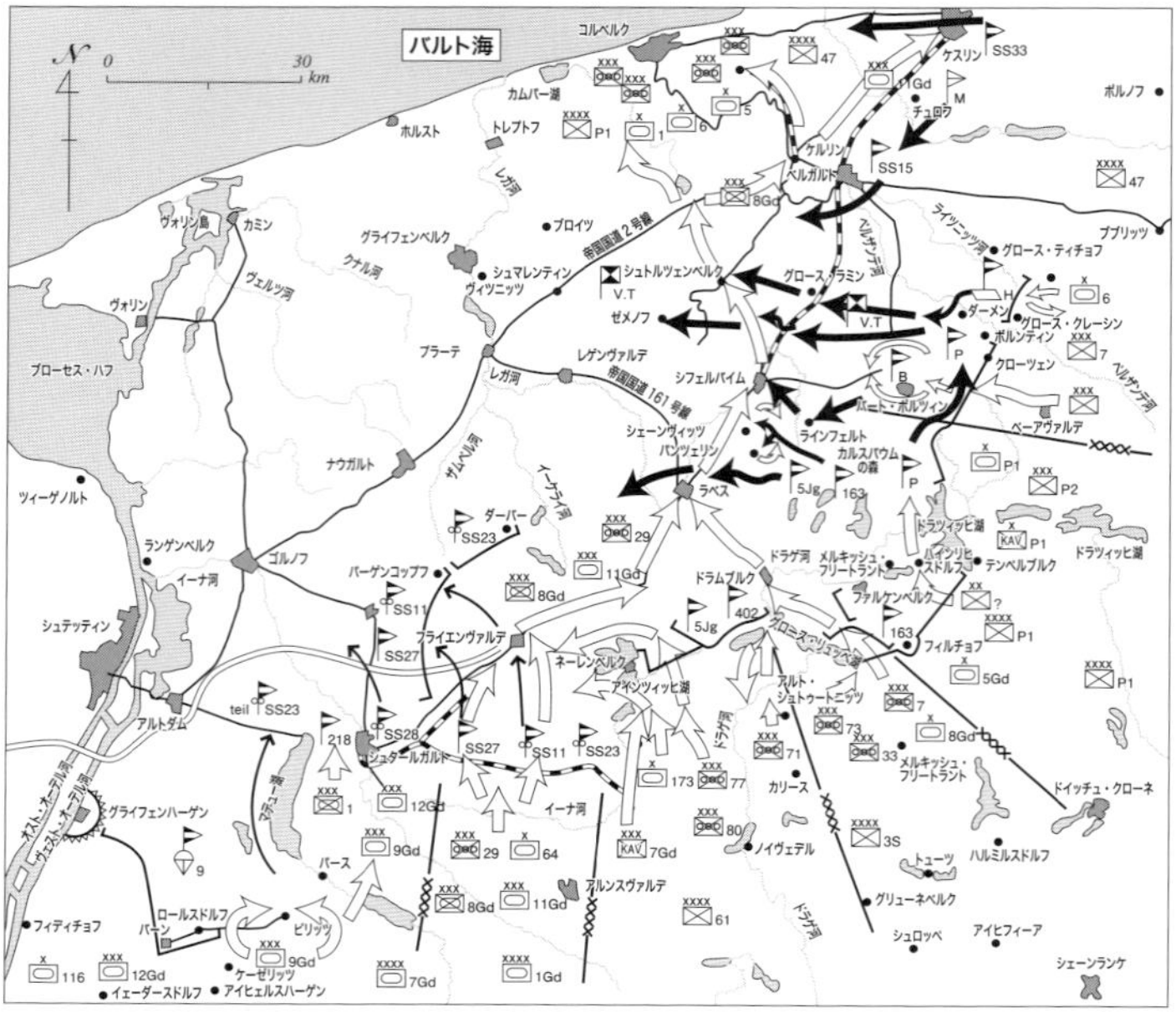

→：ソ連軍の攻撃

→（太）：ドイツ軍の撤退路（師団群）

→：ドイツ軍の撤退路（師団）

└┘：ドイツ軍の抵抗線

—××××—：ソ連軍の軍境界線

〈ソ連軍〉

- 47：第47軍
- 6：第6戦車旅団
- 7：第7狙撃兵軍団
- P1：ポーランド第1軍
- P1：ポーランド第1戦車旅団
- P2：ポーランド第2軍団
- KAV P1：ポーランド第1騎兵旅団
- P1：ポーランド第1軍団
- 5Gd：第5親衛戦車旅団
- 3S：第3突撃軍
- 7：第7自動車化狙撃兵軍団
- 73：第73自動車化狙撃兵軍団
- 33：第33自動車化狙撃兵軍団
- 8Gd：第8親衛戦車旅団
- 61：第61軍
- 173：第173戦車旅団
- 71：第71自動車化狙撃兵軍団
- 77：第77自動車化狙撃兵軍団
- 80：第80自動車化狙撃兵軍団
- KAV 7Gd：第7親衛騎兵軍団
- 1Gd：第1親衛戦車軍
- 64：第64戦車旅団
- 29：第29自動車化狙撃兵軍団
- 11Gd：第11親衛戦車軍団
- 8Gd：第8親衛機械化軍団
- 2Gd：第2親衛戦車軍
- 12Gd：第12親衛戦車軍団
- 9Gd：第9親衛戦車軍団
- 5：第5戦車旅団
- 1：第1戦車旅団
- 1：第1機械化軍団
- 12Gd：第12自動車化親衛狙撃兵軍団
- 116：第116戦車旅団

〈ドイツ軍〉

- SS23：SS第23義勇機甲擲弾兵師団"ネーダーラント"
- SS11：SS第11義勇機甲擲弾兵師団"ノルトラント"
- SS28：SS第28義勇機甲擲弾兵師団"ワロニア（ヴァロニエン）"
- teil SS23：SS第23義勇機甲擲弾兵師団"ネーダーラント"の一部
- V.T：フォン・テッタウ作戦軍団
- SS33：SS第33武装擲弾兵師団"シャルマーニュ"残余
- SS15：SS第15武装擲弾兵師団（レットラント第1）残余
- H：戦車師団"ホルシュタイン"残余
- M：戦闘団"ムンツェル"
- P：緊急警戒師団"ポンメルラント"残余
- B：緊急警戒師団"ベアヴァルデ"残余
- 163：第163歩兵師団
- 5Jg：第5猟兵師団
- SS27：SS第27義勇擲弾兵師団"ランゲマルク"
- 218：第218歩兵師団
- 402：第402歩兵師団
- 9：第9降下猟兵師団

で全軍821番目の柏葉付騎士十字章を授与されている。

フォン・テッタウ作戦軍団においては、信頼の置けないラトビアとフランスのSS敗残兵、実戦経験が少ない緊急警戒師団を除くと、戦車師団〝ホルシュタイン〟こそが唯一の希望であった。しかしながら、師団のシュタールガルトからベルガルト方面の緊急輸送は遅々として進まず、部隊は分割されてバラバラに輸送が行なわれた。

この状況は、1945年1月27日真夜中に交わされた陸軍参謀総長グデーリアンとヴァイクセル軍集団参謀のアイスマン大佐との電話記録にも現れている（＊22）。

グデーリアン：「ホルシュタイン！ ホルシュタイン師団はどこにおる？ 燃料切れだと？（燃料輸送は）不可能だ！ 鉄道網は全く停止しておる。日報はどこにある？ いつも遅すぎるぞ！ 改善されないようなら貴官を更迭しなければならない！」

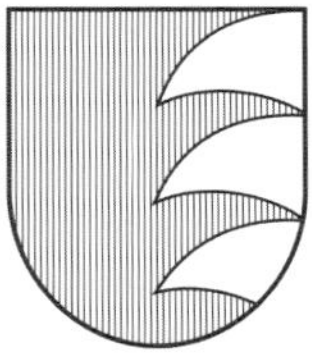

Marking3-3：フォン・テッタウ作戦軍団のマーク。赤地の盾に銀色の三つの狼の爪が右側に描かれている。フォン・テッタウ家はボヘミアの領主として知られた旧家であり、その家紋の一部を部隊マークとしたものである。

Marking3-4：フォン・テッタウ家の家紋。狼の爪を描いた盾に騎士のマスクとカバー、その上に赤白の鷲の翼が左右に位置する複雑なデザインである。

いまやSS第33義勇擲弾兵師団〝シャルマーニュ〟とSS第15武装擲弾兵師団（レットランド第1）の生き残りは、ハマーシュタインを経由して、3月2日にはグラメンツまで退却していた。一方、戦車師団〝ホルシュタイン〟は、手元に集結した僅かな機甲兵力で戦闘団を編成し、ベルガルト南東25kmのダーメン方面で懸命の防衛戦を行なった。

東方からは第2軍のSS第4警察機甲擲弾兵師団と第7戦車師団が、なんとか戦闘団〝ホルシュタイン〟と連絡をとろうと、ルンメルスブルク方面から攻撃をしたが撃退された。

1945年3月2日現在の戦闘団の機甲兵力は装備表4-2のとおりである。なお、3月4日までに、故障中のIV号戦車4両が、コルベルクへと修理のために後送された（＊23）。

1945年3月1日、今度はジューコフ元帥率いる第1白ロシア戦線の第1、第2戦車軍による新たな攻撃が、アルンスヴァルデ付近で発起され、敵の大部隊が120kmしか離れていないコルベルク目指して直進を開始した。その2日後、第2白ロシア戦線の先鋒はベルガルト～ブブリッツ街道に達し、第1白ロシア戦線の先鋒はすでにコルベルク郊外まで到達した。

Photo3-15：1945年1月24日、ヴェストプロイセンのインメンハイム付近での撮影。猛吹雪のなかを進むのは、SS第15武装擲弾兵師団（レットラント第1）のSS第32武装擲弾兵連隊の将兵である。防寒具や軍靴を満載した歩兵用カートを連結して馬が牽引している。(MOL LL233-4 via Andrejes Edvins Feldmanis)

装備表3-2　1945年3月2日　戦車師団“ホルシュタイン”の機甲兵力

Ⅳ号戦車	×18
75㎜対戦車砲	×3～4?
15㎝重歩兵砲突撃戦車 ブルムベア （旧第218特別編成突撃戦車中隊？）	×3
各種SPW	×20～25
20㎜高射自走砲、偵察装甲車	×3～4?
野砲（第144砲兵大隊）	×7
20㎜高射自走砲（第144砲兵大隊）	×3

予てからフォン・テッタウは、いざとなったら要塞都市に指定されているコルベルクへひとまず撤退し、そこで持久戦を行なう可能性も考慮しており、要塞指揮官フルリーデ大佐とは連絡を取り合っていたのであった。なんとなれば、コルベルクには大規模な港湾があり、防衛戦を行ないながら海路からの撤退も可能だったのであるが、もはや後の祭りであった。

こうしてフォン・テッタウ作戦軍団は、コルベルクへの撤退も不可能となり、バート・ポルツィン付近で完全に包囲されてしまったのである。

3月3日22時、フォン・テッタウは脱出命令を発し、3月

Photo3-16：街の西端にある灯台から見た現在のホルスト（現ニエホジェ）の情景。これを見てもわかる通り、遠浅のため大型船の停泊は不可能で、海路からの撤退は困難であった。しかしながら、森林が多くて戦車戦には不向きな地形であり、防衛するドイツ軍側からすると僅かながら有利であった。

4日早朝の5時30分に軍団の脱出が開始された。左翼が警戒師団〝ポンメルラント〟、右翼は戦車師団〝ホルシュタイン〟で、後方には警戒師団〝ベアヴェルデ〟、SS第15武装擲弾兵師団（レットラント第1）の残余が続く。目指すは北西の方向！

吹雪をついてソ連軍警戒線を突破し、7時頃にはアルンハウゼンへ到達したが、警戒師団〝ポンメルラント〟のヘッツァー1両が撃破され、師団長のゾンマー大佐が負傷した。ここで戦車師団〝ホルシュタイン〟は、ベルガルトを4時に脱出してきた60名のヒトラー・ユーゲントの戦車撃滅部隊と合流し、アメリカ製の敵トラック2台を鹵獲した。

3月5日、脱出部隊の先鋒はゼメロフに達し、ソ連軍戦車部隊と激しい銃撃戦が展開されたが、夜になるとソ連軍は撤退した。この頃になると数千人の難民がフォン・テッタウの移動包囲陣に付き随っており、その数は膨れ上がる一方であった。

一方、SS第33義勇擲弾兵師団〝シャルマーニュ〟とSS第15武装擲弾兵師団（レットラント第1）の残余は、グラメンツ〜ベルガルトを経由してケルリンまで来たところで敵に包囲され、フランスSS義勇兵の師団本隊約3000名は、森林地区で敵戦車の攻撃と強力な敵砲兵により全滅に近い打撃を受けた。僅かにフネSS中尉率いる1個大隊のみがクル

Photo3-17：ホルストの灯台からトシェンサチ付近までの海岸線を撮影した1937年の航空写真。（1：25,000）海岸線から陸側の黒い部分は森林であり、その他は牧草地や農地が広がっていることがわかる。（BA 196-01955）

ケンベルクＳＳ少将と共に脱出に成功し、３月６日にフォン・テッタウの脱出部隊に合流することができた。

３月６日、フォン・テッタウの前衛部隊、戦車師団〝ホルシュタイン〟と緊急警戒師団〝ポンメルラント〟は、グライフェンベルク前面のヴィッツニッツの森に達した。早々にオートバイ小隊を偵察に送ったが、報告は「強力なソ連軍騎兵部隊が展開中。敵戦車約60両確認」というものであった。グライフェンベルクから西方への突破は不可能。残された道は唯ひとつ、バルト海へ突破するのだ！　しかし、行く手を阻むレガ河をどうやって渡河するのか？　この問題はひとりの古参工兵が解決してくれた。彼は、１９３６年にグライフェンベルク北方のボルンティン付近で頑丈な木造の工兵橋を構築したことを記憶していたのである。そして、その橋は地図にも記載されていないものであった。

すぐさま戦車師団〝ホルシュタイン〟／第44機甲偵察大隊の１個ＳＰＷ小隊が出撃し、グライフェンベルク北方の敵状を偵察した。すると、ボルティン南方のプルストに架かる橋に敵の姿は見られなかった。夜になって警戒師団〝ポンメルラント〟の大隊〝アルント〟が、プルストの橋を奪取し、ついで西岸からボルンティンの工兵橋を確保することに成功した。

１９３６年に工兵達が作った木造の工兵橋は、まだ健在だったのである！

3月7日早朝、戦車師団〝ホルシュタイン〟は、先鋒部隊として出撃した。帝国国道2号線を越えてプルストの橋と工兵橋の防備を固め、残っていた最後の第44戦車大隊のⅣ号戦車10両とⅢ号突撃砲ほか8両で渡河点から帝国国道161号線西方までを封鎖した。集結していた脱出部隊は、午前中までに続々とレガ河を渡河し、ホルスト（現ニエホジェ）方面に向かった。警戒師団〝ポンメルラント〟、同〝ベアヴァルデ〟、戦車師団〝ホルシュタイン〟、SS第15武装擲弾兵師団（レットラント第1）、SS第33義勇擲弾兵師団〝シャルマーニュ〟、そしてケスリンから脱出して来た第402、第163歩兵師団の残余、郷土防衛隊、空軍部隊、RAD、戦車猟兵部隊、負傷兵、そして数をも知れぬ難民、また難民……。

渡河の間に、T34／85戦車6両が攻撃を加えて来たが、たちまち5両がⅣ号戦車の砲撃で撃破され、1両は逃げようとして側溝へ落ちて行動不能となった。

フォン・テッタウ中将はホルストへと急行して司令部を設置し、撤退して来る部隊へ指令を出して配置に就かせ、橋頭堡を形成するべく精力的に働いた。そして3月8日の夕方には、〝ホルシュタイン〟の第144機甲工兵大隊がプスチョフ（現プストコヴォ）に達し、西方への拠点を確保した。橋頭堡の西方には戦車師団〝ホルシュタイン〟残余、南方には警戒師団〝ポンメルラント〟残余、東方にはSS第15武装擲弾兵師団（レットラント第1）の残余が配置され、大急ぎで防衛線が構築された。

3月9日昼過ぎ、この大混乱した魔女の釜の包囲陣に、第3戦車軍司令部の参謀2名を乗せた1機のフィゼラー・シュトルヒが舞い降り、彼らはホルストにあるクーアホテルでフォン・テッタウに対し戦況報告を行なった。それによれば、遠浅の海岸のため船による救出は不可能。手元にあるすべての船はコルベルクからの撤退に使われており、自力で西方のディーフェノフまで突破する必要があるとのこと。そして、そこまでの海岸道路は難路であり、敵の強力な砲兵管制下に置かれているとのことであった……（＊24）。

6 突破

長さ16km、幅10kmの狭い橋頭堡の中には、以下のような部隊の生き残りが、変わり果てた姿で多数の難民とともにあった。その数約3万人。

◎フォン・テッタウ作戦軍団残余
・緊急警戒師団〝ベアヴァルデ〟残余
・緊急警戒師団〝ポンメルラント〟残余
・戦車師団〝ホルシュタイン〟残余
・SS第15武装擲弾兵師団（レットラント第1）残余
・SS第33義勇擲弾兵師団〝シャルマーニュ〟残余
・第163歩兵師団の一部
・第402歩兵師団の一部

Photo3-18:きわめて珍しい写真。1945年1月末、ピラウ港外に停泊中のポケット戦艦“アドミラル・シェーア”。特徴的な28cm3連装砲塔と53.3cm連装魚雷発射管が確認できる。この時期までに同艦は対空兵装が強化されており、88mm高射砲6門、37mm高射砲8門、20mm高射機関砲33門を装備していた。

・第5猟兵師団の一部

敵は3月10日より、橋頭堡の西から第79狙撃軍団、東から第7親衛軍団が強力な圧力を加え、SS第15武装擲弾兵師団(レットラント第1)と第5猟兵師団の戦線の一部が突破され、かろうじて崩壊を免れたものの、夜には長さ10km、幅8kmの包囲陣に押し込められた。そして夜襲によりさらに圧迫され、3月11日朝にはその幅は4kmまで圧迫された。かろうじて橋頭堡が持ち堪えることができたのは、ひとえにドイツ海軍の支援によるものであった。

すなわち、ドイツ大海艦隊の生き残りである第2海軍戦隊が、3月10日から敵の攻撃に対して艦砲射撃により痛打を浴びせていたのである。

◎第2海軍戦隊(司令官:アウグスト・ティーレ海軍中将)

・ポケット戦艦〝アドミラル・シェーア〟
・駆逐艦Z5〝パウル・ヤコビー〟
・駆逐艦Z31
・駆逐艦Z38
・水雷艇T33

28cm3連装砲塔2基、15cm単装砲8門を装備する排水量1万3483tのポケット戦艦〝アドミラル・シェーア〟は、難民800人と負傷者200人を乗せて、艦砲射撃で施条

Photo3-19：駆逐艦Z5“パウル・ヤコビー”の雄姿。Z1級駆逐艦の5番艦として1935年7月に起工され1937年6月に就役した。基準排水量2,171t、最大速度36ノット／時、127㎜単装砲5基、37㎜連装砲2基、20㎜単装機関砲6基、53.3㎝4連装魚雷発射管2基を装備し、機雷60個が積載可能であった。この幸運艦は数々の海戦を生き残り、戦後の1946年2月にフランス海軍へ引き渡され、駆逐艦“ルイ・ドゼー”として1954年2月まで就役した。

（ライフル）が磨り減った砲身ライナーを新品に取り替えるべくゴーテンハーフェンからキールへ向けて回航途中にあった。陸軍の要請により針路を変更し、3月10日にシュヴィーネミュンデ沖に到達した〝アドミラル・シェーア〟は、12時30分に作戦行動を開始した。そして、14時30分に戦闘準備が下令され、16時30分に最初の斉射開始！　グロース・ユスティン（現ゴスティン）方面に展開していた味方歩兵は、敵戦車が木っ端微塵となって空中に吹っ飛ぶ光景を見て狂喜し、村はその後の強襲で奪回することができた（＊25）。

　同じ日、包囲陣南側面のカルニッツに危機が訪れた。警戒師団〝ポンメルラント〟の大隊〝ブルンス〟が頑張る拠点に、午後になって歩兵300名とT34戦車による敵の強力な攻撃が加えられたのである。これはやっとのことで撃退することができたが、鉄道土手の上で行動不能になった3両のT34から、なおも激しい砲撃が続けられ、前進した野砲の直接照準により前面ハッチを撃ち抜き、ようやく1両の息の根を止めることに成功した。その後、鹵獲戦車1両が救援に駆けつけ、4km後方の新しい防衛線に無事撤収することができた。

　3月11日午後になると、包囲陣は長さ5km、幅3kmという危険なまでに狭い範囲に押し込められたが、なんとか日暮れまで死守することができた。

　一方、その日の朝9時30分、第3戦車軍が守るディーフェノフ橋頭堡からは、ヴォリンから撤退してきた第5猟兵師団

Photo3-20：煉瓦造りで赤茶けた煉瓦色と塗装された白色のコントラストが美しいホルストの西端に位置する名物の灯台。写真は戦争中に撮影されたものだが、向かって左側の海岸は崖で切り通しになっていて狭い道と砂浜があるのに注意されたい。このような地形が20㎞離れたディーフェノフ（現ジブヌフ）まで続いており、ここを難民の女子供や老人が激しい砲撃と銃爆撃の中を徒歩で突破したのである。

の残余、第Ⅵ空軍兵器学校、アドルフ・フォン・ヴィーザー海軍大佐率いる海軍歩兵部隊などが、戦線を突破して東方２㎞にあるラダック（現ラダフカ）付近まで進撃し、脱出して来るフォン・テッタウの部隊のために受け入れ陣地を構築した。

１９４５年3月11日19時30分、〝ホルシュタイン〟の第１４４機甲工兵大隊が守る橋頭堡西端のプスチョフから、決死の脱出作戦が開始された。目指すは第３戦車軍が守備するディーフェノフまで。距離は僅か20㎞！

突破の先頭は士官候補生連隊〝ブッヒェナウ〟の軽歩兵大隊と〝ホルシュタイン〟の第１４２機甲擲弾兵連隊の生き残り、次に司令官のフォン・テッタウ中将と軍団司令部、後ろからその他の部隊が無数の難民とともに続く。最後尾は警戒師団〝ポンメルラント〟の擲弾兵たち。突破直後、敵の第１７１狙撃師団とポーランド騎兵旅団が、海岸の悪路を長い縦隊で西へ進む突破部隊に対して、激しい砲撃を浴びせかけてきた。

先頭の士官候補生連隊／軽歩兵大隊は、猛烈な敵砲兵による弾幕の中をディーフェノフ目掛けて海岸から１００ｍ離れた道路に沿って突破を図った。真夜中過ぎにようやく目標の最初の村へ到達！　しかしながら、早くも大損害を受け、突進部隊には第１４２機甲擲弾兵連隊／第Ⅱ大隊が増援され、さらに第44機甲偵察大隊と士官候補生連隊の2個中隊が追加された。

5時30分にポベロフ（現ポピエロヴォ）まで到達。ちょうど中間地点のリュッヒェンティン（現ウケンチン）北方にある森林の出口付近で、対戦車砲と重迫撃砲によるソ連軍の封鎖地点に遭遇し、激戦が展開された。士官候補生の決死隊が編成され、肉薄攻撃により陣地を攻撃、鹵獲した47㎜対戦車砲1門によりこれを掃討することができた。リュッヒェンティンは9時30分に陥落し、さらに最後の封鎖地点を突破した士官候補生連隊は、ついにラダック付近で味方海軍歩兵と出会った。その背後には、フォン・テッタウ中将と幕僚たちが続いていた（＊27）。


ここで、ヴォルフガング・パウルの名著『最終戦』を引用することとしよう。この時の劇的な脱出の情景を、ハンス・ボルゲルト伍長は次のように回想している。

「私は海岸の崖の上でフォン・テッタウ将軍の横に伏せた。将軍の車もやられたのだ。ソ連軍の歩兵が『ウラー！』と喚声をあげて前進してくるうち、将軍は落ちつきはらって参謀たちにいった。

『諸君、やるか！』全員で射撃を始めた。錬兵場でのようにゆうゆうと。私も戦死者のカービン銃で撃った。敵は迫撃砲で撃ってきたが、砲弾はわれわれの頭上を越え、浜で炸裂する。振りかえってみると、胸がしめつけられそうになった。背後の眼下を、崖に守られながら難民が西へ向かっているが、そこに敵迫撃砲弾が炸裂しているではないか」（＊27）


この日、〝アドミラル・シェーア〟は朝4時30分に再び出撃し、16時間に渡ってディーフェノフ付近の敵重砲兵陣地、戦車集結地点を叩きに叩き、敵は大恐慌を巻き起こした。しかしながら夕方になって、フリツォウ～ラダックの東方はソ連軍によって封鎖され、さらにリュッヒェンティン北方にある森林の出口付近が再び敵の反撃により閉ざされた。

警戒師団〝ポンメルラント〟の擲弾兵連隊〝ザン〟（大隊〝アルント〟、〝ヴェアナー〟および〝ブルンス〟）は、後衛部隊として最後尾から脱出に加わった。リュッヒェンティンでソ連軍の攻撃により損害を蒙ったものの、屈せず突破して夕方には最後の難民達と共にラダックに辿り着いた（＊28）。

脱出部隊以外のドイツ軍部隊も奮戦した。部隊からはぐれて北進していた第5猟兵師団／第56猟兵連隊の残余が、カミン～カルニッツの鉄道線路を越えて攻撃を加え、警戒師団〝ポンメルラント〟の部隊と合流して突破に加わった。また、やはり師団部隊と離れ離れとなったSS第23義勇機甲擲弾兵師団〝ネーダーラント〟／SS第48義勇機甲擲弾兵連隊の残余と同／SS第23戦車猟兵大隊のヘッツァー17両（？）がストゥーホフ（現ストシェジェヴォ）付近から北進し、敵の第

1945年3月6日～15日　フォン・テッタウ作戦軍団　戦況図

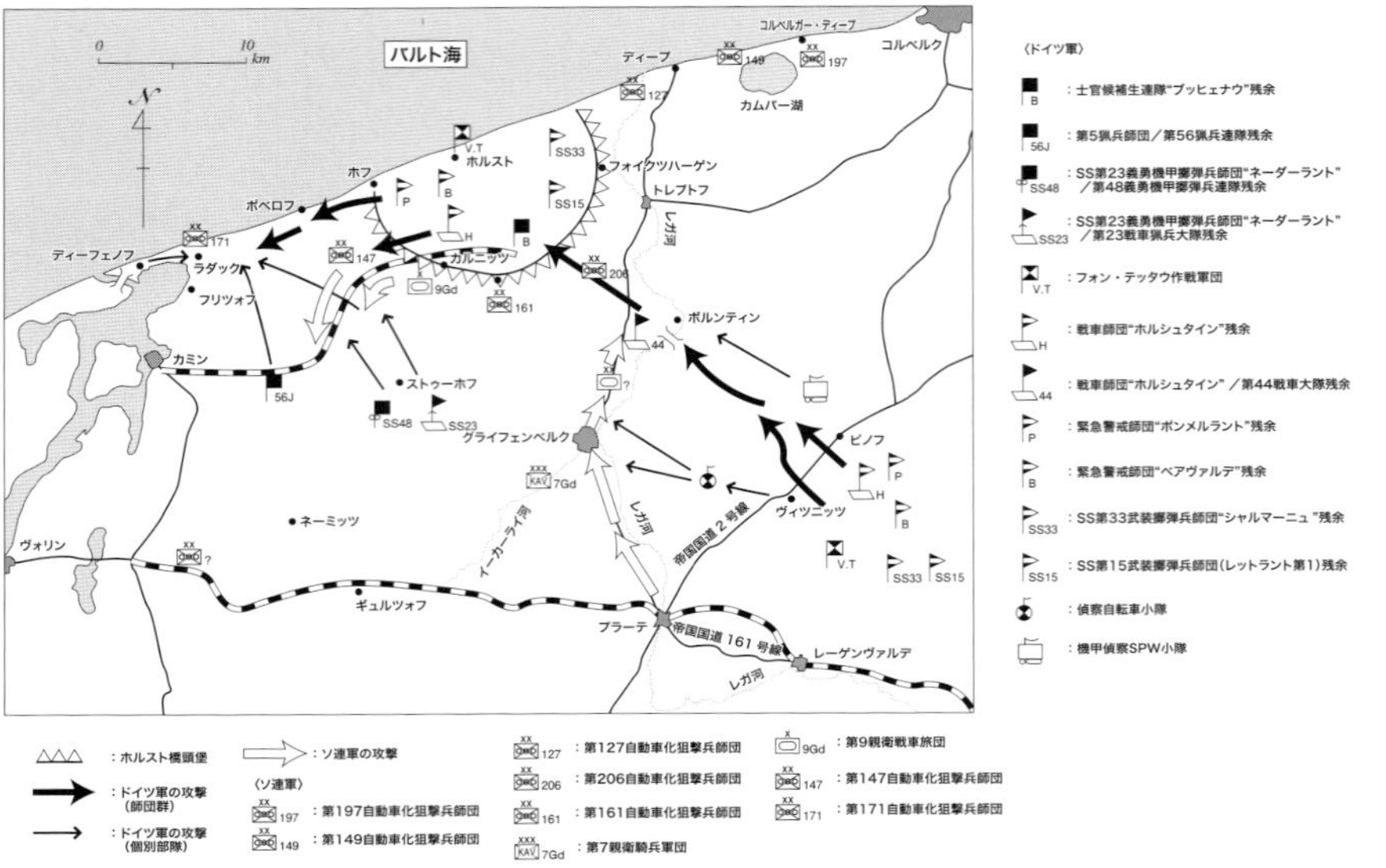

9親衛戦車旅団と第147機械化狙撃兵師団の側面を痛打し、そのまま突破してフォン・テッタウ脱出部隊の後衛に加わって無事にラダックへと辿り着いた（＊29）。

再び、『最終戦』を引用することとしよう。

「ホルストからディーフェノ（原文ママ）へ岸づたいに進む二万五〇〇〇の民間人のながめにくらべれば、私がそれまで見てきた悲惨も問題にならない。老人、女子どもが二〇キロメートル以上の難路を走りぬけるのである。遅れてソ連兵につかまったらたいへんと足をはやめるのだが、長くはつづかず、倒れる。倒れたらおしまいなのだ。これほど大量の死体を見たことはない。民間人、軍人、ドイツ人、ロシア人。ことにロシア人が多い。ごろごろしている。そのあいだに死んだ馬、ひっくり返った馬車、動けなくなった輜重車、燃えつきた車、武器、道具類一部はすでに東プロイセンで始まった、やりきれない撤退の沈殿物であった。それに、疲れはてた兵士たちのみじめなながめが加わる。彼らはここ数日、何も口にしていないのだ。女たちの顔。もうもちきれなくなった乳児を海へ投げ込む母親もいた。誰もそれを非難しない。（＊30）」

フォン・テッタウ作戦軍団は、1万700人の兵士、軽砲20門、重砲5門、対戦車砲3門、機関銃180挺とともにディーフェノフ橋頭堡へ辿り着いた。難民の数は文献によって数字が異なり詳細は不明であるが、およそ1万2000人から1万7000人といわれている（＊31）。

7 終焉

戦車師団〝ホルシュタイン〟の残余（推定で1000人程度）は、1945年3月16日までディーフェノフ橋頭堡の防衛戦に参加した。3月18日付の戦車兵総監の報告書によれば、戦車師団〝ホルシュタイン〟の兵力は、補充により4513名まで回復したが、重装備についてはほとんど喪失しており、装備表3-3のような装備しか残されていなかった（＊32）。

そしてその後、戦車師団〝ホルシュタイン〟は前線から引き揚げられてシュテッティンに輸送され、3月26日をもって解隊された。

師団本部（本部中隊、地図中隊、野戦憲兵隊）と第144通信中隊ほかはラウエンブルクへ移動し、編成中のドイツ軍最後の戦車師団〝クラウゼヴィッツ〟の基幹部隊となった。

その他の部隊の大半は戦闘団〝ヴェルマン〟としてキュストリンへ送られ、そこで戦車師団〝シュレージェン〟と共に第18機甲擲弾兵師団の再編成の基幹部隊となった。また、第44戦車大隊の残余は、4月の初めに戦車教導大隊〝クンマースドルフ〟の再編母体となった。

装備表3-3　1945年3月18日　戦車師団“ホルシュタイン”の重装備

乗用車／トラック	×76
18t牽引車	×3
Ⅳ号戦車	×1
装甲車両	×2
SPW	×7
88㎜高射砲	×1
20㎜高射砲	×5

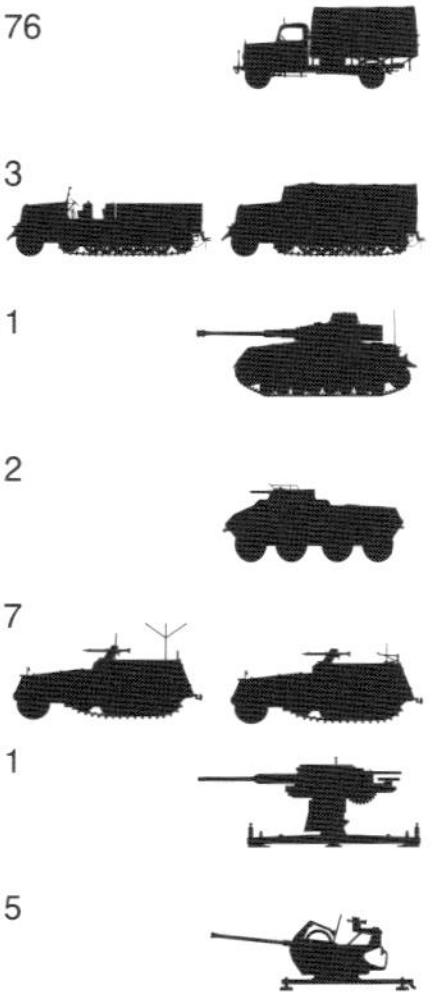

第139機甲擲弾兵連隊の一部は、1945年4月初めにデンマークへ帰還し、第233戦車師団に編入され、さらにその一部は4月18日までに戦車師団〝クラウゼヴィッツ〟の要員としてラウエンブルクへ輸送された（＊33）。

戦車師団〝ホルシュタイン〟は、50日間しか存在しない薄命の戦車師団であったが、その不充分な兵力と装備でポンメルン防衛戦を戦い抜き、難民のために最後まで献身的な戦闘を行い、彼らの義務を最後まで果たして歴史の波間に消えていったのである。

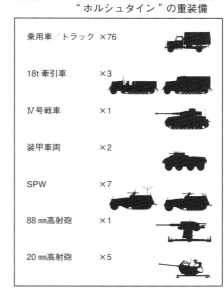

Photo3-22：ハンス・フォン・テッタウ中将のスナップ写真。おそらくは1942年から1943年にかけての冬に撮影されたものであろう。モノクル（単眼鏡）を掛けた厳しい顔つきは、いかにも頑固で実直な古き良きプロイセン陸軍の気質が漂うが、それも彼の一面であったに違いない。

おわりに

撤退戦の指揮が最も難しいというのは古今東西の軍隊の常識で、皆が心をひとつにして一致団結するという精神的な部分が重要であるのは言うまでもありません。そこで問題となるのが指揮官の人となりで、要は「この人と一緒に死ぬんだったらしょうがない」と自分が納得できるかどうかにかかってくるのだと思います。

日頃は勇ましいことを言っていて、敗色濃厚になると、「じゃあ、俺は本部に増援を要請して来るから」とか何とか言って、部下に責任を押し付けて自分は後方へ下がって逃げる指揮官もいるわけで、それでは後に残された部隊は全滅必至です。

サラリーマンの世界でも同じようなことが言えます。案件が順調な時には自分の手柄だと吹聴し、都合が悪くなると処理を部下に押し付けて自分は責任逃れに走る上司は、そこらじゅうにいます（笑）まあ、筆者もサラリーマンのはしくれなのですが、自戒の意味も含めて、「負け戦になっても絶対に逃げない」という気概は持ち続けたいと思います。

さらに言うと、軍事ものの書籍の刊行自体が今や負け戦（?）と化しており、なかなか厳しい状況なのですが、今後もなんとか諦めずにラスカン続巻発刊を目指して、頑張ろうと思っています。

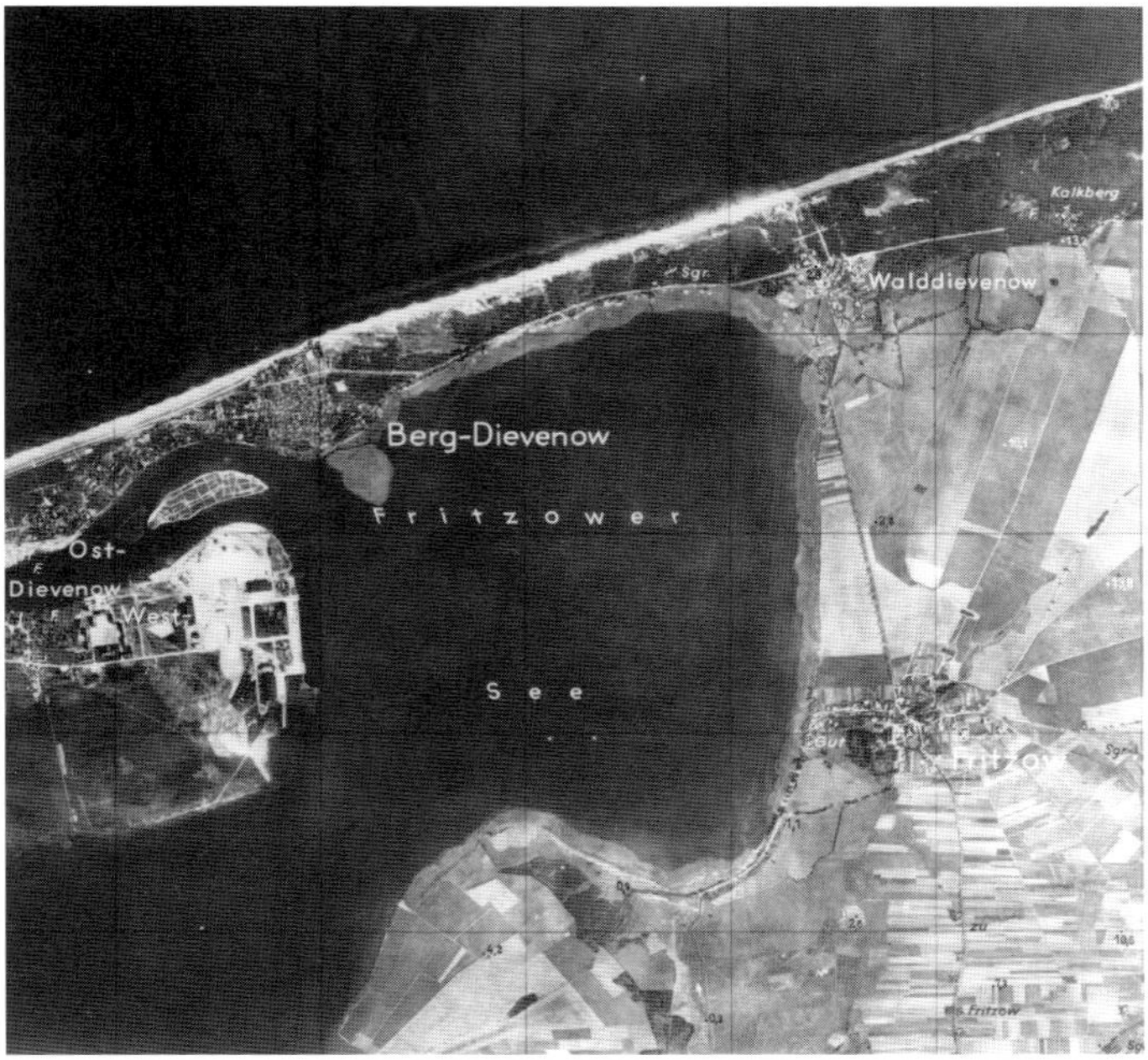

Photo3-21：ディーフェノウ（現ジブヌフ）付近の航空写真。右上に“Kalkberg”という小さな文字があるが、この文字の下方にある集落がラダック（現ラダフカ）である。ディーフェノフ橋頭堡のドイツ軍は、このラダックまで進出してホルスト包囲陣から脱出して来る部隊と難民の収容陣地を構築したのである。

(＊1)出典： Rolf Stoves "Die gepanzerten und motorisierten Deutschen Grossverbände 1935-1945" Podzun-Pallas Verlag P.201
(＊2)出典： George F.Nafziger "The German Oder of Battle Panzers and Artillery in World War II" Greenhill Books P.157-P.158
(＊3)出典： 児島襄 『ヒトラーの戦い』第8巻 文春文庫 P.317-P.318
(＊4)出典： Rolf Stoves "Die 22.Panzer-Division 25.Panzer-Division 27.Panzer-Division und die 233.Reserve-Panzer-Division" Poduzun-Palls Verlag P.272-P.273
(＊5)出典： George F.Nafziger "The German Oder of Battle Panzers and Artillery in World War II" Greenhill Books P.187-P.188
(＊6)出典： Kamen Nevenkin "Fire Brigades" J.J.Fedorowicz Publishing P.723-P.724
Rolf Stoves "Die 22.Panzer-Division 25.Panzer-Division 27.Panzer-Division und die 233.Reserve-Panzer-Division" Poduzun-Palls Verlag P.272-P.273
(＊7)出典： Wolf Keilig " Die Generale des Heeres" Podzun-Pallas Verlag P.95
(＊8)出典： アール・F・ジームキー 『ベルリンの戦い』 サンケイ新聞社 P.32-P.47
(＊9)出典： "Die Geheimen Tagesberichte der Deutschen Wehrmachtführung im Zwietten Weltkrieg 1939-1945 Band12" Kurt Nehmer Biblio Verlag P.430
(＊10)出典： Rolf Michaelis "Die Grenadier-Division der Waffen -SS BandII" Michaelis Verlag P.90
(＊11)出典： ヴォルフガング・シュナイダー 『重戦車大隊記録集2―SS編』 大日本絵画 P.252-P.255
ヴィル・フェイ 『SS戦車隊』下巻 大日本絵画 P.142-P.155
(＊12)出典： Ernst=Günther Krätschmer "Die Ritterkreuzträger der Waffen-SS" Verlag K.W.Schütz KG P.865-P.866
(＊13)出典： Walther-Peer Fellgiebel "Die Träger des Ritterkreuzes des Eisernen Kreuzes 1939-1945" Podzun-Pallas Verlag P.225
(＊14)出典： Rolf Stoves "Die 22.Panzer-Division 25.Panzer-Division 27.Panzer-Division und die 233.Reserve-Panzer-Division" Poduzun-Palls Verlag P.274-P.275
(＊15)出典： 同上 P.283
Franz Thomas "Die Eichenlaubstäger 1940-1945 Band 2" Biblio Verlag P.433
(＊16)出典： Rolf Stoves "Die 22.Panzer-Division 25.Panzer-Division 27.Panzer-Division und die 233.Reserve-Panzer-Division" Poduzun-Palls Verlag P.277-P.278
ジョン・トーランド 『最後の100日』上巻 早川書房 P.197-P.198
(＊17)出典： Rolf Michaelis "Die Grenadier-Division der Waffen -SS BandII" Michaelis Verlag P.83-P.84
(＊18)出典： Hermut Lindenblatt "Pommern 1945" Rautenberg Verlag P.179-P.186
(＊19)出典： Rolf Michaelis "Die Grenadier-Division der Waffen-SS BandIII" Michaelis Verlag P.77-P.78
(＊20)出典： Ulrich Saft "Krieg im Osten" Militärbuchverlag Saft P.308-P.309
(＊21)出典： Wolf Keilig "Die Generale des Heeres" Podzun-Pallas Verlag P.342
Franz Thomas " Die Eichenlaubstäger 1940-1945 Band 2" Biblio Verlag P.372
(＊22)出典： Hermut Lindenblatt "Pommern 1945" Rautenberg Verlag P.190
(＊23)出典： Rolf Stoves "Die 22.Panzer-Division 25.Panzer-Division 27.Panzer-Division und die 233.Reserve-Panzer-Division" Poduzun-Palls Verlag P.280-P.281
(＊24)出典： Hermut Lindenblatt "Pommern 1945" Rautenberg Verlag P.256-P.263
(＊25)出典： 同上 P.265-P.269
C・D・ベッカー 『ドイツ海軍戦記』 図書出版社 P.206
(＊26)出典： Hermut Lindenblatt "Pommern 1945" Rautenberg Verlag P.268-P.270
(＊27)出典： ヴォルフガング・パウル 『最終戦』 フジ出版社 P.131
(＊28)出典： Hermut Lindenblatt "Pommern 1945" Rautenberg Verlag P.273-P.274
(＊29)出典： Ulrich Saft "Krieg im Osten" Militärbuchverlag Saft P.333-P.334
(＊30)出典： ヴォルフガング・パウル 『最終戦』 フジ出版社 P.132
(＊31)出典： Hermut Lindenblatt "Pommern 1945" Rautenberg Verlag P.273-P.274
(＊32)出典： Kamen Nevenkin "Fire Brigades" J.J.Fedorowicz Publishing P.725
(＊33)出典： Rolf Stoves "Die 22.Panzer-Division 25.Panzer-Division 27.Panzer-Division und die 233.Reserve-Panzer-Division" Poduzun-Palls Verlag P.283-P.284

第Ⅰ部

第4章

ラスト・オブ・コサック
―― SS第14/15コサック騎兵軍団 ――

コサックの語源は、ウクライナ語の「コザーク」に由来し、自由の人、冒険家、放浪者、番(人)、警備などを意味すると言われています。

コサックの起源については現在でも諸説がありますが、15～16世紀にかけてヨーロッパ諸国の没落貴族や遊牧民の盗賊などが次第に連合して、ドニェプル河やドン河流域に共同自治体を形成したというのが定説です。前者はサポロージェ（ザプロージャ）・コサック、後者はドン・コサックであり、いずれもロシアやポーランドの庇護を受ける代わりに、傭兵部隊としてオスマントルコとの戦闘などに投入されました。

そして19世紀になると、コサックは完全にロシア帝国に組み込まれ、免税の代わりに兵役の義務を常時負うこととなりました。ロシア帝国は領地を拡張する過程で、コサックがいわゆる屯田兵として農地開拓や牧畜を行なう一方、辺境地域などの防衛や治安に当たるシステムを構築し、クバンやテレクなどのほか、オラル、バイカル、シベリア、アムールなどのコサック軍団が編成されていきました。

ちなみに『坂の上の雲』では、黒溝台会戦において秋山好古少将指揮の騎兵第1旅団が、ミシチェンコ少将率いるコサック騎兵部隊と悪戦苦闘をする場面が描かれていますが、彼は独立ザカスピ・コサック旅団長で1万騎のコサック兵を率いていました。

今でも、北オセチア・アラニア共和国の首都ウラジカフカス市の博物館には、日露戦争時に日本軍から鹵獲した戦利品が陳列されています。ロシアでは日露戦争の展示物がある博物館は極めて稀ですが、この極東から遠く離れた北カフカスの地にだけそれが存在しているのは、ザカスピ・コサックの縁があるためです。

第一次大戦時になると、コサックは450万人に膨れ上がり、黒海～シベリア～太平洋間のロシア帝国の南方国境に沿って、多数の共同体の中で暮らしていました。そして、各コサック軍団は帝政ロシア軍の一翼を担い、164個乗馬連隊、54個砲兵大隊と30個歩兵大隊を構成していました。

1917年のロシア革命により内戦が勃発すると、サポロージェ、ドンおよびクバン・コサックは、好機到来とばかりに独立連合国家を樹立して、白軍やシベリア・コサックなどと共に赤軍に対抗しました。しかしながら、1920年までに赤軍によって完全に制圧され、これ以降、コサックはソヴィエト共産党からは反革命分子と見なされてしまいます。そして、処刑や流刑など徹底した弾圧を受け、ホロドモール政策により大量の餓死者が発生し、第二次大戦直前には、コサックの生き残りは僅か32万人ほどになり、残されたコサックの各共同体の命脈はもはや尽きようとしていました。

こうして、迫りくる民族滅亡の危機の中で、コサック達は運命の1941年6月22日を迎えたのです……（*1）。

Photo4-1：第5ドン・コサック連隊長イヴァン・ニキトヴィッチ・コノノフ中佐のポートレート。この写真は第1コサック師団がクロアチア移動後の1943年秋に、二級鉄十字章授与式の際に撮影されたものである。コノノフは部隊とともに終戦時にイギリス軍の捕虜となったが、奇跡的にソ連軍への引き渡しを免れ、コサックの主要幹部の中で唯一生き残った。1967年9月15日にオーストラリアで交通事故死を遂げている。

1　最初のコサック部隊
——第600コサック大隊——

ソ連軍は、コサックのなかでも共産党員や反共的でない優秀な者については、将校に昇進させて軍事アカデミーで教育し、部隊指揮者として育成していた。そして、独ソ戦が勃発すると、ソ連軍はコサックについても徴兵を行なって、それらの指揮者毎に部隊を編成して前線へ投入した。

しかしながら、多くの場合は無意味な騎馬による突撃や、主力部隊撤退のための捨て石作戦などに投入され、コサック部隊は甚大な損害を蒙った。このようななかで、赤軍のコサック兵が自主的に投降し、ドイツ軍に協力してソ連の共産党体制を打破しようと考えたのは極めて自然なことであった。

最初の組織的なコサック部隊の投降については諸説があるが、コノノフ少佐率いる第436自動車化軽歩兵連隊が、1941年8月にモギリョフ付近で集団投降したのが最初と言われている。

イヴァン・ニキトヴィッチ・コノノフ少佐は1900年4月2日、コヴォニコラウイウスクのドン・コサックの村に生まれた。ドン・コサック大尉であった父親は1918年に母親と共に処刑されたが、その後、コノノフは赤軍に従軍し、1924年にはコムソモール（共産主義青年団）へ入団した。1927年には共産党へ入党し、モスクワ軍事アカデミーへ入学。第5騎兵師団〝ブリノフ〟の小隊長を振り出しに、1935年には同師団連隊長にまでのし上がり、さらにフルンゼ軍事アカデミーでは参謀コースを修了した。1939年11月30日に勃発したフィンランド戦（冬戦争）では、第155自動車化軽歩兵師団／第436自動車化軽歩兵連隊長として活躍し、ソ連赤星勲章を授与されている。

ドイツ軍によるソ連侵攻が開始されると、コノノフは連隊を率いて8月3日よりモギリョフ付近で、ドイツ第3戦車集団を相手に損害の多い防衛戦に従事した。そして、ドイツ軍と密かに連絡をした上で、「将来のロシア解放軍の中核となってスターリン体制を打倒し、母なるロシアのために戦う」と宣言し、全連隊ごと集団投降したのであった。

当時、ヒトラーは投降兵による部隊編成を認めていなかったが、中央軍集団の前線後方の行政責任者（軍事行政府司令官《ゲネラール・グフェアネメー》）マックス・フォン・シェンケンドルフ大将は、独断で受け入れて第102コサック連隊と呼称し、パルチザン掃討戦や鉄道や道路のパトロール任務などに投入されることとなった。

そして、1942年初めに、ようやくヒトラーは、投降した赤軍兵士から義勇兵部隊を編成することを許可した。義勇兵部隊の条件は、大隊規模に限り将校はドイツ人ということであったが、シェンケンドルフの計らいにより名称のみ第6

００コサック大隊と改称されたものの、将校は全員コサック出身者で連隊規模のままであった。そして、１９４２年秋にはそれまでの治安維持任務の功績により、コノノフはドイツ陸軍中佐へと昇進した（＊２）。

１９４２年11月15日現在の第６００コサック大隊の編成は、編成図４-１のとおり。兵力約１７００名で、そのうち将校は77名であった（＊３）。

編成図 4 - 1　1942 年 11 月 15 日
第 600 コサック大隊

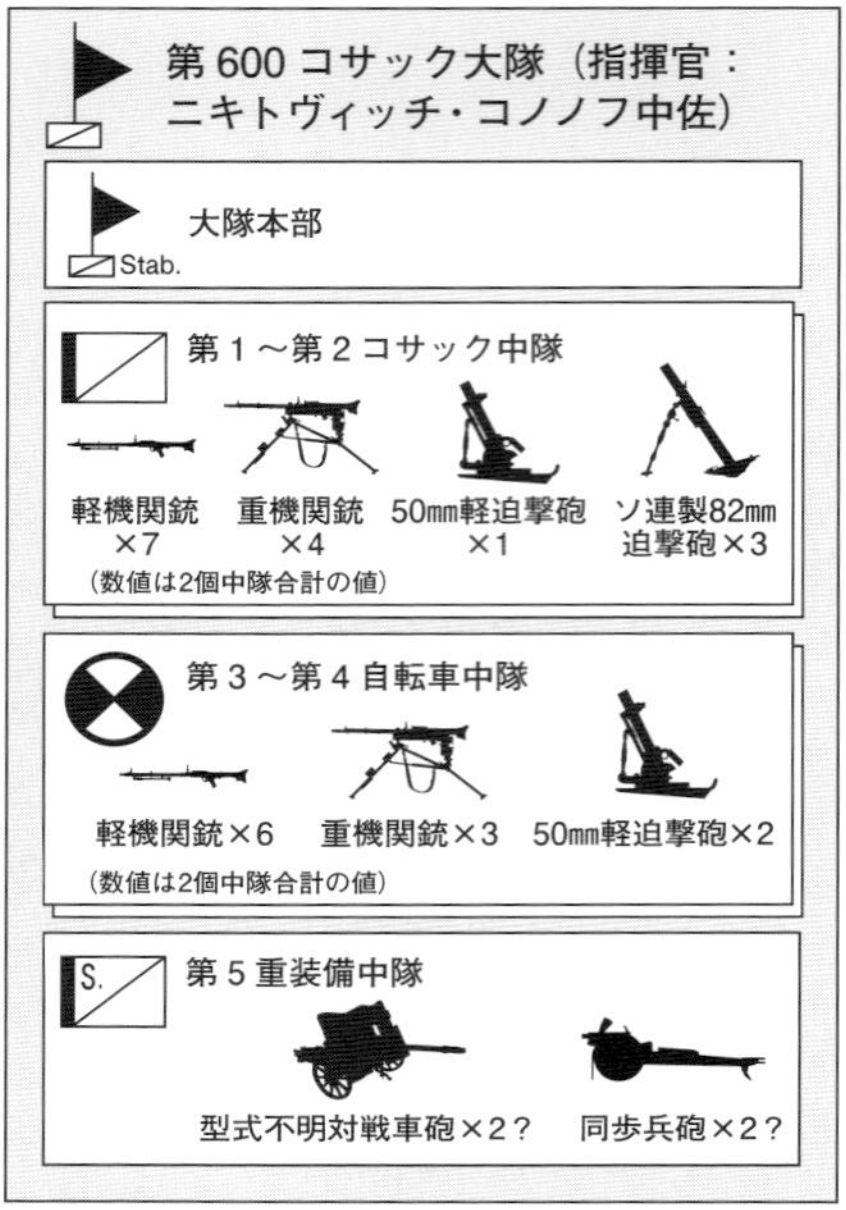

2　コサック部隊の拡張

１９４２年7月になると、ドイツ軍は〝ブラウ（青）〟作戦を発動し、フォン・クライスト大将率いる第1戦車軍はロストフからコーカサスへと侵攻した。そして、その過程において、ドン、テレク、クバン・コサックの多数の共同体地域で熱烈な歓迎を受けた。すなわち、コサックはドイツ軍をスターリン体制打倒の解放軍として迎えたのである。

テレク・コサックの伝説的英雄であるニコライ・ラザレヴィッチ・コウラコフは、ドイツ軍に協力を申し出て、ドン、テレク・コサックによる乗馬中隊が、最前線で第40戦車軍団の偵察任務や側面防御を引き受けたほか、多数のコサック部隊が保安師団に協力して戦線後方の治安任務を行なった。また、ドン・コサックのアタマン（統領）であるパヴロフ率いるドン・コサック連隊（後に軍団規模）も、ドイツ軍とは別に単独でソ連軍と戦闘を行なった。

セルゲイ・Ｖ・パヴロフは、１８９６年にノヴォチェルカッスクに生まれた。ニコラエフスキ騎兵学校を卒業し、１９１４年には帝政ロシア軍の中尉に昇進し、第一次大戦ではセント・ジョージ十字章を授与されている。その後の内戦では、装甲列車部隊指揮官や空軍パイロットとして赤軍と戦った。内戦終結後は、故郷に帰って自動車工場の技術者として働いていたが、１９４２年春にアタマン（統領）に選出され

Photo4-2：1943年にコーカサス地方で撮影されたと思われる国防軍所属のコサック部隊。正面の旗はハーケンクロイツであり、向かって左側にあるのが部隊旗である。非常に面白いことに、部隊旗にあるマークは「卍」でハーケンクロイツではないことに注意。おそらく単純に間違えたのであろう。卍の上には“Adolf Hitler”という文字と、三日月に星のマークが確認できる。（BA 146-1975-099-15A ／ unknown）

ると、撤退したソ連軍の残した軽火器・弾薬などで武装したドン・コサック連隊を同年8月に編成し、独自にソ連軍に対して攻撃の火蓋を切ったのであった（＊4）。

これらの動きを受けてOKH（陸軍最高司令部）は、フライターク＝ロートリンゲン中佐を責任者に任命し、全コサック部隊をドイツ軍の統制下に置くことを命じた。中佐はヴォエンストロイ・セレシナに募兵センターを設け、各コサック部隊の指揮官を説得して理解を求め、最初の無秩序な状態は少しずつ改善された。

しかしながら、ドイツ軍に自主的に協力して補助兵や義勇兵となったコサックは広く戦線に散らばっており、第600コサック大隊、コサック連隊〝ユングシュルツ〟も含め、確認されている連隊規模以上のコサック部隊は表4-1のとおりであった（＊5）。

各コサック連隊は兵力2000名ほどで、一般的には3個乗馬（騎兵）大隊から編成されていた。代表的な例として、1943年4月30日現在のコサック連隊〝ユングシュルツ〟の編成では、連隊本部、各4個中隊編成の3個大隊からなっており、指揮官はヴェルナー・ユングシュルツ・フォン・レーベルン中佐であった（＊6）。その保有兵器を装備表4-1に示す。

装備表４-１　1943年４月30日　コサック連隊
“ユングシュルツ”の装備

軽機関銃	×21	
重機関銃	×８	
50㎜軽迫撃砲	×２	
重対戦車ライフル	×７	

表４-１　確認された連隊規模のコサック部隊
（1942年11月現在）

部隊	兵力（名）
第600コサック大隊（実態は連隊）	約1,700
コサック連隊“ユングシュルツ”	約2,000
コサック連隊“レーマン”	約2,000
コサック連隊“フォン・ヴォルフ”	約2,000
コサック乗馬連隊“プラトフ”	不明
コサック乗馬戦隊“ベーゼラーガー”	約650
コサック第６プラストゥン（歩兵）連隊（後に第360擲弾兵連隊へ改編）	約2,000？

そして、これらのコサック連隊は、騎兵将校で騎士十字章拝領者のフォン・パンヴィッツ大佐の下でさらに一元化されていくのであった。

3　戦闘団“フォン・パンヴィッツ”

ヘルムート・フォン・パンヴィッツは１８９６年10月14日、オーバー・シュレージェンのボツァノヴィチに生まれた。彼の父親は地方裁判官で、元軽騎兵将校であった。幼少のころから近くのコサックとともに乗馬、狩りを行ない、その経験が彼の一生を決めることとなる。１９１４年にはレヒターフェルデの士官学校へ入学し、第一次大戦が勃発すると１９１５年３月には弱冠16歳で中尉として槍騎兵連隊とともにロシア戦線で戦った。

１９１５年９月に二級鉄十字章、１９１７年１月には一級鉄十字章授章。戦争末期には軍団付将校としてイソンゾの戦闘でイタリア軍と戦った。戦争終結後は義勇兵団に参加し、その後、ハンガリーやポーランドを転々とし、一時はポーランド王室の農場管理人になったこともある。また、ナチス党にも入党しており、レーム粛清時にはシュレージェンのＳＡ指導者の地位にあった。

パンヴィッツは人を惹きつける天性の能力を有しており、義勇兵団では価値観が違う兵士たちを見事に統率し、厳格な指揮官というよりは父親のような存在であった。そして、名

Photo4-3：ヘルムート・フォン・パンヴィッツのスナップ写真。1944年夏にクロアチアで撮影されたもの。シャツの襟元には柏葉付騎士十字章が燦然と輝く。彼の人柄は飾らず気さくで剛毅であり、コサック騎兵には絶大な人気があった。

騎手でもあった彼は、コサック部隊の指揮官に相応しい資質をこの時代に育んだと言えよう。

１９３４年にドイツへ戻ったパンヴィッツは、翌年1月に第7騎兵連隊へ復帰し、１９３８年には少佐へと昇進。１９３９年のポーランド戦役では、第45歩兵師団／第45偵察大隊長として活躍し、再び一級鉄十字章を授与された。その後、バルバロッサ作戦では偵察大隊を指揮して、偵察任務のため敵前線の後方深く長駆潜入して帰還し、１９４１年9月4日付で騎士十字章を授与され、中佐へと昇進した。同年12月にはＯＫＨ勤務となり、翌年4月には大佐へと昇進。１９４２年9月にコサック問題の調査に派遣され、ドン、テレク、クバン・コサック部隊や共同体の長と面談した。

調査から帰還したパンヴィッツは、１９４２年10月1日に報告書を提出し、時の参謀総長であるツァイツラー大将から、初めての外国人義勇兵による大規模部隊、すなわちコサック部隊編成の承認を得ることができた。これは、陸軍参謀本部組織課のグラーフ・フォン・シュタウフェンベルク少佐（後にヒトラー暗殺計画に参画）が裏面で働きかけた結果でもあった。

そして11月8日には、早くも既存の部隊を統合したコサック師団の編成に取り掛かることとなった。だが、横槍が意外なところから入った。すなわち、ウクライナ大管区長（ガウライター）エーリッヒ・コッホが、自分の管区の人的資源が

編成図4-2　1942年11月25日　戦闘団“パンヴィッツ”

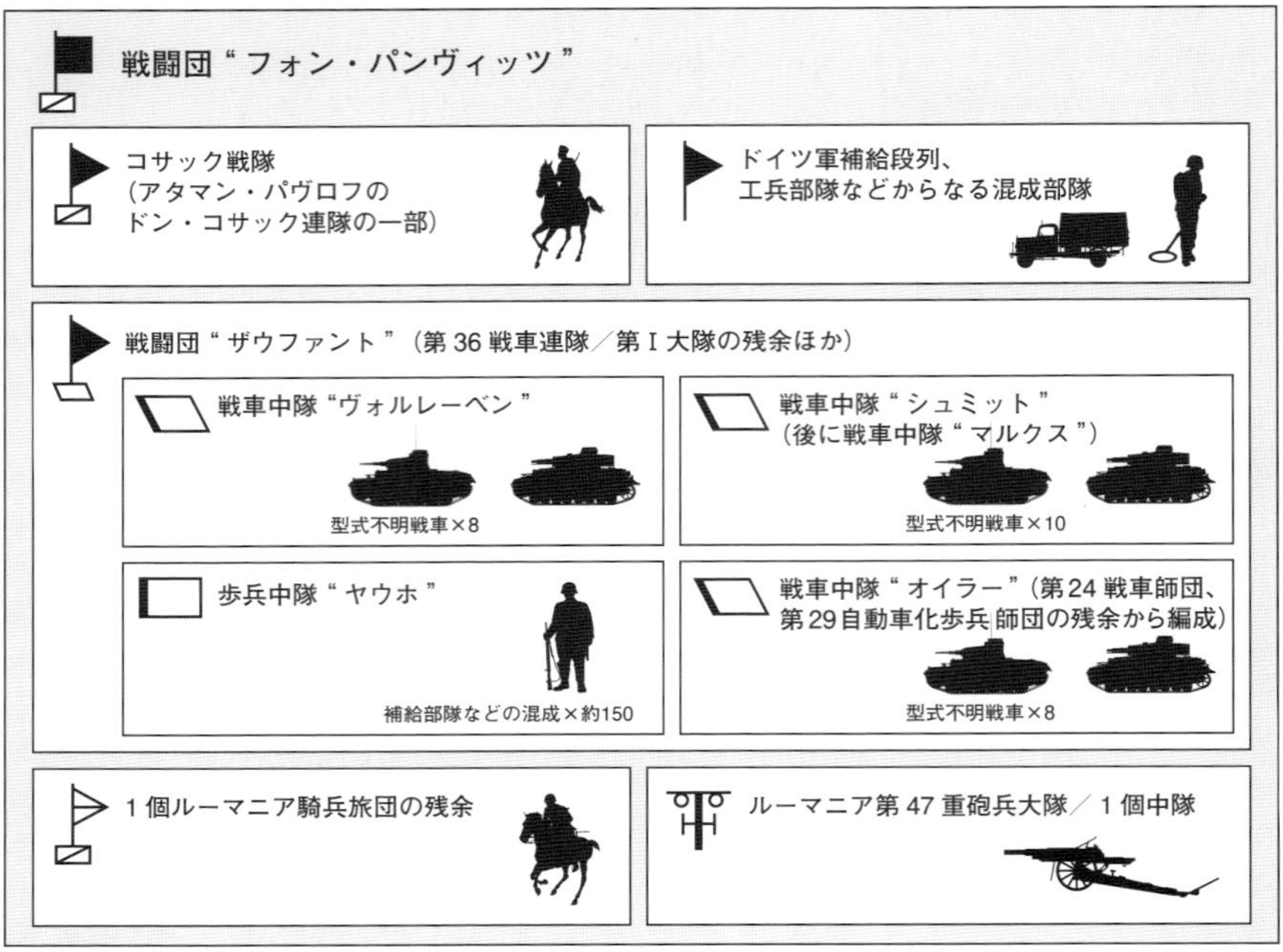

奪われると抗議したのである。そこで、パンヴィッツはこれ以降、このコサック問題は慎重に進めることとし、師団ではなく「パンヴィッツ乗馬戦隊（Reiterverband）」という部隊規模がわからない名称とし、11月15日にA軍集団の協力を得ながらウォロシロフスクにて部隊編成を開始した（＊7）。

しかしながら、この部隊編成はすぐに中断された。１９４２年11月19日午前7時30分、スターリングラードの第６軍に対して、ソ連軍の大攻勢が開始されたのである。そして11月23日にはドイツ軍20個師団、ルーマニア軍２個師団ほか33万人が包囲され、要衝カラチもソ連軍の手に落ちた。包囲陣の南西では包囲を免れた第4戦車軍の一部と後方部隊とが、ホト作戦集団として薄い防衛線を築いて必死の防御を行なっていた。

ＯＫＨのツァイツラー参謀長は、直ちにパンヴィッツへ緊急電報を発した。

「親愛なるパンヴィッツ、私は貴官に対してそう簡単ではない任務を指示したが、貴官がそれを遂行することを私は信じている。ツァイツラー」（＊8）

パンヴィッツに与えられた任務は、手持ちの部隊を率いて北進してホト作戦集団、ルーマニア第4軍と連絡を取り、そこにいる部隊を糾合して南側面を脅かす敵部隊を撃退することにあった。彼は直ちにコサック戦隊ほかを率いて北上を開

Photo4-4：1943年1月から2月に撮影されたもので、一説にはクリミア地方でのクバン・コサック連隊と言われているが確証はない。右手を挙げて閲兵する指揮官の台座にはハーケンクロイツが置かれている。前に立つ2人は、ロシア正教の従軍牧師であろう。（BA 101I-235-0976-17A ／ Mentz）

始した。そして、早くも11月25日にはコテリニコヴォ北東のシュトフ2付近で味方部隊と出会うことに成功し、編成図4-2のような臨時戦闘団を編成することができた。

コテリニコヴォからピメン＝チェルニ〜ダルガノフ〜シャルムトフスキエの防衛線は、ホト作戦集団の南側面にあたっており、しかも、将来の第6軍救出作戦は、コテリニコヴォをスプリングボードとすることは自明の理であり、ドイツ軍にとって必要不可欠な生命線でもあった。

ソ連軍もその重要性は理解していた。そして、11月25日から26日にかけて、ダルガノフ〜シャルムトフスキエにソ連第61騎兵師団、11月27日にはコテリニコヴォへ同第81騎兵師団が襲いかかったのである。しかしながら、敵の両騎兵師団は逃げ惑うルーマニア軍を相手にしてきたため、いささか自信過剰となっており、勢いに任せて無防備に突進してきた。厳冬の吹雪の中で、ルーマニア騎兵とコサック騎兵が偵察と側面防御を行ない、ザウファント少佐率いる混成戦車部隊が反撃した。

この騎兵部隊と戦車部隊による機動迎撃戦は見事な切れ味を見せ、いわゆるメリーゴーラウンド戦で敵第61および第81騎兵師団はほとんど全滅に近い損害を蒙って撃退された。さらに12月5日には、ニスニエ＝チェルニ、ネビコヴォが敵の新手の歩兵師団の手に落ちたが、前者には戦車中隊〝ヴォルレーベン〟、後者にはザウファント少佐直率の戦車中隊〝マ

1942年11月21日〜12月5日　コテリニコヴォ東方の戦闘

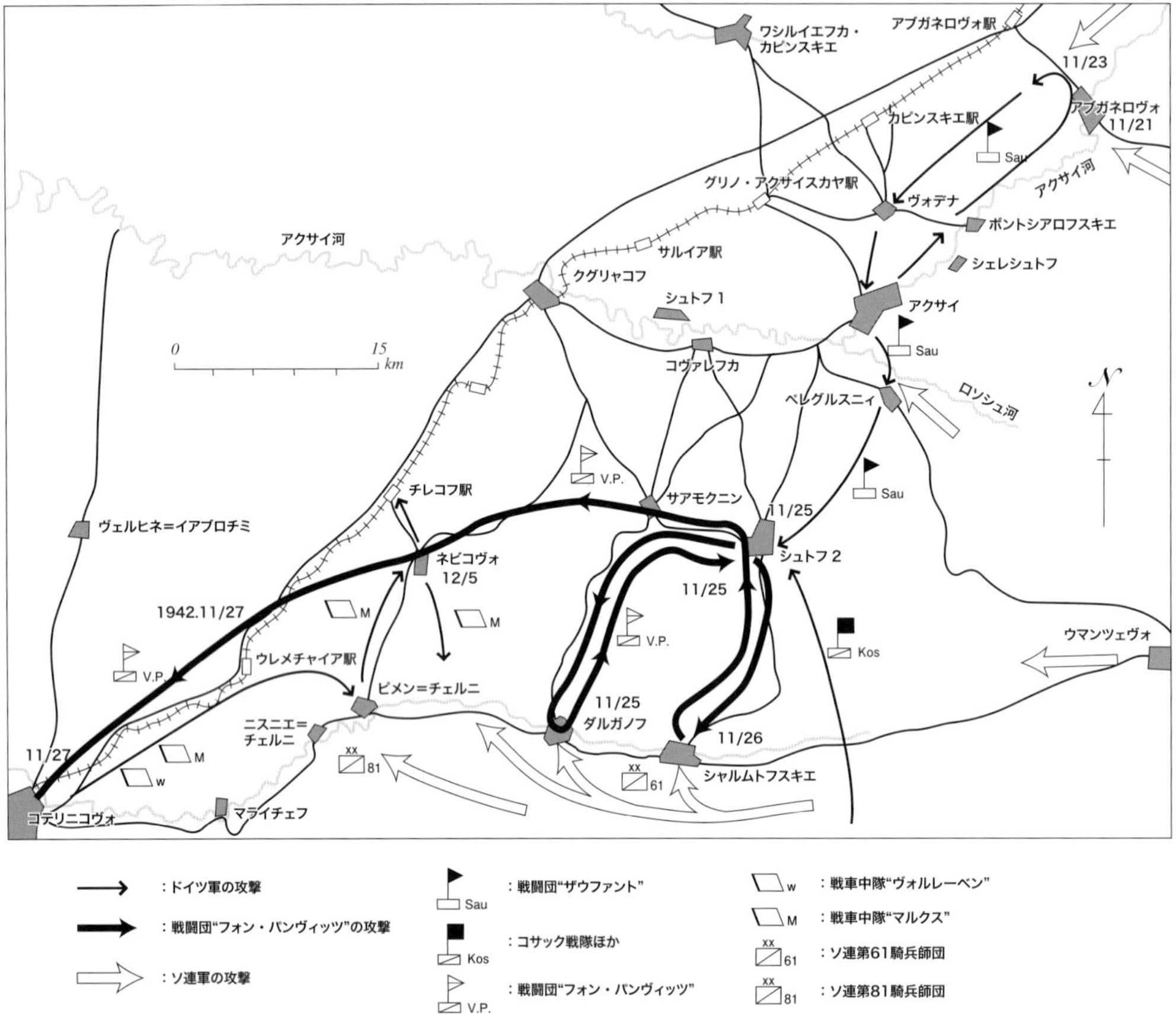

ルクス〟が駆けつけ、反撃して再占領することができ、敵の1個歩兵師団は殲滅された。

その後、戦闘団〝フォン・パンヴィッツ〟は、コテリニヴォまで撤退して激しい防衛戦を行なったが、コサック部隊は阿修羅のような働きを見せ、ソ連兵を3000名以上も捕虜にするなどの戦果を挙げた。こうして、戦闘団の必死の防衛戦により、貴重な時を稼ぎ出したドイツ軍は、第6、第17および第23戦車師団をコテリニコヴォ付近へ集結することができ、新たにドン軍集団司令官となったフォン・マンシュタイン元帥は、第6軍救出作戦〝ヴィンターゲヴィッター（冬の嵐）〟を、12月12日に発起したのであった。その3日後に戦闘団は編成を解かれ、各部隊は原隊へ復帰することとなった（＊9）。

すなわち、フォン・パンヴィッツとコサック騎兵は、ツァイツラー参謀総長の期待に応え、見事にその困難な任務を果たしたのである。

この類い稀な戦功により、パンヴィッツ大佐は、1942年12月23日付で全軍167番目の柏葉付騎士十字章を授与されることとなった。1943年1月6日にツァイツラーの下に出頭したパンヴィッツは、1月13日に総統官邸に呼ばれ、ヒトラーから直接柏葉付騎士十字章を手渡される栄誉に浴した。その後の面談で、パンヴィッツはロシア政策やポーランド政策の過ちを説き、ボルシェビキ打倒の共通目標のために、多くの民族がドイツの下で結集する可能性を力説した。意外にもヒトラーは、その説に何度もうなずき、別れ際にこう言ったという。

「神の御加護があるように、パンヴィッツ。そして貴官の武運長久を祈る」（＊10）

4　第1コサック師団の誕生

スターリングラードの敗北により、コーカサスまで侵攻したA軍集団は、長駆ロストフまで退却することとなり、ドン・コサックの聖地たるノヴォチェルカッスクも、2月5日にはソ連に再占領された。それぞれ数千人のドン、クバン、テレク・コサックは家族を連れて疎開することとなり、パヴロフのドン・コサック軍団に護衛されてドイツ軍とともに撤退し、最終的にはベラルーシのノヴォグロウドクへと向かった。

その他のコサック部隊については、ウクライナのケルソン方面やクバニ橋頭堡方面で、それぞれ分散してドイツ軍と協同して戦っていた。

パンヴィッツは1943年初めに、A軍集団の命令によって、コウラコフ中佐率いるクバン・コサック2個連隊とその他のコサック部隊を指揮し、クリミア半島のフェオドシャで4月初めまで沿岸警備任務に就いた。

Photo4-5：大変珍しい個人アルバムからの写真。コサック部隊が重巡洋艦“プリンツ・オイゲン”を訪問した際に撮られたスナップで、最前列でコサックの伝統的軍服を着て敬礼しているのが、イヴァン・ニキトヴィッチ・コノノフ中佐である。

Photo4-6：Photo4-5の連続写真。コサックとプリンツ・オイゲンの20.3cm連装砲塔の非常にユニークな取り合わせ。おそらくは1943年春以降、プリンツ・オイゲンがバルト海の練習艦隊に所属していた時期にゴッテンハーフェン港で撮影されたものであろう。左側のコサックの軍服を着る口髭の人物がコノノフ中佐であり、当時編成中の第5ドン・コサック連隊長であった。

そして、ついに１９４３年４月21日、ワルシャワ北方のミーラウ（ムラワ）演習場で、パンヴィッツが夢見た第1コサック師団の編成が開始されたのである。４月末にはケルソンから最初のコサック部隊とその家族が輸送され、その後、同じルートで連隊〝レーマン〟、ポルタヴァから連隊〝フォン・ヴォルフ〟、キエフから連隊〝ユングシュルツ〟、そしてコノノフ率いる第６００コサック大隊がモギリョフからミーラウへと集結した。さらに、ソ連軍捕虜収容所の中のコサック兵、フランス、クロアチア、セルビアで補助兵としてドイツ軍に協力しているコサック兵にも呼びかけを行ない、募兵活動を広範囲に実施した。

パンヴィッツはコサック人将校を積極的に登用し、赤軍や帝政ロシア軍のコサック元将校を充て、さらにコミュニティのアタマン（統領）などを将校に抜擢した。１９４３年６月1日、パンヴィッツは少将に昇進して師団長を拝命した。彼はラテン語で書いたロシア語に強音記号を付けた自己流の辞書を片手に、独学のロシア語でコサック達に語りかけた。コサックとともに酒を飲み、宿舎に泊まり込み、騎乗術を競い、コサック軍服のラッパ隊を組織し、鼓手は白馬で疾走した。ミーラウ演習場の他のドイツ部隊は眉をひそめ、ドイツ指揮官達は首をかしげたが、パンヴィッツは平気であった。こうして、9月までに第1コサック師団の編成・訓練は、なんの問題もなく完了した（＊11）。

１９４３年10月17日現在の第1コサック師団の編成は、編成図4-3のとおりである。（＊12）

１９４３年10月17日現在における師団の兵員数は、ドイツ人兵士が将校２１３名、下士官１３７４名、兵卒２４６０名、軍属・官吏41名であり、コサックが将校１９３名、下士官１０７８名、兵卒1万３３４３名の合計1万８７０２名であった。

また、車両装備については、装備表4-2のとおりであり、装甲装備は皆無であったが、馬匹は1万頭以上有しており、機動力という面では充実していた。

装備表 4-2　1943 年 10 月 17 日
第 1 コサック師団車両装備状況

馬匹	×10,091
荷馬車	× 2,546
オートバイ	× 66
乗用車	× 71
トラック	× 158
バス	× 1
トレーラー	× 4
ソ連製 RSO	× 13

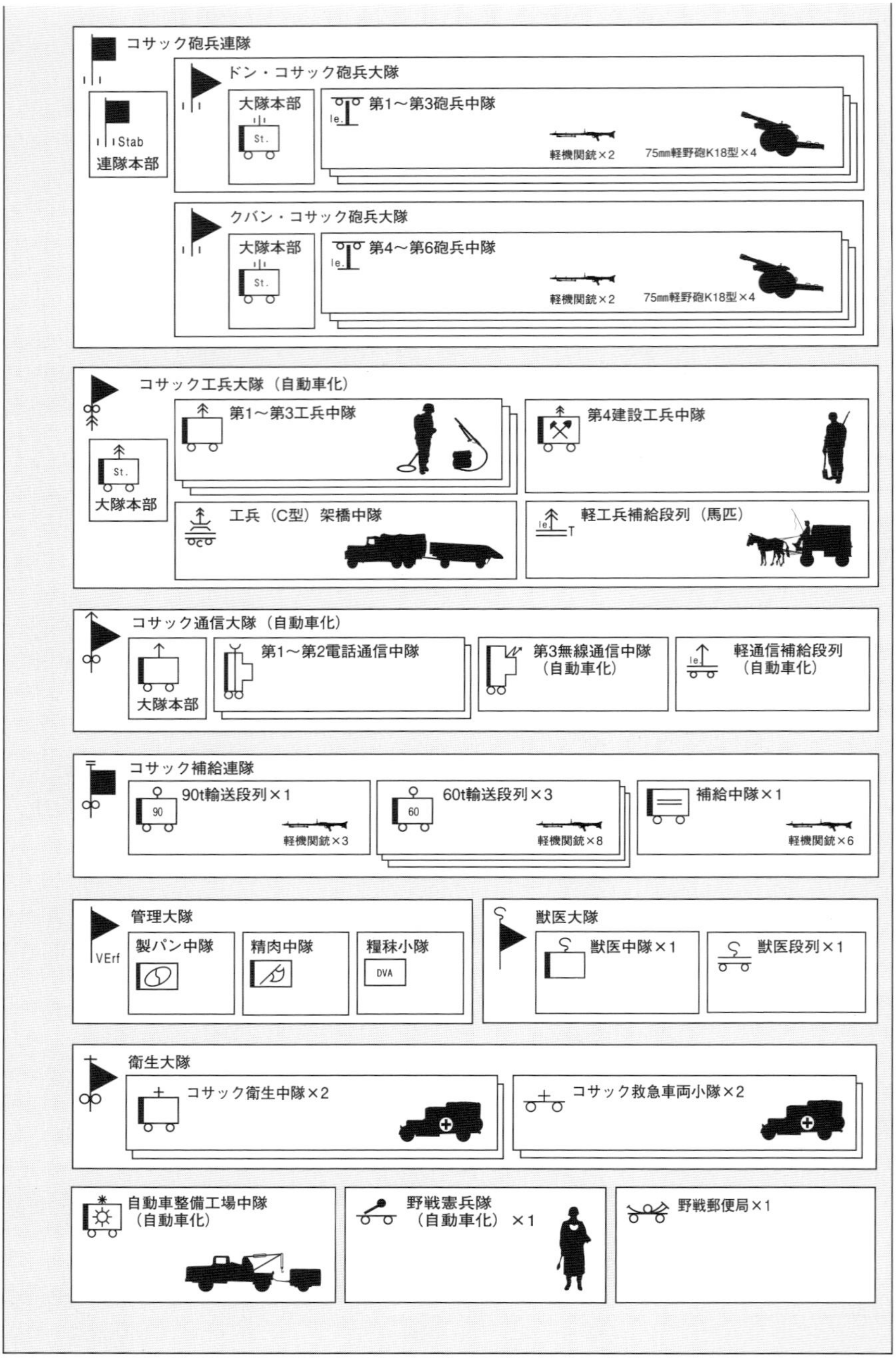
コサック砲兵連隊
Stab
連隊本部
ドン・コサック砲兵大隊
大隊本部
St.
第1～第3砲兵中隊
le.
軽機関銃×2
75mm軽野砲K18型×4
クバン・コサック砲兵大隊
大隊本部
St.
第4～第6砲兵中隊
le.
軽機関銃×2
75mm軽野砲K18型×4
コサック工兵大隊（自動車化）
St.
大隊本部
第1～第3工兵中隊
第4建設工兵中隊
工兵（C型）架橋中隊
軽工兵補給段列（馬匹）
le.
T
コサック通信大隊（自動車化）
大隊本部
第1～第2電話通信中隊
第3無線通信中隊
（自動車化）
軽通信補給段列
（自動車化）
le.
コサック補給連隊
90t輸送段列×1
90
軽機関銃×3
60t輸送段列×3
60
軽機関銃×8
補給中隊×1
軽機関銃×6
管理大隊
VErf
製パン中隊
精肉中隊
糧秣小隊
DVA
獣医大隊
獣医中隊×1
獣医段列×1
衛生大隊
コサック衛生中隊×2
コサック救急車両小隊×2
自動車整備工場中隊
（自動車化）
野戦憲兵隊
（自動車化）×1
野戦郵便局×1

編成図4－3　1943年10月17日　第1コサック師団の編成

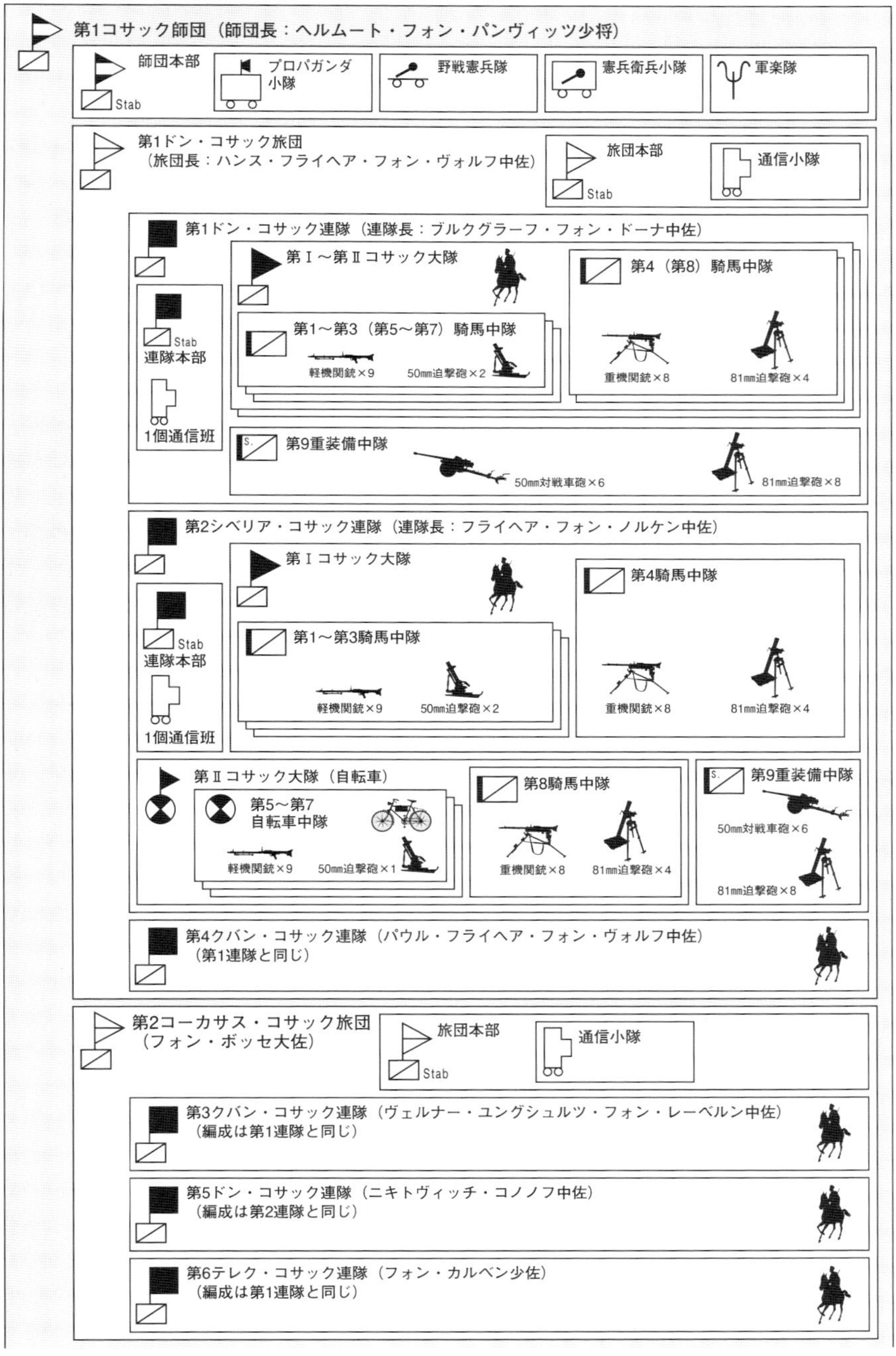

Photo4-7：柏葉付騎士十字章を佩用したフォン・ヴォルフ中佐のポートレート。第1ドン・コサック旅団長として、ドイツ騎兵の古き良き伝統とコサックの勇猛さを融合するべく心血を注いで部隊の育成に務めた。部隊の演習中の事故により1944年6月28日に非業の死を遂げている。

Marking4-1：第1コサック師団／ドン・コサック連隊のワッペン。1944年夏にコサック騎兵軍団が編成された際に制定されたもので、シールドは上から黄色、青、赤の三分割、一番上の黒い帯には青色で「Don」と書かれてある。

第１ドン・コサック旅団長のフォン・ヴォルフ中佐は、柏葉付騎士十字章拝領者であり、フォン・ベーゼラーガー中佐に次ぐ騎兵部隊の至宝とも言うべき人物であった。

ヨハン・ゴットリープ・ハンス・フライヘア・フォン・ヴォルフ中佐は、１９０３年3月19日、ラトヴィアのリガ近郊のリンデンブルクに生まれた。第8戦車師団（第3軽師団）／第8狙撃兵連隊／第Ⅰ大隊長として、フランス戦役における１９４０年6月14日のショーモンの戦闘の際、自ら先頭に立って要塞高地を突撃奪取した戦功により１９４０年７月13日付で騎士十字章、同第28狙撃兵連隊／第Ⅰ大隊長として、バルバロッサ作戦におけるチフヴィンまでの突進とその後の撤退戦の戦功により、１９４２年１月16日付で全軍61番目の柏葉付騎士十字章を授与された。１９４３年９月より第１ドン・コサック旅団長に就任したが、１９４４年６月28日に第69コサック大隊の迫撃砲演習時の事故により重傷を負い、ピンスクの野戦病院にて死去している（＊13）。

連隊長級のドイツ人将校については、馬術技能に秀でていないとコサックの尊敬が集められないといった事情もあり、フォン・ドーナ中佐、フォン・ノルケン中佐と言ったドイツ騎兵部隊の親分肌のベテランが集められ、既存のコサック部隊を率いている指揮官であるフォン・ユングシュルツ中佐、コノノフ中佐などはそのまま留任した。

また、大隊長級の指揮官においても同様で、例えば第１ド

Photo4-8：1943年 晩秋から冬にかけて、クロアチアで撮影された貴重なスナップ写真で、右端に立つのは第1ドン・コサック連隊長のブルクグラーフ・ツー・ドーナ中佐。そしてオートバイに跨っている騎士十字章佩用者が、同連隊／第Ｉ大隊長のエーリヒ・ディーネンタール少佐である。

ン・コサック連隊／第Ｉ大隊長のエーリヒ・ディーネンタール少佐は、第45歩兵師団／第45偵察大隊の中隊長として活躍し、1941年12月14日付で騎士十字章を授与されている古強者であった。すなわち、機甲化によって昔の栄光を失った騎兵部隊に飽き足らない昔堅気の騎兵の俊才達が集まってきたのである。

また、1万名から1万5000名規模のコサック義勇教導および補充連隊がモコフに設立され、併設されたユーゲント・コサック学校では14歳から18歳の少年達に教育と軍事教練が行なわれた。

Marking4-2：第1コサック師団／クバン・コサック連隊のマーク。第1コサック師団編成の際の1943年10月に制定された最初のヴァージョンで、シールドは上下赤、左右黄色の4分割、一番上の黒い帯には黄色で「KUBAN」と書かれている。

Marking4-3：第1コサック師団／テレク・コサック連隊のマーク。第1コサック師団編成の際の1943年10月に制定された最初のヴァージョンで、シールドは黒、緑、赤の三分割、一番上の黒い帯には緑で「TEREK」と書かれている。

Photo4-9：第360要塞擲弾兵連隊長エーベルト・フォン・レンテルン少佐のポートレート。1944年3月にフランスのラ・ロシェル方面で撮影されたもので、左腕にはロシア解放軍と連隊の腕章（アームシールド）を付けている。連隊の腕章は赤い盾に白い枠取りというデザインであった。

5 東方義勇兵部隊の東部戦線からの移管

ここで若干、本題から逸れるが、東方義勇兵部隊の東部戦線からの移管について説明したい。事の起こりは、1943年9月14日の総統大本営の戦況報告会の席における、ヒムラーSS長官の「クルスク戦の失敗は、中央軍集団戦区で起こったロシア志願兵部隊の大規模な反乱によるものである」という発言であった。これを真に受けたヒトラーは逆上し、その場でコサック部隊を含む東方義勇兵部隊すべての武装解除を命じ、手始めに8万名を48時間以内に武装解除して石炭鉱山の労働者としてフランスへ輸送するよう厳命した。

しかしながら、ヒムラーの報告は針小棒大なもので、実際にはコサック部隊と設営大隊の志願兵と補助兵の一部が、配属のドイツ将兵を殺害して逃亡したというのが事実であった。多く見積もってもその数は1300名程度であり、東方義勇兵数全体からすると1・5％以下の採るに足らない規模であった。

3日後の9月17日、冷静さを取り戻したヒトラーは、武装解除と鉱山送りは取り消したものの、すべての東方義勇兵は基本的に東部戦線以外の戦線へと移管することを決定した。現実的に陸軍の90万人もの東方義勇兵を移管することは不可能であり、彼ら抜きで東部戦線の戦闘を継続することはできなかった。陸軍参謀本部はヒトラーの厳命と現実の板挟みとなって窮地に追い込まれたが、そこは天才的官僚主義を発揮して決着することに成功した。すなわち、「混乱を最小限に食い止めるため」、新たに編成される部隊や比較的規模の大きい部隊から順に移管するということが承認され、命令は事実上骨抜きにされたのである（＊14）。

とはいえ、この総統命令によって10万人規模の東方義勇兵部隊が西部戦線、イタリア戦線、南東戦線などに移管された。また、これらの義勇兵部隊の受け皿部隊として、フランスにおいて義勇兵基幹師団（Freiwilligen Stamm Division）が編成された。

この命令はコサック部隊についても有効であり、新編成の第1コサック師団については南東戦線への投入が下令された。また、アタマン・パヴロフ率いるドン・コサック軍団はイタリア戦線へ移動となり、エーベルト・フォン・レンテルン少佐率いるコサック第6プラストゥン（歩兵）連隊は、フランスへと移動となった。

コサック第6（歩兵）連隊は、1944年4月19日付で第360要塞擲弾兵連隊と改称され、次のような編成となった。

◎第360要塞擲弾兵連隊
・連隊本部
・第Ⅰ大隊（旧第622コサック大隊）
・第Ⅱ大隊（旧第623コサック大隊）

Photo4-10：1944年夏に撮影された写真で、第360要塞擲弾兵連隊／第9重装備中隊の兵士達が、ラ・ロッシェルシュ沿岸の高射砲陣地を訪れた時に写されたもの。彼らの左腕には連隊の腕章とⅢ号戦車のシルエットの金属プレートが着けられている。このプレートは、ルジェフ攻防戦において、あるドイツ戦車師団がコサックの栄誉を称えるために贈ったものとの説があるが確証はない。なお、後方に写っている高射砲は珍しいチェコ製83.5㎜ FlaK22（t）である。
（BA 101I-299-1826-15 ／ Johannes Hähle）

・第9重装備中隊（旧第638コサック大隊）
・第10戦車猟兵中隊（後に増強）
＊注）大隊の編成は3個歩兵中隊、1個機関銃中隊

1943年11月、連隊は第708歩兵師団の3番目の連隊として配属され、ビスケー湾沿いのロワイヤン地区に駐留することとなった。連合軍の大陸侵攻後はフランスから苦難の退却を行ない、空襲やマキによるテロによって被害は生じたものの、無事撤退に成功した。1944年10月に第19軍の第64軍団に配属され、エルザス方面で防衛戦を行なった後、1945年2月22日からユーゴスラヴィアへと輸送され、SS第15コサック軍団へと合流した。なお、連隊長のレンテルン少佐はエルザス戦での戦功により、1945年1月13日付で騎士十字章を授与されている（＊15）。

計画では新編成予定の第3コサック師団の主力となるはずであったが、編成は中止され第1コサック師団へと編入された。

6 クロアチアへ！

こうして、第1コサック師団は、チトー・パルチザンが跳梁跋扈するクロアチアに移動することとなった。しかしながら、スターリン体制打倒を目指すコサック達の中には、この決定に不服を唱える者も多かった。

最初の部隊は1943年9月中旬に輸送が開始され、ポーランド、ハンガリー、スロヴァキアを経由してユーゴスラヴィアへ到着し、最初の司令部はミトロヴィカに設けられた。そして、10月上旬には2個旅団が勢ぞろいし、最初のパルチザン掃討戦が行なわれた。心配されたコサックによる一般住民への暴行事件などは、ないわけではなかったが思ったほどではなく、大きな規律の乱れもなかった。

ちなみに、終戦までのコサック部隊からの逃亡兵は約250名であるが、これは部隊の約1％にあたり、バルカンでのイタリア軍、クロアチア軍はおろか、ドイツ軍の逃亡兵比率より低かった。如何にコサック部隊の士気が高かったかの傍証であろう。

1943年10月中旬、師団はクロアチアへと移動した。その任務は、サヴェ河に沿ってザグレブ～ベオグラード間の輸送および通信ルートの確保、治安維持にあった。第1旅団はシサク、ペトリニャ、グリナ方面、第2旅団は第15山岳軍団へ配属され、ドボイ、グラチャニカ方面、すなわちゼニツァ北方のボスニア山岳地帯に展開した。

1944年1月6日には師団全体でロシア風のクリスマス祝賀会が催され、師団長のパンヴィッツはコサックの伝統衣装に身を包んで登場し、コサック達の喝さいを浴びた。そして第2旅団は1月中旬にはボスニアから帰還して第1旅団に

Photo4-11：クロアチア軍の将軍が第1コサック師団を訪問した際に撮影された写真。おそらく1943年末から1944年初頭に撮影されたものであろう。右手にはクロアチア国旗が掲げられている。手前にあるのは50㎜対戦車砲 PaK38である。

合流し、ヤストレバルスコ、カルロヴァク方面の治安維持任務に就いた。また、2月には第一次大戦や内戦のコサックの英雄であるアタマン（統領）のナオウメンコ、タタルキンおよびシューコウロ将軍がベオグラードを訪れ、盛大な師団閲兵式が行なわれて士気は大いに高まった。

1944年3月29日、第2シベリア・コサック連隊は、シサク北方付近で1個パルチザン旅団と交戦し、完全に撃滅することに成功したが損害も大きく、騎士十字章拝領者のフォン・アメルング中尉ほか30名が戦死を遂げた。そして、翌月に同連隊は、カルロヴァク付近のパルチザン掃討戦に投入された。

5月になると第2旅団がノヴァ・グラディスカへ移動する一方、第1旅団はグリナ、トプスコ方面でパルチザン掃討作戦〝チェス〟に動員された。この戦闘で第2シベリア・コサック連隊が一時的に敵に包囲されたが、第369（クロアチア）歩兵師団が駆けつけて事なきを得た。さらに6月末には、パンヴィッツは第3クバンおよび第5ドン・コサック連隊を直率し、ダコヴォを経てパプク山地まで進撃したが、パルチザンは戦闘を避けて北方へと撤退した。

7月10日、第1旅団はザグレブ北方の大規模なパルチザン掃討作戦に参加し、7月15日にはパルチザンの勢力下であったメトリカを制圧することに成功した。第2旅団については、7月25日より8月2日までボスニアで掃討作戦を行なったが、

1943年10月～1945年5月　第1コサック師団作戦図

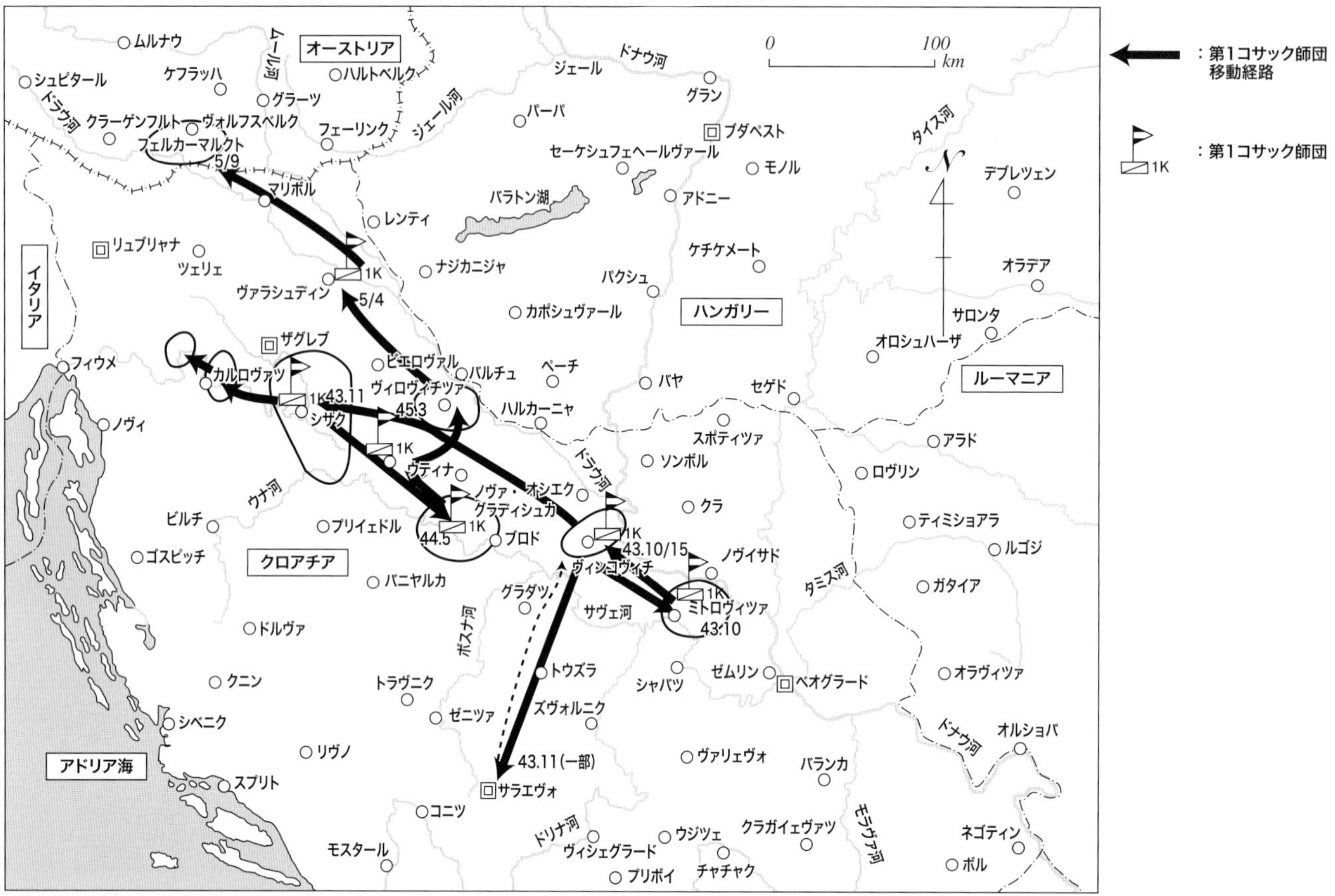

Photo4-12：1944年夏、第6テレク・コサック連隊は、ベオグラード〜ザグレブの鉄道線路の治安維持任務に第202戦車大隊とともに投入された。イタリア製M15／42型戦車に跨乗するのは第6テレク・コサック連隊の兵士で、一番右端に座る将校の左腕にはテレク・コサックのワッペンが確認できる。

パルチザンは退却したため小競り合いに終始した（＊16）。なお、１９４４年の春に第２０２戦車大隊／第2中隊が、フォン・カルベン少佐指揮の第6テレク・コサック連隊に一時的に配属され、ベオグラード〜ザグレブの鉄道の警備警戒に当たっている。

7　SS第15コサック軍団の設立

パンヴィッツの次なる目標は、2個師団からなるコサック軍団の設立にあった。しかしながら、すでに東部戦線では中央軍集団が崩壊し、ノルマンディー戦線が危機的状況を迎えているなかで、陸軍がコサック軍団設立のための物資や機材を拠出することは到底不可能であった。折しも、SS本部長ベルガーSS大将は、遅まきながら東方民族のSS志願部隊の組織と編成に力を入れており、そこでパンヴィッツは、SS本部のアルルトSS少佐を通じて接触を図った。パンヴィッツは現実主義者であり、コサック部隊にとって必要な武器・弾薬、給与の補給が得られれば、武装SSと手を組むことも辞さなかったのである。

１９４４年8月26日の夜、パンヴィッツはオスト・プロイセンの特別列車内でヒムラーSS長官と会談し、2個師団編成のSSコサック軍団の編成が承認された。このなかでパンヴィッツは、下記の条件を付けることに成功したのである。

❶武装SSの指揮下に入るのは軍団であって個々の兵士では

Photo4-13：Photo4-12の連続写真で、二級鉄十字章を授与された将校を中心にしてブリーフィング中の第6テレク・コサック連隊の兵士。40型ヘルメットに混じって中古の35年型ヘルメットが確認できる。遠方の第202戦車大隊／第2中隊のイタリア製M15／M42型戦車は、スタック（立ち往生）しているらしい。

ない

❷軍団はSS本部の管轄下となる

❸コサックの階級、軍服、記章、徽章などは変更しない

しかしながら、SSコサック軍団長たるパンヴィッツは、SS中将となることは承諾せざるを得なかった。もっとも、彼がSS中将の軍服や徽章を着用することは、一度もなかった。

1944年9月末、SS第14コサック軍団が編成され、ヒムラーは約束通り、いまや貴重となった物資や機材、榴弾砲、対戦車砲などを供与した。新しい2個師団は、既存の2個旅団を拡大・増強することにより編成された。しかし、パンヴィッツが夢見たすべてのコサック部隊の集結とは程遠く、相変わらず多数の小規模なコサック部隊が、東部戦線と西部戦線、イタリア戦線などに広く分散されていた。たとえば、ベラルーシのノヴォグロウドクへと向かったパヴロフのドン・コサック軍団は、その後、北イタリアへと移動して治安維持任務に投入されており、遂にこの軍団はパンヴィッツの軍団と合流することはなかったのである。

実際の部隊編成については、チトーパルチザンとの戦闘を継続して行ないながら、段階的に実施せざるを得ず、第1ドン・コサック旅団がSS第1コサック師団、第2コーカサス・コサック旅団がSS第2コサック師団の母体となり、その他の師団固有部隊は五月雨式に編成・増強されることとなった（＊17）。

１９４４年9月末から10月初めにかけて、第2コサック師団は第59軍団に配属された。そして、ボスニア森林地帯で対パルチザン戦に従事した。師団はサヴェ河を渡河してグラディスカを経由してバンヤ・ルカへ進撃し、パルチザンに包囲されている部隊の救出作戦を行なった。この戦闘では、コサック部隊は初めてミハイロヴィッチ率いる「ウスタシャ」部隊と協同作戦を実施した。一方、第1コサック師団は、10月20日に師団本部をノヴァ・グラディスカからクティナへ移動し、北部クロアチアで作戦投入された。

１９４４年12月になると、トルブーヒン元帥率いる第3ウクライナ戦線が、ドラウ河に沿ってナニカニジャ方面へと急進し、チトーパルチザンの攻勢はますます盛んになった。もはやパルチザン部隊の装備・補給は赤軍から供給されるようになり、コサック部隊より優秀な武器と豊富な弾薬を持っており、侮りがたい戦力を有していた。

第2コサック師団は、12月10日にコプリヴニカから進撃し、ハンガリー国境に近いドラヴァ河渓谷を進んだ。途中のヴィグラドで強力なパルチザン部隊と遭遇したが、激戦の末にこれを撃退し、12月23日に要衝クロスターを制圧した。そして、12月25日にはパンヴィッツ少将が師団に合流して、クリスマスを祝った。

ちょうどその時、チトーパルチザン部隊の増援として、ソ連第１３３狙撃兵師団〝スターリン〟が、ブルガリア軍から分遣されてドラヴァ河のヴィロヴィチツァ付近で渡河し、橋頭堡を構築したとの連絡が入った。

コサックにとって、待ちに待った初めてのソ連赤軍との戦いである！

Photo4-14：1943年秋、クロアチアのシサクで81mm迫撃砲の演習を行なうコサック義勇兵。おそらくは、第3クバン・コサック連隊の迫撃砲班と思われる。砲兵の装備が軽野砲程度のコサック部隊においては、迫撃砲は乗馬突撃の際の重要な支援兵器のひとつであった。

第2コサック師団長はフォン・シュルツ中佐であったが、実質の戦闘指揮は第5ドン・コサック連隊長のコノノフ中佐が執り、3個連隊を率いて攻撃準備を行なった。12月26日、第2、第5、第6コサック連隊は攻撃の火蓋を切ったが、敵は巧妙にカモフラージュされた陣地に待ち構えており、砲兵の猛砲撃に遭って攻撃は撃退された。コノノフは腹心のオルロフ大尉を呼び、増強された1個乗馬中隊を敵の戦線後方に密かに潜入させ、戦線後方部隊の砲兵陣地を破壊するよう命令した。オルロフは潜入に成功し、白兵戦により敵砲兵陣地を破壊するやいなや、コノノフが直率して第5ドン・コサック連隊が敵正面に圧力を掛ける一方、残りの第2クバン・コサック連隊と第6テレク・コサック連隊が側面へ突撃した。

この攻撃により第133狙撃師団は恐慌状態に陥り、武器を放棄して敗走した。なにしろ、迫って来るのがドイツ国防軍ではなく、サーベルを振りかざしたコサック騎兵なのだ! ソ連兵の多数がドラヴァ河に飛び込んで溺死し、数千名を捕虜としたほか、大量の武器弾薬を鹵獲することができた。すなわち、ソ連軍1個師団が壊滅したのである。一方、コサック側の損害は、僅かに戦死312名、負傷602名に過ぎなかった。この戦功によりコノノフ中佐ほかに一級鉄十字章が授与され、多数のコサック兵にも二級鉄十字章が授与され、国防軍ニュースにおいてもコサック部隊の活躍が初めて喧伝された(*18)。

8 終焉

1945年1月初頭、第1コサック師団は第11地上師団(L)(旧第11空軍地上師団)へ分遣され、サヴェ河渓谷からヘルツェゴヴァク方面で、戦闘団〝フィッシャー〟(第11空軍猟兵連隊)とともに戦闘を行なった。さらに2月15日には、優勢なチトーパルチザンの進撃を食い止め、第91、第31軍団とともに作戦〝人狼(ヴェアヴォルフ)を発動し、ポドラヴスカ・スラチナからパプク山地付近で攻撃を発起させた。なお、詳細は本書第5章を参照されたい。

一方、第2コサック師団はピトマコ、スタリ・グラダツ、ブコキヴァ方面の治安維持任務に就いており、戦闘は小競り合い程度が続いた。2月になると、コノノフ中佐率いる第5ドン・コサック連隊は、プラストゥン(歩兵)旅団(第7、第5プラストゥン連隊へと拡張された。そして、旧第5連隊の残存将兵と補充兵により、新たに第5ドン・コサック連隊が新設された。そして2月25日付でSS第14コサック軍団は、SS第15コサック軍団に改称された。

さらに3月29日には、フランスへ送られていたフォン・レンテルン少佐指揮の第360擲弾兵連隊——旧コサック第6プラストゥン(歩兵)連隊——が、コサック軍団に増強された。計画では、プラストゥン(歩兵)旅団と第360擲弾兵連隊

表4-2　SS第15コサック軍団（旧SS第14コサック軍団）の編成

SS第15コサック軍団（旧SS第14コサック軍団）

- SS第1コサック師団
  - 師団本部
  - 第1ドン・コサック連隊
  - 第2シベリア・コサック連隊
  - 第4クバン・コサック連隊
  - 第1コサック砲兵連隊（編成中）
  - その他通常支援部隊
- 第2コサック師団
  - 師団本部
  - 第3クバン・コサック連隊
  - 第5ドン・コサック連隊
  - 第6テレク・コサック連隊
  - 第2コサック砲兵連隊（編成中）
  - その他通常支援部隊？
- プラストゥン（歩兵）旅団
  - 旅団本部
  - 第7プラストゥン（歩兵）連隊
  - 第8プラストゥン（歩兵）連隊
  - 偵察大隊
  - その他支援部隊

を基幹として、第3コサック師団が編成される予定であったが、これは実現しないまま終戦を迎えている。なお、SS第15コサック軍団の編成は表4-2のとおりである（＊19）（＊20）。

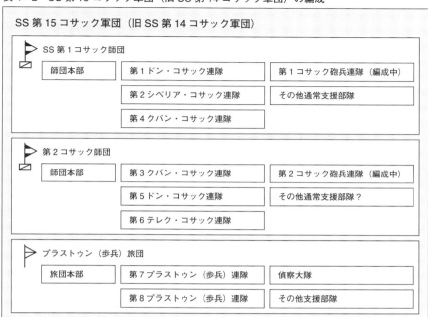

1945年3月17日付のOKH報告書によると、第1コサック師団（コンスタンチン・ヴァグナー大佐）および第2コサック師団（ヨアヒム・フォン・シュルツ大佐）の戦力は次のとおりである（＊21）。

◎第1コサック師団
（指揮官：コンスタンチン・ヴァグナー大佐）
・1個大隊（400名以上）
・7個大隊（300〜400名）
・4個軽砲兵中隊
・1個戦車猟兵大隊【75mm対戦車砲×5】
◎第2コサック師団
（指揮官：ヨアヒム・フォン・シュルツ大佐）
・5個大隊（400名以上）
・4個大隊（300〜400名）
・1個大隊（200〜300名）
・5個軽砲兵中隊
・1個戦車猟兵大隊【75mm対戦車砲×11】

1945年3月初め、第1コサック師団はドラヴァ河渓谷

Photo4-15：1944年12月末、ソ連第133狙撃兵師団“スターリン”を殲滅した直後に撮影されたもので、ドラヴァ河沿いのヴィロヴィチツァ市街を再奪回した第2コサック師団の極めて珍しい写真。コサック兵はうつむき加減で行軍しており、疲労の色が濃い。

のヴォロヴィチツァ付近、第2コサック師団はスホポリェ付近で、チトーパルチザンに対抗していた。3月6日、ドイツ軍の東部戦線における最後の大規模攻勢である〝春のめざめ〟作戦が発起され、それに呼応して第91軍団が副次作戦である〝森の悪魔〟作戦を発起させた。すなわち、ドラヴァ河の北岸へ奇襲攻撃をかけ、ヴァルポヴォとミホリャク付近で橋頭堡を築くことに成功したのである。

第4クバン・コサック連隊については、第11地上師団（L）へ分遣されてヴァルポヴォ付近のドラヴァ河北岸橋頭堡に投入された。そして3月22日夜には撤退前の攻撃を行なってブルガリア砲兵部隊を殲滅し、捕虜450名を得る戦果を挙げた後、ドラヴァ河南岸へ撤収した。SS第15コサック軍団は、それ以降、他のドイツ軍とともにドラヴァ河に沿って西方へと撤退したが、その間に南東軍集団司令官フォン・ヴァイクス元帥が、第2コサック師団を訪れてコサック兵への謝辞が贈られた。

1945年4月5日、パンヴィッツはフェルトアタマン（総統領）に選出された。この職位は名誉職であったが、全コサック連隊の総司令官として投票で選出されるものであった。18世紀から綿々と続く伝統であったが、最後のフェルトアタマン（総統領）であったツァレヴィッチ・アレキシスが1918年に暗殺されてから、空席となっていたのである。

即位式はコサックの伝統に則って厳かに行なわれ、パン

Photo4-16：義捐金100万ライヒス・マルクを寄贈するために、ゲッベルス宣伝大臣と会見するアタマン（統領）クラコフ将軍（左端）とコサック義勇兵。兵士は全員二級鉄十字章を拝領しており、おそらくはヴィロヴィチツァの戦闘で授与された第6テレク・コサック連隊の兵士であろう。1945年1月から2月に撮影された写真であろう。

ヴィッツはコサックの伝統服に身を包んだ。介添人としてナオウメンコ、シューコウロ両コサック将軍が立ち会い、選出結果が読み上げられた後、パンヴィッツが訓示して勝利と神の御加護がコサックにあることを宣言した。

しかしながら、もはやドイツの敗北は明らかであり、パンヴィッツはコサック部隊をなんとかソ連軍の手に落ちるのを防ぐため最大限の努力を行なった。まず最初に打った手は、ウラソフのロシア解放軍への参加であり、これはコサック部隊をドイツ軍から引き離して、西側連合軍の心証を良くするという工作であった。このためコノノフ少将（1945年4月1日昇進）がプラハに派遣され、ウラソフと会談が行なわれた。ウラソフの第一声は「遅い、遅すぎる」の一言であったが、基本的にこの提案は承認され、1945年4月28日付でコサック軍団としてロシア解放軍に所属することとなった。

1945年4月末から、ダルマチア、アルバニア、およびイタリアの在ドイツ軍部隊は、オーストリア目指して全面的撤退が進行中であった。コサック軍団は、コプリヴニカ付近からドラヴァ河渓谷を西進して、北イタリアにいるドン・コサック軍団と合流する計画であった。しかしながら、4月28日には在イタリアドイツ軍が降伏したため、オーストリア国境を目指すこととなった。

なお、ドン・コサック軍団の指揮官であるパヴロフは19

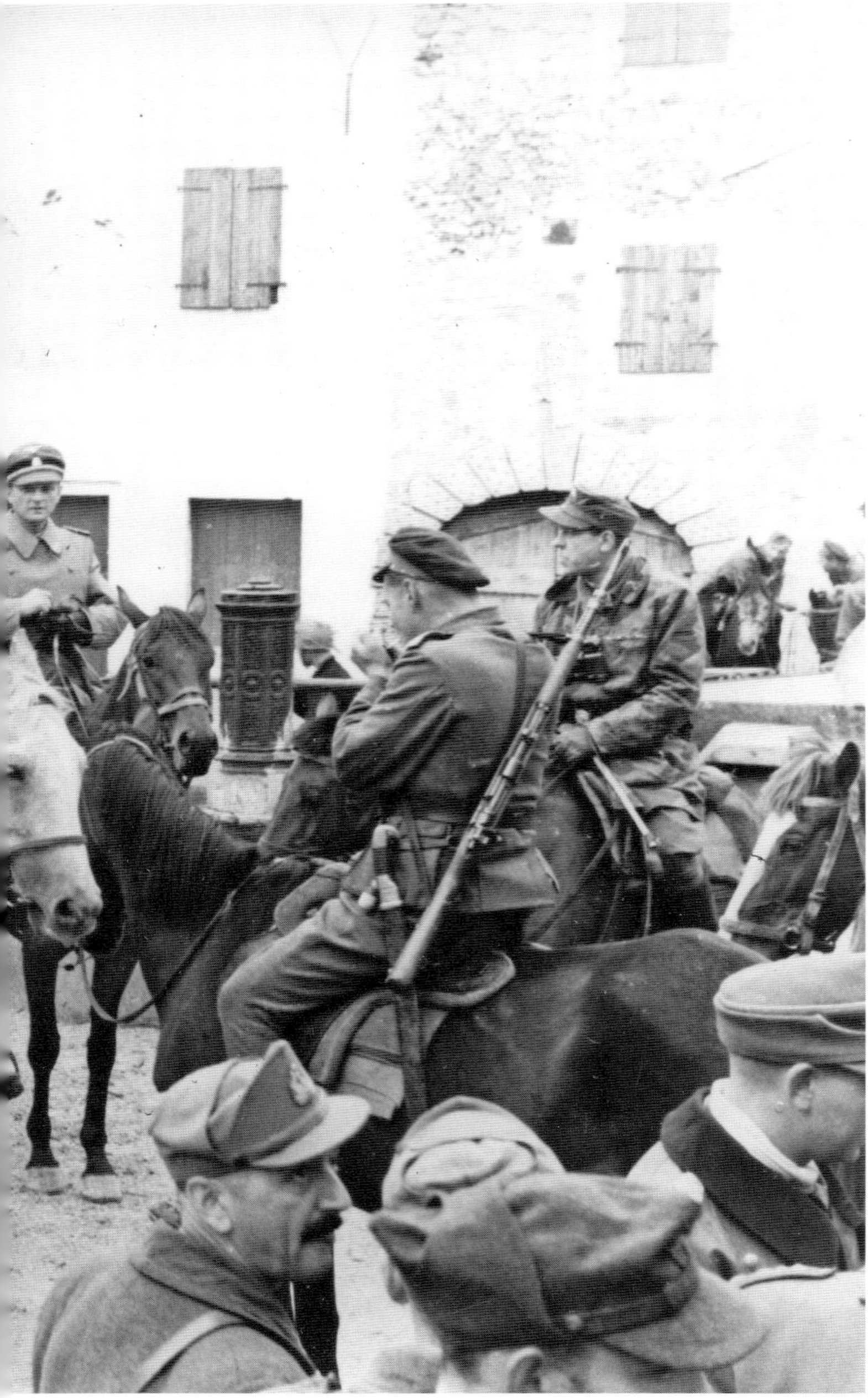

Photo4-17：1944年10月9日、北イタリア／ウディネのドイツ軍とドン・コサック軍団は、パルチザンが占拠するアレッソを奪還することに成功した。この写真はその際に撮影されたもので、中央の白馬に乗ったSS将校がウディネSS警察司令部の指揮官ヤコブ・ルドルフ・フォン・アルフェンスレーベン少佐、その左横のメガネをかけた人物がティモタイ・ドマノフ将軍である。

1945年5月SS第15コサック軍団撤退路

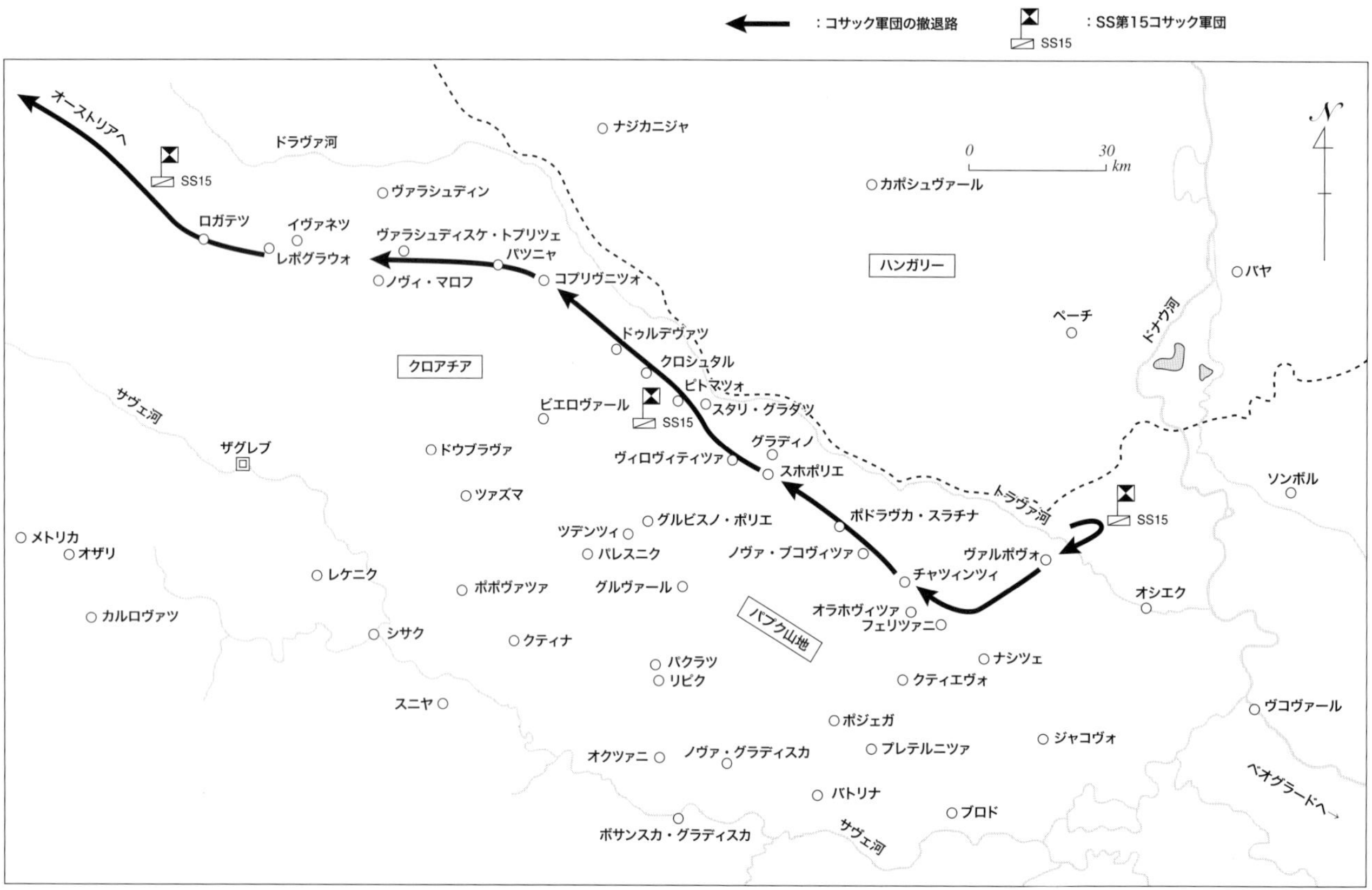

Photo4-18：1945年5月の第1週にオーストリア国境付近で撮影されたSS第15コサック軍団の非常に珍しい写真。背後にはオーストリア・チロルの美しい風景が広がっている。この後、軍団はクラーゲンフルトにてイギリス軍に降伏し、それから苦難の道を歩むこととなる。

44年6月17日に暗殺され、それ以後はティモタイ・ドマノフが指揮を執っており、北イタリアのトルメッツォ、ウディネ付近を根拠地として対イタリアパルチザン作戦に投入されていた。

ユーゴスラヴィア人民軍の第2クロアチア軍団の追尾を受けながら、コサック軍団は西へと退却し、5月4日から6日にかけてヴァラディン、イヴァネツに達した。そして、5月8日にドイツ降伏の報に接すると、後衛を第3クバン・コサック連隊が引き受け、全軍団がオーストリアへと向かった。

1945年5月8日、ドイツが降伏したその日、約2万名の兵力のSS第15コサック軍団は、第1コサック師団がドラヴァ河渓谷をツェリエから西進中であり、第2コサック師団はヴィンディッシュ・ファイシュトリッツ付近にあり、5月9日の夜にオーストリア国境を越えた（＊22）。

9 その後の運命

オーストリアへ進駐したイギリス第8軍は、コサック軍団の存在には気づいており、SOE（特殊作戦執行部）のチャールス・ヴィリアーズ少佐を派遣して接触を図った。そして軍団本部においてパンヴィッツと会見し、パンヴィッツはコサック兵をソ連側に引き渡さないという条件で降伏する意思を伝えた。そして5月10日には、自らヴォルフスブルクのイ

Photo4-19：Photo4-18の連続写真。クラーゲンフルトへと向かうSS第15コサック軍団の一部。道路の傍らには、故障や燃料切れで遺棄された車両の残骸が点々としている。彼らが馬上で何を思っていたのか、それを考えると筆者の胸は熱くなる。

ギリス第1王立軽騎兵軍団本部へ行き、武装解除の条件などを話し合った。

5月11日、最初のコサック部隊がフェルカーマルクト付近で、イギリス軍に武装解除されたが、この時点で軍団本部、第3～第6コサック連隊ならびに第8連隊はアルトホーフェン付近、第1師団の第1、第2連隊はフェルトキルヒェン付近に宿営していた。イギリス第6機甲師団長ホレイシャス・マーレイ少将は、クラーゲンフルトの師団本部にパンヴィッツほかのコサック軍団将校を呼び、コサック部隊はソ連軍に引き渡される可能性が大きいことを伝え、暗に逃亡するよう勧めた。パンヴィッツはそれを聞いて動揺したが、結局、彼と将校たちは最後までコサックとともに残ることを決意したのである。

この頃になると、将来の不安からコサック部隊の統率は乱れ、コサック兵とドイツ兵将校の軋轢が顕在化しており、5月24日にはフェルトアタマン（総統領）の再選挙を行ない、再びパンヴィッツがその地位に就くことで融和を図ろうとした。しかしながら、ドイツ人将兵も戦争犯罪人として引き渡すということが決定されたという噂が流れると（その噂は事実であった）、5月26日から多数のドイツ将兵が逃亡を図った。

たとえば、第6テレク・コサック連隊長で騎士十字章拝領者であるプリンツ・ツー・ザルム＝ホルストマー中佐もその

Photo4-20：北イタリアで降伏したドマノフ将軍麾下のドン・コサック軍団の部隊。1945年5月中旬にイギリス第78歩兵師団のW・G・ジョンソン軍曹によって撮影された秀逸な写真である。最終的にはイギリス軍によって、6月1日から15日までに22,502名がソ連へ引き渡され、最初の日だけで700名以上の女子供を含むコサックがリンツ付近のドラヴァ河に身を投げたり、ナイフや拳銃で自殺を図った。

ひとりであり、28日までに約500名のドイツ将兵が軍団を離れたが、パンヴィッツとドイツ将校144名、ドイツ戦闘員690名はそのまま留まった。そして5月28日、ユーデンブルクへ護送されてそこでソ連軍に引き渡されたのである。

アルトホーフェンに宿営していた第2コサック師団のコサック兵たちは、イタリアへ移動するということでトラックに乗せられた。そして厳重な護送体制を敷いて出発したが、途中で南へ行かず北方のユーデンブルクへと向かったため、コサック兵達が動揺してパニックに陥った。時計や腕輪、貴金属や金歯などがトラックから路上に投げ捨てられ、数人が自殺を図った。

フェルトキルヒェンの第1コサック師団は、イギリス第6機甲師団の下で武装解除を受け、ヴァイテンスフェルトの捕虜収容所へと移動することとなった。第1コサック連隊長のヴァグナー大佐は、5月26日の午後、第6機甲師団のアッシャー准将にこう質問した。

ヴァグナー「准将、捕虜収容所は第一段階、違いますか？第二段階はコサック達はソ連へ引き渡し、そして第三段階がシベリアでは？」

アッシャー「我々はただの兵士なのだ、君と私はね」

ヴァグナー「(皮肉で) それは結構ですな、准将」

アッシャー「君がよく知っているとおり、我々は政治家に従わなくてはいかんのだ」

その日のうちにヴァグナー以下のドイツ人将校は逃亡を開始したが、イギリス軍はそれを黙認した。そして5月27日、残されたコサック部隊はトラックに乗せられてヴァイテンスフェルトへと輸送された。第6機甲師団長マーレイ少将は、コサック軍団に対しては同情的であり、その意を受けたロス・プライス中佐は、「1938年以前にソ連を離れた者はソ連市民ではない」という理屈により、コサック将校50名と多数のコサック兵と女性、子供を解き放した。しかしながら、5月29日にはトラックにより残された4000名のコサックはユーデンブルクへと輸送された。

結局、1945年5月28日から6月4日の間に、イギリス軍は女性47名、子供5名、司祭7名を含む1万7702名のコサックと馬匹約7000頭をソ連側に引き渡した。北イタリアで降伏したティモタイ・ドマノフ率いるドン・コサック軍団を含めると、約5万名のコサックがソ連へ引き渡されたと考えられる。

コサックの指導層である将軍たち、すなわちパンヴィッツ、クラスノフ、シューコウロ、ドマノフを含む6名は、1947年1月15日のモスクワでの非公開軍事法廷により国家反逆罪および一般市民殺害の戦争犯罪により死刑が求刑され、1月16日20時45分に絞首刑に処せられた。なお、パンヴィッツはドイツ軍人であり、ユーゴスラヴィアでの対パルチザン戦の罪を、ソ連が評決して絞首刑にしたことは国際法を無視した暴挙と言っても過言ではない。

その他のコサック将兵は約2000名が戦争犯罪人として処刑されたほか、それを免れた幸運な兵士はシベリアでの10～30年間の強制労働を言い渡された。NKVD（内部人民委員部）の資料によると、コサックは可能な限り早く死に至らしめるという方針が出されており、最低でも1日14時間の強制労働を課すこととなっていた。また、強制労働10年の刑に処せられたとしても、10年後に収容所長の権限で刑を延長することもできるようになっていたのである。

ニコラス・ベテルによれば、コサックは主にトムスクなどのシベリア地方へ送られ、碌な防寒服も与えられないまま労働に投入された。1日400gのレーションが配給されただけで暖房も充分ではなく、最初の年だけで病死や過労死や凍死によって約7000名のコサックが斃れたとのことである（＊23）。

こうして、伝統的なドン、テレク、クバンなどのコサック民族の社会的存在は消滅し、ごく僅かに赤軍に協力した少数のコサック部隊が細々とその伝統を継承するだけとなり、戦後はコサックの歴史と文化は断絶することとなったのである。

おわりに

1991年にソ連が崩壊すると、ウクライナとロシアにおいて、政治家や市民団体がコサックの復権運動を開始しました。ロシア連邦では「ロシアの国土を広げ、それを守る愛国者」とコサックは再評価されて見直しが進められており、プーチン政権におけるロシア軍の「愛国主義養成プログラム」では、「コサックの歴史」の学習が軍幹部養成学校では必須となっています。現在、ロシアで自ら「コサック」と名乗っている人々は、コサックの子孫やコサックの価値観に共感する人々で、一説には約７００万人とも言われています。

プーチン政権は2012年9月に「2020年までのコサック政策発展計画」を発表し、11月にはコサックの新政党が結成され、多数の国内のコサック公認団体を一本化する動きもあります。また、秩序維持のために、モスクワではコサック団体による街頭巡回（パトロール）も実施しています。

しかしながらこの背景には、威信に陰りが見えて来たプーチン政権が、コサックを初めとする愛国的勢力を結集しようという政治的思惑もあるようです。特に街頭巡回は批判が多く、少数民族についての衝突やコサックの「武装民兵化」などを懸念する声も出ています。

歴史に翻弄されたコサックたちですが、彼らが平和な時を過ごせることを祈るばかりです。

Photo4-21：リンツのペゲッツにある引き渡しの際に死亡したコサック兵とその家族の墓地。ここには28名が葬られている。

Photo4-22：オーストリア／リンツ南東のトリスタッハにあるフォン・パンヴィッツとコサックの慰霊碑。1983年6月5日、息子のジークフリート・フォン・パンヴィッツを招いて除幕式が開催された。碑文は次の通りである。
「最後のフェルトアタマン（総統領）フォン・パンヴィッツ将軍と1942年-1945年に戦死し――捕虜となり――引き渡され――有罪宣告され――死亡した第XV（15）コサック騎兵軍団のコサック、ドイツ人、オーストリア人を追悼して」

(＊1)出典：　Francois de Lannoy "Les Cosaques de Pannwitz" Editions Heimdahl P.7-P.16
(＊2)出典：　同上　P.19-P.20
(＊3)出典：　George F.Nafziger "The German Order of Battle Waffen SS and Other Units in World War II" Conbined Publishing P.215
(＊4)出典：　Francois de Lannoy "Les Cosaques de Pannwitz" Editions Heimdahl P.21
(＊5)出典：　Francois de Lannoy "Les Cosaques de Pannwitz" Editions Heimdahl P.22
(＊6)出典：　George F.Nafziger "The German Order of Battle Waffen SS and Other Units in World War II" Conbined Publishing P.215
(＊7)出典：　Francois de Lannoy "Les Cosaques de Pannwitz" Editions Heimdahl P.23-P.25
(＊8)出典：　Erich Kern "General von Pannwitz" Schütz Verlag P.45-P.46
(＊9)出典：　Rolf Grams "Die 14. Panzer-Division" Podzun-Pallas-Verlag P.88-P.96
(＊10)出典：　Erich Kern "General von Pannwitz" Schütz Verlag P.47-P.49
(＊11)出典：　Francois de Lannoy "Les Cosaques de Pannwitz" Editions Heimdahl P.27-P.35
ユルゲン・トールバルト『幻影』　フジ出版　P.166-P.177
(＊12)出典：　Peter Schuster/Harald Tiede "Die Uniformen und Abzeichnen der Kosaken in der Deutschen Wehrmacht" Verlag Klaus D.Patzwall P.21-P.24
(＊13)出典：　Franz Thomas "Die Eichenlaubträger 1940-1945 Band2" Biblio Verlag P.458
(＊14)出典：　ユルゲン・トールバルト『幻影』　フジ出版　P.188-P.196
(＊15)出典：　Georg Tessiin "Verbände und Truppen der deutschen Wehrmacht und Waffen-SS im Zweiten Weltkrieg 1939-1945 Band9" Biblio Verlag P.289
(＊16)出典：　Francois de Lannoy "Les Cosaques de Pannwitz" Editions Heimdahl P.69-P.73
(＊17)出典：　同上　P.69-P.73
ユルゲン・トールバルト『幻影』　フジ出版　P.221-P.222
(＊18)出典：　Francois de Lannoy "Les Cosaques de Pannwitz" Editions Heimdahl P.75-P.76
(＊19)出典：　同上　P.77、P.245
(＊20)出典：　Peter Schuster/Harald Tiede "Die Uniformen und Abzeichnen der Kosaken in der Deutschen Wehrmacht" Verlag Klaus D.Patzwall P.18-P.19
(＊21)出典：　George F.Nafziger "The German Order of Battle Waffen SS and Other Units in World War II" Conbined Publishing P.212
(＊22)出典：　Francois de Lannoy "Les Cosaques de Pannwitz" Editions Heimdahl P.79-P.81
(＊23)出典：　同上　P.173－P.197

第Ⅰ部

第5章

空軍地上師団ついに逃げ勝つ
── 第11空軍地上師団 ──

昨今、アベノミクス効果で少しは景気が上向きになりつつあるようですが、皆さんの会社はいかがでしょうか？

最近、話題になっているのが、会社にとって戦力外の社員を集め、自己都合退職に追い込むための部署、すなわち「追い出し部屋」です。まあ、これほどではないにせよ、例えば生産工場の技術者が営業部隊に放り込まれ、慣れない営業業務で四苦八苦するというのはよく耳にしますし日常茶飯事とも言えます。

さて、時と場所は変わって1942年の“ドイツ第三帝国株式会社”のお話。

前年冬季にライバル会社（ソ連軍）の大攻勢により大幅な赤字決算（大敗北）となり、営業人員（陸軍兵員）を中心に大量の退職者（死傷者）が出て、1942年度の販売（攻撃）計画“ブラウ”も人員不足で達成が怪しい状況です。そこでヒトラー社長（総統）は、技術系副社長（空軍司令官）のゲーリングに対して、工場にいる技術系社員（空軍兵員）を配置転換して営業部門（陸軍）へテコ入れすることを命じました。ところが、ゲーリングは自分の権限の縮小に繋がるので断固反対し、とうとう営業部隊（陸軍）とは別に技術系社員（空軍兵員）だけの独立した技術営業部隊（空軍地上師団）の設置を提案し、ヒトラー社長の承認を得たのです。

しかしながら、この技術営業部隊（空軍地上師団）、営業知識（歩兵戦闘訓練）もそこそこに新型パソコン（新型装備）を与えられてクライアント回りの最前線へ投入されますが、プレゼン（戦闘）中に少しでもお客さんから質問（ソ連軍の攻撃）されると、すぐにパニックに陥って支離滅裂な説明（敗走）になってしまい、業績（戦果）は上がらずいつも失敗（壊滅）の連続です。

かといって、この営業部隊が必要ないかというと、この人手不足の折に定期的クライアント回り（数合わせの前線配置）をしてもらうだけでも大助かりです。

営業部門（陸軍）に言わせると、本当はベテラン営業員（既設の陸軍部隊）と一緒にして、資料作りや補助的作業（補充人員）などに使いたいのですが、そんなことをしたらゲーリング副社長の逆鱗に触れることは必至。「配置転換された技術系社員（空軍兵員）が営業部門（陸軍）から差別されている」とヒトラー社長へねじ込む恐れもあります。

こんななかで、1943年にアテネ支局（南西軍集団）に単独で派遣された技術営業マン（第11空軍地上師団）。その地のライバル会社（パルチザン）が弱小だったのが幸し、なんとか業務（後方治安維持）をこなしますが、1944年夏、突如として地元販売網の撤退・清算業務（南東軍集団撤退の援護）を命ぜられます。清算前に販売網を横取り（撤退前に包囲撃滅）しようとて、強力なライバル会社（ソ連軍）や力をつけた地元会社（チトー・パルチザン、ブルガリア軍）が激しい攻勢をかけてくるのは必至の状況です。

さあ、この窮地をどうしのぐか、技術営業マンの運命やいかに……!?

Photo5-1：1941年にヒルフェルスムで撮影された第31航空連隊／第1中隊／第1小隊の記念写真。よく見ると中央の教官の隣に黒いマスコット犬が紛れ込んでいる。

1　第11空軍地上師団の誕生

空軍地上師団については、第1〜第21空軍地上師団まで、合計21個師団が1942年9月15日から1943年5月15日までに編成された。最初の第一陣として11個空軍地上師団群が1942年12月24日のクリスマスまでに東部戦線へ投入され、さらにそれ以降10個師団が編成投入されたのである。なお、動員された兵力は約25万名であったが、僅か1年の間に死傷者・捕虜・行方不明が実に9万名に達しており、ドイツ軍最弱部隊と言われる所以である。

第11空軍地上師団は第二陣に編成された10個師団のうちのひとつで、1942年10月にムンスター演習場で編成が開始された。部隊の基幹母体は、1941年からオランダのヒルフェルスムに駐留していた第31航空兵連隊（フリーガーーレジメント）、第Ⅳ空軍管区（ドレスデン）の各航空連隊であった。なお、航空兵連隊は空軍兵士として初めて入隊する際の受け入れ部隊で、パイロット、通信兵、高射砲兵、歩兵や整備員その他の基本的な教育訓練を行なっており、30個連隊ほどが編成されて各地に駐屯していた（＊1）（＊2）。

◎第11空軍地上師団（師団長：カール・ドルム中将）
・師団本部
・第21空軍猟兵連隊（3個大隊）
・第22空軍猟兵連隊（3個大隊）

Photo5-2：同じくヒルフェルスムにおける第31航空連隊／第1中隊／第1小隊の演習時のスナップ写真。3人の教官以外は迷彩ポンチョを着用し、顔も黒く塗っているところから、夜間演習の準備中であろう。

・第11空軍高射砲大隊（4個中隊）
・第11空軍砲兵連隊（各2個中隊編成の2個大隊）
・第11空軍自転車中隊
・第11空軍工兵大隊
・第11空軍通信中隊
・第11空軍補給大隊
・その他支援部隊

これを見ると分かるとおり、初期の師団編成においては、砲兵連隊は僅か4個中隊であり、独立した戦車猟兵大隊もなく、偵察大隊は自転車中隊に置き換えられていた。

初代師団長のカール・ドルム空軍中将は、1893年7月31日、ウンターエルザスのディーメリンゲン生まれの50歳になる老将軍である。工兵出身であったが、第一次大戦中の1915年6月に重傷を負い、その後、空軍の航空基地において補給、兵站や航空写真分析、連絡任務に従事している。戦後のヴァイマール共和国軍においては工兵部隊に戻ったが、1933年4月に空軍へ転身し、ブラウンシュヴァイク航空学校長などを歴任した。その後、在オランダ・ドイツ軍司令部参謀長などを経て、1942年10月1日付で第11空軍地上師団長を拝命している。軍歴の派手さはないが、空軍の中でも歩兵戦闘の基本を理解している数少ない将官であったと言える（＊3）。

Photo5-3：1943年の5月か6月に撮影された写真。アテネの南西5㎞のファリオンでのパレードで閲兵する初代第11空軍地上師団長のカール・ドルム空軍中将（左から4人目）。カブリオレのドアと車体後部には師団マークの“D”（ドルムの頭文字）が確認できる。筆者が知る限り、現存するうちで師団マークが確認できる唯一無二の写真である。なお、“D”は白い縁取りに赤色のようである。

Marking5-1：第11空軍地上師団の師団マーク。師団長のカール・ドラム中将の頭文字に由来するもので、赤いシールドの中にシルバーの「D」が描かれている。

2　ギリシャへ！

1942年12月、編成中の第11空軍地上師団にギリシャへの移動命令が発せられた。先遣部隊として第21空軍猟兵連隊／第Ⅰ大隊が出発し、1942年12月29日にアテネに到着した。そして、新年の1月になると、鉄道による師団本隊の輸送が開始され、1月末にはギリシャへ到着して第12軍予備となった。この後の師団の駐留地については諸説があるが、師団は2月3日にクレタ島へ輸送され、そこで第22（空挺）歩兵師団とともに3月まで治安維持任務に就いた。しかしながら、部隊の輸送は五月雨式で、第21空軍猟兵連隊などは3月末にようやくアッティカに到着している。その後、師団は3月から4月にかけてギリシャ本土のアッティカへ移動し、アテネに師団本部を設置して、アテネ、ラミア方面の治安維持にあたった（＊4）。

当時、ギリシャ全土は、ギリシャ民族共和同盟（EDES）、民族社会解放（EKKA）、ギリシャ共産党（KKE）など、王政復古主義者から共産主義者までの様々なパルチザン組織が形作られ、イタリアの統治政策の失敗により次第にゲリラ活動は激しさを増していた。特に最大の勢力を持つのはギリシャ共産党が組織した民族解放戦線（EMS）のギリシャ人民解放軍（ELAS）であった。また、イギリス軍のSOE（特殊作戦執行部）が、すべてのパルチザン部隊に対して武器弾薬、補給を供給し、戦術顧問や指揮官の派遣などを行なっていた。

1943年になると、ELASは2万人の兵力でペロポネス半島、サロニキやマケドニアの山岳地帯を事実上支配しており、EDESは5000人の兵力でイピロス周辺、そしてEKKAは1000人のゲリラを擁しており、交通や輸送にも支障が出るようになっていた。

従って、在ギリシャ駐留のE軍集団は、喉から手が出るほど増援部隊を欲しており、弱兵で知られる空軍地上師団と言えども大歓迎だったのである（＊5）。

師団の主任務はアテネ、ラミア方面の治安維持にあり、ヘルムート・フェルミ空軍大将麾下の第68軍団に配属された。ここで、ドイツ空軍屈指の変わり種であるフェルミ空軍大将の軍歴を、簡単にご紹介することとする。

ヘルムート・ヴァルター・ヴォルフガング・フェルミは1

Photo5-4：アテネ近郊のボジャテで1943年5月に撮影された第11空軍地上師団の兵士。写真にある白い「X」印はエアテルト一等兵：1945年3月12日にハンガリーで戦死、左端はヴィル軍曹：1944年ブルガリアで戦死とある。個人アルバムならではであろう。

Photo5-5：1943年春に第68軍団の野戦司令部で撮影されたと思われるスナップ写真。向かって左から2人目のちょび髭を生やしているのがE軍集団司令官アレキサンダー・レール上級大将、真中に立つのが第117猟兵師団長フォン・ル・シエラ少将、そしてその右側が第68軍団長ヘルムート・フェルミ空軍大将である。

８８５年生まれの58歳で、幼年学校を経て陸軍に入隊し、途中で空軍へ志願して飛行偵察員となり、第一次世界大戦中は第３００飛行大隊を指揮してパレスチナでイギリス空軍と戦った。第一次大戦後は第５歩兵師団幕僚、空軍参謀本部を経て、第二次大戦勃発時は第２航空艦隊司令官であった。しかしながら、ゲーリング空軍総司令官と衝突して空軍を去り、１９４１年６月から１９４２年９月までギリシャにて特別本部司令官として、雑多な部隊を指揮してエーゲ海の島々への物資輸送や治安維持任務にあたった。そして、１９４２年10月からは特別編成本部〝Ｆ〟司令官となり、アラブ義勇兵からなる第２８７特別戦隊、第８０１北コーカサス歩兵大隊、コサック部隊などを指揮し、カルミュック草原で優勢なソ連軍を相手に機動迎撃戦を展開した。その後、１９４３年５月から再びギリシャで、第68軍団長として最重要地域であるアテネ方面の治安維持を任されたのである。

Marking5-2：第68軍団のマーキング。ヤシの木と日の出を月桂樹の葉で縁取りしたエキゾチックなもので、軍団長のフェルミ大将がアラブ特別戦隊を指揮した時に用いられたものをそのまま踏襲したものである。太陽が赤、ハーケンクロイツが黒でその他はシルバーである。

ドイツ空軍広しと言えども、フェルミのような軍歴は大変珍しい（＊６）。

話を第11空軍地上師団に戻そう。師団にとっての最初の戦闘は、１９４３年５月４日から開始されたパルチザン掃討戦であり、ラリッサ〜カテリニ〜エラッソン地域に投入された。さらに第21空軍猟兵連隊／第Ｉ大隊が、５月17日に空輸によりミロス島へ投入され、第Ⅱおよび第Ⅲ大隊はコリント運河の防衛任務に就いた。この間、師団本隊はペロポネス半島にあり、１個中隊はサラミス島へ分遣された。この一連の措置は、チュニジアのドイツ軍降伏に伴っての連合軍のギリシャ侵攻を想定してのことであったが、実際に連合軍が７月10日に上陸したのはシシリー島であった（＊７）。

また、１９４３年７月22日には、ＥＬＡＳやＥＭＳが主導する大規模なゼネストがアテネ市内で発生し、第11空軍地上師団の一部が出動して暴動鎮圧にあたった。このゼネストには12万人が参加し、暴動鎮圧により死者53名、負傷者２８３名を出す流血の惨事となった。

１９４３年８月になると、貧弱な砲兵連隊の編成と装備が改善され、さらに戦車猟兵大隊も編成されて兵力は強化されたが、相変わらず偵察部隊が欠如しており、通信部隊も中隊規模のままであった。１９４３年８月30日付の第11空軍地上師団の編成定数は、編成図５-１のとおりである（＊８）。

編成図5 - 1　1943年8月30日　第11空軍地上師団の編成

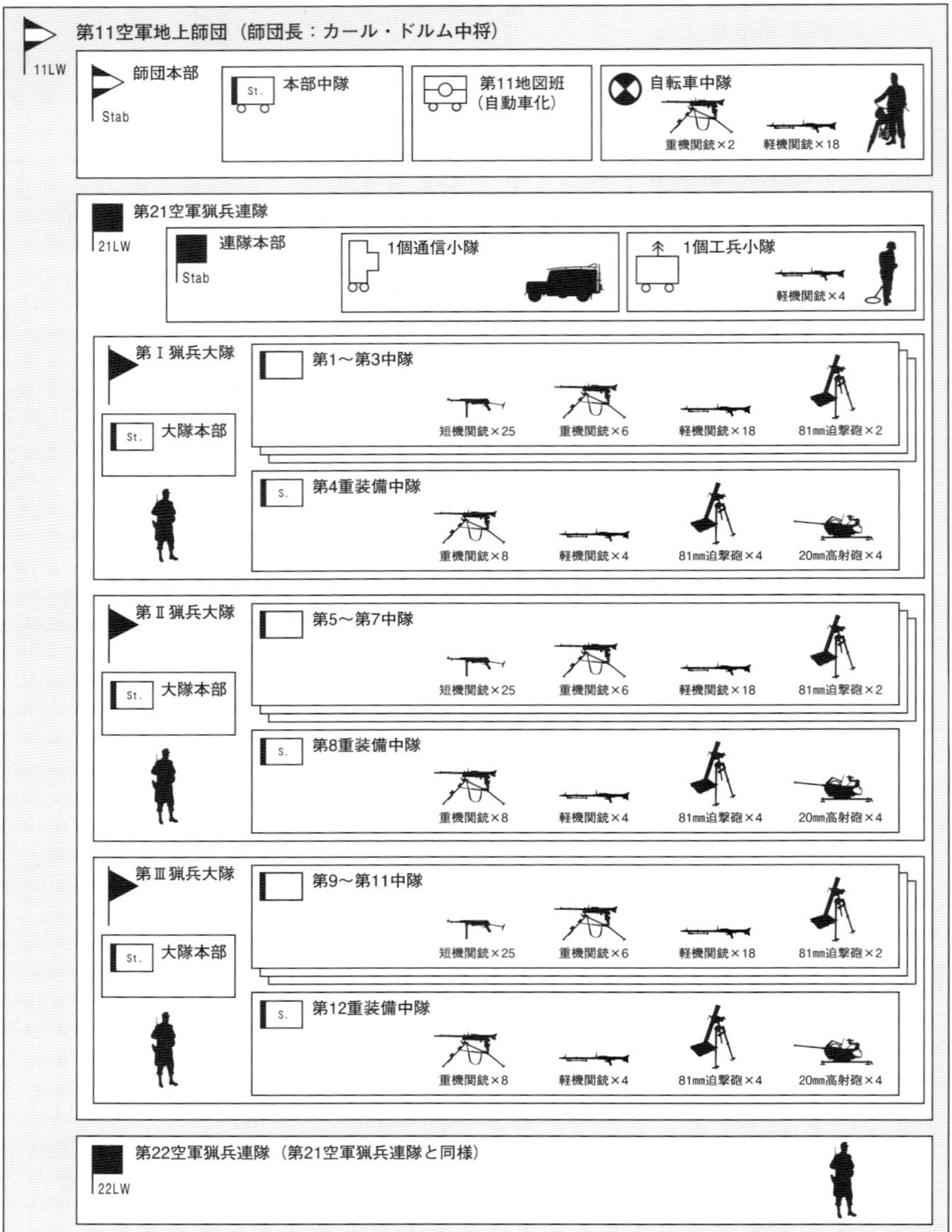

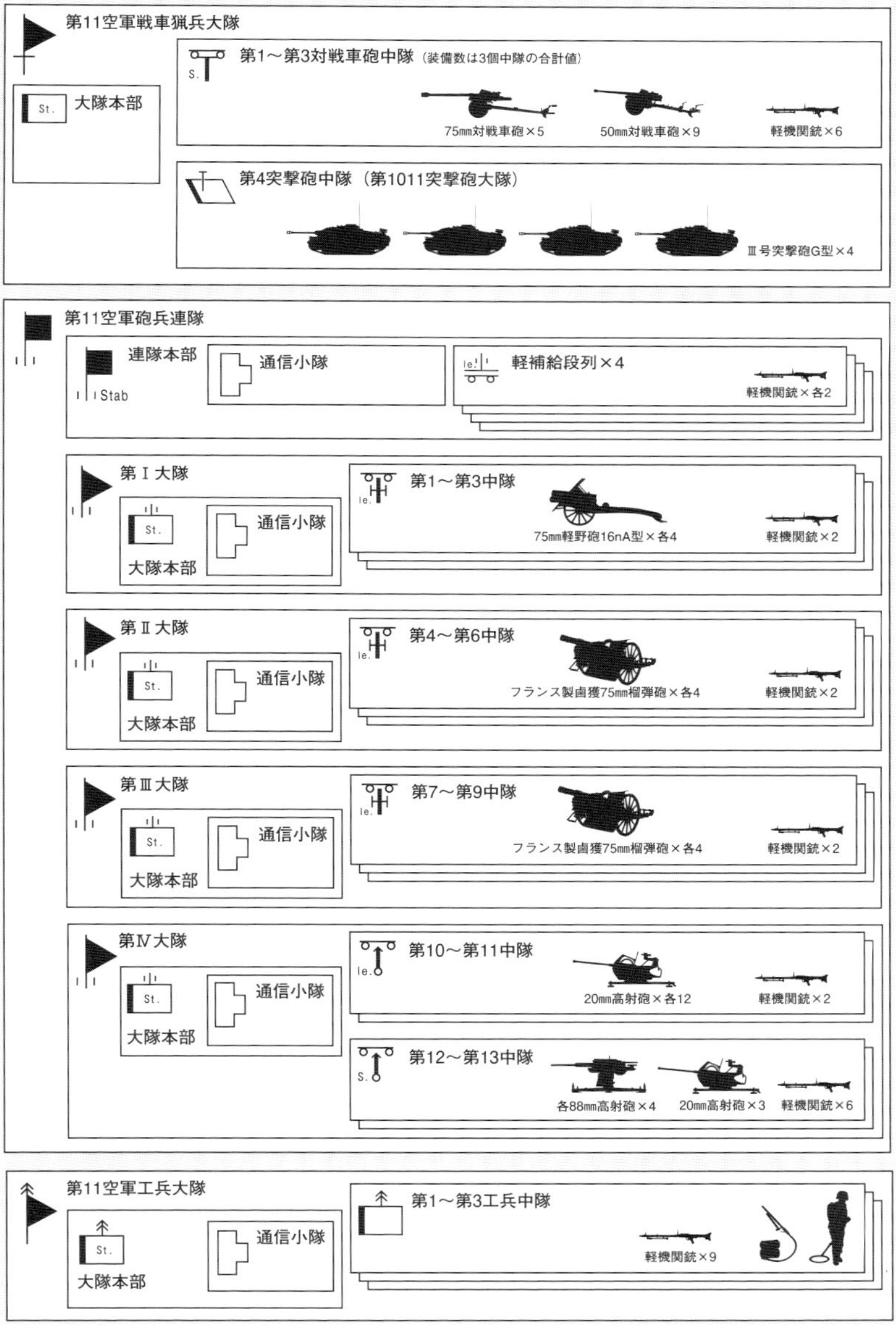

第11空軍戦車猟兵大隊
St.
大隊本部
S.
第1～第3対戦車砲中隊（装備数は3個中隊の合計値）
75mm対戦車砲×5
50mm対戦車砲×9
軽機関銃×6
第4突撃砲中隊（第1011突撃砲大隊）
Ⅲ号突撃砲G型×4
第11空軍砲兵連隊
Stab
連隊本部
通信小隊
le.
軽補給段列×4
軽機関銃×各2
第Ⅰ大隊
St.
大隊本部
通信小隊
le.
第1～第3中隊
75mm軽野砲16nA型×各4
軽機関銃×2
第Ⅱ大隊
St.
大隊本部
通信小隊
le.
第4～第6中隊
フランス製鹵獲75mm榴弾砲×各4
軽機関銃×2
第Ⅲ大隊
St.
大隊本部
通信小隊
le.
第7～第9中隊
フランス製鹵獲75mm榴弾砲×各4
軽機関銃×2
第Ⅳ大隊
St.
大隊本部
通信小隊
le.
第10～第11中隊
20mm高射砲×各12
軽機関銃×2
S.
第12～第13中隊
各88mm高射砲×4
20mm高射砲×3
軽機関銃×6
第11空軍工兵大隊
St.
大隊本部
通信小隊
第1～第3工兵中隊
軽機関銃×9

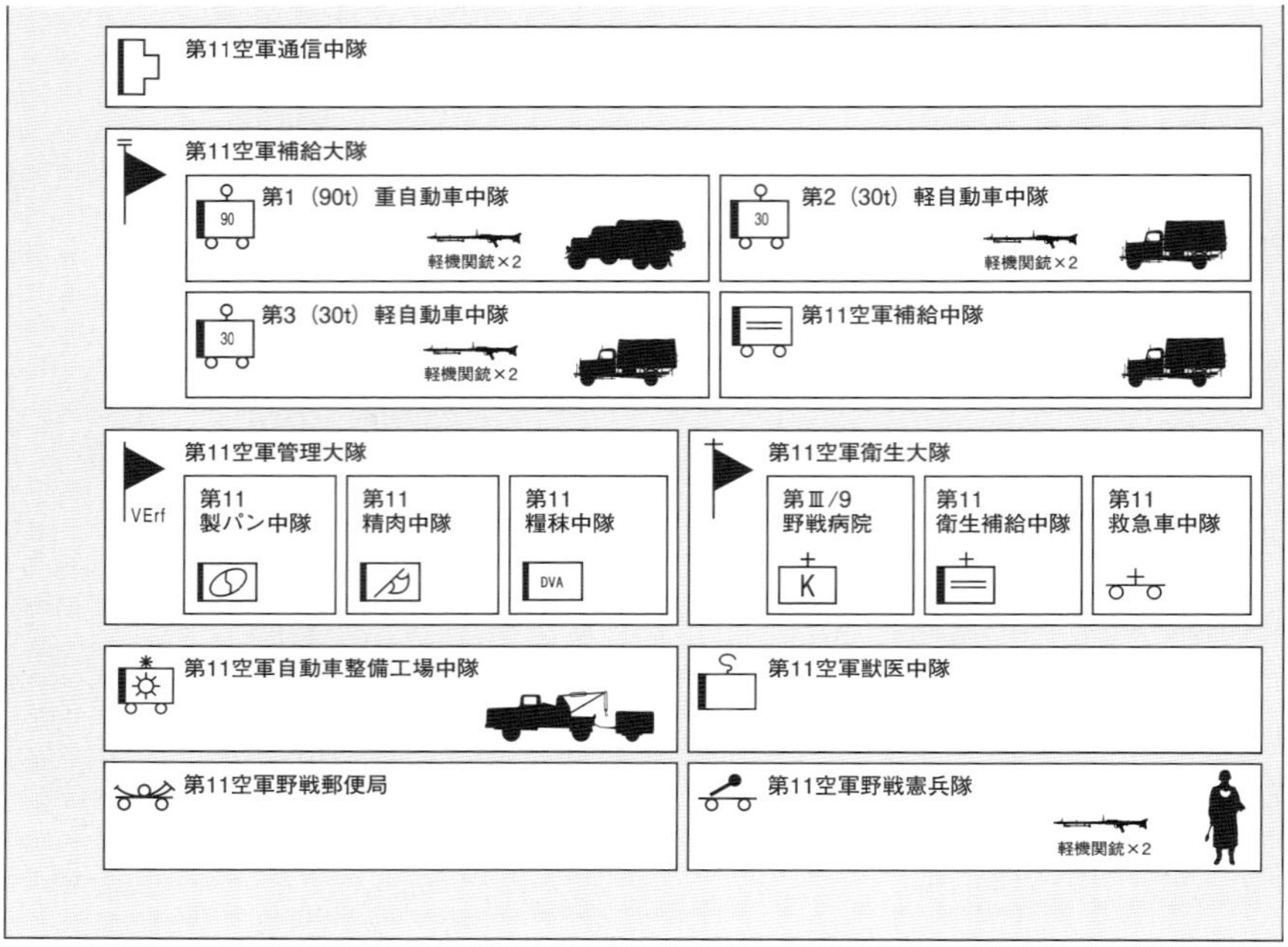

3 〝枢軸〟作戦

1943年9月8日夕方、カイロ放送はイタリアの降伏を告げ、イタリア軍兵士は連合国側に立って参戦することを促した。その直後、〝枢軸〟作戦が発令され、在イタリア、ギリシャ、ユーゴ、アルバニアなどのドイツ軍は、イタリア軍部隊の武装解除と陣地確保の軍事行動を開始した。

第11空軍地上師団も作戦行動を開始し、アテネ〜ペロポネス半島のイタリア部隊の武装解除を行なう一方、アルバニア国境へ分遣隊を派遣してイタリア第11軍の武装解除にもあたった。さらに師団〝ブランデンブルク〟／第1連隊とともに、テーベ、エレウシスのパルチザン掃討戦にも一部が投入された。

ギリシャ本土におけるイタリア軍の武装解除は順調であったが、エーゲ海に広く散らばる島々の武装解除はそうはいかなかった。ロードス島の戦闘は9月11日で終結したものの、ケファロニア島、コルフ島などはイタリア軍の頑強な抵抗により戦闘が長期化していた。さらにこの混乱に乗じて、9月11日の夜、イギリス第234歩兵旅団がコス島、レロス島、サモス島に上陸し、ドデカネス諸島を手中に収めたのである。

このため、第11空軍地上師団の一部は、島々の制圧や鎮圧にも投入されることとなり、第一陣として、第21空軍猟兵連隊／第Ⅲ大隊／第11中隊（将校2名、下士官9名、兵46名）

Photo5-6：非常に珍しい写真。1943年7月22日に大規模なゼネストが発生した際、アテネのホーマー通りで暴動鎮圧を行なう第11空軍地上師団の一部。遠方には第11空軍戦車猟兵大隊／第4突撃砲中隊のIII号突撃砲の姿が確認できる。あたりは白い煙に包まれて騒然としている。

Photo5-7：第11空軍戦車猟兵大隊／第4突撃砲中隊の4両しかないIII号突撃砲F8型の貴重な写真である。1943年8月に撮影されたもので、アテネ中心から北東9㎞のアギア・パラスケヴィ方面で演習中での記念写真。わかりにくいが、ダークイエローとダークグレーの2色迷彩のようである。

Photo5-8：これも1943年8月に撮影されたもので、アギア・パラスケヴィにあるオーリンダ・チャイルズ・ピース・カレッジ（現アメリカン・カレッジ・オブ・グリース）を接収して指揮本部として使用する第11空軍地上師団／第21空軍猟兵連隊／第10中隊の兵士達。50㎜対戦車砲と1tハーフトラックは、第11空軍戦車猟兵大隊の第1～第3中隊のいずれかの所属であろう。

が、10月24日にアスティパリア（スタンパリア）島へ空輸され、イタリア軍の武装解除を行なって島を制圧した。これにより、イタリア兵500名と大尉1名を含むイギリス兵13名が捕虜となった（＊9）。

さらに、1943年11月12日に発動予定のレロス島奪回作戦、すなわち〝タイフーン（台風）〟作戦においては、フォン・ザルデルン空軍少佐率いる第22空軍猟兵連隊／第II大隊が、レロス島攻撃部隊へ組み入れられた。この作戦のため、同第II大隊には1個通信小隊、1個戦車猟兵小隊が増強されている。

なお、レロス島の戦闘の詳細については省略するが、拙書『ラスト・オブ・カンプフグルッペIII』の第1章を参照されたい。

4　陸軍への編入

1943年9月20日、ヒトラーは10月31日付で全空軍地上師団を陸軍へ編入させることを下令し、1943年11月1日から第11空軍地上師団は陸軍所轄となり、第11地上師団（L）と改称された。なお、LはLuftwaffe（空軍）の略字である。そして、師団の陸軍移管に伴い、11月10日付で元第117猟兵師団長のアレクサンダー・ブルカン大佐が新師団長として就任した。しかしながら、12月1日にはブルカン大佐は第114猟兵師団長を拝命し、この後、師団長はヴィルヘルム・コーラー少将となった。

Photo5-9：撮影時期、場所が不明であるが、おそらくはアテネ市内で撮影された第11空軍戦車猟兵大隊の突撃砲“C”号車。同大隊所属のⅢ号突撃砲F8型4両は、いずれも防盾にＡ～Ｄの記号が黒色で描かれていた。なお、レムノス島での撮影という説もあるようである。

ヴィルヘルム・コーラーは１８９６年４月15日、ロール・アム・マイン（ヴュルツブルク北西）に生まれた。１９１４年８月に志願兵としてバイエルン第７歩兵連隊へ入隊、第一次大戦中の１９１５年７月に少尉に任官。戦後、ヴァイマール共和国軍で幾つかの歩兵部隊を経て、１９３７年10月に中佐として第10機関銃大隊長となった。

第二次大戦勃発後は、１９３９年12月から１９４２年12月の３年間、第２６８歩兵師団／第４８８歩兵連隊長として一貫して東部戦線の前線にあった。その間、トゥーラ付近での攻撃および防衛戦により、１９４１年12月26日付でドイツ黄金十字章を授与されている。その後、１９４３年４月に新編成の第２８２歩兵師団長、そして１９４３年12月10日付で第11地上師団（Ｌ）師団長に就任した。コーラーの軍歴は地味なものであるが、連隊長として東部戦線での戦闘を３年間も経験しており、実直な指揮官であったことが良くわかる（＊11）。

師団の編成にも変更があり、旧第11空軍砲兵連隊／第Ⅳ大隊は高射砲大隊であったが、空軍へ帰還して第28高射砲連隊／第Ⅰ大隊となった。そして、砲兵装備も若干改善されて、より大型口径のドイツ製やソ連製鹵獲榴弾砲などが支給されたが、編成は３個大隊のままであった。また、突撃砲の数が１個中隊の定数10両となり、軽歩兵大隊や補充大隊も配属さ

Photo5-10：アテネ市街のパレードで低速で走行する第11空軍戦車猟兵大隊の突撃砲D号車。車体後部に“D”の文字が確認できる。1943年冬の撮影であろう。

れ、通信中隊は大隊へと拡大され、ようやく陸軍師団の標準に近づいた。しかしながら、肝心な歩兵戦力は各3個大隊編成の2個連隊のままで、相変わらず兵員数は約1万名であり、陸軍の歩兵師団定数に比べて約2割程度少なめであった。

この師団改編に伴って空軍将校約７００名が降下猟兵部隊などに異動し、さらに各兵科の専門家４００名が空軍に引き抜かれた。その代償として師団は１２５０名余りの中年応召兵を受け取ったが、限られた任務しか付与できず、師団の人的戦力は大幅にダウンした（＊12）。

１９４４年4月24日付の師団の編成定数を、編成図５-２に示す（＊13）。

しかしながら、この師団編成は計画であって実態とは乖離があった。たとえば１９４４年10月1日付の第11戦車猟兵大隊（Ｌ）の編成は編成図５-３のとおりで、突撃砲の数は相変わらず４両であり、おそらくは終戦まで６両は増強されなかったと思われる。また、75㎜対戦車砲にしても計画定数の12門に遠く及ばない５門であった。

5　1944年の戦闘と撤退

１９４４年1月6日、第11地上師団（Ｌ）は2個大隊をキミへ分遣し、さらに2月12日には1個中隊をキミ沿岸のスキロス島へ派遣した。3月から師団は、幾つかのパルチザン掃討戦に参加し、主にペロポネス半島のトリポリスおよびラ

Photo5-11：同じく1943年冬と思われるアテネ市内のパレードの素晴らしいスナップ写真。第11空軍戦車猟兵大隊／第4突撃砲中隊4両の縦列が一度に収められている。左側のホルヒ930Vカブリオレの車上で閲兵するのは、在ギリシャドイツ軍総司令官ヴィルヘルム・シュパイデル空軍大将と思われる。

リッサ付近で戦闘を行なった。

3月19日、掃討作戦〝ヴィルデンテ（野ガモ）〟が発動され、師団はエヴィア付近で対パルチザン戦闘に従事した。その後、3月29日から掃討作戦〝クレブス（ザリガニ）〟、4月26日からの掃討作戦〝ガイアー〟によりメガラ北方に投入された。5月18日にはメガラ北方およびアテネ北西地域へ、第117猟兵師団と共に投入された。さらに掃討作戦〝コンドル〟が発せられ、師団はトリポリスの北方地域、アルタ〜アグルニオン間の主要道路を確保した。

8月11日、師団へSS第18警察山岳猟兵連隊の1個大隊と砲兵2個中隊が編入された。そして、8月28日には第21猟兵連隊（L）とSS第18警察山岳猟兵連隊の主力により、アンフィッサ、カルティア、リドリキオンへの掃討作戦などが実施され、多量の武器弾薬などを押収することができたが、パルチザンの主力部隊の包囲撃滅は不可能であった。

なお、8月には第11野戦補充大隊が拡張され、5個中隊＋戦車猟兵小隊（75㎜対戦車砲3門）へと改編されている（＊14）。

1944年8月20日に開始されたルーマニア方面での第2ウクライナ戦線（マリノフスキー）と第3ウクライナ戦線（トルブーヒン）の攻撃により、ドイツ南ウクライナ軍集団は崩壊し、8月23日にルーマニア国王ミハイI世を中心としたクーデターが発起。アントネスク国家首席以下が逮捕され、

編成図5－2　1944年4月24日　第11地上師団（L）の編成

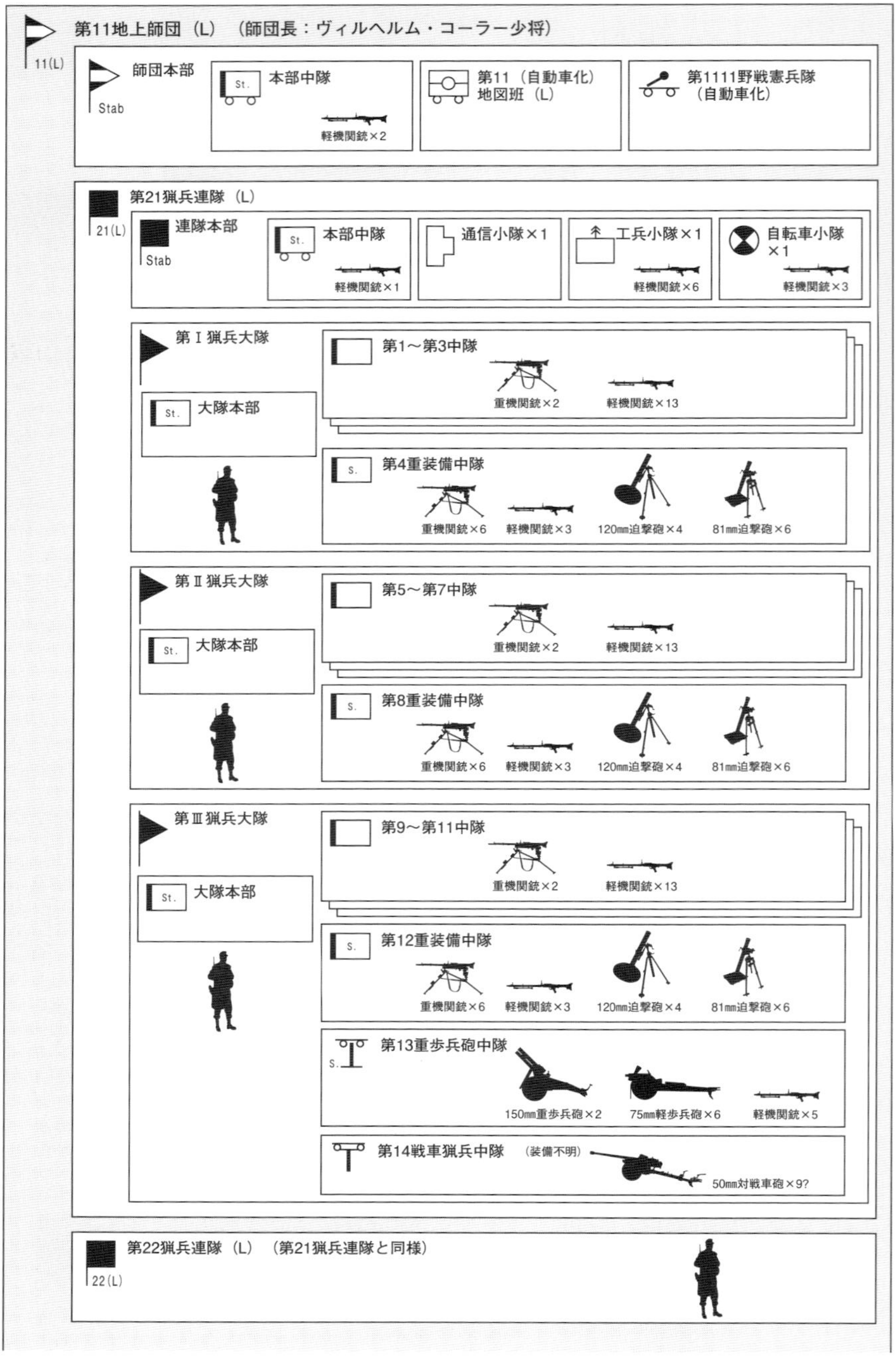

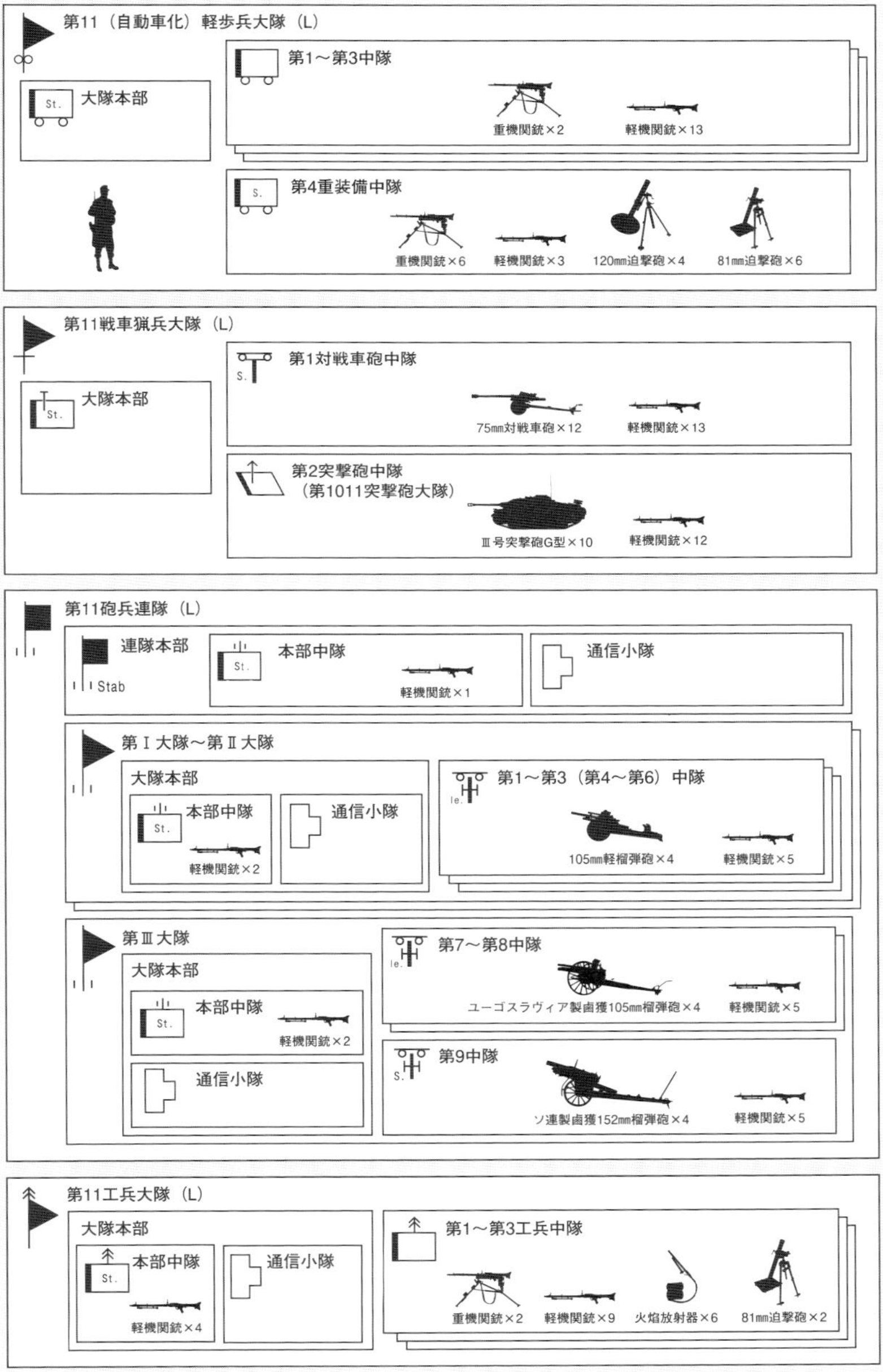
第11（自動車化）軽歩兵大隊（L）
大隊本部
St.
第1～第3中隊
重機関銃×2
軽機関銃×13
第4重装備中隊
S.
重機関銃×6
軽機関銃×3
120㎜迫撃砲×4
81㎜迫撃砲×6
第11戦車猟兵大隊（L）
大隊本部
St.
第1対戦車砲中隊
S.
75㎜対戦車砲×12
軽機関銃×13
第2突撃砲中隊
（第1011突撃砲大隊）
Ⅲ号突撃砲G型×10
軽機関銃×12
第11砲兵連隊（L）
連隊本部
Stab
本部中隊
St.
軽機関銃×1
通信小隊
第Ⅰ大隊～第Ⅱ大隊
大隊本部
本部中隊
St.
軽機関銃×2
通信小隊
第1～第3（第4～第6）中隊
le.
105㎜軽榴弾砲×4
軽機関銃×5
第Ⅲ大隊
大隊本部
本部中隊
St.
軽機関銃×2
通信小隊
第7～第8中隊
le.
ユーゴスラヴィア製鹵獲105㎜榴弾砲×4
軽機関銃×5
第9中隊
S.
ソ連製鹵獲152㎜榴弾砲×4
軽機関銃×5
第11工兵大隊（L）
大隊本部
本部中隊
St.
軽機関銃×4
通信小隊
第1～第3工兵中隊
重機関銃×2
軽機関銃×9
火焔放射器×6
81㎜迫撃砲×2

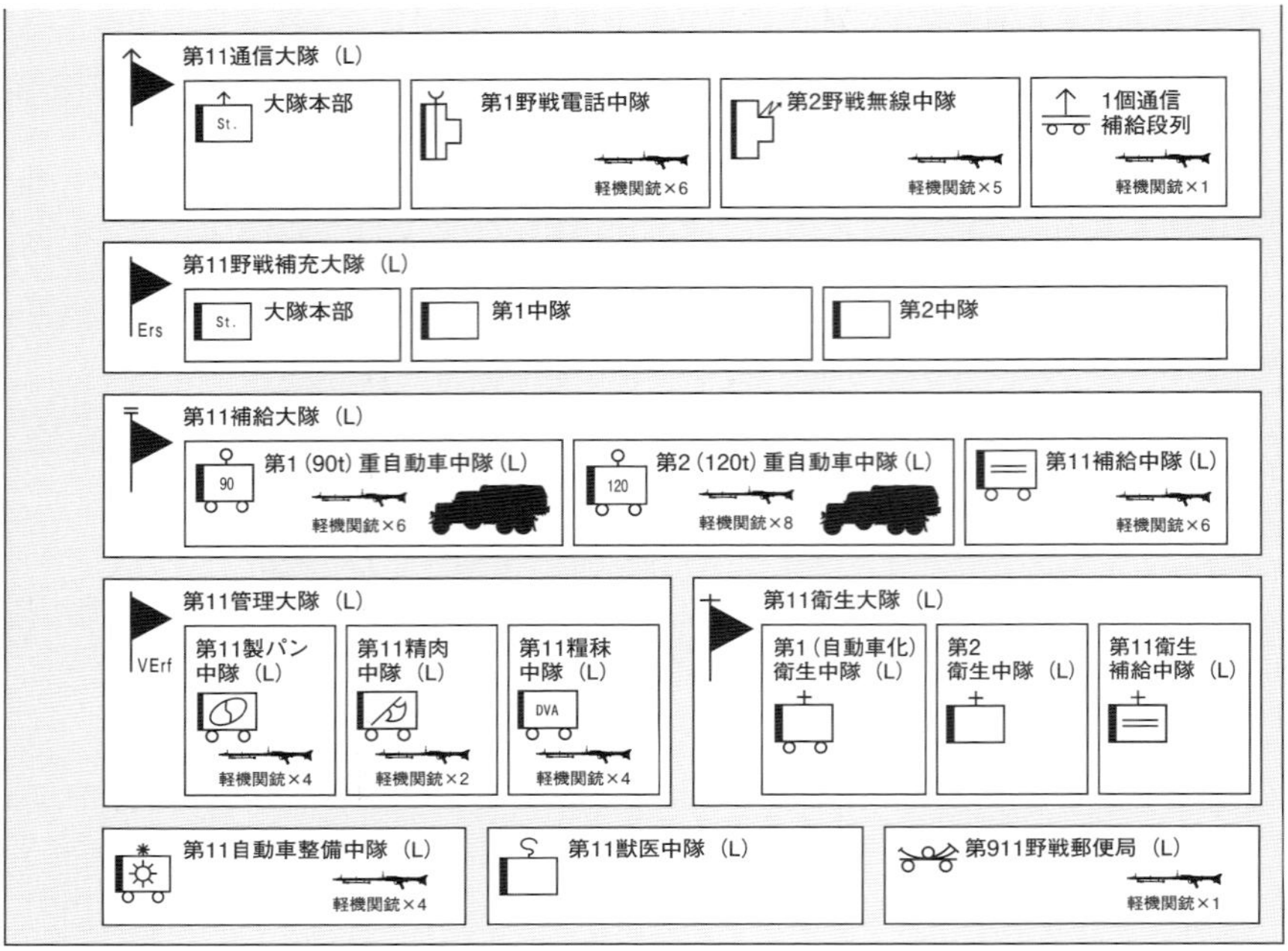

8月25日にはルーマニアはドイツに対して宣戦布告を行なった。そして翌日、ブルガリア政府が枢軸同盟との離脱と中立を宣言した。

この劇的な戦況の変化に対し、アレキサンダー・レール上級大将麾下のE軍集団は、重要拠点であるユーゴスラビアのベオグラード、ニシュ、スコピエを確保しつつ、ギリシャからの総撤退を行なうことが下令された。この時点で、ギリシャ・アルバニアに展開するE軍集団の部隊は、エーゲ海の各島からアルバニア、アテネ、サロニキまで広い地域に分散配置され、その兵力は兵員35万名、車両1万両におよんでいた（＊15）。

まず、民間人の撤収とエーゲ海の各島からの部隊移動が行なわれた後、ただちに第117猟兵師団が展開するペロポネス半島からの撤退が開始された。そして、第11地上師団（L）に対しては、9月6日に鉄道によるアテネ〜サロニキ〜スコピエへの緊急輸送が行なわれ、師団の後衛部隊は9月9日に輸送船にてサロニキを経由してスコピエへと輸送された。師団はフェルミ空軍大将指揮の第68軍団を離れて、SS第4警察機甲擲弾兵師団、SS第18警察山岳猟兵連隊とともに第22山岳軍団を構成し、スコピエ北東方面へ投入された。10月中旬には連合国側に寝返ったブルガリア第1軍の攻撃が発起され、ヴェラニエ、クリヴァ・パランカ方面で防衛戦を展開する一方、第21猟兵連隊（L）についてはカレヴォ・セロお

編成図５－３　1944年10月１日
第11戦車猟兵大隊（L）

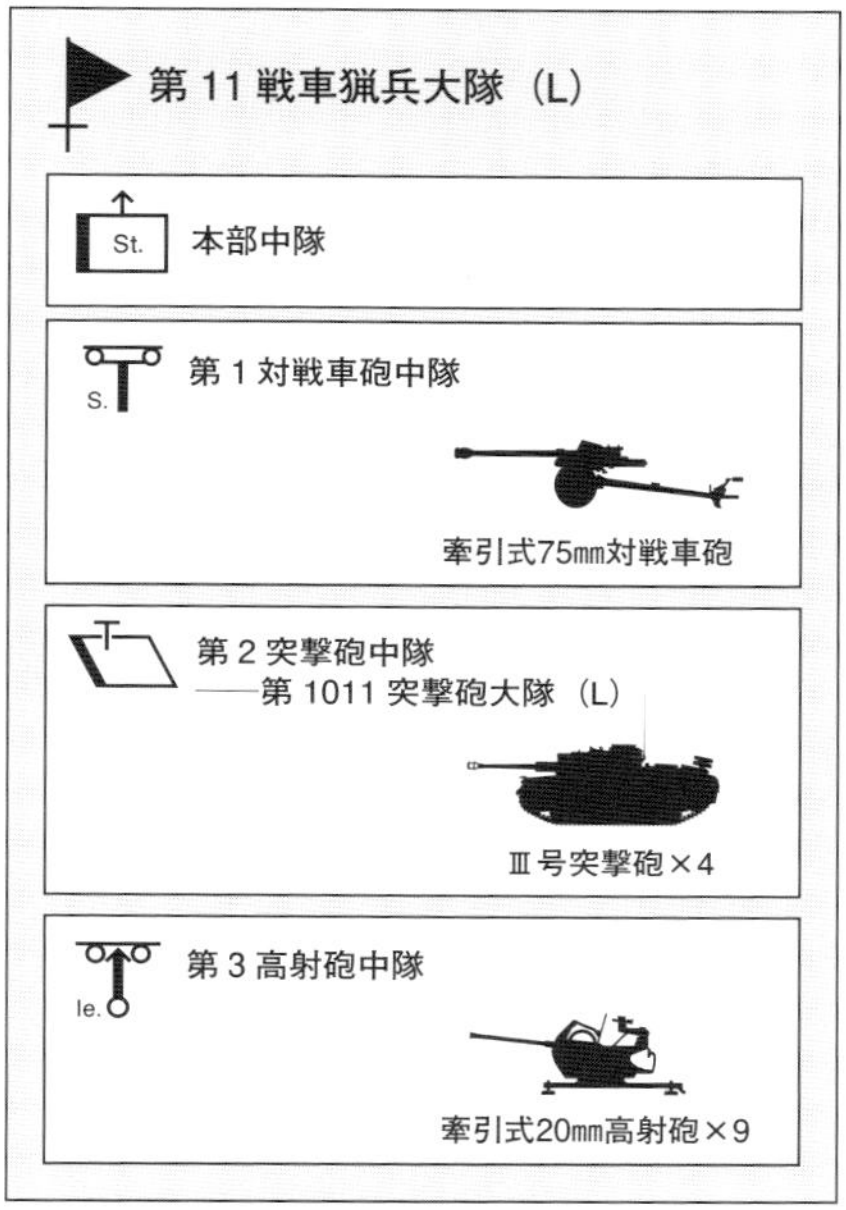

Marking5-3（1）：第117猟兵師団の師団マーク。前身の第717歩兵師団がオーストリアで編成された由来によるもので、赤白赤のオーストリアシールドに緑色の月桂樹が対で添えられている。外輪は黒い2重線にシルバーであり、1944年8月まで用いられた。

Marking5-3（2）：1944年8月から終戦まで用いられた師団マーク。緑色の月桂樹3葉にドングリ1個が描かれている。

Marking5-3（3）：同じく1944年8月から終戦まで用いられた師団マーク。緑色の月桂樹は2葉、ドングリは2個となってブラックグリーンで描かれている。

Marking5-4：第104猟兵師団の師団マーク。シルバーで描かれた12の枝に分かれた角を持つ鹿の頭で、旧第704歩兵師団の師団マーキングをそのまま受け継いだものである。

よびクマノヴァ方面に投入された（＊16）。

この危機的状況の中で、師団長が交代してゲルハルト・ヘンケ少将が、１９４４年11月１日付で第11地上師団（Ｌ）の指揮を執ることとなった。

ゲルハルト・ヘンケは１８９５年９月23日、エシュヴェーゲ（カッセル北西約50㎞）に生まれた。１９１４年３月に士官候補生として第１１０擲弾兵連隊へ入隊、一貫して同連隊で所属し終戦時は連隊副官であった。ヴァイマール共和国軍では第14歩兵連隊、第17山岳連隊、第３歩兵連隊など所属し、第二次大戦勃発時は第87歩兵連隊／第Ⅲ大隊長であった。その後、軍事裁判所スタッフを経て１９４４年２月に第２９０歩兵師団長に就任し、北方軍集団のポロック、ラトヴィア方面で指揮を執った。そして、１９４４年10月29日付で第11地上師団（Ｌ）師団長を拝命したのであった。

これといった高位勲功を授与されていないヘンケであった

Photo5-12：1944年5月23日、第11地上師団（L）のパレードを閲兵する在ギリシャドイツ軍総司令官シュパイデル空軍大将。オペルスーパー 6カプリオレの車体前面には軍司令官のマーキングが確認できる。

が、弱兵師団がギリシャからユーゴスラヴィアを経てオーストリアまでの長距離撤退戦を切り抜けられたのは、彼の堅実な指揮統率能力と危機管理能力に負うところが大きい。なお、ヘンケは師団とともに終戦まで戦い、ユーゴスラヴィアで捕虜となったが幸運にも戦争犯罪人とはされず、１９５２年１月まで抑留された後に本国へ帰還した。１９９０年10月21日、生まれ故郷のエシュヴェーゲで95歳の生涯を閉じている。（＊17）

１９４４年11月10日まで、師団はクマノヴォ橋頭堡でブルガリア軍とソ連軍を相手に奮闘し、その後、スコピエ方面へ撤退を開始した。スコピエでは11月16日まで戦闘を継続し、ミトロヴィカを経て11月16日から19日にかけてクラリエヴォまで撤退した。クラリエヴォでは、10月22日からＳＳ第７義勇山岳師団〝プリンツ・オイゲン〟、ＳＳ第13義勇山岳師団〝ハンジャール〟、第１１７猟兵師団の一部が力戦しており、ブルガリア６個師団の攻撃を跳ね返し続けていたのである。そして、師団が通過してから９日目の11月28日に、クラリエヴォは陥落した。

さらに師団の撤退は続く。ウジツェを経てヴォルニクには11月27日までに到着し、師団は34軍団を構成した。軍団のその他の師団は、ＳＳ第７義勇山岳師団〝プリンツ・オイゲン〟と第１０４猟兵師団であった。

Photo5-13：Photo5-12の連続写真。シュパイデル空軍大将の前をパレードする第11戦車猟兵大隊（L）／第2突撃砲中隊の“D”号車。この頃になると迷彩はダークイエロー単色となっている。背景にある特徴的なアテナイとアポロンの像から、パネピスティミウ通りのアテネ大学、図書館の前で撮影されたことがわかる。

Photo5-14：同じくシュパイデル空軍大将の前をパレードする第11砲兵連隊（L）。8tハーフトラックがソ連製鹵獲152㎜榴弾砲を牽引しているが、同連隊の第9中隊は4門を装備していた。

Photo5-15：1944年夏に撮影された写真。確証はないが、一説にはアンフィッサ方面でパルチザン掃討戦を行う第11地上師団（L）の第21猟兵連隊（L）と言われている。MG34型2挺とMG42型1挺の機関銃が確認できるが、おそらくは中隊の機関銃分隊であろう。第117猟兵師団の一部との説もある。

その後、12月7日にはヤニヤ、サヴェ河を渡河してオトクに到着したのは12月23日のことであった。そして、1945年1月2日に第2戦車軍戦区であるオシイエクに達し、市街南東で薄い防衛線を敷くことができた（＊18）。

なお、1944年後半から12月20日まで、SS第21突撃砲中隊〝スカンダーベク〟が第11地上師団（L）に配属されているのが確認されており、同中隊の編成は次のとおりであった。

◎SS第21突撃砲中隊〝スカンダーベク〟
・中隊本部
・第1小隊【M42セモベンテ突撃砲75／34×2】（うち1両は修理中）
・第2小隊【M13／40またはM14／41戦車×8】（うち1両は修理中）

Marking5-5（1）、Marking5-5（2）：SS第7義勇山岳師団“プリンツ・オイゲン”の師団マーク。先祖、故郷、土地などを表すルーン文字オーダルから派生したマークである。正式には2重リングまたは盾の中に描かれる。

Photo5-16：1944年秋に撮影された秀逸なショット。シュタイアー1500A“コマンデーアヴァーゲン”の車上で腕組みをするのは第117猟兵師団長フォン・ル・シエラ少将である。同師団は第11地上師団（L）と一緒に戦うことが多く、特に1944年秋の撤退戦では獅子奮迅の活躍をしており、第11地上師団（L）にとっては頼りになる相棒であった。

第1空軍地上師団（第11地上師団（L））1942年12月28日～1944年11月17日　作戦概要図

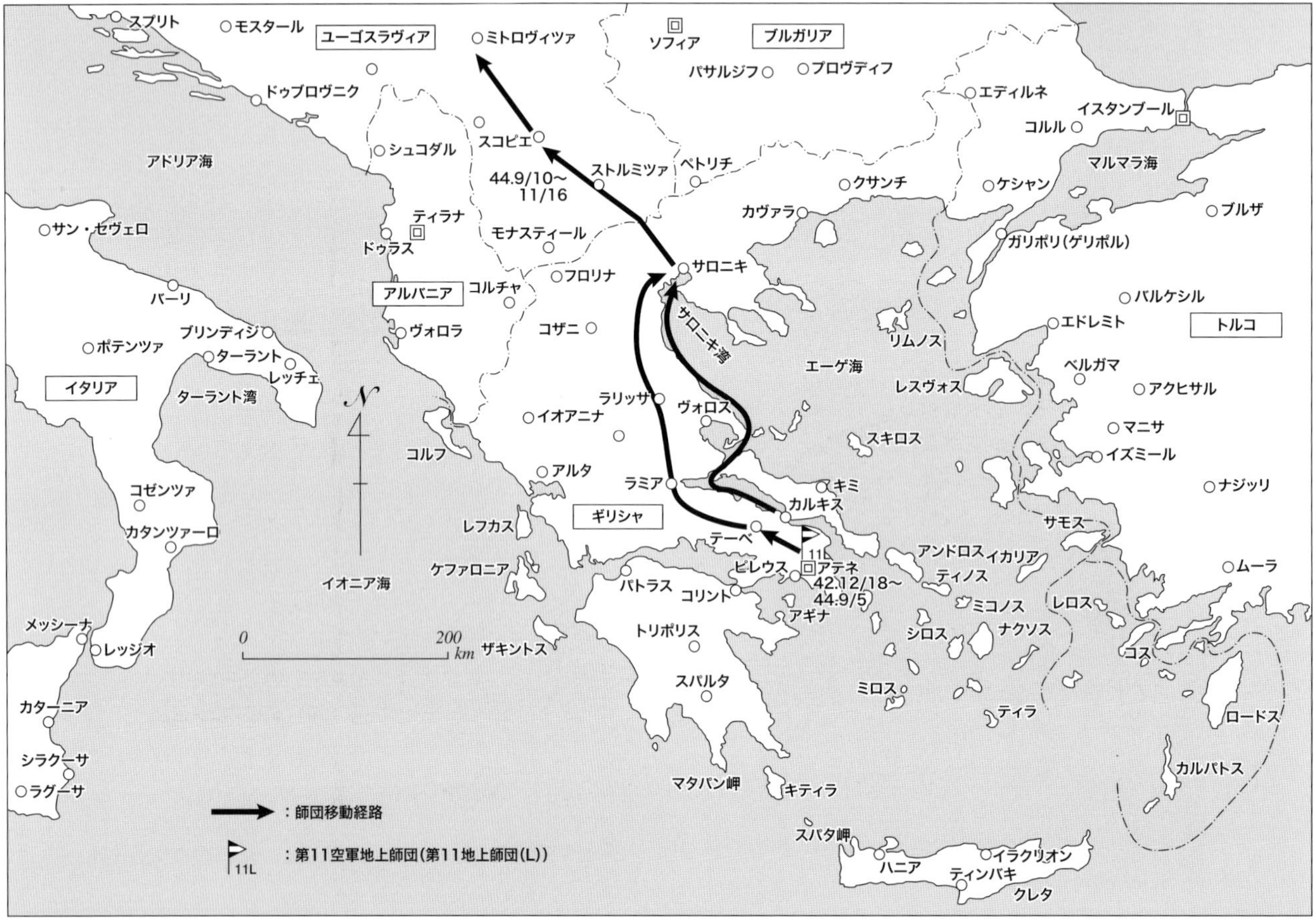

6 〝森の悪魔〟作戦

オシイェク防衛線にようやく辿り着いた第11地上師団（L）は、部隊を再編成する時間を得ることができた。東方はブルガリア軍とソ連軍、南北と西方はチトー・パルチザンに脅かされる状況は、部隊を細切れに運用する機会が必然的に増加していた。このため、1月末に各猟兵連隊の第Ⅲ大隊により第111猟兵連隊（L）が編成されたが、連隊長フィッシャー少佐の名前をとって戦闘団〝フィッシャー〟と呼称された。なお、この戦闘団には一時的に、第202戦車大隊が配属されている。

この頃になると、ドイツ軍はハンガリーでの最後の攻勢〝春のめざめ〟作戦を計画中であり、第2戦車軍はその牽制攻勢を行なうため、ハンガリーへ移動する予定であった。しかしながら、第2戦車軍が移動してしまうと、首都ザグレブの防備はガラ空きとなり、今やソ連軍から武器弾薬を供給され、戦車・装甲車まで保有するチトー・パルチザンの攻勢には到底耐えられるものではなかった。このため、サヴェ河南岸のパプク山岳地帯に跋扈するチトー・パルチザン部隊を、撃滅はできないにせよ、その補給基地群を殲滅して一時的に行動の自由を奪うことが必要不可欠となっていたのである。

この攻撃作戦は〝ヴェアヴォルフ（人狼）〟作戦と呼ばれ、第91、第34軍団およびSS第15コサック軍団の部隊が投入さ

Photo5-17：険しい山道を移動するSS第7義勇山岳師団“プリンツ・オイゲン”と第12特別編成（z.b.V.）戦車中隊所属と思われるイタリア製M15／M42型戦車。1944年10月から11月にかけてのバルカンからの撤退戦で、ニシュ方面で撮影されたものである。

Photo5-18：1945年1月20日の裏書きがある写真。SS第7義勇山岳師団“プリンツ・オイゲン”の兵士が前線後方の治安維持パトロールを行なっているところで、おそらくサヴェ河からヴィンコヴィチにかけての街であろう。子供の怯えた顔が印象的である。

れることとなった。２月８日に攻撃は開始され、攻撃部隊はサヴェ河南岸のポドラヴスカ、スラティナ、ポルジェ、プレテニカ、ヴェリカ・バマなどの拠点を次々と制圧した。そして、攻撃は部分的に成功し、幾つかの秘密補給基地や武器弾薬を発見することができたが、期待した戦果には至らなかった。

◎〝ヴェアヴォルフ（人狼）〟作戦投入部隊
○戦闘団〝フィッシャー〟──第１１１猟兵連隊（Ｌ）
○第１０４猟兵師団
○SS第7義勇山岳師団〝プリンツ・オイゲン〟
○第２９７歩兵師団
○第１コサック師団
○第５ウスタシャ師団

１９４５年3月6日、ドイツ軍の東部戦線における最後の大規模攻勢である〝春のめざめ〟作戦が、バラトン湖方面で発起された。そして、それに呼応して第2戦車軍／第91軍団が副次作戦である〝森の悪魔〟作戦を発起させた。すなわち、ヴァルポヴォとミホリャク付近で、ドラヴァ河北岸へ奇襲攻撃をかけたのである。ヘンケ少将いる第11地上師団（Ｌ）の戦闘団は、３月６日未明にヴァルポヴォ付近で突撃ボートによりサヴェ河を渡河し、橋頭堡を築くことに成功した。翌日の７日には橋頭堡を左翼のミホリャクまで広げ、第４クバ

Photo5-19：ドラヴァ河のヴィロヴィチツァ付近でソ連軍を撃退した後、追撃戦で雪原を進む第2コサック師団の兵士達。1945年1月に撮影されたもので、第4章でも紹介した通り、同師団は1944年12月26日にソ連第133狙撃兵師団を殲滅することに成功している。

装備表5-1　1945年1月～3月　第11地上師団（L）の小火器装備状況

種別			1945年1月1日	2月1日	3月1日
ドイツ製	小銃		5,435	5,549	5,681
	狙撃眼鏡付小銃		103	103	127
	30㎜小銃擲弾器（シースベッヒャー）		184	184	322
	短機関銃		623	598	854
	拳銃		1,605	1,597	1,888
イタリア製	ブレダ重機関銃		0	0	5
	ブレダ軽機関銃		3	3	11
	カルカノ小銃		98	41	42

第11地上師団（L） 1944年11月16日～1945年5月14日 作戦概要図

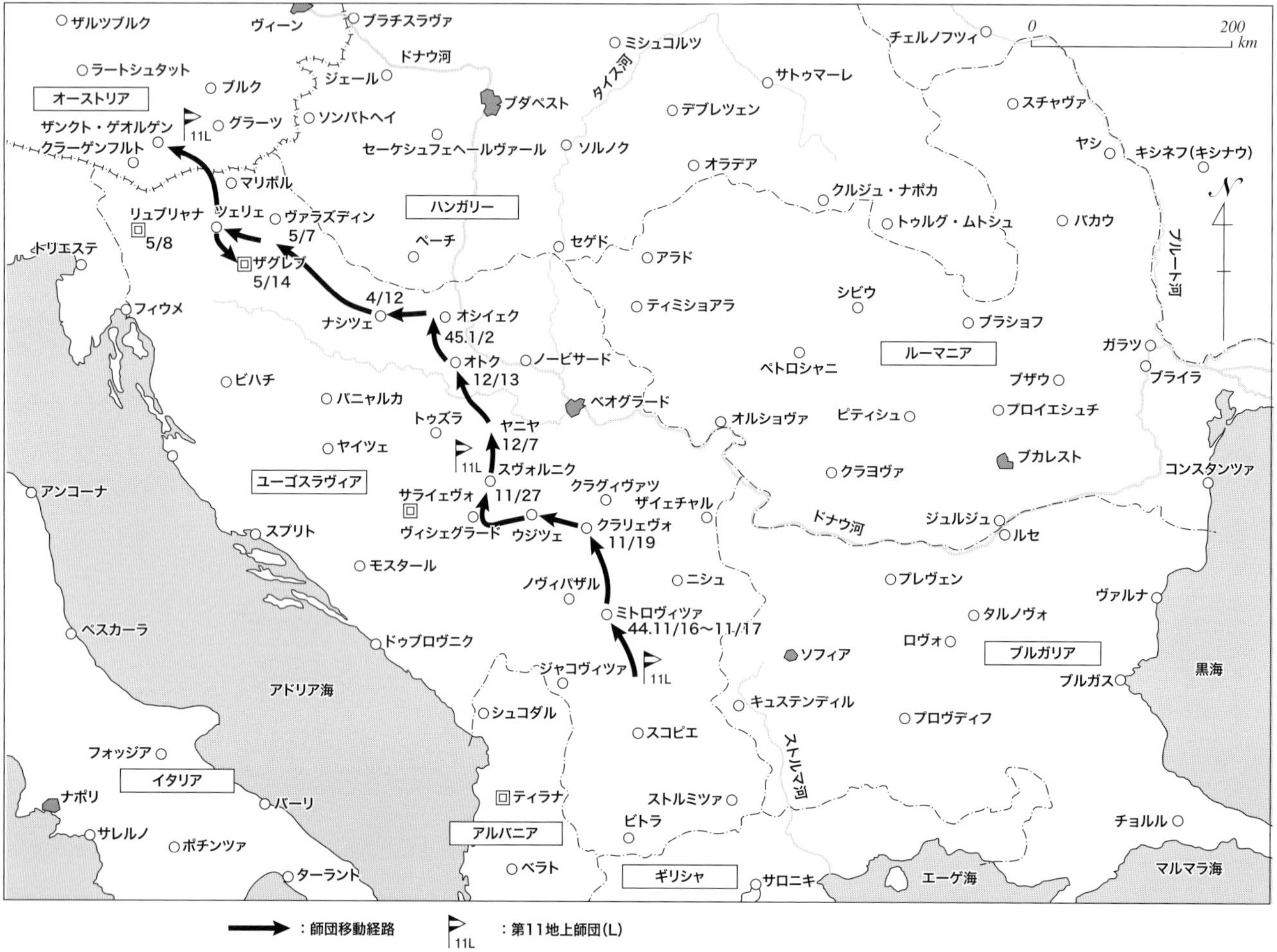

ン・コサック連隊が増援部隊として渡河して左翼を引き継いだ。しかしながら、オシイエクは第51パルチザン師団、第12パルチザン師団／旅団〝オシイェク〟の攻撃に晒され、第21猟兵連隊（L）はオシイエクに留まって防衛戦を継続することとなった。

1945年3月11日、〝春のめざめ〟作戦は最高潮を迎え、SS第6戦車軍の先鋒部隊、SS第1戦車師団〝LAH〟とSS第12戦車師団〝HJ〟はシオ運河に迫り、迎撃するソ連軍との激戦が繰り広げられた。しかしながら、3月16日にはソ連軍はヴィーン作戦を発動し、SS第6戦車軍の北方の戦線において大規模な攻勢を発起した。もはや、ドイツ軍はこれに対抗することは不可能であり、SS第6戦車軍の師団群は攻勢を中止せざるを得なかった。こうして、最後のドイツ軍の攻勢は潰えたのであった。

第2戦車軍は、3月18日に〝森の悪魔〟作戦を中止して撤退命令を発した。これを受けて、3月21日には第1コサック師団、軍直轄砲兵大隊と第11地上師団（L）の車両部隊がドラヴァ河南岸へと撤退した。そして、第11地上師団（L）とコサック部隊の後衛部隊は、3月22日夜に最後の攻撃を行なってブルガリア砲兵部隊を殲滅し、捕虜450名を得る戦果を挙げた後にドラヴァ河南岸へ撤収した（＊19）。

ちなみに1945年1月～3月までの、第11地上師団(L)の小火器の装備状況は装備表5-1のとおりである。

7 終焉

1945年4月13日、オシイエクでは第51および第12パルチザン師団の攻勢が開始され、激しい市街戦が展開された。そして翌日には、遂に第21猟兵連隊（L）は市街から撤退を余儀なくされた。4月15日には師団はナシツェ付近にあったが、パルチザン部隊は南北から夾叉攻撃を行なって包囲撃滅しようと試みた。この執拗な攻撃を撃退しながら、師団はさらに西進してミホルジャクまで退却した。

この時期には師団はそれまでの戦闘により消耗し、兵力的には1個連隊規模となっており、4月21日、師団残余は戦闘団〝ヘンケ〟として第22歩兵師団へと組み入れられた。その後、戦闘団は5月2日から7日にかけて、プラゴヴァク、ヴァラズディン～ザグレブ街道で遅滞戦闘を行ないながら撤退し、5月8日にはスロヴァキアのツェリエに達した。

そして2日後の5月10日には、オーストリア国境を越えてクラーゲンフルト北方のザンクト・ゲオルゲンに辿り着き、ここでイギリス軍の武装解除を受けることとなった。しかしながら、師団長ヘンケ少将をはじめ、戦闘団の後衛部隊の一部はチトーパルチザンの追撃を受けて捕虜となり、過酷な運命を迎えた兵士も少なくなかったのである（＊20）。

こうして、1944年9月6日にギリシャのアテネから始

Photo5-20：1945年5月上旬、クラーゲンフルト方面で任務中のイギリス第8軍の輸送部隊。先頭を行くのはハンバーIV型装甲車で、37㎜機関砲M5またはM6型1門を装備していた。検問所はオーストリア〜イタリア間の間道に設けられたものである。(IWM TR-002865)

まった撤退は8ヶ月に渡り、実に1200㎞離れたオーストリアの片田舎であるザンクト・ゲオルゲンで終焉したのである。

ちなみに、空軍地上師団として編成された21個のうち終戦まで全滅せずに存続した師団は、戦闘のなかったノルウェーに駐留していた第14空軍地上師団を除くと、僅かに本章でご紹介した第11空軍地上師団と第12空軍地上師団、そして空軍地上師団最強とされる北方軍集団の第21空軍地上師団の3個師団しか存在しない。

おわりに

空軍地上師団については、拙書『ラスト・オブ・カンプフグルッペIII』で第16空軍地上師団を取り上げていますが、今回はその続編ということになります。まあ、空軍地上師団の全部が全部、あっと言う間に戦闘で全滅したわけではないですよ、という意味の名誉回復（？）、そして何よりドイツ空軍の「追い出し部屋」とも言える空軍地上師団に対する筆者の憐憫の情を満たすためでもあります（笑）。

私自身も技術系職種から営業職種へ社内転職した経験がありますので、空軍地上師団についてはとても他人事とは思えませんし、何よりもドイツ軍なのにイタリア軍並みに弱いというのは、倒錯的魅力のひとつですよね。

元々ドイツ空軍は、ゲーリングの個人的趣味も手伝って、“ＨＧ降下戦車師団”、降下しない（!?）“降下猟兵師団”など陸上戦闘部隊ネタには事欠きませんし、海上部隊ネタにしても、空軍独自で開発したＩボート（兵員揚陸艇）を装備する揚陸戦隊まで編成していますから、筆者の知的好奇心が否応でもかきたてられるわけです。

いずれにしても、空軍地上師団の創設は大失敗であったというのは衆目の一致するところですが、それが70年近く経ってから遠く極東の日本で立派に戦史書籍のネタ（？）になっているんですから、それはそれで“ラスカン”愛読者は創始者に感謝しなければいけませんね。

「ハイル、ゲーリング！（笑）」

Photo5-21：1943年春、アテネに移動して間もない頃にパルテノン神殿の見物に訪れた第11空軍地上師団の兵士達。古今東西、名所旧跡では、「おのぼりさん」は皆同じように行動する。筆者も大昔にここ、すなわちカリアテディスの少女像前で写真を撮った覚えがある。

(＊1)出典： Werner Haupt "Die deutschen luftwaffen-Felddivisionen 1941-1945" Podzun-Pallas Verlag　P.7、P.55-P.56、P.102
(＊2)出典： Antonio J.Munoz "Göring' s Grenadiers" Axis Europa Books P.127-P.128
(＊3)出典： http://www.geocities.com/~orion47/WEHRMACHT/LUFTWAFFE/General/DRUM_KARL.html
(＊4)出典： Antonio J.Munoz "Göring' s Grenadiers" Axis Europa Books P.130-P.131
(＊5)出典： Antonio J.Munoz "Herakles & The Swastika Greek Volunteers in the German Army, police & SS 1943-1945" Axis Europa Books P.4-P.9
(＊6)出典： Gerhard Weber "Hellmuth Felmy Stationen einer militärischen Karriere" Verlag Franz Philipp Rutzen P.12-P.90
(＊7)出典： Antonio J.Munoz "Göring' s Grenadiers" Axis Europa Books P.132
(＊8)出典： George F.Nafziger "The German Order of Battle Waffen SS and Other Units in World War II" Conbined Publishing P.153-P.155
(＊9)出典： Antonio J.Munoz "Göring' s Grenadiers" Axis Europa Books P.132
(＊10)出典： 高橋慶史　『ラスト・オブ・カンプフグルッペ』　大日本絵画　P.29-P.42
(＊11)出典： Wolf Keiling "Die Generale des Heeres" Podzun-Pallas Verlag P.179
(＊12)出典： Antonio J.Munoz "Göring' s Grenadiers" Axis Europa Books P.133-P.135
(＊13)出典： George F.Nafziger "The German Order of Battle Waffen SS and Other Units in World War II" Conbined Publishing P.155-P.156
(＊14)出典： Antonio J.Munoz "Göring' s Grenadiers" Axis Europa Books P.136
(＊15)出典： Hans Hoffmann "Rückzug aus Griechenland" Verlag der Buchhandlung Hoffmann P.8-P.11、P.83
(＊16)出典： Antonio J.Munoz "Göring' s Grenadiers" Axis Europa Books P.139-P.140
(＊17)出典： Wolf Keiling "Die Generale des Heeres" Podzun-Pallas Verlag P.135
http://www.geocities.com/~Orion47/WEHRMACHT/HEER/Generalmajor/HENKE_GERHARD.html
(＊18)出典： Antonio J.Munoz "Göring' s Grenadiers" Axis Europa Books P.140-P.142
(＊19)出典： 同上 P.142-P.145
(＊20)出典： 同上 P.145-P.146

The Last of The Kampfgruppe IV

第II部 part II

第II部

第6章

スロヴァキア蜂起
── 泥縄式臨時編成ドイツ戦闘団群 ──

「カンプフグルッペ（戦闘団）」とは英語のコンバット・グループに相当する言葉ですが、ドイツ軍はしばしば兵科の違う部隊、すなわち戦車、戦車猟兵、砲兵、工兵、歩兵、通信、補給部隊などをバランスよく組み合わせて、臨機応変に戦闘団を構成して前線に投入しました。

初期の勝ち戦の時には、機甲戦闘団とか機械化歩兵戦闘団などが活躍しますが、1944年末から1945年終戦までになると、戦闘団の構成はバラエティーに富んできます。全滅した歩兵師団の残余、編成中の部隊、警察部隊、武装SS、補充軍の教育編成部隊、国民突撃隊、果ては外国人義勇兵や海軍部隊、空軍部隊、ヒトラーユーゲントにまで及び、歩兵の訓練さえも受けていない者も多数いました。

ところで1944年中頃、前線が崩壊した場合を除いて、ドイツ軍が特定の敵軍に対して多種多様な寄せ集め戦闘団のみで戦闘を行なわなくてはいけなかった代表的事例が3つありました。それはマーケット・ガーデン作戦時のイギリス軍パラシュート部隊に対する防衛戦闘、そしてワルシャワとスロヴァキアにおける武装蜂起軍に対する鎮圧戦闘です。

この3つの事例は、戦線背後に敵部隊が突如出現し、かつ前線から部隊を割くことが不可能であったため、ドイツ軍は後方からあらゆる部隊を送り込まなければなりませんでした。この泥縄式に編成した寄せ集め戦闘団群は、戦意に乏しくあまり士気も高くなく装備や武器も決して優れているわけではありませんが、戦闘意欲が高いイギリスパラシュート兵や、愛国心に燃える蜂起軍と懸命に戦う姿が、筆者の倒錯的好奇心をそそるわけです。

さらに言うと、この3つの事例を扱っている軍事専門書は、イギリス軍や蜂起軍側に焦点を当てており、必ずしもドイツ軍側の戦闘団群の編成や兵力、装備などが克明に記されていないという現状にあります。この恵まれない（笑）戦闘団群については、既刊『ラスト・オブ・カンプフグルッペ』でアルンヘムの戦闘、そして『ラスト・オブ・カンプフグルッペIII』においてワルシャワ蜂起の戦闘を取り上げました。

本章では、最後の事例、すなわちスロヴァキア蜂起における鎮圧戦闘を取り上げています。戦闘が広い範囲で行なわれ、出て来る部隊も多数に上ってなかなか全容を把握するのが大変なのですが、地図、編成表と首っ引きで読んでいただきたいと思います。

Photo6-1：1939年4月20日、ヒトラーの50歳の誕生日にベルリンの6月17日通りで盛大に開催されたパレードに招かれたVIP席の面々。画面右端はスロヴァキアのヨーゼフ・ティソ大統領、ティソと談笑しているのがヨアヒム・リッベントロップ外相、その後ろがスロヴァキアのフェルディナンド・ドゥルカンスキ外相。（UB 00734291）

1　スロヴァキアの抵抗運動

１９３９年3月14日、スロヴァキア議会はスロヴァキアの独立を宣言し、翌日、ドイツ軍はチェコに侵入して１９１８年に建国されたチェコスロヴァキア共和国は20年余りで消滅した。そして、スロヴァキア人民党（フリンカ党）の自治政府首班のティソ司教が初代スロヴァキア大統領の座に就き、これ以降、同国は忠実な枢軸国としてポーランド戦に参戦。１９４１年6月24日にはソ連に宣戦布告し、快速旅団を含む2個師団規模のスロヴァキア軍団を野戦軍として派遣した。

しかしながら、スロヴァキアは国境をソ連と接しておらず、フィンランドやルーマニアのように歴史的領土問題も存在しないため、スラブ民族の同胞たるソ連を攻める大義名分は皆無であり、厭戦気分が国内に広がっていた。ロンドンのチェコスロヴァキア亡命政府の首班ベネシュは、ポーランド亡命政府とは違ってスターリンとの関係も良好であり、１９４３年12月25日には共産党の影響力が強いスロヴァキア民族会議が創設され、国内の抵抗運動は一本化されていた（＊1）。

一方、スロヴァキア軍においては、ヤン・イムロ中佐やバンスカー・ビストリツァ軍管区参謀長ヤン・ゴリアン中佐などがスロヴァキア民族会議に賛同し、ゴリアンが地下組織の軍司令官として任命された。また、キエフの「パルチザン運動ウクライナ本部」は、１９４４年5月から訓練済みのパルチザン兵士をスロヴァキアへ降下させていた。

1944年中頃の戦況は、ドイツ側にとって極めて不利に展開していた。ソ連軍はスロヴァキア国境から僅か数kmのカルパチャ山脈まで進出し、8月1日にワルシャワ蜂起が勃発。さらに8月22日にはパリが陥落し、翌日、ルーマニアが枢軸側から脱落した。

これらの出来事は、スロヴァキアの国民感情を劇的に変化させ、抵抗運動側がそれまでは漠然と考えていた軍事的蜂起を、具体化する機運が急激に盛り上がって来たのである（＊2）。

2　東部スロヴァキア軍の創設

ソ連軍の冬季攻勢により戦線がスロヴァキア国境に急激に近づいた1944年1月、フェルディナンド・チャトロシュ（カトロス）陸軍大臣は、カルパチャ山脈に沿って防衛する国土防衛軍の創設を決意した。そして5月に、本国補充部隊から新たに編成する第1歩兵師団、第2歩兵師団を主力とした東部スロヴァキア軍を創設し、新司令官にはベルリン大使館付き武官のマラール大将が任命され、新しい軍司令部はプレショフに設置されることとなった。

1944年8月14日現在の東部スロヴァキア軍の兵力は、2個師団編成で合計3万182名であり、東部戦線での実戦経験を持つ兵士も多数擁しており、機甲連隊が配備されていた。1944年8月現在の東部スロヴァキア軍における車両の装備状況は、装備表6-1のとおりであり、スロヴァキア軍最強の兵員・装備を誇っていた（＊3）。

3　武装蜂起の準備状況

スロヴァキア軍は地勢上の理由により西部、中部、東部の3地方に分割配置されており、機甲連隊を有する最強の東部スロヴァキア軍が鍵を握っていた。すなわち、この部隊が蜂起してカルパチャ山脈に到達しているソ連軍を手引きすれば、

装備表6-1　1944年8月　東部スロヴァキア軍の車両装備状況

CKD.vz.33 豆戦車（ブレズノの3両は中部スロヴァキア軍に合流）	×19＋3
LT.vz.40 戦車	×6
LT.vz.38 戦車	×46
Ⅱ号戦車	×14
75㎜マーダーⅢ対戦車自走砲H型	×14（×16?）
車両（7月22日現在）	×20
トラック（7月22日現在）	×525

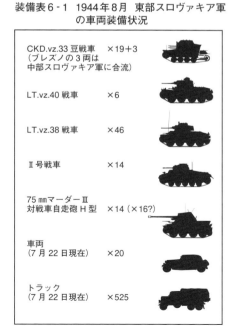

Photo6-2：冬季演習中のスロヴァキア軍CKD LTvz.38戦車――38（t）型戦車。1939年冬にトゥルチャンスク・マルティンで撮影されたもので、戦車大隊“マルティン”所属の小隊である。砲塔にはスロヴァキア国旗色である白・青・赤の3色シールドが描かれている。（BA 101I-658-6376-06A ／ Schröder）

後はソ連軍・東部スロヴァキア軍の連合部隊が西進し、中部や西部で蜂起した部隊を次々と収容して一気にチェコやハンガリー北部へ雪崩込むことが可能となり、東部戦線南翼が完全に崩壊することは明らかであった。

しかしながら、東部スロヴァキア軍の蜂起軍側の責任者は第1参謀長のターリスキー大佐であったが、大佐は優柔不断であり、掌握できたのは第1歩兵師団のみであって準備は遅れていた。

蜂起軍司令部は中部スロヴァキアのバンスカー・ビストリツァに置かれ、前述した通り軍管区参謀長ゴリアン中佐が総司令官となっていた。当地においては、憲兵本部も蜂起軍側についたため、ほとんど妨害を受けずに蜂起の準備を進めることができた。また、この地方に降下したパルチザングループは、住民や軍などの協力を受けて部隊を編成することが容易であり、急速にその部隊を編成・拡大していった。ゴリアンは自分のお膝元の中部スロヴァキアの蜂起計画に力を入れ、東部と西部についてはその準備を地方の責任者に任せっぱなしにしており、それが後に致命的な要因となるのである。動員兵力は3万5000名から4万名程度であった。

一方、西部スロヴァキアはティソ政権のおひざ元であり、他の地方に比べて状況は異なっていた。すなわち、1944年8月末まで当地にはパルチザングループは存在しなかった

Photo6-3：1944年夏、閲兵を受けるスロヴァキア第18高射砲兵大隊の兵士たち。同大隊は中部スロヴァキア軍駐屯の可能性が強い。高射砲がどこにも見当たらないのが御愛嬌だが、ひょっとして留守部隊だとすると人員だけなのかもしれない。

し、治安状況は極めて安定していた。しかしながら、少数部隊で放送局、中央機関の接収や要人の逮捕程度のことは実行可能であり、あとは東方から進攻して来る東部スロヴァキア軍とソ連軍との連合部隊を待つだけで良かった。動員兵力は1万2000名から1万6000名程度であった。

パルチザンについては、1944年7月末から9月までの間に、ウクライナ・パルチザン本部はスロヴァキア領内に24グループ、総勢404名のパルチザンを降下させた。これらのグループは各地でパルチザン部隊の編成を開始し、急速にその数は増殖していった。たとえば、7月26日に中部スロヴァキアのルジョムベロク地方に降下した11名のベリチュコ大尉指揮のグループは、8月18日には360名、蜂起の際には1000名を超える兵力を有していた。

しかしながら、これらのパルチザングループの兵力は5千名から8千名と比較的少数で、熱狂的ではあるものの兵士の錬度は低く、蜂起の主力はやはりスロヴァキア国軍でなければならなかった（＊4）。

4　蜂起の勃発

蜂起軍側は、ハンガリーのようにドイツがスロヴァキア全土を軍事占領することを恐れており、蜂起前の軍事行動はドイツ軍を刺激しないよう慎重にならざるを得なかった。しか

Photo6-4：1944年初頭または春と思われる撮影。スロヴァキア山岳地帯で活動するパルチザン部隊を捉えた珍しい写真である。PPSh-41、デグチャレフDP28、MP38と様々な小火器を携えており、服装もバラバラであるところがいかにもそれらしい感じである。

しながら、パルチザン部隊にとっては、そんなことはお構いなしであった。いまや、中部スロヴァキアのパルチザングループは、急速にその兵力を拡大して、その行動も大胆になっていった。１９４４年８月18日、ベリチュコグループはトゥランの製材所を襲撃し、ドイツ人とドイツ兵３名を殺害した。そして８月24日、トゥレッツに展開した各パルチザングループは、各地の道路のトンネルを爆破して交通網を遮断した。

８月26日にはパルチザングループはヴルトゥキのドイツ野戦憲兵隊を襲撃し、救出に向かったドイツ軍増援部隊は、スロヴァキア軍のＬＴ-38戦車４両によって阻止された。

そして１９４４年８月28日、トゥルチャンスク・マルチンでパルチザン部隊によって、ルーマニアから引き上げてきたドイツ軍事顧問団の高級将校28名が乗車した列車が襲撃され、顧問団は武装解除された後に全員殺害されるという状況に至った（＊５）。

当時、ドイツ軍は中部スロヴァキアのパルチザン部隊鎮圧作戦のため、補充軍から抽出した部隊を中心に、連隊規模の２個戦闘団の編成を完了しており、とりあえずこの部隊に対して緊急出撃が下令された。

戦闘団〝フォン・オーレン〟は、各種補充および教育部隊から緊急編成されたものであり、兵力は約２４００名であっ

編成図6-1　1944年9月　戦闘団“フォン・オーレン”

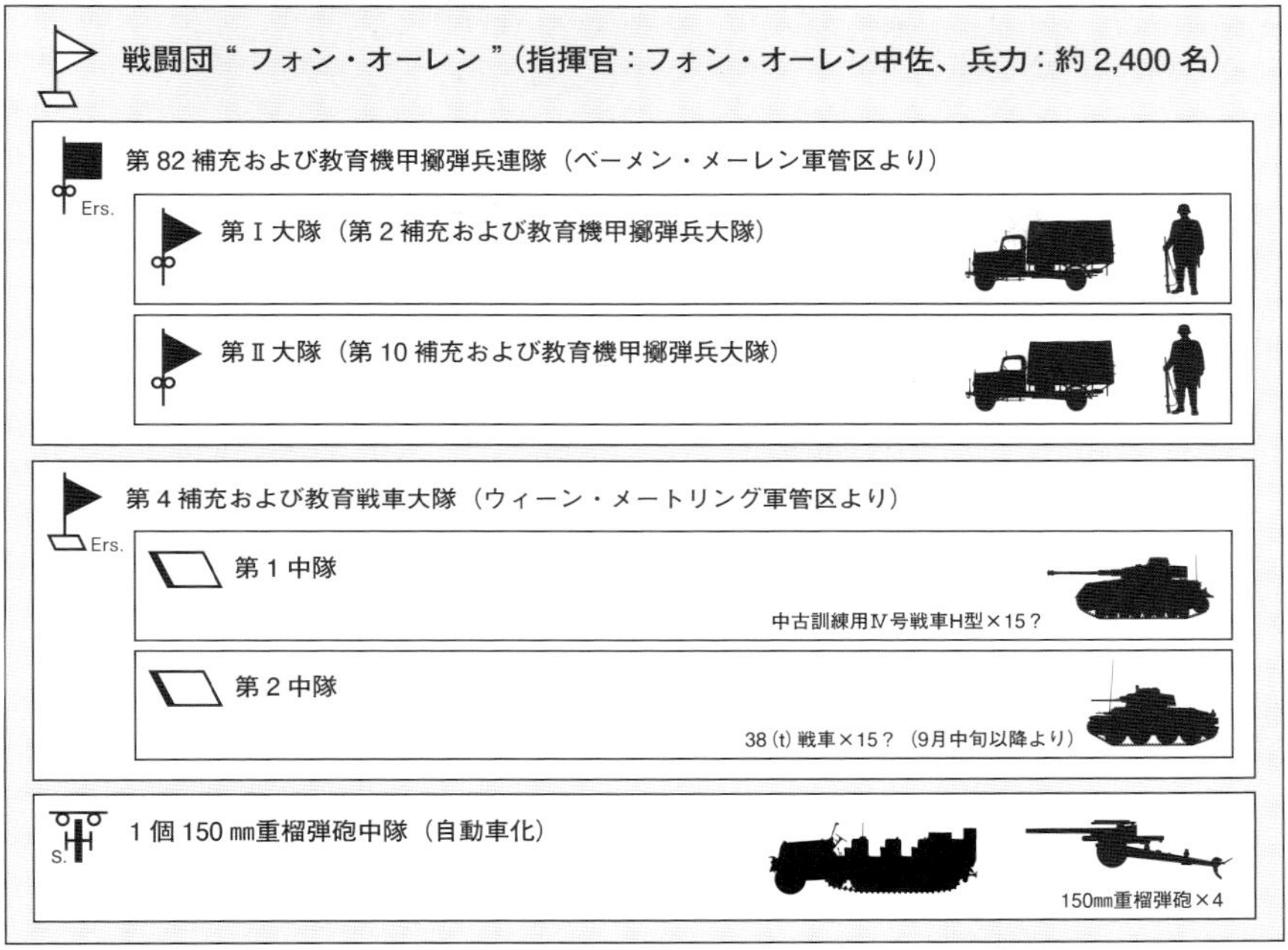

た。詳細は編成図6-1に示すとおりである。

戦闘団〝フォン・ユンク〟は、戦車師団番号第178部隊の第85補充および教育機甲擲弾兵連隊(グライヴィッツ駐屯)、第8補充および教育戦車猟兵大隊(オッペルン駐屯)の一部から緊急編成されたものであり、兵力は戦闘団〝フォン・オーレン〟と同様に約2400名であった。その編成を図6-2に示す。

1944年8月29日、戦闘団〝フォン・オーレン〟と戦闘団〝フォン・ユンク〟は、チャドカ、ジリナ方面へ行軍を開始した。そして同日の17時30分、早くもチャドカ南西において、戦闘団〝フォン・オーレン〟の先鋒部隊と蜂起軍側歩兵大隊の間で最初の戦闘が行なわれた。

ここに至ってゴリアン中佐は、同日の夜20時に全スロヴァキア軍に対して軍事蜂起を開始するよう公式命令を発したのである(*6)。

5　西部および東部スロヴァキアにおける蜂起挫折

蜂起の初期段階においては、西部スロヴァキア、特にブラチスラヴァ軍管区での迅速な要人拘束や放送局等の占拠ができるか否かが焦点であった。しかしながら、蜂起軍側のムルガシュ少佐は部隊掌握に失敗し、各兵舎において蜂起に加わるかどうかで議論が延々と行なわれ、それは8月30日まで続

編成図6-2　1944年9月　戦闘団“フォン・ユンク”

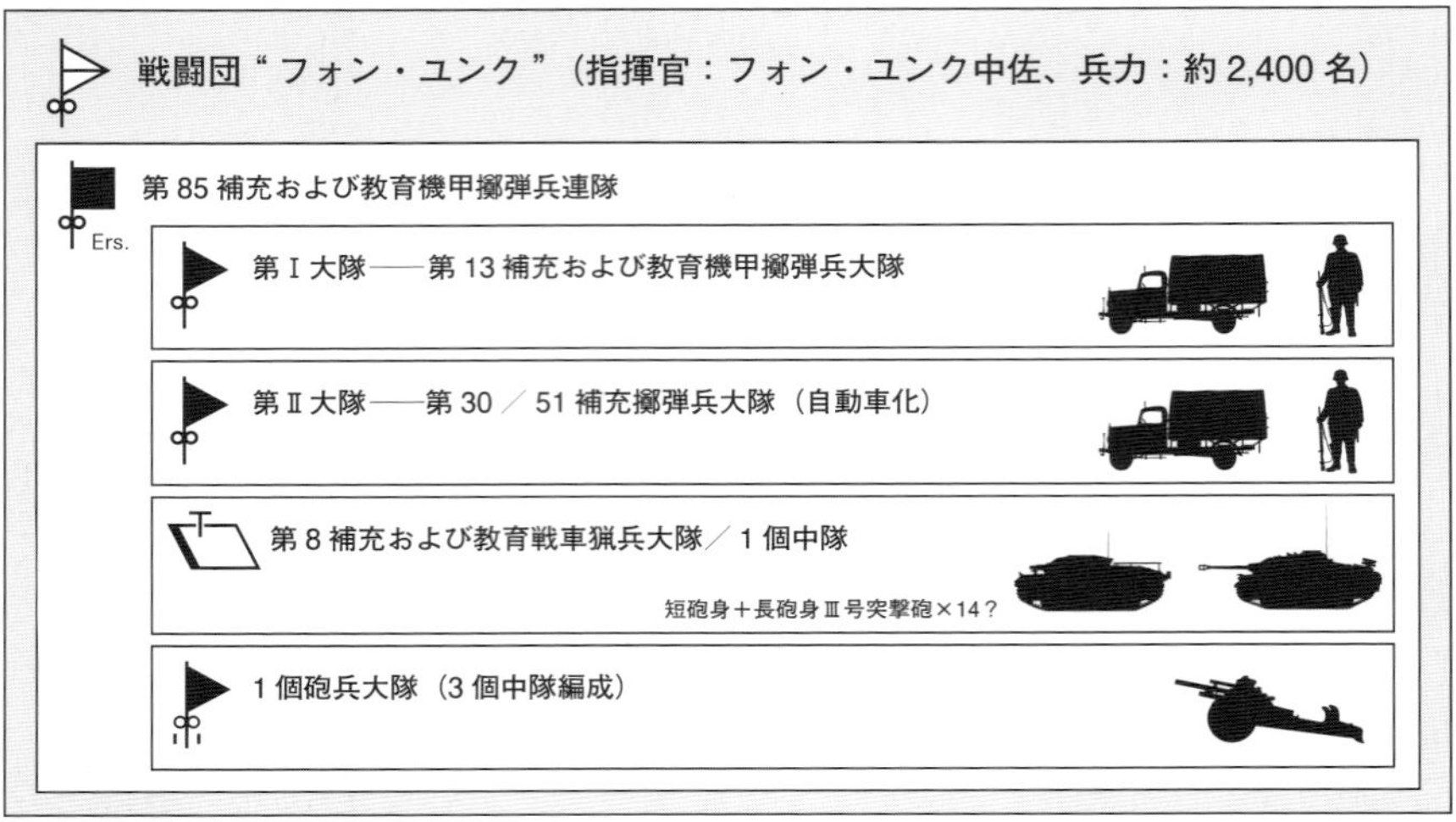

いた。その後、ドイツ軍鎮圧部隊の接近が報じられ、蜂起に賛同した兵士800名ほどが中部スロヴァキアへと脱出し、残りはそのままの状態で9月1日に武装解除された。

一方、多大な期待が寄せられていた東部スロヴァキアも、まったくの期待外れであった。

東部スロヴァキア蜂起軍司令官であるターリスキー大佐は、8月29日の夜にゴリアン中佐の蜂起命令を受け取った。大佐は翌日の午後、将校達を集合させてどうすべきか会議を開いたが、彼らは戸惑うばかりであった。すなわち、東部スロヴァキア軍の蜂起計画は、ソ連軍がカルパチャ山脈を越えて進攻してきた時の合流を前提にしていたのである。

さらに8月30日のラジオ放送で、ブラチスラヴァに出張中であった東部スロヴァキア軍司令官マラール大将が、武装蜂起は自分の命令ではないことを言明し、各部隊は兵舎へ帰るよう演説を行ない、東部スロヴァキア軍内には動揺が広がった。

これに不安を感じたターリスキー大佐は、驚くべきことにトゥルンカ少佐率いる第1、第2、第12航空戦隊の航空機26機と共に離陸し、部隊を置き去りにしたまま8月31日の早朝5時30分に、ソ連軍側へあっさりと投降してしまったのである!(*7)

ドイツ軍の動きは素早かった。カルパチャ山脈で持久戦を

Photo6-5：1944年8月から9月にかけて撮影された写真で、プレソフ近郊のケレメスで停車中のタトラ85型トラックの縦隊。スロヴァキア蜂起軍の第18高射砲大隊所属で、18型88㎜高射砲を牽引移動中である。

展開していたハインリーツィ軍集団司令部は、前線背後の武装蜂起勃発の知らせに反応し、8月30日の時点で〝ジャガイモ刈り〟作戦（東部スロヴァキア軍武装解除作戦）を発令した。そして、第24戦車軍団の第68、第96および第208歩兵師団より3個自動車化戦闘団（約1200名）すなわち戦闘団〝68〟、〝96〟、〝208〟を臨時編成し、ドゥクラ峠を経由してスロヴァキア第1歩兵師団の武装解除を行なうために前線後方地区へ出撃させていたのである。

さらに、新来の第357歩兵師団の一部、第11軍団の一部、1個郷土防衛大隊、4個警戒中隊および第62装甲列車を中心とする約5000名の戦闘団が編成され、ヨーゼフ・リンテレン少将が指揮を執ることとなった。戦闘団〝リンテレン〟の自動車化部隊の先鋒は、8月31日の午後13時にプレショフに突入して司令部を占領し、無線および電話局を抑えて無力化することに成功した。これにより東部スロヴァキア軍の指揮系統は麻痺し、各部隊は孤立したままドイツ軍の武装解除を受けることとなった。

こうして、最強の兵力と装備を誇る東部スロヴァキア軍の兵員約4万名と後方建設部隊約6000名は、ドイツ軍の捕虜となって収容所への道を歩むこととなり、初期段階で早くも蜂起軍側に致命的な誤算が生じたのであった。なお、数千名のスロヴァキア兵士は山岳地方へと脱出し、そのままパルチザングループに加わり、第1歩兵師団長マルクス大佐以下約2000名については、ドイツ軍の封鎖を潜り抜けて中部スロヴァキアへと脱出し、ゴリアン指揮の蜂起部隊と合流することに成功している（＊8）。

6　中部スロヴァキアの防衛体制

中部スロヴァキア軍管区については、8月29日の時点で35歳以下の招集動員がなされていたが、その動員可能兵力は2万4000名から2万9000名というところであった。管区内には第4および第5歩兵連隊、第2偵察大隊、第2および第12砲兵連隊のデポがあり、現役兵7288名が存在していた。さらに、トゥルチャンスク・マルチンには機甲連隊の補充部隊が駐屯するデポがあり、機甲戦力の支援も期待できたが、残念ながら装備兵器の大部分は時代遅れのチェコ製であり、大半が整備不良のため可動する戦車は30両に満たなかった。その状況を装備表6-2に示す。

8月31日、ゴリアン中佐は動員した兵力からチェコスラヴァキア第1軍を創設し、第1予備師団、第2予備師団を編成した。兵力は第1予備師団が1万4599名、第2予備師団が1万1769名であり、2個歩兵連隊（各3個大隊）と1個砲兵連隊、1個偵察グループで構成されていた。なお「チェコ」を付け加えたのは、将来の連合国家再建を願ってのことであった。

蜂起軍側の防衛基本計画は、鉄道補修廠があるズヴォレン、大規模飛行場のあるトゥリ・ドゥビ、軍管区司令部が設けられているバンスカー・ビストリツァ、燃料貯蔵施設があるドゥボヴァ、製鉄所があるポドブレゾナなど戦略上重要な施設が集中するブレズノ～バンスカー・ビストリツァ～ズヴォレンの三角地帯を、ソ連軍が進攻して来るまで2週間持久保持するというものであった（＊9）。

装備表6-2　1944年8月
機甲連隊デポの戦車装備状況

CKD.vz.33 戦車	×3+3（ブレズノの3両は東部スロヴァキア軍から合流）	
LT.vz.34 戦車	×27（すべて不動）	
LT.vz.35 戦車	×46（大部分が不動）	
LT.vz.38 戦車	×15	
LT.vz.40 戦車	×10	
Ⅱ号戦車	×2	
Ⅲ号戦車N型	×5	
75㎜マーダーⅢ対戦車自走砲H型	×4（×2の説あり）	

7　ドイツ軍の攻撃体制

１９４４年８月31日、ドイツ軍はスロヴァキア防衛軍司令部をブラチスラヴァに設置し、司令官にはＳＳ本部長のゴットロープ・ベルガーＳＳ大将が就任した。ベルガーは、プラハ近郊のＳＳ演習場〝ベネショフ（ベネシャウ）〟にある〝プロゼチュニッツ〟（または〝キーンシュラーク〟）、ＳＳ工兵学校Ⅳ〝フラディスコ〟（または〝ベネショフ〟）などに緊急動員令を発する一方、武装ＳＳの後方治安部隊に対して緊急出撃準備を下令するほか、陸軍補充部隊も必死にかき集めた。

そのなかでＳＳ戦闘団〝シル〟がいち早くブラチスラヴァに到着し、９月１日にはスロヴァキア首都防衛部隊の武装解除に見事成功した。そして、この戦闘団はブラチスラヴァからミトラ方面（南西戦線）への投入が計画された（＊10）。編成図６-３に詳細を記す。

すでにジリナ、ヴルトゥキ方面（北西戦線）へ投入されている戦闘団〝フォン・オーレン〟および戦闘団〝フォン・ユンク〟は、第１００９教育擲弾兵大隊などが増強され、９月９日付で戦車師団〝タトラ〟に統合された。兵力約６０００名で中古Ⅳ号戦車僅か15両程度の部隊が「戦車師団」と名乗るのもおこがましいのだが、蜂起軍側に対するブラフ効果も期待してのことであろう（＊11）。

編成図６-３　1944年９月１日　SS戦闘団“シル”の編成

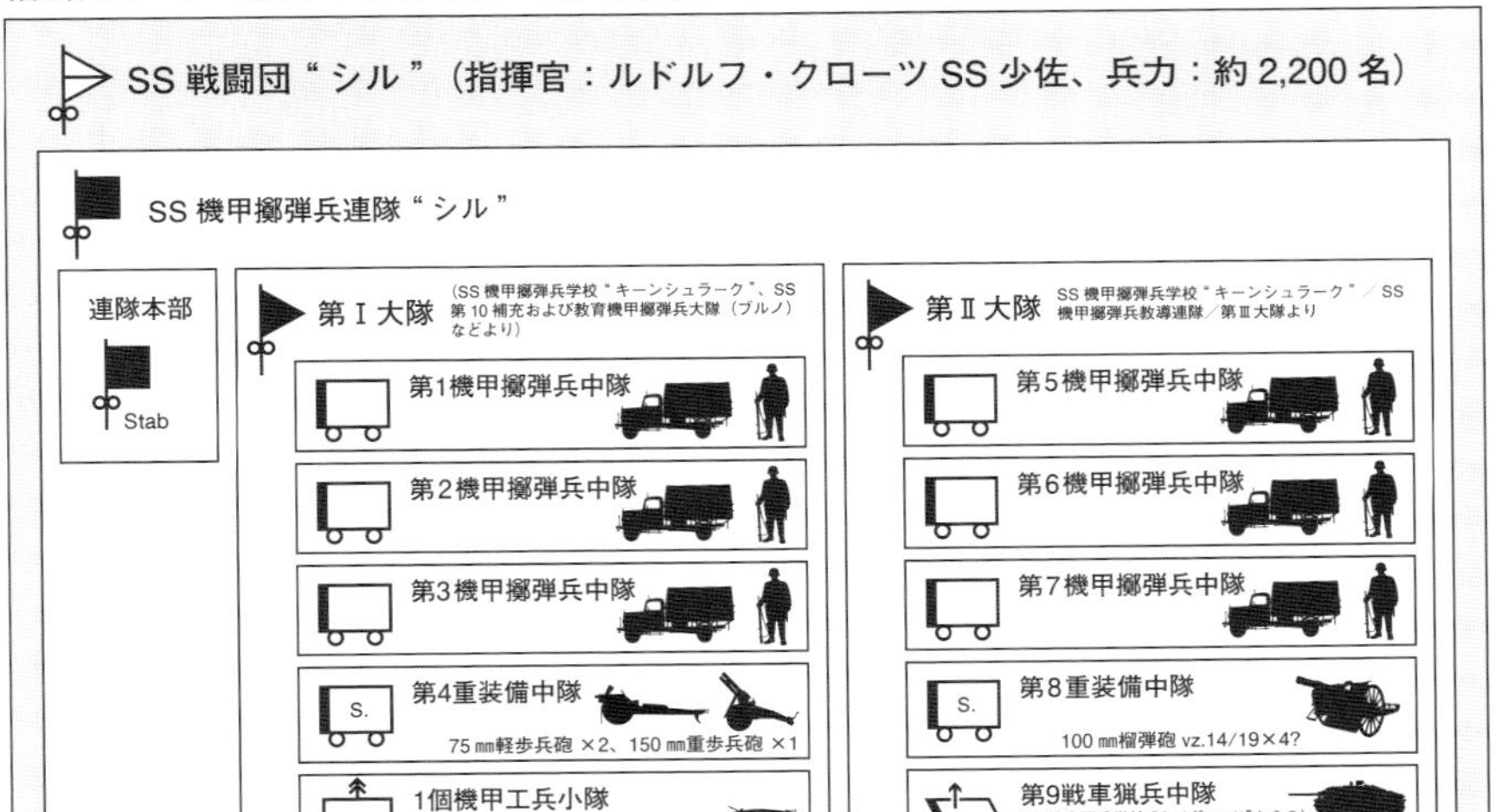

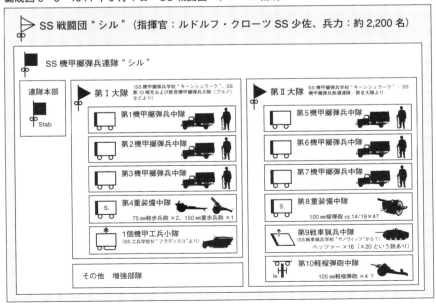

Photo6-6：蜂起軍鎮圧のため、ドイツ軍はあらゆる後方部隊をかき集めた。写真は1944年9月に撮影されもので、スロヴァキアへ投入された補充部隊である。所属部隊、場所も不明であるが、手前にあるのはIII号戦車L型またはJ型ベースのIII号戦車回収車で、珍しいことに木製車室がない初期のタイプである。あるいは戦闘団“フォン・オーレン”か“フォン・ユンク”所属の可能性もある。（BA 101I-680-8282-30A ／ Faupel）

Marking6-1：SS戦闘団“シル”の部隊マーク。勝利や北欧神話の軍神ティル（チル）を意味するルーン文字に因んだもので、“シル”はティルからの派生語である。

なお、9月初旬の編成は単純に2個戦闘団が合体したものに近いが、9月中旬以降は増強・改編を重ねてかなり編成内容が変化している。本書では以降、9月9日以前に関わらず2個戦闘団のことを戦車師団〝タトラ〟と表現する。

一方、〝ジャガイモ刈り〟作戦によって東部スロヴァキア軍の無力化に成功したハインリーツィ軍集団司令部は、ポプラド、テルガールト方面（北東戦線）から中部スロヴァキアを攻撃すべく、戦闘団〝68〟を増強して突撃連隊〝第1戦車軍〟（戦闘団〝フォン・プラーテン〟）を8月30日に臨時編成した。この戦闘団は、戦闘団〝68〟にSS第18砲兵連隊／第I大隊の2個軽砲兵中隊、第24戦車師団／第24機甲偵察大隊の1個装甲車中隊などが増強されていた。

また、第24戦車軍団に所属していたSS戦闘団〝シェーファー〟についても、突撃連隊〝第1戦車軍〟と共に9月1

日からポプラド方面（北東戦線）へ緊急投入された。さらに、ラブカにおいて後方警戒部隊から兵力約1000名程度の戦闘団〝フォルクマン〟が緊急編成され、トルステナ方面へと投入された。

SS戦闘団〝シェーファー〟については、ハンガリーに駐屯中のSS第18義勇機甲擲弾兵師団〝ホルストヴェセル〟（SSHW）が親部隊であった。指揮官のエルンスト・シェーファーSS大佐は、中央軍団崩壊にさいして1944年7月6日から戦闘団を率いて第1戦車軍へ分遣され、苦しい撤退戦を戦い8月20日に原隊へ帰還命令が下されたばかりであった。そして、再び新たな戦闘団を編成し、スロヴァキアの蜂起軍鎮圧の任務に赴くこととなったのである。その詳細は編成図6-4のとおりである。

さらにドイツ軍は9月19日に、7月のブロディの戦闘で死傷者約7000名、行方不明1000名という壊滅的大打撃を受け、生き残った約2500名を基幹としてノイハマーで再編成中であったSS第14武装擲弾兵師団（ガリツィア第1）に対し、増強された1個大隊兵力の戦闘団を至急分遣するよう命じた。

9月22日、カール・ヴィルトナーSS少佐指揮の戦闘団が編成され、28日にはブラチスラヴァ、オスラニを経由して9月29日にはゼミャンスク・コストラニの鉄道駅に到着した。

Photo6-7：Photo6-6の連続写真で、後方から撮影したもの。どうやら戦車回収車の後方に停車していたのは、これまた珍品のIII号戦車D型ベースのIII号砲兵観測車である。筆者が知る限り、1944年9月の時点で実働する同車両の写真はきわめて稀である。（BA 101I-680-8282-31A ／ Faupel）

編成図6-4　1944年8月31日現在のSS戦闘団“シェーファー”編成図

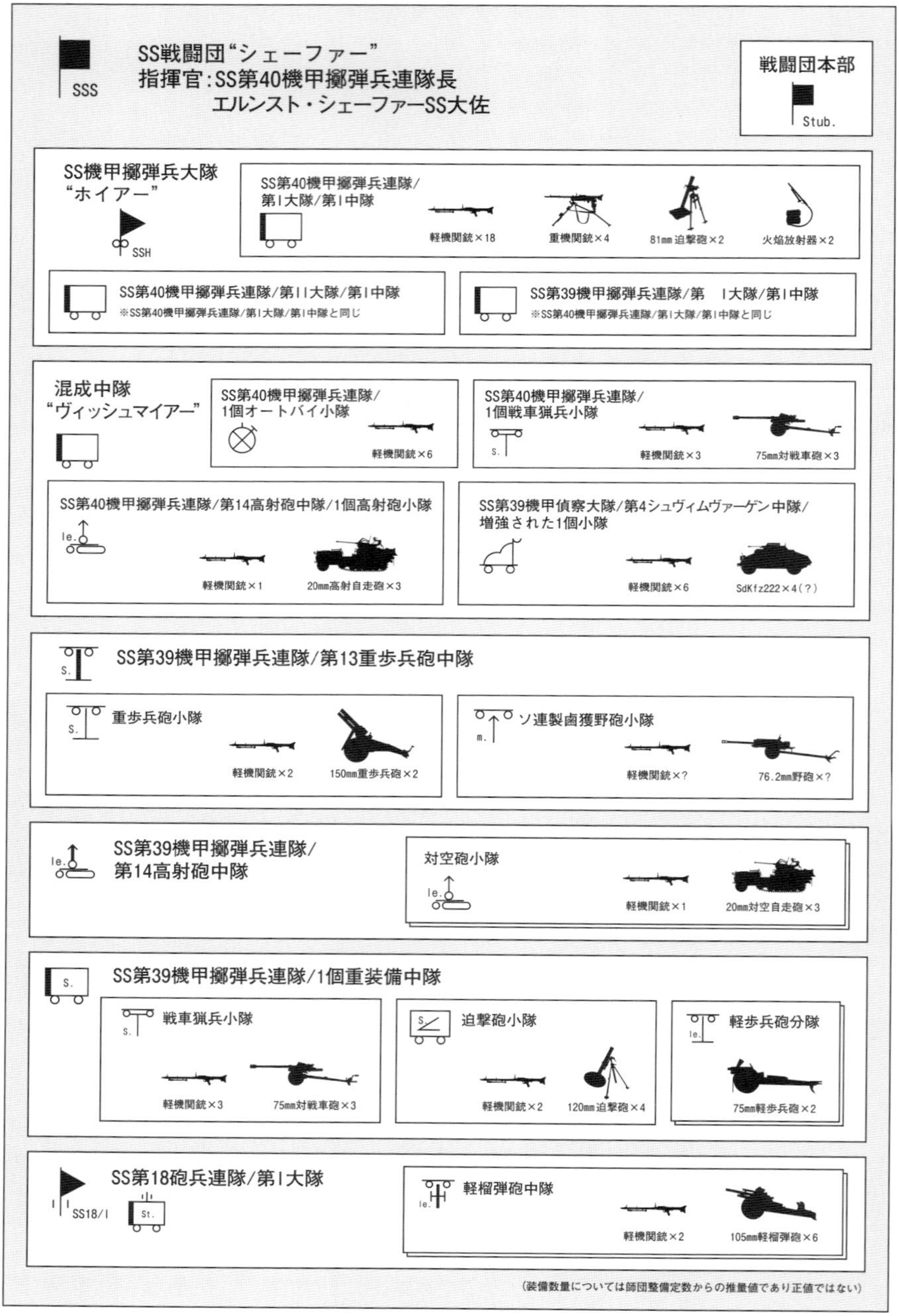

1944年8月31日〜9月6日　SS戦闘団“シェーファー”／突撃連隊“第1戦車軍”作戦図

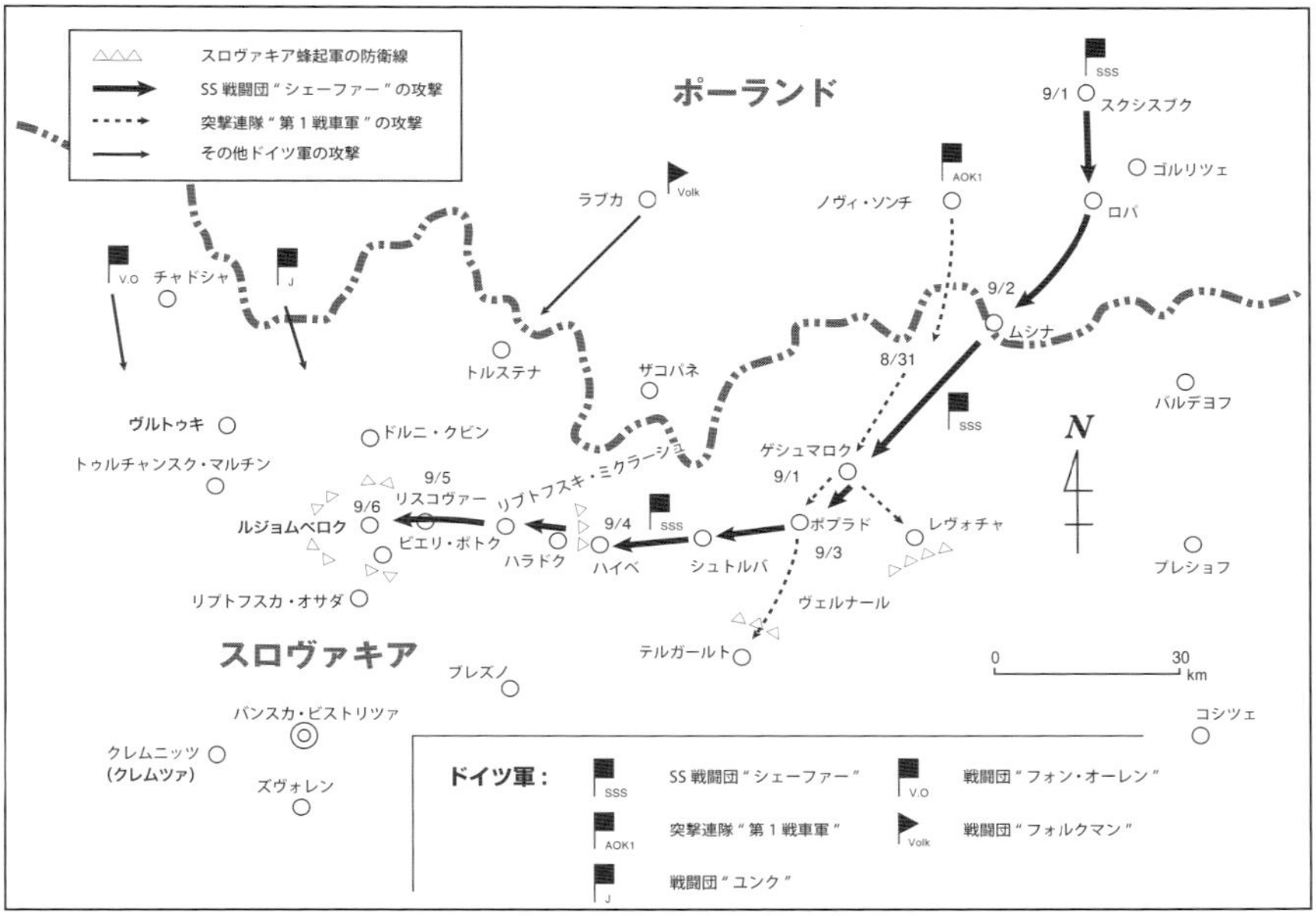

なお、同戦闘団の兵力は約900名（一説には1500名）であった（＊13）。

◎SS戦闘団〝ヴィルトナー〟
・SS第29武装擲弾兵連隊／第Ⅲ大隊
・SS第14砲兵連隊／1個軽榴弾砲中隊
・SS第14戦車猟兵大隊／2個小隊
・SS第14工兵大隊／2個小隊
・SS第14通信大隊／1個小隊
・SS第14補給段列の一部

後方の補充軍、治安維持部隊などから雑多な戦闘団を臨機応変に編成して前線へ送り出すことにかけては天才的な能力を示すドイツ軍は、こうして早くも8月末から9月初めにかけて5個戦闘団を編成し、北西戦線（ヴルトゥキ方面）、北東戦線（ポプラド方面）、そして南西戦線（ミトラ方面）の三方向から蜂起軍の鎮圧を行なう態勢を、兎にも角にも構築することに成功したのであった。

8　北西戦線の戦闘　その1（ヴルトゥキの戦車戦）

一番最初にドイツ軍との戦闘が開始されたジリナ軍管区には、前述したヨーゼフ・ドヴロヴォドスキ少佐率いる3個歩兵大隊、約1000名が展開していた。彼らは初期の戦闘後にジリナとヴルトゥキの中間にあるヴァーフ河渓谷に後退し

Photo6-8：1944年9月7日から9日までの間に、ヴルトゥキ付近で撃破されたドヴロヴォドスキ少佐率いる蜂起軍部隊の75㎜対戦車自走砲マーダーⅢH型。同車両は18両（車番V3111 ～ V3128）がドイツ軍から供与され、1944年6月3日に受領している。唯一の対戦車戦闘能力を有する装甲車両であり、蜂起軍が善戦できたのはこの存在が大きい。（BA 101I-680-8282-13A ／ Faupel）

て堅固な陣地を構築し、パルチザン部隊のベリチュコグループや強制労働から解放されて自由意志で志願したローエンヌ大尉率いる元フランス兵捕虜部隊なども合流していた。

１９４４年８月31日、戦車師団〝タトラ〟（実体は戦闘団〝フォン・オーレン〟と戦闘団〝フォン・ユンク〟）は、Ⅳ号戦車Ｈ型を先頭にして攻撃を開始したが、フランス人部隊が37㎜対戦車砲２門で果敢に応戦し、Ⅳ号戦車２両が履帯を破損して撃退された。その後、ドイツ軍は右岸高地に第二次攻撃を行なったが、ここではベリチュコグループが奮戦し、75㎜対戦車自走砲マーダーⅢＨ型によってⅣ号戦車Ｈ型２両が鉄道トンネル内で撃破され、その他の１両もクレーターに落ち込み擱座するなど、この攻撃も失敗してしまった。

蜂起軍側は、歩兵部隊の他に１０５㎜ｖｚ35および80㎜ｖｚ30カノン砲各１個中隊、37㎜対戦車砲２個中隊と75㎜対戦車砲１個中隊、ＬＴｖｚ38戦車３両と75㎜対戦車自走砲マーダーⅢＨ型１両によって支援されており、侮りがたい戦力を保持していたのである。

２日後、戦車師団〝タトラ〟はⅣ号戦車Ｈ型７両を投入し、事前に急降下爆撃を要請して攻撃を発起させたが、狭い険しい渓谷での戦闘は圧倒的に防衛側に有利であり、再び撃退されてしまった。しかしながら、この戦闘でＬＴｖｚ38戦車３両とマーダーⅢ型自走砲１両のすべてが破壊され、蜂起軍側の装甲兵力は皆無となった。このため、ＬＴｖｚ38戦車４両が増援されたが、ドイツ軍の対戦車砲によって瞬く間に全滅してしまった。それでも蜂起軍側は、なんとか9月3日までに歩兵2〜3個中隊、75㎜および105㎜野砲各1個中隊をさらに増強することができた。

9月4日の午後早く、ドイツ軍は再びヴルトゥキへの攻撃を開始し、野砲や迫撃砲で機関銃座をひとつひとつ潰す戦法で進撃したため、蜂起軍側はヴルトゥキを放棄してプリエコパへと後退した。

1944年9月5日、蜂起軍はヴルトゥキに対してⅢ号戦車N型2両とLTvz38戦車3両を伴って逆襲を敢行し、Ⅲ号戦車N型2両は市街まで突入することに成功したが、75㎜対戦車砲により撃破された。

これにより、蜂起軍が有する機甲兵力はⅢ号戦車N型2両、LTvz38戦車3両とマーダーⅢ型自走砲2両となったが、トゥルチャンスク・マルチンにある機甲連隊整備部隊によって、さらにLTvz38戦車7両とLTvz35戦車1両が増強された。なお、ドイツ空軍はルーマニアから第2爆撃航空団SG2〝インメルマン〟を引き抜き、トゥルチャンスク・マルチンの施設に対してJU-87による急降下爆撃を実施した。この攻撃によりLT-40戦車3両が破壊された。

9月7日にもう一度、蜂起軍側はヴルトゥキの再奪回を試みたが失敗した。逆に戦車師団〝タトラ〟は翌日から反撃作戦を発起させたが、プリエコパ前面で食い止められ、Ⅳ号戦車H型1両とⅢ号突撃砲1両が鹵獲されてしまった。蜂起軍側は9月9日のヴルトゥキへの第三次奪回作戦の際に、残った最後のLTvz38戦車1両と共に早々に鹵獲したⅣ号戦車H型1両とⅢ号突撃砲1両を投入したが、巧妙に偽装された75㎜対戦車砲により3両とも短時間のうちに撃破された。

9月7日から9日までの戦闘で、蜂起軍側はLTvz38戦車1両、Ⅲ号戦車N型1両、マーダーⅢ型自走砲1両が撃破され、蜂起開始以来の累積損失は戦車9両、マーダーⅢ型自走砲2両、75㎜対戦車砲数門となった。一方、ドイツ軍側はⅣ号戦車H型7両、Ⅲ号突撃砲1両とSdKfz251型装甲兵員輸送車数両が撃破されており、戦果はほとんど互角と言ってよい。おそらくは渓谷の起伏に富んだ狭い地形が個々の戦車の戦闘能力を相殺し、蜂起軍側に有利に働いた結果であろう（＊14）。

9　北東戦線の戦闘 その1

北東戦線については、蜂起側は手薄であった。レヴォチャに第5歩兵連隊の予備大隊約500名が駐屯しており、パルチザン部隊の他に機甲連隊／第2中隊のLTvz38戦車13両によって支援されていた。また、ポプラドには約300名が駐屯していたが、重火器は皆無であった。

ノヴィ・ソンチを発した突撃連隊〝第1戦車軍〟は、1944年9月1日にはポプラドに突入した。東部戦線で鍛え上

Photo6-9：Photo6-7の連続写真で、ヴルトゥキ付近で撃破された蜂起軍部隊のIII号戦車N型“V3059”号車。車体前面には75mm級対戦車砲弾と50mm級対戦車砲弾の貫通孔が2ヶ所ずつ確認できる。このIII号戦車N型は1943年3月10日にドイツから供与された5両（V3058～V3062）のうちの1両である。（BA 101I-680-8282-16A／Faupel）

げられた百戦錬磨のドイツ軍部隊に対して、旧式スロヴァキア兵器しかない予備軍兵士やパルチザン部隊は敵ではなく、ポプラド、レヴォチャはあっという間にドイツ軍が占領するところとなった。

9月2日、突撃連隊〝第1戦車軍〟はテルガールトとクヴェトゥニチャを攻略。後者には大規模な弾薬貯蔵施設があり、4000万発の小銃弾、6万2000発の砲弾、11万2000発の手榴弾および軽機関銃181挺、重機関銃632挺が貯蔵されていたが、すべてドイツ軍部隊に接収され、以降、蜂起軍側は慢性的な弾薬不足に苦しむことになる。

第1チェコスロヴァキア軍は、9月3日および4日にかけて、第5歩兵連隊／第Iおよび第II大隊や精鋭の航空学校士官候補生中隊を中心に兵員1614名、3個砲兵中隊、1個75mm対戦車砲中隊、LTvz38戦車7両、それに第1スターリン・パルチザン旅団、パルチザン旅団〝ヤノシク〟の約412名をこの方面に緊急派遣した。

そしてヤン・スタネク大尉に率いられたこの部隊は、9月5日にテルガールトを再占領することに成功した。損害は戦傷者20名、LTvz38戦車2両に過ぎず、蜂起軍側の士気は意気軒昂となって天を突くばかりの勢いとなった。このため、突撃連隊〝第1戦車軍〟は防御に転じてテルガールト北方に防衛線を構築した（＊15）。

Photo6-10：Photo6-9の連続写真で、ヴルトゥキ付近で撃破された蜂起軍部隊の38（t）戦車“V3131”号車。38（t）戦車は1940年から5年間で合計74両がドイツから供与されたが、この車両は1944年7月20日に受領した最後の5両（V3129～V3133）のうちの1両である。迷彩は通常の3色迷彩と思われ、砲塔には3色シールドが確認できる。（BA 101I-680-8282-18A ／ Faupel）

一方、9月1日にポーランドのスクシスブクにて出撃準備を整えたSS戦闘団〝シェーファー〟は、9月3日にはポプラドに到着、9月4日8時30分にはヴァーフ渓谷に沿ってルジョムベロク方面へ西進を開始した。蜂起軍部隊の抵抗は軽微であり、翌日の17時55分にはルジョムベロクの手前8㎞の地点まで達した。

1944年9月6日午前6時、ルジョムベロクへの歩兵攻撃が開始された。先鋒は混成中隊〝ヴィッシュマイアー〟とSS第40擲弾兵連隊／第Ⅰ大隊／第1中隊。3時間に渡る激しい戦闘の末にルジョムベロクは陥落した。蜂起軍の捕虜は100名に達し、1個糧秣小隊、車両30両、兵舎に貯蔵した大量の小火器、燃料弾薬が鹵獲された。ドイツ軍の損害は僅かに混成中隊〝ヴィッシュマイアー〟の戦死者2名、負傷者5名であり、その他の部隊の損害は皆無であった。

ルジョムベロクは東西と南方へ走る鉄道が交わる交通の要衝であり、これによりドイツ軍はヴァーフ渓谷を西進するヴルトゥキへの進撃とバンスカー・ビストリツァへの南下が可能となったのであった（＊16）。

10　南西戦線の戦闘 その1

SS戦闘団〝シル〟は、前述した通りブラチスラヴァからニトラ渓谷へと西進を開始し、9月6日にはバトヴァニに達した。同日、蜂起軍部隊による反撃によって激しい戦闘が繰り広げられ、戦死者300名、捕虜150名の損害を蒙って蜂起軍部隊は撃退され、翌日には交通の要衝オスラニが陥落した。この方面の蜂起軍である第5戦闘団は弱体であり、9月13日には燃料弾薬デポがあるノヴァキ、そして9月14日には要衝プリエヴィドザが失われた（＊17）。

プリエヴィドザの陥落で、SS戦闘団〝シル〟は戦車師団〝タトラ〟との合流が可能となった一方、蜂起軍にとっては第5戦闘団の背後が脅かされることとなった。9月18日、第4および第5戦闘団（後述）がLTvz38戦車5両とともに必死の反撃を試みたが、このうち3両が破壊されて反撃は失敗した（＊18）。

11　蜂起軍の再編成

1944年9月10日、ゴリアン中佐は2個予備師団からなる第1チェコスロヴァキア軍を6個戦闘団と1個予備部隊に再編成し、それぞれの戦区の防衛戦を遂行するよう下令した。なお、第2チェコスロヴァキア空挺旅団はソ連軍によって編成された部隊で、1943年10月末にメリトポリ付近で大量に降伏した元スロヴァキア第1歩兵師団の捕虜から編成され、9月26日から順次、輸送機により空輸されつつあった（＊19）。再編の内訳を表6-1に示す。

1944年10月初めの蜂起軍部隊の兵力は4万4470名

Photo6-11：1944年1月から2月にかけて、シュタブロック演習場で編成中のSS第18義勇機甲擲弾兵師団において撮影されたもの。将校・下士官の縦列の前列手前がSS第40機甲擲弾兵連隊長で騎士十字章拝領者であるエルンスト・シェーファーSS大佐その人である。

1944年8月31日〜9月14日　スロヴァキア蜂起　戦況概要図

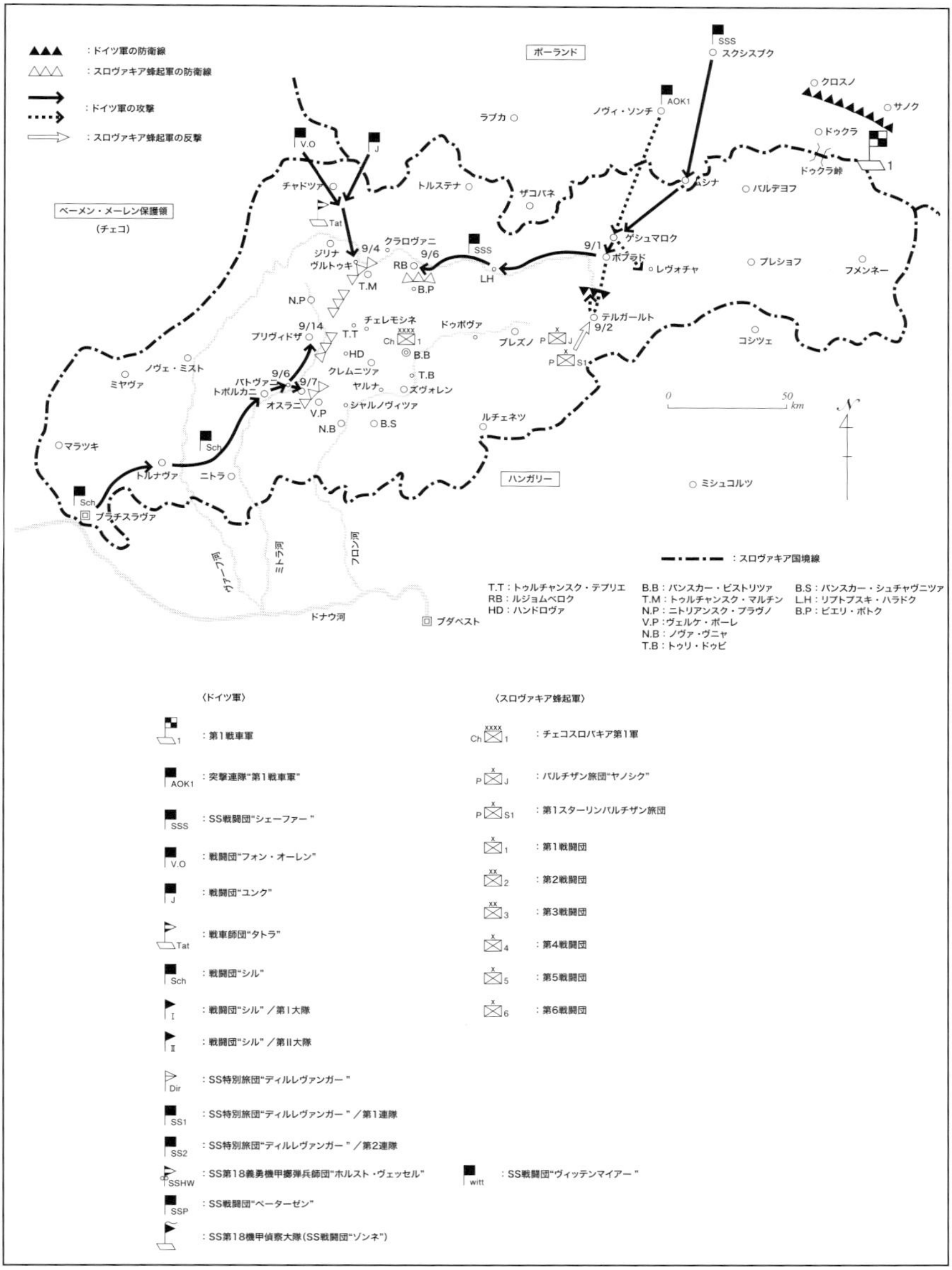

であり、このほかにパルチザン部隊約７０００名の支援を受けており、後述するように、さらにソ連軍が第2チェコスロヴァキア空挺旅団を空輸させたため、５万名以上の兵力を有するに至ったが、旧式兵器と弾薬の不足、兵士の錬度不足に悩まされていた。また、戦車兵力は43両を数えていたが、大半が旧式なスコダ製ＬＴｖｚ38戦車であった（＊20）。

12　北東戦線の戦闘 その2

ルジョムベロクを制圧したSS戦闘団″シェーファー″は、9月15日にはクラロヴァニ東方において、戦車師団″タトラ″との先鋒部隊と合流することができた。しかしながら、敵司令部があるバンスカー・ビストリツァまでは深い渓谷が連なり、渓谷の両側には１０００m級の高地が幾重にもそびえ、そこには蜂起軍の第６戦闘団が地の利を得て待ち構えていたのである。

9月15日以降の戦闘では、ルジョムベロク南方に潜む蜂起軍砲兵部隊による陣地を頻繁に変えてのゲリラ砲撃に悩まされ、進撃は阻止されたままであった。そして、６１９高地、別名″カルファリーン山″においては、蜂起軍歩兵部隊と再三に渡って激戦が演じられた。

その後、戦線は膠着状態となり、10月10日にSS戦闘団″シェーファー″は師団（ＳＳＨＷ）への帰還命令を受領し、

表6-1　1944年9月22日　第1チェコスロヴァキア軍

第1チェコスロヴァキア軍（司令部：バンスカー・ビストリツァ）

部隊	所在地	任務	規模	兵力（名）
第1戦闘団	バンスカー・ビストリツァ	南方および南東の防衛	6個大隊	4,000
第2戦闘団	ブレズノおよびフロノム	南方および南東の防衛	8個大隊	16,000
第3戦闘団	ズヴォレン	南方および南西の防衛	8個大隊	10,000
第4戦闘団	クレムニツァ	西方の防衛	4個大隊	5,000
第5戦闘団	スロヴェンスカ・ルプチャ	北西の防衛	5個予備大隊	4,000
第6戦闘団	リポフスカ・オサダ	北方の防衛	4個大隊	6,500
第2チェコスロヴァキア空挺旅団“バディン”		予備	1個旅団	2,860

Photo6-12：1944年9月から10月にかけて、スロヴァキア蜂起軍によって使用中のLT.vz.38戦車。厳重にカモフラージュがなされているが、戦況を反映してか兵士の顔つきは厳しい。これでⅣ号戦車長砲身型やⅢ号突撃砲と戦えというのは無理筋であろう。

戦闘団は戦車師団〝タトラ〟／1個大隊と1個空軍大隊へ戦区を引き継いだ。そして、緊急輸送により10月13日には師団集結地のハンガリー国境のルチェネツ方面へと向かった（＊21）。

13　北西戦線の戦闘　その2

9月9日以降、ヴルトゥキ周辺の戦闘は膠着状態となっていたが、9月20日に戦車師団〝タトラ〟は攻撃を開始し、マルチンを経由して25日にはトゥルチャンスク・テプリツェを奪取した。

蜂起軍は死に物狂いであった。ズヴォレンの鉄道修理廠では、技術者と溶接工を総動員して3両の装甲列車、すなわち〝ステファネク〟、〝フアバン〟および〝マサリク〟を突貫工事で製造した。そのうち装甲列車〝フアバン〟は9月25日に完成し、最初にヴルトゥキ方面へと投入された。同装甲列車は、指揮官ククリ大尉以下乗員71名であり、80㎜野砲vz17を1門、LTvz35戦車を4両、重機関銃11挺を装備した優秀な装甲列車であった。

10月4日に戦車師団〝タトラ〟はラクサ渓谷へ攻撃を開始したが、チェレモシュネ鉄道駅付近で、対戦車砲部隊と前述の装甲列車〝フアバン〟の待ち伏せ攻撃に遭い、撃退されてしまった。このため、師団は攻撃目標を南方へ変更し、10月

Photo6-13：捕虜を輸送しようとするSS第18義勇機甲擲弾兵師団／SS第40機甲擲弾兵連隊のフォードG917T型3tトラック。部隊表示板に「SS／40」という文字が確認できる。

6日には重要拠点であるクレムニツァまで進出した。ちなみに、チェレモシュネ鉄道駅の戦闘で、装甲列車と戦車大隊〝タトラ〟のティーガーⅠ型が砲撃戦を展開したという説があり、1974年のチェコスロヴァキア戦争映画『装甲列車〝ファバン〟』には、ティーガーⅠ型との戦闘シーンが出てくるが、史実かどうかは不明である。(＊22)。

1944年10月の時点で戦車師団〝タトラの兵力は、編成図6-5のとおりであると考えられるが、9月下旬以降は増強・改編を重ねているため、編成を巡っては諸説がある。なお、一時的にデポにあった35t軽戦車20両または50両を装備していたとする説や、戦車大隊〝タトラ〟のティーガーⅠ型については、ポルシェ・ティーガーやVK4501(p)とする説がある。また、突撃砲部隊にはヘッツァーが含まれていたとする説もある(＊23)。

14 南西戦線の戦闘 その2

SS戦闘団〝シル〟は9月23日にハンドロヴァを無血占領し、その日の午後にはSS戦闘団〝シル〟と戦車師団〝タトラ〟の合流がなされた。退路を断たれた第5戦闘団は、重火器のすべてを遺棄してヴェルカ・ファトラ山系に分け入り、南東方向へ撤退を開始した。崩壊を免れたのは後衛部隊の第1スターリン・パルチザン旅団の獅子奮迅の活躍のおかげであったが、旅団は甚大な損害を蒙った。第5戦闘団の残余約2個

Photo6-14：ズヴォレン駅の北にあるズヴォレン城前の公園に現存する装甲列車“フアバン”。砲塔や列車の一部、迷彩はオリジナルではなく戦後に復元されたものである。砲塔は残念ながらソ連製で、LT.vz.35戦車砲塔とはまったく違う雰囲気になってしまっている。

大隊は、紆余曲折の末にバンスカー・ビストリツァ東方に辿り着き、そこで解隊されて各戦闘団の補充部隊となった。

いまやＳＳ戦闘団〝シル〟は、９月24日から翌日にかけてトラックでニトラ渓谷へと移動して再編成された。第Ⅰ大隊はオスラニから進撃して、９月27日には第３戦闘団が防衛するジャルノヴィツァを奪取。さらにＳＳ戦闘団〝ヴィルトナー〟と合流し、10月９日にバンスカー・シュチャヴニツァに達し、ズヴォレンを北東方向から圧迫し始めた。一方、第Ⅱ大隊も第４戦闘団が防衛するプリエヴィドザ方面へと攻撃を開始し、10月３日にはヤルナまで達した。

ちょうどその頃、ソ連軍は第２チェコスロヴァキア空挺旅団の夜間空輸を開始し、10月６日夜には輸送機52機、７日夜には53機、８日夜には37機そして９日夜には12機がトゥリ・ドゥビ飛行場へと飛来した。10月10日、到着したばかりの１個空挺大隊と第３戦闘団の１個歩兵大隊、パルチザン旅団〝ネレプカ〟と装甲列車〝シュテファーニーク〟により反撃作戦が実施され、激戦の末にＳＳ戦闘団〝シル〟／第Ⅱ大隊は６㎞後方まで撃退され、10月12日にはヤルナは蜂起軍によって奪還された（＊24）。

装甲列車〝シュテファーニーク〟はズヴォレンの鉄道修理廠で９月18日に完成したもので、75㎜野砲ｖｚ15を１門、ＬＴｖｚ35戦車砲塔２基、重機関銃10挺を搭載し、アダム大尉以

編成図6-5　1944年10月　戦車師団“タトラ”の編成

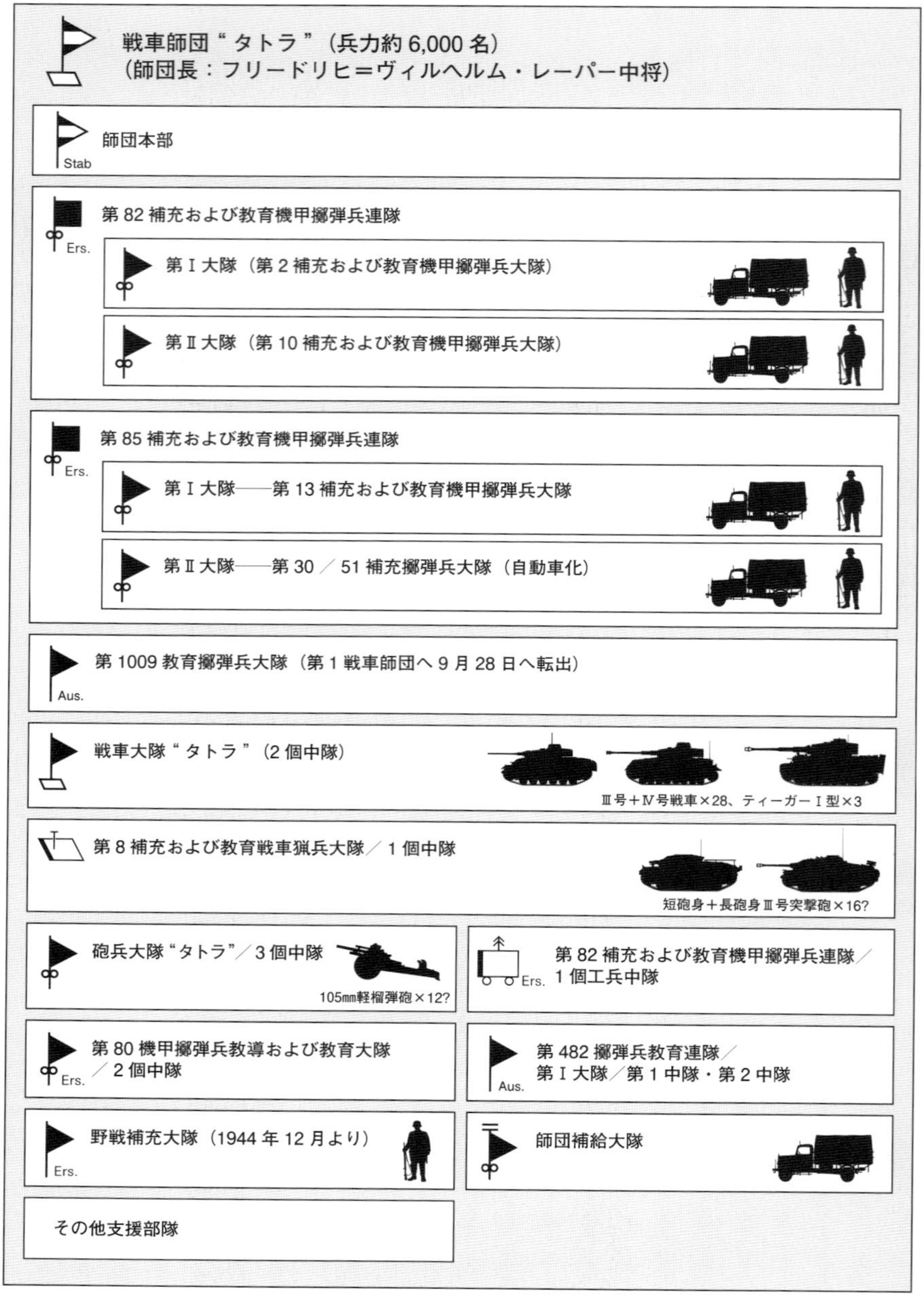

Photo6-15：現在のチェレモシュネの鉄道駅を東側から撮影した写真。右手の建物が駅舎である。この周辺は鉄道や道路の両側は険しい山岳地帯であり、見通しも利かず防衛側にとっては非常に有利であった。例えば、写真奥の信号機周辺のカーブ地点で対戦車砲が頑張っていれば、西側からの戦車攻撃は不可能であろう。

下兵員70名が乗り組んでいた。10月18日に同装甲列車はクルピナへと移動し、再びSS戦闘団〝ジル〟と交戦後、ズヴォレン、バンスカー・ビストリツァで戦闘を行なった。その後、ウルマンカまで撤退したが、その先の線路は脱線した列車でふさがれており、乗員はすべての武器を破壊した後に脱出し、以降はパルチザン部隊に合流して戦闘を継続した（＊25）。

15　ドイツ軍の総攻撃準備

１９４４年10月７日、亡命政府国防大臣を務めた元チェコスロヴァキア軍のルドルフ・ヴィエスト大将が、第２チェコスロヴァキア空挺旅団の第一陣と共にトゥリ・ドゥビ飛行場に降り立った。ゴリアンはすぐに第１チェコスロヴァキア軍の指揮権をヴィエストに譲り、自分は副司令官となった。

一方、ヒムラーSS長官は、蜂起軍鎮圧作戦がスローペースで行なわれているのに業を煮やし、10月５日にスロヴァキア防衛司令部司令官ヘルマン・ヘーフレSS大将をウィーンに呼び出して会談した。すでにベルガーSS大将は、逆鱗に触れて９月22日に解任されていたのである。

ヘーフレSS大将はSS部隊の増援による新しい攻撃計画を説明し、ヒムラーSS長官の同意を得た。すなわち、SS第18義勇機甲擲弾兵師団〝ホルストヴェッセル〟（SSHW）、SS特別連隊〝ディルレヴァンガー〟およびSS第14武装擲弾兵師団（ガリツィア第１）の全部隊を投入し、10月19日に

1944年9月15日～10月10日　スロヴァキア蜂起　戦況概要図

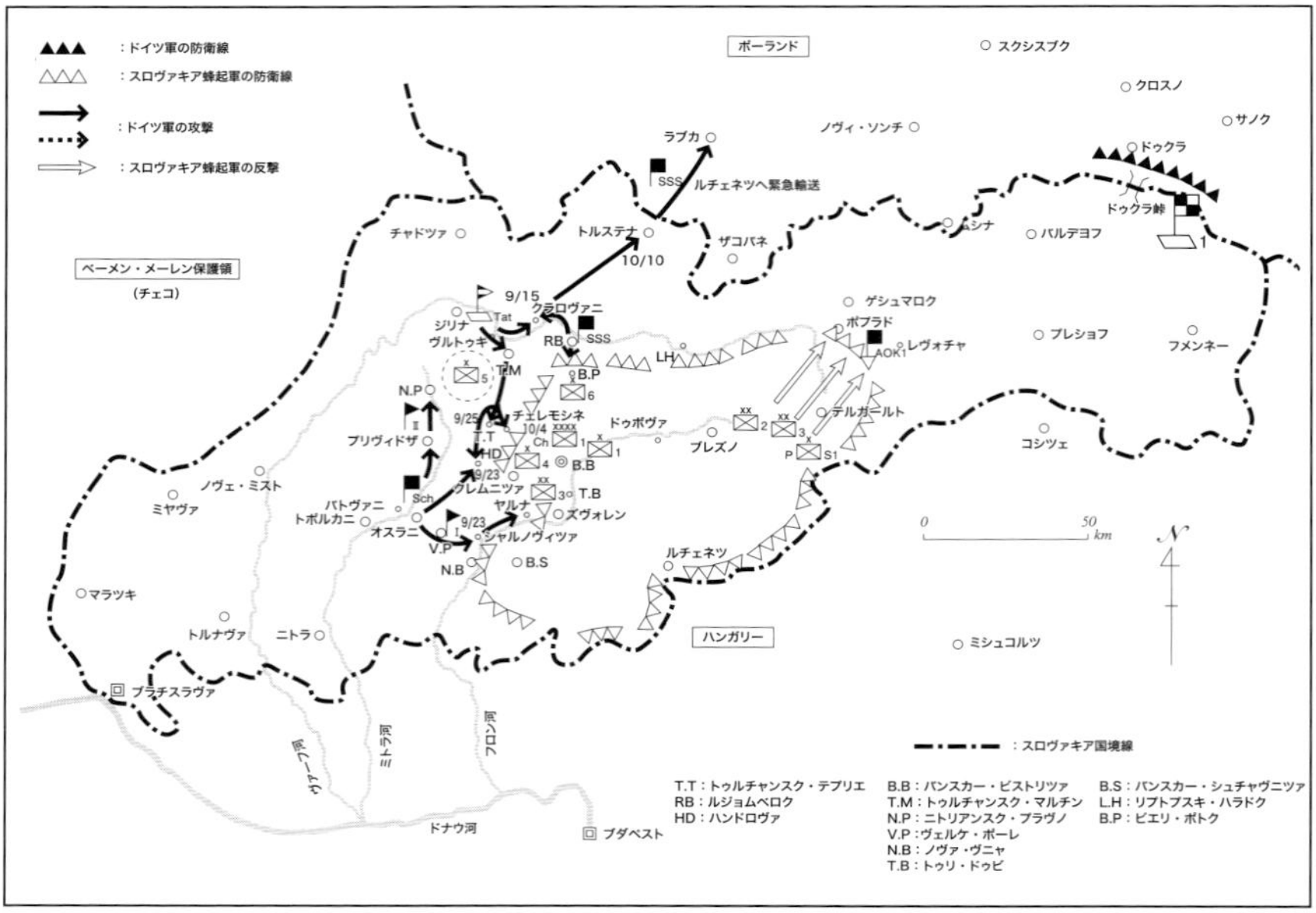

総攻撃を行なうというものであった。すなわち、兵力を集中して力攻めをしようというわけである（＊26）。

ヴィルヘルム・トラバントSS少将率いるSSHWは、西部ハンガリーに分散駐屯している状況であり、SS戦闘団〝シェーファー〟をすでに分遣していた。師団部隊の残余は広く散らばっており、集合に時間がかかったが、ともかくルチェネツ地区への鉄道輸送が10月9日から開始された。そして、10月18日には表6-2のような3個戦闘団（兵員数8000名）を形成して、攻撃準備地点に集合することができた（＊27）。

オスカー＝パウル・ディルレヴァンガーSS准将指揮のSS特別連隊〝ディルレヴァンガー〟は、ワルシャワ蜂起鎮圧に投入された後、旅団へ拡大するため編成中であった。この時期の編成は詳細不明であるが、2個連隊程度（兵員4000名？）の戦力であったらしい。なお、公式には連隊の旅団への昇格は1944年12月19日付である。

◎SS特別連隊（旅団）〝ディルレヴァンガー〟

・SS特別連隊1――2個大隊

・SS特別連隊2――2個大隊

・1個軽砲兵大隊――3個軽榴弾砲中隊

同連隊は、SS戦闘団〝シェーファー〟が投入されていた

表6-2　1944年10月18日　SS第18義勇機甲擲弾兵師団“ホルストヴェッセル”

SS第18義勇機甲擲弾兵師団“ホルストヴェッセル”

SS戦闘団“シェーファー”	SS第39義勇機甲擲弾兵連隊／第Ⅰ大隊、第Ⅲ大隊
	SS第18戦車大隊／第2突撃砲中隊
	SS第18砲兵連隊／第Ⅰ大隊／第1中隊、第2中隊
SS戦闘団“ゾンネ”	SS第18機甲偵察大隊
	第2シュヴィムヴァーゲン中隊
	第3シュヴィムヴァーゲン中隊
	第4中隊（新兵中隊）
	第5重装備中隊
SS戦闘団“ペーターゼン”	SS第39義勇機甲擲弾兵連隊／第Ⅱ大隊、第Ⅲ大隊
	SS第18戦車大隊／大隊本部、第1突撃砲中隊
	SS第18砲兵連隊／第Ⅱ大隊／2個軽榴弾砲中隊

ルジョムベロク、ビエリ・ポトク方面へと投入されることとなり、10月16日に緊急輸送によりポーランドからルジョムベロクに到着した（＊28）。

フリッツ・フライタークSS准将率いるSS第14武装擲弾兵師団（ガリツィア第1）については、前述した通りノイハマーで再編成中であり、すでにSS戦闘団〝ヴィルトナー〟を分遣していた。1944年9月20日現在の同師団の兵力は、将校261名、下士官673名、兵1万1967名の合計1万2901名にまで回復しており、このほかにウクライナ義勇兵の新兵9000名が教育および補充連隊として随伴していて、兵員数は2万2000名に達していた。

ドイツ軍は同師団の戦闘能力には疑問を抱いており、鎮圧後の占領・治安任務や蜂起軍敗残兵の掃討任務に投入されることとなり、師団輸送は10月15日から開始された。しかしながら、北部方面の攻撃部隊を強化するため、師団に対して、増強された1個大隊程度の戦闘団を至急編成して分遣するよう下令した。

このため、SS第31武装擲弾兵連隊／第Ⅱ大隊の大隊長フリードリヒ・ヴィッテンマイアーSS大尉を指揮官とする戦闘団が編成され、リプトプスキ・ハラドク方面へ緊急輸送された。戦闘団の兵力は約4000名であり、筆者の推察では次のような編成であったらしい（＊29）。

Photo6-16：ブラチスラヴァの駅構内に現存する装甲列車“シュテファーネク”の一部。砲塔はLT.vz.35戦車砲塔で、迷彩もオリジナルに近く、ほとんど昔の面影を残している。ご覧の通り、貨車を改造した重機関銃の銃座は5ヶ所あって跳弾構造となっているのがわかる。

◎SS戦闘団〝ヴィッテンマイアー〟
・SS第30武装擲弾兵連隊／第Ⅲ大隊
・SS第14砲兵連隊／1個砲兵中隊？
・SS第14戦車猟兵大隊／1個中隊？
・SS第14工兵大隊／1個中隊？
・SS第14補給連隊／1個補給段列？

1944年10月18日時点で第1チェコスロヴァキア軍は、なおも約3万6000名の兵員を擁していたが、戦闘可能兵力は約2万4000名というところであり、18個歩兵大隊として各戦闘団に配置されていた。これらの歩兵大隊は、各種

装備表6-3　1944年10月18日
第1チェコスロヴァキア軍
機甲兵力

LT.vz.35戦車	×3
LT.vz.38戦車	×5
LT.vz.40戦車	×6
Ⅲ号戦車N型	×1

火砲75門を装備する27個砲兵中隊の支援を受けており、さらに装備表6-3のような僅かに生き残った戦車兵力が分散配置されていた。

10月18日までの間にすでに戦車兵力は72％の損失、すなわちＬＴｖｚ35戦車５両、ＬＴｖｚ38戦車27両、ＬＴｖｚ40戦車３両、Ⅲ号戦車Ｎ型３両およびマーダーⅢ型自走砲４両を喪失しており、対戦車砲も80％損失したほか、高射砲兵も３個中隊を残すのみであった。兵員の損失は戦死２１５０名、捕虜８５０名、行方不明・傷病者は約５０００名と見られ、脱走兵も約１０００名に達した。

なお、９月19日から10月18日までの期間、ソ連軍は空輸により短機関銃１５０２挺、小銃６３０挺、対戦車ライフル32挺、軽機関銃２１７挺、重機関銃16挺、対空機関銃18挺、迫撃砲５門を蜂起軍部隊に補給し、その他に前述した第２チェコスロヴァキア空挺旅団の約２０００名を送り込んでいた。

Marking6-2：SS第14武装擲弾兵師団（ガリシィア第1）の師団マーク。黄色いシールドにライトブルーのライオンと3つの王冠をあしらったもので、8世紀～11世紀にウクライナで興隆したルーシ王国の国章に由来する。なお、黄色とライトブルーは現在のウクライナの国旗の色である。

また、10月10日にはアメリカ空軍は、Ｂ17爆撃機６機によりバズーカ砲１００基、軽機関銃80挺および医療補給品を空輸した。

１９４４年10月18日現在の蜂起軍およびドイツ軍の兵力は表６-３のとおりである（＊30）。

16 総攻撃

１９４４年10月19日早朝、ドイツ軍のバンスカー・ビストリツァへの総攻撃が、空軍機40機の支援とともに開始された。ＦＷ１９０戦闘機11機が飛行場、Ｊｕ87シュトゥーカ急降下爆撃機５機がラジオ局を銃爆撃したほか、Ｈｓ１２９地上攻撃機４機がクルピナ方面、Ｊｕ87シュトゥーカ８機がビエリ・ポトクに攻撃を加えた。

ドイツ軍の攻撃プランは、まず最大兵力を有するＳＳ第18義勇機甲擲弾兵師団〝ホルストヴェッセル〟（ＳＳＨＷ）の３個戦闘団が南方から出撃し、北方から突進して来るＳＳ戦闘団〝ヴィッテンマイアー〟および突撃連隊〝第1戦車軍〟（戦闘団〝フォン・プラーテン〟）、西方から突進して来るＳＳ戦闘団〝シル〟と合流し、東部方面の蜂起軍部隊を殲滅する。そして、残ったバンスカー・ビストリツァを含む西部方面を、南方からＳＳＨＷを主力とした部隊、西方から戦車師団〝タトラ〟、北方からＳＳ戦闘団〝ディルレヴァンガー〟が攻撃して包囲撃滅するというものであった。

表6-3　1944年10月18日　スロヴァキア蜂起軍およびドイツ軍の兵力

部隊	兵力（名）	備考
◎第1チェコスロヴァキア軍	24,000（合計）	
・第6戦闘団	3,500	野砲 ×6
・第1および第4戦闘団	6,000	野砲 ×21
・第3戦闘団	5,000	野砲 ×18
・第2戦闘団	5,000	野砲 ×16
・予備部隊	4,500	
・第2チェコスロヴァキア空挺旅団	2,000	
・第5戦闘団の残余、その他	2,500	

部隊	兵力（名）	備考
◎ドイツ軍スロヴァキア防衛司令部	26,500(合計)	
・SS戦闘団“ディルレヴァンガー”	6,000 ?	ビエリ・ポトク戦区
SS特別連隊“ディルレヴァンガー”	4,000 ?	
戦車師団“タトラ”1個大隊、1個空軍大隊	2,000	
・SS戦闘団“ヴィッテンマイアー”	4,000	リプトプスキ・ハラドク戦区
・突撃連隊“第1戦車軍”	1,500	ポプラド戦区
（戦闘団“フォン・プラーテン）		
・SS戦闘団“シル”	3,000	バンスカー・シュチャヴニツァ戦区
・戦車師団“タトラ”	4,000	ジアル・ナド・フロノム戦区
・SS第18義勇機甲擲弾兵師団	8,000	ルチェネツ-プレツヴェツ戦区

総攻撃前日の10月18日、ポプラドから出撃した突撃連隊〝第1戦車軍〟(戦闘団〝フォン・プラーテン〟)はハルノヴィツァを攻撃し、蜂起軍の第2戦闘団はテルガールトの北方ヴェルナールまで撤退して新たな防衛線を構築した。一方、SS第18師団の右翼突進隊であるSS戦闘団〝シェーファー〟はトルナラから発進し、イェルシャヴァを経由して10月20日には交通の要衝ムラーンに達した。

蜂起軍は装甲列車〝マサリク〟を中心に反撃したが撃退され、これにより、テルガールト方面で突撃連隊〝第1戦車軍〟(戦闘団〝フォン・プラーテン〟)と防衛戦闘を繰り広げていた第2戦闘団の背後が遮断されることとなった。このため、第2戦闘団は10月22日にはテルガールトを放棄して、山岳地帯のヘルパへと撤退し、ヴェルナール付近でSS戦闘団〝シェーファー〟は突撃連隊〝第1戦車軍〟(戦闘団〝フォン・プラーテン〟)と合流することに成功した。

テルガールトは東方から進撃して来るソ連軍受け入れの橋頭堡であり、これを失ったことは蜂起軍にとっては大きな痛手であった(＊31)。

SSHWの中央突進隊であるSS戦闘団〝ゾンネ〟は、10月19日にリナフスカ・ソボタを発進し、10月24日にはティソヴェツを占領してSS戦闘団〝シェーファー〟の一部と連絡することができた。ここで両戦闘団は合体し、飛行場を有する重要拠点であるブレズノ方面へ進撃することとなった。

蜂起軍は装甲列車〝ファバン〟を23日からチェルヴェナー・スカラのフロン河沿いに投入し、さらに機関車に岩石と爆発物を満載した貨車6両を連結して突っ込ませるなど、必死の防戦に努めていた。なお、装甲列車〝ファバン〟は機関車が損傷したため、その後、ハルマネクの鉄道トンネルまで牽引されてそこで遺棄され、乗員はパルチザン部隊へ合流した。

24日の朝、SS戦闘団〝ゾンネ〟の先鋒であるSS第18機甲偵察大隊／第2中隊は、爆破された鉄道高架橋が隘路になっている地点で立ち往生していた。工兵小隊が厚板で仮補修して、ようやくシュヴィムヴァーゲンが通過可能となり、その後、SS第18戦車大隊／第3中隊の突撃砲も這うような速度でそこを渡った。

先鋒部隊はここから飛行場へ奇襲攻撃をかけてこれを占領し、さらに西からブレズノ市街へと突入した。この市街戦で突撃砲1両が対戦車ライフルにより補助燃料タンクを射抜かれて炎上したが、20㎜自走高射砲の掃射によりなんとか敵を撃退することに成功した。10月26日、SS戦闘団〝ゾンネ〟はさらに西進してポドブレゾヴァーまで達し、SS第18戦車大隊／第2および第3中隊は、ブレズノで弾薬・燃料補給を行なって、翌日のバンスカー・ビストリツァへの攻撃に備えた。

Photo6-17：スロヴァキアにおいてSS第14武装擲弾兵師団（ガリツィア第1）から派遣されたSS戦闘団“ヴィルトナー”所属の兵士。1944年9月末に撮影されたもので、左側の兵士がMP38で援護しながら、右側のポンチョの兵士が前方を窺っている。（UB 00854753）

Photo6-18：大変珍しい写真で、SS第18義勇機甲擲弾兵師団“ホルスト・ヴェッセル”／SS第18戦車大隊／第3中隊所属のIII号突撃砲。車体後部に第3中隊の戦術マークが確認できる。おそらくはスロヴァキアへ投入直前の1944年夏にハンガリーで撮影されたものである。

Photo6-19：Photo6-18の連続写真で、“Montabon”という文字が車体側面に描かれている。Hans Montabon（ハンス・モンタボン）SS少尉はSS突撃砲中隊“Nord（ノルト）”（SS第51戦車猟兵中隊）の小隊長であり、SS第1歩兵旅団に配属されて1943年11月2日にオルシャ方面で戦死を遂げている。その後、同中隊はSS第18戦車大隊の母体となっており、元部下達が少尉を偲んで突撃砲の愛称としたのであろう。

その頃、ＳＳＨＷの右翼突進隊のＳＳ戦闘団〝ペーターゼン〟は、10月22日に師団本部とともにルチェネツを出撃し、10月26日にはズヴォレンの東方10㎞にあるゾルナーに達していた。一方、ＳＳ戦闘団〝シル〟もヘッツァー16両を先鋒としてズヴォレン方面へ10月19日に進撃しており、その日のうちにクルピナを占領した。なお、クルピナでは装甲列車〝シュテファーネク〟との間で激しい砲撃戦が展開された。

蜂起軍の第３戦闘団はドブラ・ニヴァに防御線を敷き、10月21日から22日にかけて第３戦闘団は歩兵５個中隊、１個重砲兵中隊と戦車６両を投入して反撃に転じたが、戦車２両が撃破されたほか甚大な損害を蒙って撃退された。

これにより蜂起軍はバンスカー・ビストリツァへ撤退し、10月26日にＳＳ戦闘団〝シル〟は要衝ズヴォレンを無血占領することに成功した。そしてＳＳ戦闘団〝ペーターゼン〟との合流を果たし、バンスカー・ビストリツァへの追撃態勢が整った（＊32）。

さて、北方戦区のＳＳ戦闘団〝ディルレヴァンガー〟と西方戦区の戦車師団〝タトラ〟の戦いぶりはどうなっていたのであろうか？

ＳＳ戦闘団〝ディルレヴァンガー〟は、10月19日からビエリ・ポトク付近で攻勢を開始したが、険しい渓谷に阻まれて攻撃は遅々として進まなかった。10月23日、蜂起軍第６戦闘団はリプトフスカ・オサダに後退したが、追撃したＳＳ戦闘団〝ディルレヴァンガー〟は第１スターリン・パルチザン旅団の逆襲に遭遇し、捕虜１３６名に上る大損害を蒙って撃退された。これはスロヴァキア蜂起始まって以来のドイツ軍の最大の敗北であった。

また、戦車師団〝タトラ〟も10月19日の攻撃は阻止され、それ以降、蜂起軍の第１および第４戦闘団によって一歩も進めない状況であった。しかしながら、10月26日になってようやくコルディキを奪取し、西方からバンスカー・ビストリツァを脅かすこととなった（＊33）。

17 終焉

１９４４年10月27日の夜明け過ぎ、第１チェコスロヴァキア軍司令官のヴィエスト大将は、バンスカー・ビストリツァの放棄を命令し、第２空挺旅団を後衛として北方のスタレ・ホイへと撤退を開始した。

ＳＳ戦闘団〝シル〟は真夜中の１時過ぎに出撃し、ＳＳ機甲擲弾兵連隊〝シル〟／第Ｉ大隊が、ヘッツァー12両、ＳｄＫｆｚ２５１型装甲兵員輸送車７両と工兵小隊を先頭にして、早朝６時30分に南方から市街に突入して一番乗りを果たした。さらにＳＳ戦闘団〝シェーファー〟が、ＳＳ第18戦車大隊／第２および第３中隊の突撃砲群を先頭に、11時から12時の間に東方から市街へ突入し、遂にバンスカー・ビストリツァは

Photo6-20：バンスカー・ビストリツァから北方へ伸びるドノヴァリへの街道上で、遺棄された蜂起軍の車両の数々。スロヴァキア蜂起が最終的に鎮圧された1944年11月上旬に撮影されたもので、LT.vz.38戦車2両が確認できる。おそらく10月18日までに生き残った最後の5両のなかの車両であろう。左側のトラックは、1943～44年にかけて少数のみ生産されたフォード198TWA型3tトラックで、写真自体が珍しい。

Marking6-3（1）：SS第18義勇機甲擲弾兵師団“ホルストヴェッセル”の師団マーク。突撃隊SAを表すルーン文字のSSの「S」と「A」を組み合わせたもので、襟章にも用いられた。

Marking6-3（2）：同じく終戦まで用いられた師団マーク。SS第1歩兵旅団を母体として編成されたため、同旅団の部隊マークをそのまま継承して用いた。

1944年10月18日〜10月31日　スロヴァキア蜂起　ドイツ軍の総攻撃

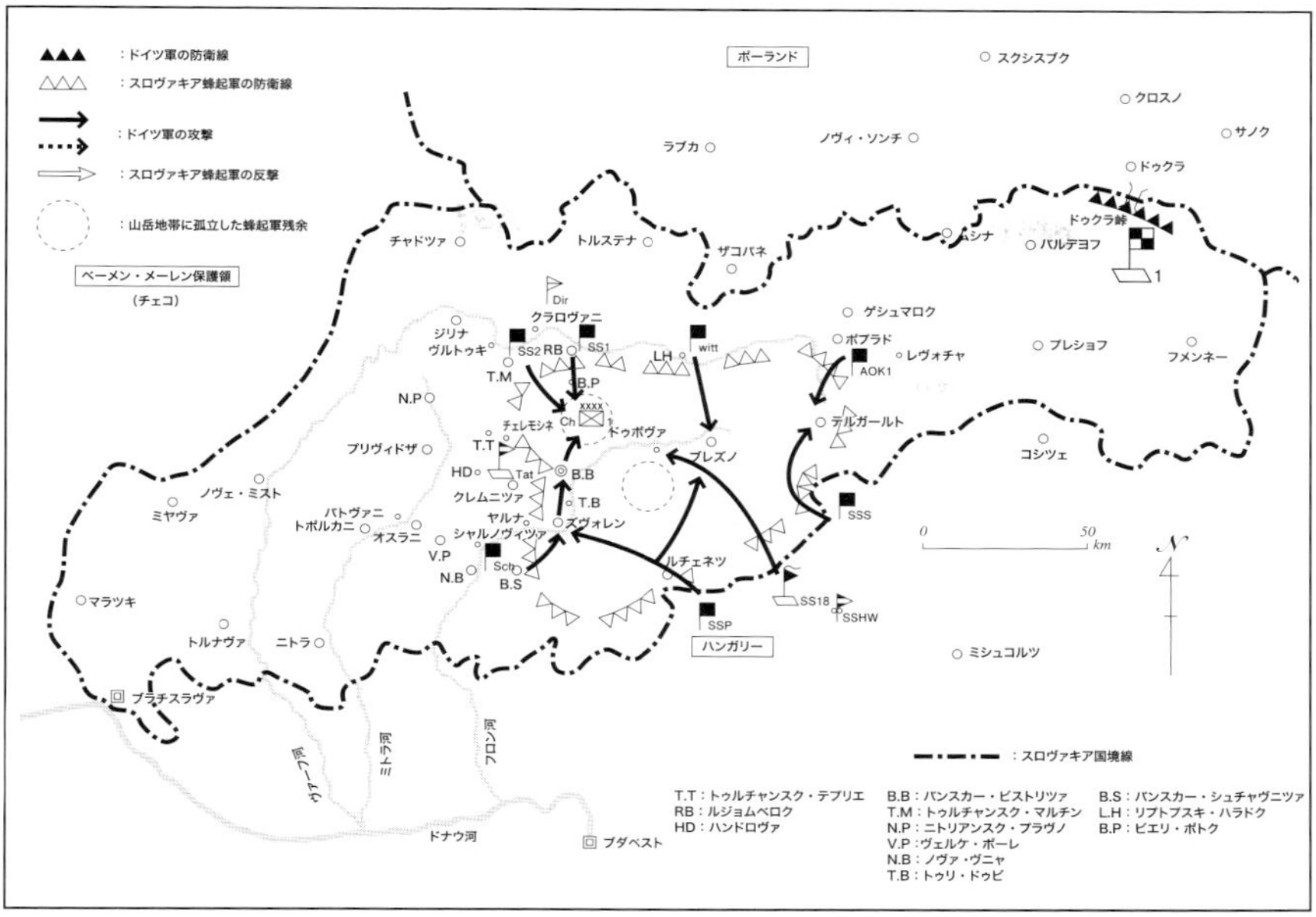

陥落したのである（＊34）。

第1チェコスロヴァキア軍はスタレ・ホイへと撤退したが、北方のリプトフスカ・オサダではSS戦闘団〝ディルレヴァンガー〟が接近しつつあり、西方では戦車師団〝タトラ〟が頑張っており、もはや脱出先はコリニツァ東方の険しい山岳地帯しか残されていなかった。1944年10月28日4時、万策尽きたヴィエスト大将は、第1チェコスロヴァキア軍に対して部隊を解散して重火器を爆破し、各自山岳地帯に退避してパルチザン部隊と連携してゲリラ戦に転ずるよう最後の命令を発した。

そして同軍の残余は、リプトフスカ・オサダ〜コリニツァ〜スタレ・ホイの12㎞四方の狭い地域に押し込められ、10月31日までに壊滅した。ドイツ軍の報告書によれば、戦闘期間中の蜂起軍の戦死者5000名、捕虜1万5000名であり、その他1万名が武器を放棄して故郷に帰還した。しかしながら、ウラジミール・プリクリル大佐指揮の第2空挺旅団を含む約7000名の兵士は、タトラ山系に逃れてパルチザン部隊と合流した。そのときには、なおもスロヴァキア製野砲1門とドイツ製対戦車砲1門を有していたという（＊35）。

スロヴァキア蜂起軍は、2週間頑張ればソ連軍が来ると信じて戦闘を行ない、実に2ヶ月に渡ってドイツ軍と死闘を演

Photo6-21：やはり鎮圧後の1944年11月上旬に撮影された写真。リプトフスカ・オサダ付近でSS戦闘団“ディルレヴァンガー”が鹵獲した蜂起軍の遺棄車両。同戦闘団では住民虐殺や掠奪、暴行行為が多数発生し、さらに脱走兵が武器をスロヴァキア・パルチザンに売り払うという前代未聞の醜態が明らかとなっている。

じたが、遂にソ連軍が来ることはなかった。ソ連軍は、9月8日からポーランドとチェコスロヴァキアの国境をなすドゥクラ峠において突破作戦を実施したが、ハインリーツィ軍集団の巧みな防御もあって、ソ連第38軍は10月25日までに戦死者2万7000名に達する損害を蒙り、遂に峠を制圧することができなかったのである。そして、ようやくドゥクラ峠に達したのが10月6日のことであり、さらにクロスノ・ドゥクラ峠地区を制圧できたのは11月25日になってからことであった。なお、この戦闘のソ連軍の損害は、死傷者8万5000名に及んだ。

ヴィエスト大将とゴリアン中佐は、11月3日にポフロンスキー・ブコベツ村で捕虜となり、ブラチスラヴァを経由してベルリンに送られ、軍事裁判の結果、国家反逆罪により1945年にフロッセンブルク強制収容所で絞首刑に処せられた。

蜂起軍部隊とパルチザンの残余は、カルパティア山脈の山中に籠もって抵抗活動を続けたが、ドイツ軍は報復として、蜂起軍を支援した容疑で多くのスロヴァキア人を処刑し、60箇所以上の集落を破壊した。一説によると、報復行為による犠牲者は5000名以上と言われている(＊36)。

Photo6-22：1944年11月8日、バンスカー・ビストリツァで開催された祝勝パレード。左端には壇上でティソ大統領が閲兵しているのが確認できる。通過中のIII号戦車短砲身型および長砲身型突撃砲は、戦車師団“タトラ”／第8補充および教育戦車猟兵大隊所属であろう。先頭車両は3色迷彩が施されており、車体正面左側に赤色？で“R”の文字が書かれている。

1944年10月18日～31日　ドイツ軍の総攻撃／SS第18義勇機甲擲弾兵師団“ホルスト・ヴェッセル”作戦図

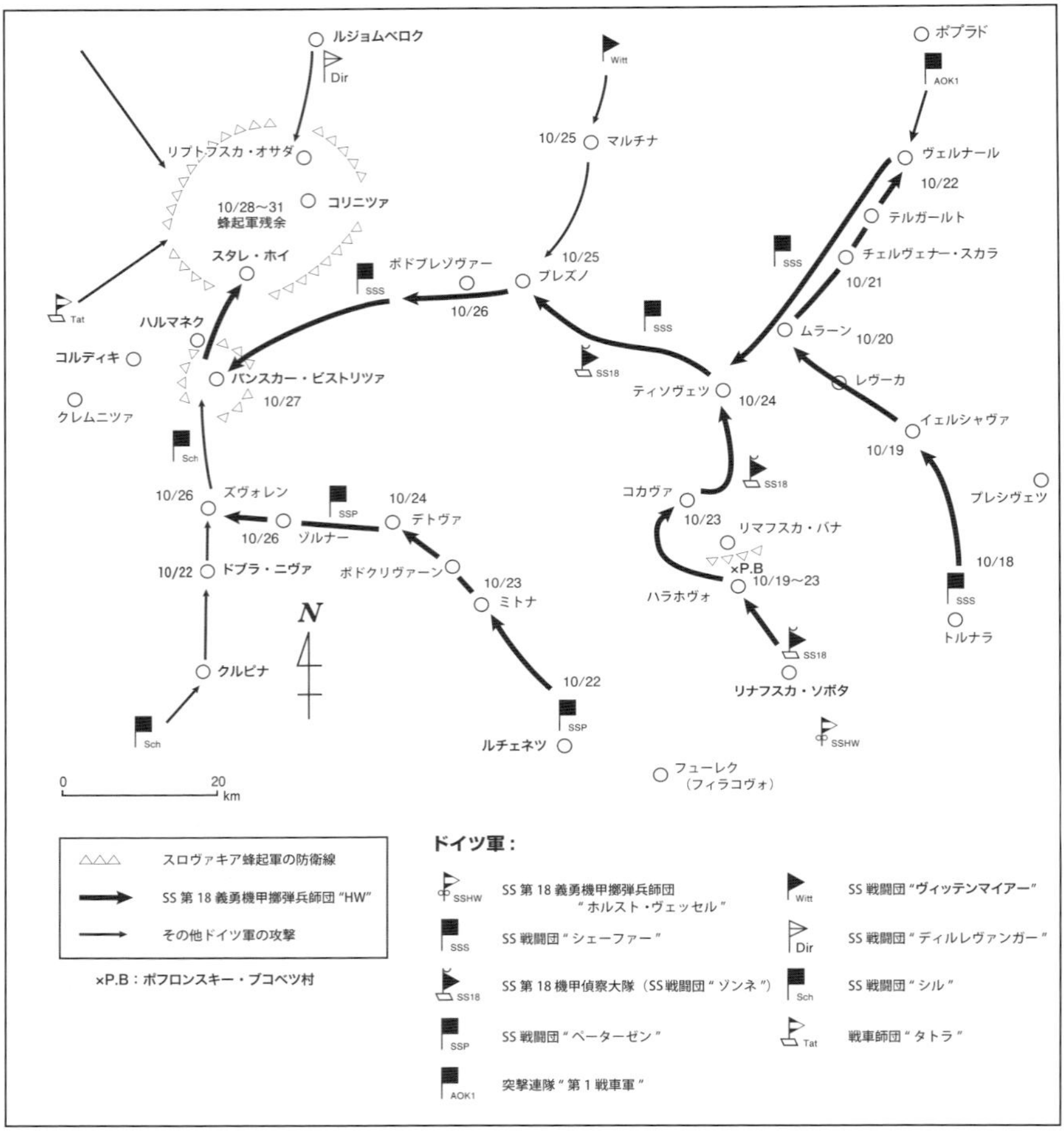

Photo6-23：バンスカー・ビストリツァで開催された祝勝パレードの際、壇上で演説をするティソ大統領（右端）。戦争末期、スロヴァキア全土をソ連軍に占領されたティソは、ドイツのバイエルンの修道院に身を隠したが、連合軍に逮捕されて新生チェコスロヴァキア政府に引き渡され、1947年4月18日に戦争犯罪人として絞首刑に処せられた。

おわりに

チェコスロヴァキアは、１９９３年にスロヴァキアとチェコに分離して今に至っています。新生スロヴァキア共和国は人口僅か５００万人の小さな国で、基幹産業は農業が主体だったのですが、２００９年から貨幣がコルナからユーロへ切り替わり、今やフランスや韓国の自動車メーカーが工場を続々と建設し、中堅工業国へと変わりつつあります。この点は、同じスラブ民族で同じような国名のスロヴェニアと似たような状況にあるようです。

観光でもチェコのプラハまでは行くとしても、スロヴァキアのブラチスラヴァまで行くという人は稀ですし、ましてや“ティーガー対装甲列車”の戦闘があったチェレモシュネの鉄道駅を一目見たいなんていう日本人は皆無です（笑）。

この山がちな小さく美しい国が、末長く平和であることを心から願うばかりです。

Photo6-25：チェレモシュネの鉄道駅付近でティーガー戦車と戦ったという伝説を持つ装甲列車“マサリク”の貴重な写真。1944年10月に撮影されたもので、雲形タイプの3色迷彩が施されており、LT.vz.35戦車砲塔と相まってなかなか凛々しい。

Photo6-24：現在のチェレモシュネの鉄道駅。プラットフォームもない小さな駅舎であるが、筆者が生きているうちに行きたいと思っている戦跡のひとつである。

(＊1)出典： Wolfgang Vinohr "Austand in der Tatra" Athenäum Verlag P.20-P.80
(＊2)出典： グスターフ・フサーク『スロヴァキア民族蜂起の証言』恒文社　P.159-P.166、P.206-P.208
(＊3)出典： Mark W.A.Axworthy "Axis Slovakia" Axis Europa Books P.248-P.249
(＊4)出典： グスターフ・フサーク『スロヴァキア民族蜂起の証言』恒文社　P.211-P.214、P.206-P.209、P.220-P.227
(＊5)出典： 同上　P.228-P.230
(＊6)出典： Mark W.A.Axworthy "Axis Slovakia" Axis Europa Books P,259-P.261
(＊7)出典： グスターフ・フサーク『スロヴァキア民族蜂起の証言』恒文社　P.264-P.270
(＊8)出典： Mark W.A.Axworthy "Axis Slovakia" Axis Europa Books P.268、P.266-P.268
(＊9)出典： 同上　P.271-P.272、P.285
(＊10)出典： Richard Landwehr "Sieglunen Anthology Number3" International Grafics Corp. P.20-P.21
Mark W.A.Axworthy "Axis Slovakia" Axis Europa Books P.261-P.262
(＊11)出典： Charles K.Kliment/Bretislav Nakladal "Germany' s First Ally" P.96
(＊12)出典： Mark W.A.Axworthy "Axis Slovakia" Axis Europa Books P.266-P.267
Wilhelm Tieke/Friedrich Rebstock "…im letzten Aufgebot 1944-1945" Truppenkameradschaft 18/33 P.63-P.64
(＊13)出典： Michael James Melnyk "To Battle" Helion & Company P.195-P.196
(＊14)出典： Charles K.Kliment/Bretislav Nakladal "Germany' s First Ally" P.95-P.96
(＊15)出典： 同上　P.96-P.97
(＊16)出典： Wilhelm Tieke/Friedrich Rebstock "…im letzten Aufgebot 1944-1945" Truppenkameradschaft 18/33 P.67-P.70
(＊17)出典： Charles K.Kliment/Bretislav Nakladal "Germany' s First Ally" P.98-P.101
(＊18)出典： Mark W.A.Axworthy "Axis Slovakia" Axis Europa Books P.286
(＊19)出典： Charles K.Kliment/Bretislav Nakladal "Germany' s First Ally" P.100
(＊20)出典： Wolfgang Vinohr "Austand in der Tatra" Athenäum Verlag P.212
(＊21)出典： Wilhelm Tieke/Friedrich Rebstock "…im letzten Aufgebot 1944-1945" Truppenkameradschaft 18/33 P.74-P.80
(＊22)出典： Charles K.Kliment/Bretislav Nakladal "Germany' s First Ally" P.102-P.103
(＊23)出典： George F.Nafziger "The German Order of Battle Panzers and Artillery in World War II" Conbined Publishing P.190
Rolf Stoves "Die Gepanzerten und Motorisierten deutschen Grossverbände 1935-1945" Podzun-Pallas Verlag P.275-P.276
(＊24)出典： Mark W.A.Axworthy "Axis Slovakia" Axis Europa Books P.286-P.292
(＊25)出典： "http://en.wikipedia.org/wiki/Armored_train_Štefánik
(＊26)出典： Mark W.A.Axworthy "Axis Slovakia" Axis Europa Books P.292-P.293
(＊27)出典： Wilhelm Tieke/Friedrich Rebstock "…im letzten Aufgebot 1944-1945" Truppenkameradschaft 18/33 P.83-P.85
(＊28)出典： French L.Maclean "The Cruel Hunters" Schiffer Military History P.199-P.200
(＊29)出典： Rolf Michaelis "Ukrainer in der Waffen-SS" Michaelis-Verlag P.69-P.70
(＊30)出典： Mark W.A.Axworthy "Axis Slovakia" Axis Europa Books P.296-P.297
Charles K.Kliment/Bretislav Nakladal "Germany' s First Ally" P.105
(＊31)出典： Mark W.A.Axworthy "Axis Slovakia" Axis Europa Books P.297-P.290
(＊32)出典： Wilhelm Tieke/Friedrich Rebstock "…im letzten Aufgebot 1944-1945 " Truppenkameradschaft 18/33 P.85-P.93
(＊33)出典： Mark W.A.Axworthy "Axis Slovakia" Axis Europa Books P.300-P.301
(＊34)出典： Richard Landwehr "Sieglunen Anthology Number3" International Grafics Corp. P.25
(＊35)出典： Wolfgang Vinohr "Austand in der Tatra" Athenäum Verlag P.296-P.298
Richard Landwehr "Sieglunen Anthology Number3" International Grafics Corp. P.26
(＊36)出典： グスターフ・フサーク『スロヴァキア民族蜂起の証言』恒文社　P.287-P.288、P.507

第II部

第7章

プラハ蜂起
――SS緊急動員部隊“ヴァレンシュタイン”――

さて、皆さんは第二次世界大戦で最後に編成された武装SS師団は何かご存じですか？

まあ、本書の読者の方はよもや間違えないと思うのですが、SS第38擲弾兵師団“ニーベルンゲン”というのが正解で、それ以上の師団は編成されなかったというのはご承知のとおりです。

しかしながら、1943年から戦争末期にかけて、一部のガウライターや武装SS野戦司令本部などにより、下記のような師団の編成構想や計画が存在しました。

- SS第39山岳師団“アンドレアス・ホーファー”
- SS第40義勇戦車師団“フェルト・ヘルン・ハレ”
- SS第41武装擲弾兵師団“カレワラ（カレヴァラ）”（フィンランド第1）
- SS第42機甲擲弾兵師団“ニーダーザクセン”
- SS第43機甲擲弾兵師団“ライヒスマルシャル（国家元帥）”
- SS第44機甲擲弾兵師団“アルブレヒト・フォン・ヴァレンシュタイン”
- SS第45機甲擲弾兵師団“ヴァレーガー”

まあしかし、編成が非現実的なことは一目瞭然です。だいたい戦争後半にもなって、1個師団が編成できるほどのフィンランドSS義勇兵など居るわけがありませんし、“ライヒスマルシャル”なんて武装SS版空軍地上師団のような感じで、戦う前から駄目そうな雰囲気が漂っています。“アンドレアス・ホーファー”はチロル独立戦争の英雄ですが、チロル地方で募兵しても少年と老人だけしか残っていないので、国民突撃隊と大差ありません。

実際にはこのほかに、1944年後半にルーマニアやブルガリア義勇兵による師団編成の計画もありましたが、まあ、この期に及んで第三帝国と心中覚悟の酔狂な義勇兵がいるわけもなく、計画は立ち消えとなっています。

このなかで唯一、動員が行なわれて師団編成の一歩手前まで行ったのが、SS第44機甲擲弾兵師団“アルブレヒト・フォン・ヴァレンシュタイン”で、プラハ周辺の武装SS各兵科学校や補充教育部隊などを母体として編成する計画でした。そして、戦争末期にこれらの補充教育部隊に対して緊急動員が実際に発動され、師団の原形とも言えるSS緊急動員部隊“ヴァレンシュタイン”が、プラハ蜂起軍鎮圧のために出撃したのです。

対する敵の主力は、寝返ったウラソフのロシア解放軍／第1ロシア歩兵師団！

果たして、この世紀末的仮想戦記のような戦闘の結末は如何に!?

Photo7-1：1945年4月30日、オストラヴァの市街に進むソ連軍第1ウクライナ戦線の先鋒部隊。長砲身の圧倒的な迫力のある戦車はヨゼフ・スターリンIS-2型で、第42親衛戦車旅団の所属である。市民が不安そうに遠まきに見ているのが印象的だ。

1　戦争末期のチェコを巡る戦局

ベーメン・メーレン（ボヘミア・モラビア）保護領（チェコ）の東部戦線側については、北方からソ連軍第1ウクライナ戦線、東方から第4ウクライナ戦線、そして南東からは第2および第3ウクライナ戦線が迫っていた。さらに、西部戦線側の北西および西方にはアメリカ第1軍と第3軍が展開していたが、ソ連軍に比べて動きは全体的に緩やかであった。

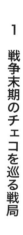

(1) 東部戦線

第1ウクライナ戦線がチェコ領内に進攻したのは、1945年3月18日のことであり、主要都市であるオソブラハをソ連第59軍が占領したのは3月31日であった。しかしながら、第1ウクライナ戦線の主要部隊がベルリン攻撃作戦へ転用されたため、この方面からの攻勢は5月までは発起されなかったのである。

第1ウクライナ戦線の左翼に隣接する第4ウクライナ戦線は、最も早く1945年2月17日にチェコ領内に達していた。しかしながら、3月10日から18日まで行なわれた攻撃作戦は失敗し、攻撃を再開してオドラ河を渡河したのが3月末のことであった。4月初め、第1ウクライナ戦線から第60軍が増強され、4月15日に第60軍と第38軍がラティボア付近からオパヴァ、オストラヴァ、そしてオロモウツ方面へ攻勢を発起させた。そして、4月20日にはオパヴァ、そして4月30日にはオストラヴァを占領したが、オロモウツに達したのが5月1日のことであり、その間にドイツ第1戦車軍は撤退する時間を稼ぎ出したのである。

第4ウクライナ戦線の左翼である第2ウクライナ戦線は、南方のブルノ方面から進撃していた。第1親衛騎兵軍の第6親衛騎兵軍団が、モラヴァ河を渡河したのが4月7日であり、4月13日までに橋頭堡はラントシュートまで拡大された。4月15日、第1親衛騎兵軍はブルノ方面へ攻撃を発起し、第41親衛戦車旅団がブルノ郊外まで達した。しかしながら、4月20日にドイツ第16戦車師団の側面攻撃を受け、1個騎兵師団と第7機械化軍団の2個旅団が大損害を蒙って攻撃は頓挫した。

ソ連軍は第6親衛戦車軍を増強して、ブルノへの攻撃を再開したが、ディイェ河のヴラノフダムをドイツ軍が決壊させたため、攻撃はまたもや停滞した。最終的なブルノ攻撃は4月23日に実施され、第2および第9親衛軍団と第5戦車軍団を繰り出して、ようやく4月25日にブルノは陥落した。さらに翌日には第1ルーマニア軍と第53軍がオロモウツ方面へ攻撃を行ない、第4ウクライナ戦線と合流してドイツ第1戦車軍を挟撃しようとしたが、この攻撃は失敗してこれ以上の戦果の拡大は挙げられなかった（＊1）。

すなわち、チェコ領内におけるソ連軍の攻撃は、主力部隊をベルリン戦へ投入したため遅々として進まず、1945年5月1日を迎えようとしていたのである。

(2) 西部戦線

西部戦線については、1945年4月中旬にアメリカ軍はエルベ河に到達し、そこがソ連軍との軍事境界線であった。このため、アメリカ第6軍集団および第12軍集団はそこから南下することとなり、先鋒のアメリカ第3軍がダニューブ河を渡河した。4月18日にはアメリカ第12軍団／第90歩兵師団がフラニツェを占領し、チェコ領内へと進撃した。

4月20日、アメリカ軍はドイツ第7軍の戦線を突破してアシュを制圧し、4月25日から26日にかけて第97歩兵師団はフランティシュコヴィ・ラーズニェとヘブを占領した。さらに4月27日にはアシュの南西タホフを占領し、5月4日までにマリアーンスケー・ラーズニェ付近まで進んだ。

一方、第97歩兵師団の右翼、すなわち南方のアメリカ第90歩兵師団は、国境付近のヴァルトミュンヒェンでドイツ軍第11戦車師団に遭遇して激戦となり、ようやく5月1日になって第11戦車師団が撤退した。

そして、第90歩兵師団は4月30日付でアメリカ第5軍団に配属され、その他の師団と共にアメリカ第3軍の先鋒として、5月4日に発起予定の第二次大戦最後の作戦、すなわちプラハまでの進攻作戦に投入される予定であった（＊2）。

1945年4月30日〜5月6日　ベーメン・メーレン保護領（チェコ）　戦況図

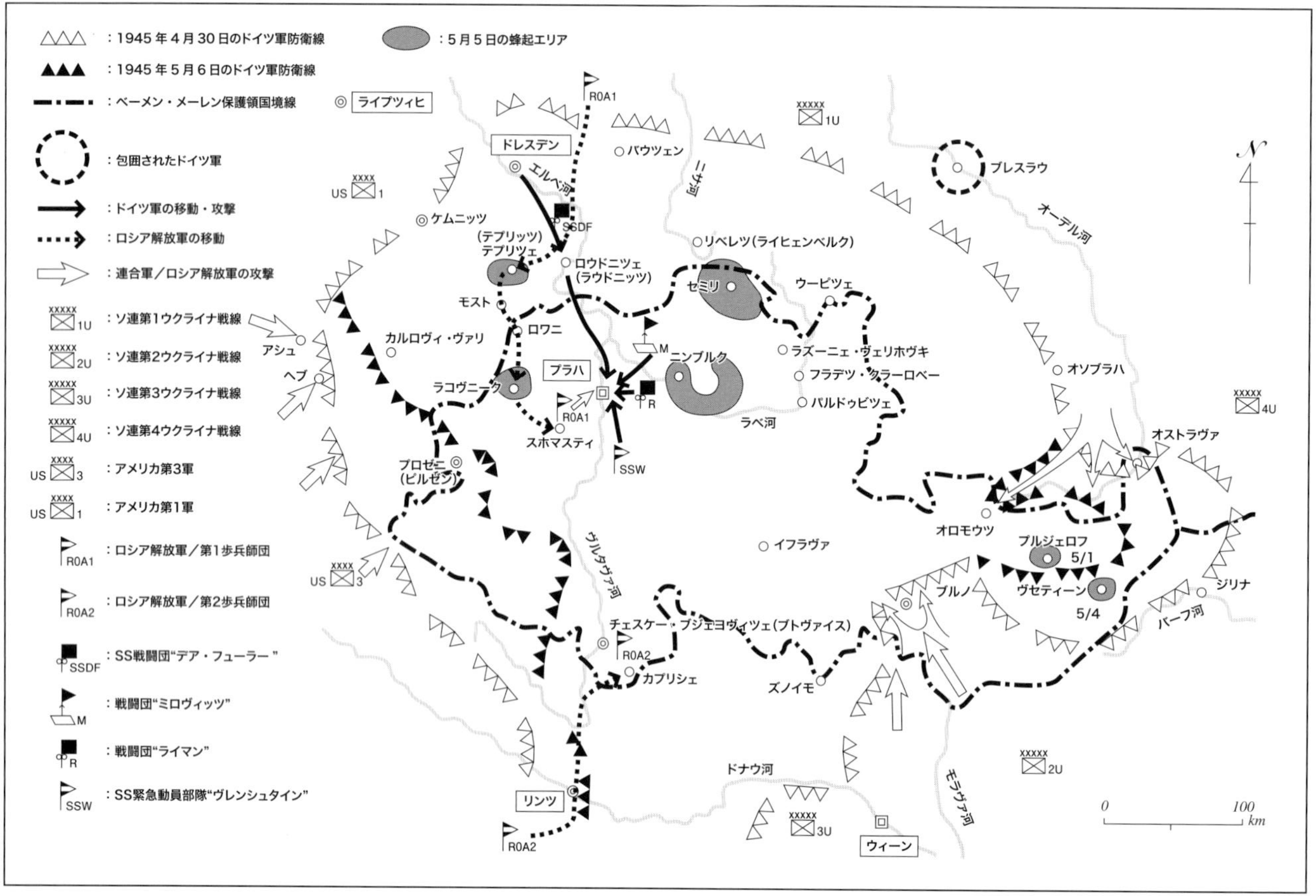

Photo7-2：1945年5月7日、チェコ・オーストリア・ドイツの国境交差点付近のツェルナー・フ・ポスマヴィーで撮影された写真。使い古されたDKW社製ライヒスクラス（2気筒、600cc、18馬力）は、フェンダーのマーキングでもわかるとおり第11戦車師団所属である。ダークイエローとダークグレー（?）のゼブラ状迷彩が施されている。

2 「国民防衛」（Oburana naroda=ON）

ポーランドの「国内軍」（AK）と同じように、チェコにも地下抵抗組織である「国民防衛（ON）」が存在していた。この組織は、1939年3月のドイツによるチェコ併合後に解体されたチェコ軍の将官や国防省高官であるヨーゼフ・ビリー、ヤン・イングルなどが中心となって創設された地下組織であった。

国民防衛（ON）は、最初から全国規模の武装蜂起が目的であり、非常呼集により大きな街では大隊規模、小さな町や村は中隊規模の部隊を動員し、机上では200個大隊以上の兵力を集めることができた。もちろん、兵員はパートタイムが大部分であり、普段は農業に従事したり企業などに勤めて二重生活を行なっていた。

すでに第二次大戦勃発直後から武装蜂起が準備され、西部戦線やポーランド戦線の戦況によって発起される予定であったが、その後のポーランド、フランスの降伏により不発に終わっている。

しかしながら、「プラハの屠殺者」との悪名高いラインハルト・ハイドリヒが、1941年9月にベーメン・メーレン保護領副総督として着任すると状況が一変し、ゲシュタポによる厳しい追及が開始された。創設者のヨーゼフ・ビリーはゲシュタポに逮捕されて1941年7月に絞首刑に処せられ、大隊長や中隊長となるべき指揮官も次々と逮捕されて強制収容所送りとなり、組織は壊滅的な打撃を受けた。

この結果、ヨーゼフ・ビリーの後任のズデニク・ノヴァクは、大規模な武装蜂起計画を放棄し、日常の情報収集、諜報活動、破壊工作や牽制活動に重点を置くようになり、情報についてはロンドンのエドヴァルド・ベネシュ率いるチェコスロヴァキア亡命政府経由でイギリス軍へと伝えらた。

さらに1944年にゲシュタポの摘発が強化され、ズデニク・ノヴァクは1944年6月に逮捕され、その後任のプラハも9月に逮捕されて、ようやくフランティセク・スルネツコ（コードネーム：アレックス）が後任司令官に就任したのである。

従って、1945年4月当時の国民防衛（ON）は、武装蜂起の計画も組織さえも整っていない状態にあった。さらにある程度は武器・弾薬なども隠匿してはあったが、未整備で使用できるかどうかも怪しく、ドイツ軍のデポを襲撃することが確実かつ手っ取り早い方法ではあった。従って、武装蜂起の主力となるのは、ゲシュタポの逮捕を免れた拠点のメンバーを中心に、各州および自治体の警察、防空部隊(Luftschutz：警察の一部で準軍事組織)などであった(＊3)。

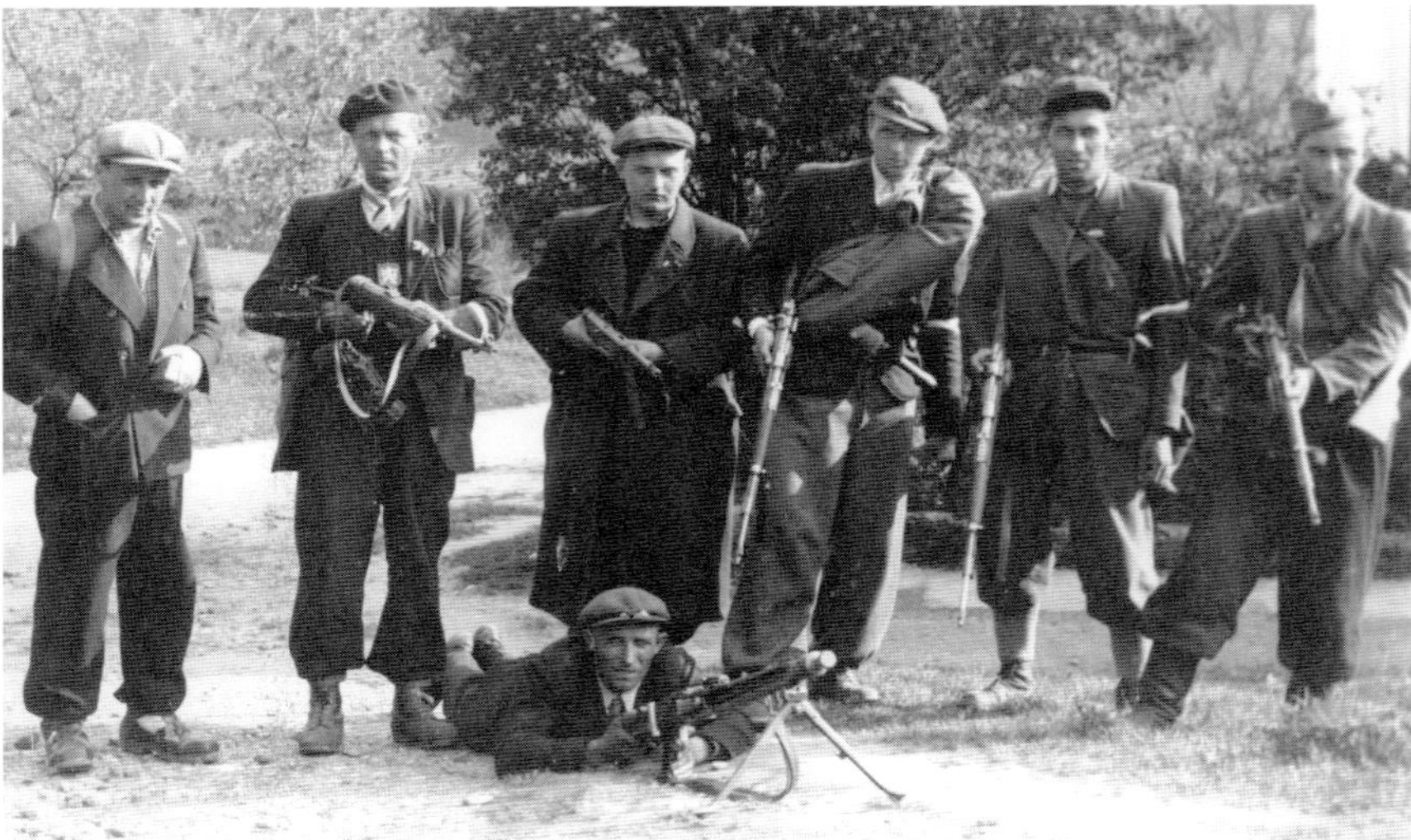

Photo7-3：国民防衛（ON）の武装民兵の面々。左からMP38短機関銃、MP41短機関銃（?）、そしてマウザー（俗称モーゼル）Kar98K小銃3挺が並び、伏せ撃ちで構えているのが言わずと知れたMG42型軽機関銃である。1945年5月上旬の撮影であろう。

3 プラハ蜂起

1945年4月30日、国民防衛（ON）司令官フランティセク・スルネツコ大将はプラハへ移動し、10時からスタッフと作戦会議を開催した。そのなかで、スルネツコ大将はプラハを除く全チェコ区域の指揮を執る一方、プラハ地区の司令官はカレル・クトルヴァシュル大将が任命された。

実際にプラハ地区に投入できる部隊は、フランティセク・ビュルガー中佐（コードネーム：バルトス）率いる部隊であり、次のような兵力が緊急呼集可能であった。

◎プラハ地区国民防衛（ON）部隊

・防空部隊（Luftschutz）：6個大隊（約6000名?）
・警察部隊：4026名
・発電所労働者：425名
・都市警察隊：400名
・行政機関警備隊：385名
・地下抵抗組織（ブラック・リオン旅団）：200名

プラハ地区司令部はバルトロムニェイスカ通りの防空部隊本部に置かれ、そこから全プラハ地区警察署や分署に直通電話が引かれていた。そして5月5日までに、主にプラハ西方からの村々から民兵の志願兵が続々と集合し、その数は3万名に達したほか、後述するようにロシア解放軍／第1ロシア

Photo7-4：同じく1945年5月上旬にプルゼニ西方の国境付近で撮影された写真。木炭ガス発生装置を付けたトラック（フォードV8-51型?）の荷台には「（強制）労働収容所フレッセンビュルク」と大書されている。おそらくは4月23日の収容所解放の際にチェコ側に逃げ込んだドイツ部隊のもので、後に国民防衛（ON）の武装民兵に鹵獲されたのであろう。チェコスロヴァキア国旗を押し立てて意気揚々という感じである。

表7-1　1945年4月30日　プラハ駐留のドイツ軍部隊

プラハ駐留のドイツ軍部隊

◎陸軍：8,000〜10,000名
- 第539特別編成歩兵師団／3個大隊
- 第46補充擲弾兵連隊の一部
- 第305国民突撃大隊
- プラハ要塞部隊

◎武装SS：約4,000名
- SS補充および教育砲兵連隊／第Ⅲ大隊
- SS第2補充および教育機甲擲弾兵大隊
- SS第20警察連隊の一部
- SS第2衛兵大隊（王宮）

◎空軍：約3,000名
- 飛行場警備部隊
- 在プラハ高射砲部隊

◎その他：兵力不明
- SA連隊“フェルト・ヘルン・ハレ”／第Ⅴ大隊
- RAD（帝国労働奉仕団）およびトット機関部隊

歩兵師団がベロウンからプラハへ移動しつつあり、その兵力は約1万8000名であった。

従って、1945年5月5日時点で、国民防衛（ON）側はプラハ地区に約5万名の蜂起部隊を集結させていたのである。特に第1ロシア歩兵師団は、戦闘経験もある完全武装の兵士たちで構成されており、民兵部隊とは比べ物にならないほど強力であり、同師団が加わることで武装蜂起部隊の戦闘力は飛躍的に向上した（＊4）。

これに対して、プラハに駐留するドイツ軍部隊は約1万5000〜2万名程度と推定され、各部隊は兵舎、2ヶ所の飛行場、学校およびホテルなどに宿営していた（＊5）。詳細を表7-1に示す。

なお、プラハ要塞部隊は雑多な小部隊の集成部隊であったが、唯一の機甲部隊を有しており、ヘッツァー・シュタール型3両、ヘッツァー・シュタール型ディーゼルエンジン搭載用車両プロトタイプ1両、フランス製AMR戦車10両、中古Ⅲ号突撃砲短砲身型数両を装備していた（装備表7-1を参照）。

ヘッツァー・シュタール型は、駐退復座装置がない75㎜戦車砲を固定式に搭載したもので、砲撃の反動を車両全体で吸収するというユニークなコンセプトで開発された。防盾が小型化されているが、車体はガソリン・エンジン搭載の標準車両とディーゼル・エンジン搭載用車両との2種類がある。なお、後者はディーゼル・エンジンを搭載する予定で、機関室上面のレイアウトが大幅に変更され、指揮官用として戦闘室後部に張り出し部（バルジ）が設けられていた。

1944年9月に試作型3両、ゼロシリーズ量産型10両が同年12月から翌1945年1月の間に生産されたが、標準車両に無駐退復座型75mm戦車砲を搭載したものであった。1945年3月にようやくタトラ928型ディーゼル・エンジン（180馬力）を搭載したプロトタイプ1両が完成し、その後、第1次量産シリーズ3000両が生産されるはずであったが、終戦を迎えている。従って、ヘッツァー・シュタール型の生産数は合計14両であり、そのうちディーゼル・エンジン搭載用車両は僅かに1両のみであった。

1945年3月、ヘッツァー・シュタール型7両と唯一のヘッツァー・シュタール型ディーゼルエンジン搭載用車両1両は、陸軍の戦車猟兵学校〝ミロヴィッツ〟へと送られた。そのうちヘッツァー・シュタール型3両とディーゼル・エンジン搭載用車両1両はプラハ要塞部隊へと分遣され、プラハ蜂起の5月5日午後には早くもポドババ地区へ出動して戦闘を行なっている。

ちなみに、ディーゼルエンジン搭載用車両1両については、1945年5月9日午後にロキツァニ方面へ撤退する途中、ブレヴノフ地区にてエンジン故障のため遺棄され、戦後に回収されてチェコスラヴァキア陸軍が訓練用として使用し、数年後にスクラップにされたとのことである。その他のヘッツァー・シュタール型については、8両が回収されて通常型の戦車砲に換装され、戦後、チェコスロヴァキア陸軍で供用されている（＊6）。

ベーメン・メーレン保護領担当相カール＝ヘルマン・フランクは、この僅かな兵力でプラハ地区の防衛と治安維持を行なうのは、とても不可能であることは理解していた。このため、フランクは5月3日にフレンスブルクへ飛んで、ヒト

装備表7-1　1945年4月30日　プラハ要塞部隊の装甲兵力

ヘッツァー・シュタール型　×3

ヘッツァー・シュタール型　×1
（ディーゼルエンジン搭載車両プロトタイプ）

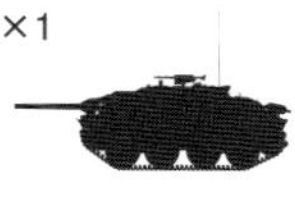

フランス製AMR戦車　×10

中古Ⅲ号突撃砲短砲身型　×数両

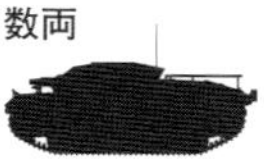

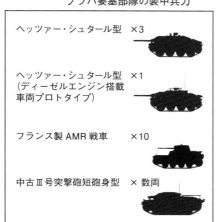

Photo7-5：戦闘団“ミロヴィッツ”所属のヘッツァー・シュタール型。大変珍しい写真で、おそらくは1945年5月8日のプラハからの撤退時に撮影されたものであろう。カモフラージュの枝で分かりにくいが、特徴的な小型化された防盾形状が確認できる。

Photo7-6：1945年5月5日13時過ぎ、プラハのスコダ工場のゲートを出発した直後の未完成ヘッツァーを撮影した大変価値ある素晴らしい写真。滝口彰氏の好意で掲載させて頂いた。この時点では側面のCSRの文字もスプレーの殴り書きである。（滝口彰氏――Akira Takiguchi Collection 提供）

ラーの後任であるデーニッツと会談し、プラハを病院都市として攻撃対象から外すよう連合軍と折衝することが承認された。その後、フランクは5月5日にアメリカ第3軍司令官ジョージ・パットン大将と接触しようと試みたが、この工作は失敗に終わった。従って、1945年5月5日時点でプラハ地区におけるドイツ側の防衛部隊は、弱体で兵力も装備もまったく不充分であったことが理解できる（＊7）。

1945年5月5日の朝、大群衆がムーステク地区や共和国広場に集まり、旧チェコスロヴァキアの三色旗を振って気勢を挙げた。彼らは、アメリカ軍がベロウンまで進撃し、そこでヴィルヘルム・フリック総督が逮捕されたというデマを信じて、自然発生的に集まって来たのである。そして10時にはドイツ保安警察部隊と衝突が生じたが、ドイツ側は一旦ウェンセスラス広場まで後退した。

一方、国民防衛司（ON）令官フランティセク・スルネツコ大将は、急激に情勢が緊迫化したのを受けて10時にチェコ全土の武装蜂起命令を発し、プラハ地区の責任者であるフランティセク・ビュルガー中佐も緊急呼集を開始した。そして、警察部隊がラジオ放送局を占拠し、12時32分に全チェコ領内に武装蜂起のメッセージが送られた。同時に国民防衛（ON）のレジスタンス部隊が電話交換局、チェコスロヴァク通信社、中央郵便局を占拠し、14時にパンクラーツ刑務所の政治犯が解放された。ドイツのプラハ駐留部隊は、ドイツ市民が多く在住する地区や重要施設周辺ごとに分断されて孤立してしまい、中には民兵の武装解除を受けたりプラハ郊外へと脱出を図った部隊もあった（＊8）。

また、この日の午前中にプラハのスコダ工場では、主砲が搭載される前の未完成ヘッツァー3両が民兵によって接収された。車両は最終生産型で、塗装はダークグリーンがベースであり、側面シュルツェンがダークグレイ?、転輪はダークイエローで塗られていた。その後、民兵によって側面にはダークイエローと思われる乱雑な斑点と「CSR（チェコスロヴァキア共和国）」の文字がスプレー塗装され、チェコスロヴァキアの三色旗が前面、後面、両側面の4ヶ所に大きく描かれたほか、車体前面下部には大きな白十字も描かれ、防盾の上部には三色旗が立てられた。なお、防盾については、両側面に白色で大きな円が塗られている車両と、防盾全体を白色に塗った車両のバリエーションの違いも確認でき、主砲用の開口部は木板で閉鎖されていた。

これらのヘッツァー3両は13時頃にスミーホフ広場へと出発し、指揮戦車として最初の2両はノイバウアー少尉指揮の混成戦車小隊、他の1両はドヴォラク大尉指揮の混成戦車小隊へと配属された（＊9）。

5月5日の夜間、プラハ市民は徹夜で市街1583ヵ所に

Photo7-7：スミーホフ広場に到着し、花束やソ連国旗（国旗と陸軍旗の合体タイプ）などで飾り付け、車体側面にスローガンが書き込まれた未完成ヘッツァー。3両のうちの1両で、Photo7-5の写真とは違う車両のようである。まだこの時は、武装蜂起した直後で民兵側にも記念写真を撮影する余裕があった。

バリケードを構築した。民兵の志願者は引きも切らず、国民防衛（ＯＮ）の動員も順調に行なわれ、ステファニク兵舎などにおいて民兵部隊が次々と編成された。また、ドイツ装甲列車が鹵獲され、プラハ要塞部隊のⅢ号突撃砲短砲身型を含めた装甲戦闘車両10両、高射砲2個中隊とアラドＡｒ３９６練習機1機が鹵獲された。そして、武装蜂起部隊の支援をするため、西方からロシア解放軍の第1ロシア歩兵師団がプラハ郊外に到着しつつあった（＊10）。

4 ロシア解放軍／第1ロシア歩兵師団

プラハ蜂起に関しては、ロシア解放軍の第1ロシア歩兵師団を避けては語れない。

元レニングラード北西戦線正面軍総司令官代理のアンドレイ・アンドレイエヴィッチ・ウラソフ大将は、スターリンの無謀な防衛命令により指揮下の2個軍が壊滅し、自身は１９４２年7月12日に捕虜となった。この後、ウラソフは国防軍総司令部プロパガンダ課の協力を得て、自由社会主義に基づくロシア共和国建設を目的とした反スターリン運動を開始した。

そして、１９４４年11月にプラハにおいて、ロシア諸民族解放委員会を設立し、ソ連軍捕虜、東方大隊や元カミンスキー旅団兵士などにより、ロシア解放軍（ＫＯＮＲ）2個師団を創設した。この第1および第2ロシア歩兵師団は、表向

Photo7-8：1945年5月9日、プラハの旧市街の共和国広場に近いパジージュスカー通りで擱座したIII号突撃砲短砲身型。おそらく武装蜂起部隊が再鹵獲したプラハ要塞部隊の残存車両であろう。この車両は民兵側のパンツァーファウストの攻撃で撃破されたもので、車体側面前方には黒地で白い縁取りの“8”という番号とその上から“Blücher（ブリュッヒャー）”という名称が上書きされている。

きは第600および第650歩兵師団（ロシア）と呼称され、前者は1945年2月28日までにミュンジンゲン演習場において、後者は1945年4月15日までにホイベルクおよびミュンジンゲン演習場にて編成を完了した（＊11）。

1945年4月7日現在の第1ロシア歩兵師団の編成は編成図7-1のとおりであると推察され、兵力は約1万8000名と充実していた。装備に関してはドイツ人部隊優先のため、おそらく貧弱な内容であったと想像されるが、戦車猟兵大隊の装備はヘッツァー8両と鹵獲T34戦車9両を有しており、当時のドイツ国民擲弾兵師団を上回る質と量を誇っていた（＊12）。

1945年4月13日早朝4時45分、ブンヤチェンコ少将率いる第1ロシア歩兵師団は、リーベローゼ付近のオーデル河西岸のソ連軍橋頭堡、別名〝エルレンホフ（榛の木屋敷）〟

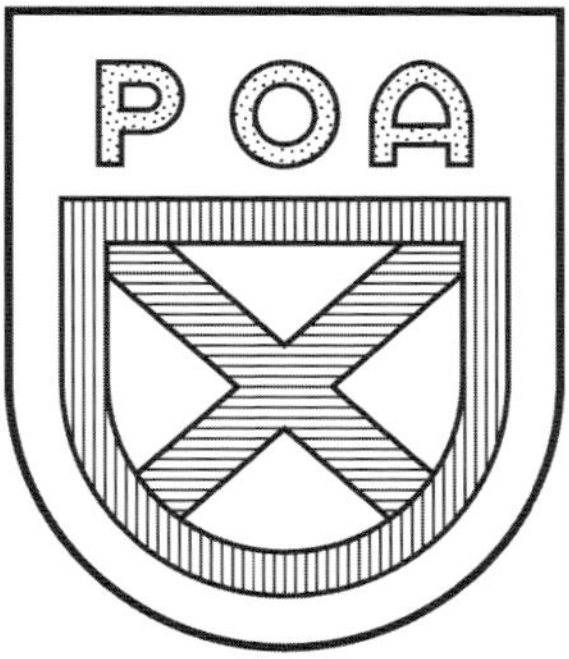

Marking7-1：第600歩兵師団（ロシア）のアームワッペン。黒地またはフィールドグリーン地のシールド中に赤で縁取りされた二重シールドがあり、聖アンドレ十字架（セント・アンドリュース・クロス）が白と青で描かれている。その上には黄色で「POA」と書かれている。キリル文字のPOAはラテン文字のROAであり、Russkaja Osvoboditel' naja Armija（ロシア解放軍）の略称である。

Photo7-9：1943年4月、アンドレイ・ウラソフ将軍（左端）が北方軍集団を視察中に、ロシア義勇兵（Hiwi）を閲兵した際に撮影されたプロパガンダ写真。隊列前の火器は120㎜迫撃砲42型、デグチャレフDT28車載軽機関銃、デグチャレフDP28軽機関銃2挺、MG34軽機関銃という独ソ製混成で、兵士の持つ小銃もマウザー（俗称モーゼル）やモシン・ナガンが混在している。

編成図７-１　1945年４月７日　第１ロシア歩兵師団の編成

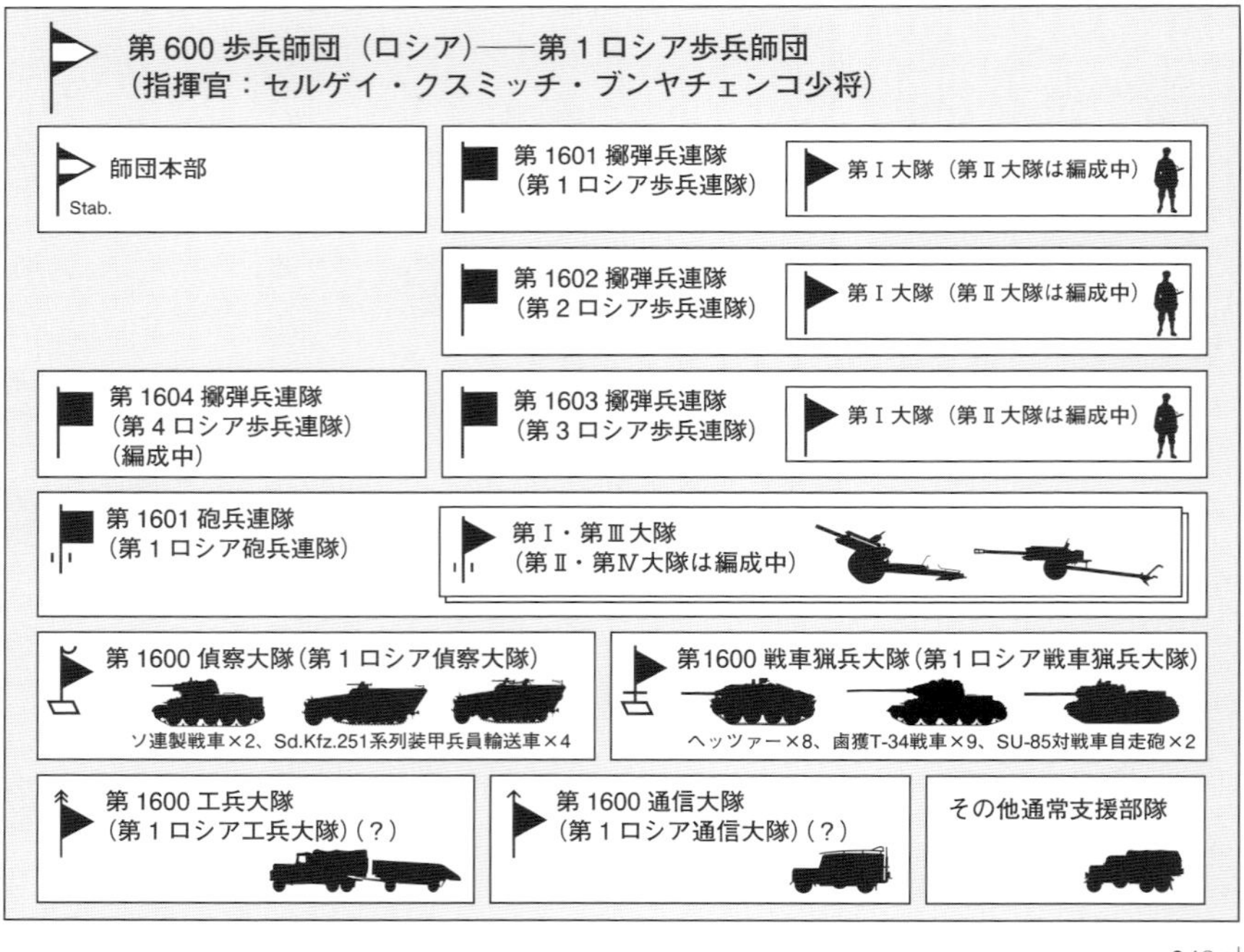

橋頭堡に攻撃を加えた。この攻撃は4時間にも及んだが、結局、敵の鉄条網と塹壕を突破することができず、大損害を蒙って撃退された。

この攻撃が失敗して以降、ブンヤチェンコ少将はドイツ中央軍集団の命令を無視する形で、師団をまとめて前線から離れ、コットブスを経由して南下を開始した。本来ならば抗命ということで大問題となるはずであったが、4月16日からソ連軍の大攻勢が開始され、中央軍集団司令部はそれどころではなくなった。結局、独断を追認する形でゼンフテンベルク方面へ退却することを許可したのであった。そして4月18日には、ラーデベルクを経由してベーメン・メーレン保護領へ向かうよう命令され、4月22日にバート・シャンダウ地区に集結した。

この後、第1ロシア歩兵師団は、さらに南下して4月29日には師団本部はコソイェドに設けられた。この間、中央軍集団の4月24日の呼び出しには、ブンヤチェンコ少将は交通事故を装って出頭せず、4月27日は参謀長ナッツマー少将が、そして4月29日には中央軍集団司令官シェルナー元帥が自らシュトルヒに乗機して師団本部を訪ねたが、言を左右にして前線へ戻ろうとしなかった。

すでにブンヤチェンコ少将は、国民防衛（ON）の連絡将校の接触を受け、対独蜂起の際の協力依頼がなされていたのである。そして師団の主力は、4月30日にはプラハ西方30㎞にあるベロウンへと向かった。5月1日には、ウラソフがコソイェドの師団本部を訪れ、蜂起に加わろうとするブンヤチェンコを説得して止めさせようと試みたが失敗に終わった。

さらに5月2日の昼間、ルジュナ・リシャニの駅付近で些細なことから武装SSの部隊と銃撃戦が勃発し、ロシア側6名、武装SS側4名が死亡するという事件が起こり、もはや第1ロシア歩兵師団の離反は明らかとなった。

その日の夜遅く、コソイェドの師団本部へ、国民防衛（ON）のプラハ地区司令官カレル・クトルヴァシュル大将から全権を任された将校が訪問し、師団による武装蜂起部隊への支援が正式に要請された。そこで、ブンヤチェンコがすべての連隊長と部隊長、本部将校を集めて最終的に議論した結果、第1ロシア歩兵連隊長のアンドリイェ・ドミトリイエヴィッチ・アーチポフ中佐がひとりだけ反対し、残りは全員賛成したためここに決定が下された。

「プラハへ行軍！」（＊13）

1945年5月4日朝、第1ロシア歩兵師団はプラハ方面へ移動を開始し、その日の夜にはシャハロフ大佐率いる第4ロシア歩兵連隊の後衛部隊はベロウンを通過し、師団本部はスホマスティに宿営した。翌日、師団は三悌団に分かれてスホマスティ、ベロウン付近から、50㎞離れたプラハへと勇躍

Photo7-10：1945年2月16日、ミュンジンゲン演習場で開催されたロシア解放軍第1ロシア師団――第600歩兵師団（ロシア）の閲兵式。最前列の下士官はすべて短機関銃を装備しているが、なんとイタリア製ベレッタM38A型である。右腕にロシア解放軍のアームワッペンを付けている兵士も数人確認できる。

進軍を開始した。
◎左翼部隊（ベロウン～プラハ）：第3ロシア歩兵連隊、第4ロシア歩兵連隊
◎中央部隊（スホマスティ～イノニツェ）：師団本部、第2ロシア歩兵連隊
◎右翼部隊（ラドティーン方面）：第1ロシア歩兵連隊、第1ロシア偵察大隊

そして、先鋒部隊であるコステンコ少佐の第1ロシア偵察大隊（第1600偵察大隊）の最初の車両は、その日の20時24分にラドティーンの庁舎に到着した。同大隊はソ連製戦車2両、SdKfz251系列装甲兵員輸送車4両を装備しており、自転車偵察中隊を有していたため最も機動力が高かった。そして、5月6日朝6時、プラハのラジオ放送局は、第1ロシア歩兵師団に対して次のように呼びかけた。

「ウラソフ軍の将兵諸君！ドイツのゴロツキどもに対する最後の戦闘段階において、諸兄がロシア人およびソ連市民としてプラハ蜂起を支援することを我々は望んでいる」（＊14）

一方、バルトロムニェイスカ通りの武装蜂起部隊司令部では、ロシア解放軍の支援が得られる見通しがついたことで、ホッとした空気が流れ始めていた。しかしながら、彼らがひとつだけ知らないことがあった。それは、フランク保護領担当相がドイツ人市民救出のため、在ベーメン・メーレン保護

領武装SS司令官カール・グラーフ・フォン・ピュックラー＝ブルクハウスSS中将に、武装SS部隊の緊急出動を5月5日朝に依頼していたことであり、中将が迅速にそれを実行に移しつつあったのである……。

5 武装SS緊急動員部隊〝ヴァレンシュタイン〟

カール・グラーフ・フォン・ピュックラー＝ブルクハウスは、1886年10月7日にブレスラウに生まれた。父親は元プロシア陸軍の少佐であり、オーバー・シュレージェン州の地方行政官であった。年少より学校の成績も良く、ギムナジウム卒業後にボン大学に進学したが、1908年4月に陸軍へ入隊し同年10月に少尉に任官している。第一次世界大戦中は、フランスやポーランドで歩兵師団や騎兵師団の本部付将校を務め、終戦時は大尉で第6軍団司令部付将校であった。大戦中に二級、一級鉄十字章を授与されている。

1924年から1931年まで鉄兜団に所属。1931年12月にナチス党へ入党し、同時にSAへ入隊してSA少佐となった。その後はSA集団〝シレジア〟、SA上級集団Ⅲ（ブレスラウ）などに所属する一方で、1933年にはオッペルン選挙区から立候補して国会議員に当選している。1933年4月にはSA准将、1937年5月にはSA少将に昇進したが、非常に面白いことに1938年4月に陸軍へ大尉として入隊した。

陸軍では、第4軽師団の副官、第33軍団情報参謀などを歴任、ポーランド戦役で二級鉄十字章を授与、1940年3月には第9戦車師団の副官となり、西方戦役において一級鉄十字章を授与されている。1941年1月には少佐に昇進し、第337歩兵師団作戦参謀に就任した。なお、武装SS将官広しといえども、第二次世界大戦中に陸軍歩兵師団の作戦参謀を務めた経歴を持つのは、ピュックラー＝ブルクハウスが唯一無二であろう。

その後、ヒムラーの武装SS転入の懇願を受け、1941年7月にSS少将として武装SSへ転入。いくつのスタッフ職を歴任した後、1942年1月から秩序警察へ異動し、1942年1月から上級SS警察司令部〝ミッテ〟の副司令官としてバッハ・ツェレウスキーSS大将の下に仕えた。バッハ・ツェレウスキーが病気で倒れて以降、1942年1月から1943年3月まで司令官代理として、上級SS警察司令部〝ミッテ〟のすべてのパルチザン掃討戦の指揮を執った。

1943年5月にはSS第15レットラント義勇師団——後のSS第15義勇擲弾兵師団（レットラント第1）の師団長を拝命。師団の部隊編成とラトヴィア兵の教育訓練に力を注ぎ、初陣のベレベレカ戦区の戦闘では、ヴェルカヤ河までの70㎞に及ぶ苦しい撤退戦を指揮し、師団を全滅の危機から救っている。

1944年3月、ピュックラー＝ブルクハウスは在ベーメン・メーレン保護領武装SS司令官に任命され、同年9月にはSS中将へと昇進した。1945年5月の第一週、ピュックラー＝ブルクハウスはフランク保護領担当相からプラハ蜂起の鎮圧とドイツ市民救出を依頼され、各地の武装SS部隊へ出動命令を発し、鎮圧部隊の事実上の指揮を執った。最後までプラハに留まっていたが、逃げ遅れたドイツ人市民や負傷者を引き連れて、5月9日夜にプラハを脱出。その後、鎮圧部隊の残余や中央軍集団残余とともに、アメリカ軍の軍事境界線付近まで辿り着いたが、スリヴィツェの戦闘終了後の5月12日に自殺を遂げている（＊15）。

ピュックラー＝ブルクハウスは、顔に似合わず武装SSには珍しい知識人であり、著書も数冊執筆している。最前線での指揮能力にも長け、常に冷静さを失わない人柄は部下の全将兵から信頼されており、そのまま野戦部隊を指揮していたらもっと違った人生の結末を迎えたに違いない。

ピュックラー＝ブルクハウスSS中将は、1945年4月から緊急動員可能な師団規模の武装SS部隊の編成を進めていた。というのも、プラハから南東40㎞に位置するSS演習場〝ベネショフ（ベネシャウ）〟の付近には、武装SSの各兵科学校や補充教育部隊などが駐屯しており、教官・生徒を中心とする将兵、兵器、装備が容易に調達可能であり、戦争末期の兵員、機材、輸送力不足の中で緊急動員を行なうことができる好条件がそろっていたのである。そして、この緊急動員計画のコードネームは〝シャルンホルスト〟と呼称され、緊急動員・編成される部隊名は〝ヴァレンシュタイン〟と名付けられていた（＊16、＊17）。教育機関・部隊は以下のとおりである。

◎SS演習場〝ベネショフ（ベネシャウ）〟
・SS工兵学校Ⅳ〝フラディスコ〟（または〝ベネショフ〟）
・SS士官学校〝プラーク〟（または〝ティーネツ〟）
・SS戦車猟兵学校〝ヤノヴィッツ〟
・SS砲兵学校Ⅱ〝ベネショフ〟
・SS教導野戦炊事部隊〝ベネショフ〟
・SS衛生学校〝プラーク-ベネショフ〟
・SS機甲擲弾兵学校〝プロゼチュニッツ〟（または〝キーンシュラーク〟）
・SS工兵技術教練所

SS緊急動員部隊〝ヴァレンシュタイン〟の詳細は不明であるが、3個擲弾兵連隊を中核としており、通常師団に良く似た編成であったが、戦車大隊、砲兵連隊、高射砲大隊が欠如していた。さらに、各部隊の指揮官の多くは武装SSの各兵科学校長が任命されており、個別に教官や生徒を緊急動員して出撃を行なうシステムであった。おそらくは、動員後に

Photo7-11：SS機甲擲弾兵学校“プロゼチュニッツ（キーンシュラーク）”を訪れた際に撮られたスナップ。中央がピュックラー＝ブルクハウスSS少将（当時）、右隣の長身の将校は学校長ハンス・ケンピンSS大佐（後のSS第38擲弾兵師団長）。ピュックラー＝ブルクハウスは1944年3月20日に在ベーメン・メーレン保護領武装SS司令官に任命され、9月にはSS中将へ昇進しているので、この写真は1944年3月末から9月の間に撮影されたものである。

戦車大隊や砲兵連隊を充足して、ＳＳ機甲擲弾兵師団〝アルブレヒト・フォン・ヴァレンシュタイン〟として編成し、ピュックラー＝ブルクハウスＳＳ中将自身が、師団長となって指揮を執る計画であったと思われる。

なお、スロヴァキア全土がソ連軍によって占領されたため、チェコに亡命した旧スロヴァキア政府に付き従って来たスロヴァキア人民党（フリンカ党）の1個親衛連隊が、動員部隊へ参画しているのが注目に値するが、指揮官はドイツ人のヴァルター・デメザＳＳ中佐であった（＊18）。詳細は表7-2のとおりである。

1945年5月の第一週の時点で、ＳＳ演習場〝ベネショフ〟付近に駐屯するこれらの部隊兵員数がどれくらいであったかは不明であるが、兵力は最大でも約2万名程度であったと推察される。装甲車両については約80両を装備しており、そのうち突撃砲10両、ヘッツァー40両であったとする説がある。もし、これが事実であるとすると、ヘッツァーについては1945年3月から4月にかけて東部戦線に補充車両80両が発送されており、その一部がＳＳ演習場〝ベネショフ〟のデポにストックされていた可能性が高い（＊19）。

表7-2　1945年5月　SS緊急動員部隊“ヴァレンシュタイン”の編成

SS緊急動員部隊“ヴァレンシュタイン”

部隊呼称	指揮官
SS擲弾兵連隊“ヴァレンシュタイン1”	SS士官学校“プラーク”校長ヴォルフガング・イェルヒェルSS大佐
SS擲弾兵連隊“ヴァレンシュタイン2”	SS砲兵学校Ⅱ“ベネショフ”校長カール・シュラメルヒャーSS中佐
スロヴァキア第1擲弾兵連隊 “フリンコヴァ・ガルダ（フリンカ党親衛隊）”	ヴァルター・デメザSS中佐
SS戦車猟兵大隊“ヴァレンシュタイン”	SS戦車猟兵学校“ヤノヴィッツ”校長エーリヒ・ジンSS中佐
SS工兵連隊“ヴァレンシュタイン”（3個大隊）	SS工兵学校“フラディスコ”校長エミール・クラインSS准将
SS軽歩兵大隊“ヴァレンシュタイン”	SS第9砲兵連隊／第Ⅰ大隊長レアンダー・ハウクSS少佐
SS自転車偵察大隊“ヴァレンシュタイン” （または“ベーメン・メーレン”）	ハンス＝ヨハヒム・リンドウSS大尉【SS砲兵学校Ⅱの4個中隊】
SS突撃砲大隊“ヴァレンシュタイン”	SS第9戦車猟兵大隊長クラウス・フォン・アルヴェルデンSS大尉
SS通信大隊“ヴァレンシュタイン”	SS第3通信教育大隊長ヘルムート・ベウメSS少佐
SS野戦補充連隊“ヴァレンシュタイン”	SS砲兵補充連隊長リヒャルト・アインシュペーナーSS中佐
SS衛生大隊“ヴァレンシュタイン”	SS衛生学校“プラーク－ベネシュフ”校長リューヒ（階級不詳）
SS管理大隊	ハンス・フィードラーSS少佐
SS補給大隊	アルノ・ケーニヒSS少佐

6　ドイツ軍鎮圧部隊の出撃

ドイツ人市民の救出のために武装蜂起鎮圧を依頼されたピュックラー＝ブルクハウスSS中将は、5月5日午前中に緊急動員計画〝シャルンホルスト〟を発動し、さらに陸軍の各兵科学校、中央軍集団へ緊急出撃を要請した。この要請は、前述したSS演習場〝ベネショフ〟、SS演習場〝ミロヴィッツ〟（SS乗馬および車両学校〝ミロヴィッツ〟、戦車猟兵学校〝ミロヴィッツ〟など）、そしてチェスキー・ブロトに駐在する第1高射砲軍団などに伝達され、各拠点では以下のような戦闘団が編成されて緊急動員・出撃が開始された。

なお、SS戦闘団〝クライン〟とSS戦闘団〝イェルヒェル〟については、2個戦闘団合計の兵力が約8000名であったと言われている。（＊20）

（1）SS戦闘団〝クライン〟

戦闘団の中核はSS緊急動員部隊〝ヴァレンシュタイン〟／SS工兵連隊〝ヴァレンシュタイン〟であり、SS工兵学校Ⅳ〝フラディスコ〟の教官および生徒を中心とした部隊であった。指揮官はSS工兵学校Ⅳ〝フラディスコ〟校長のエミール・クラインSS准将であり、兵力は増強された1個連隊程度であったと推察される。この戦闘団は最も早く出撃準備を完了し、5月6日の午後にはズブラスラフ付近で第1ロ

編成図7-2　1945年5月5日
SS戦闘団“クライン”の編成

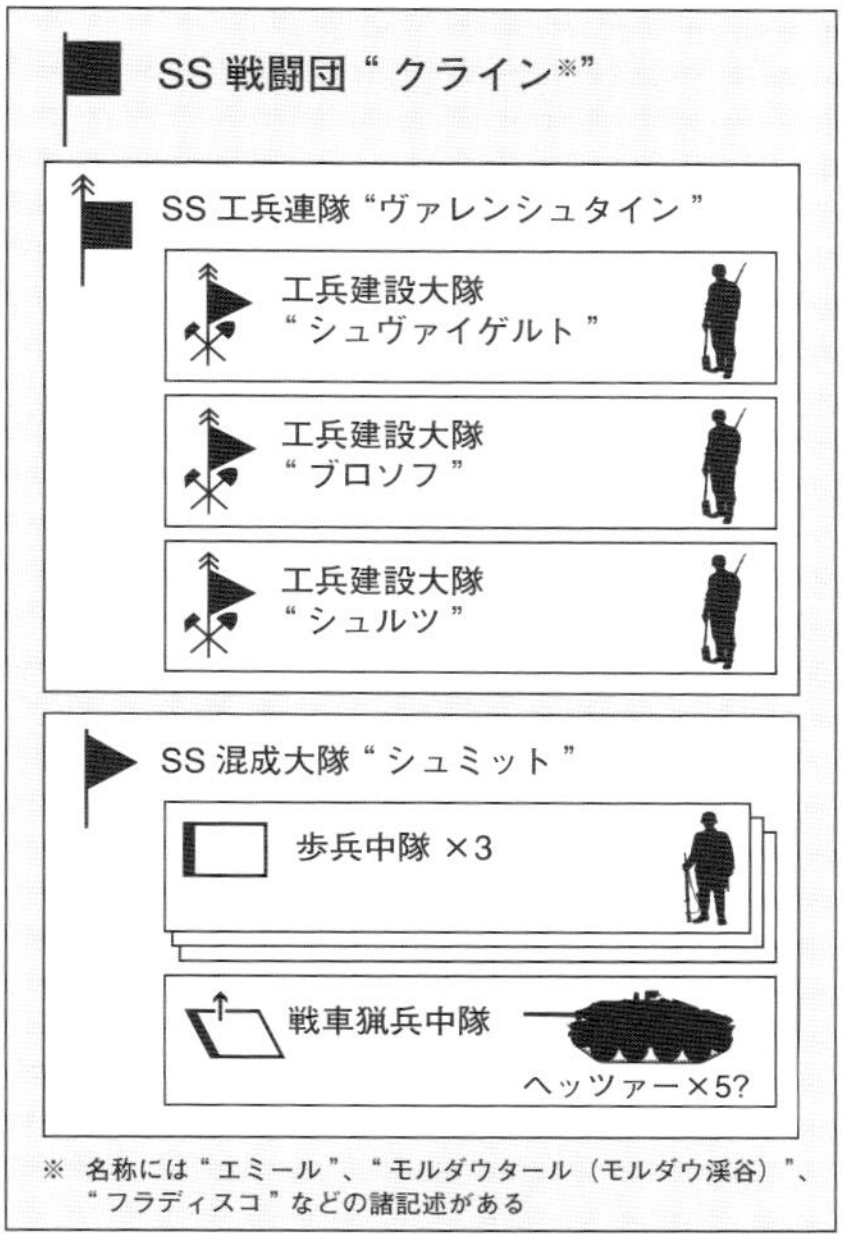

編成図7-3　1945年5月5日　SS戦闘団
“イェヒェル※”の編成

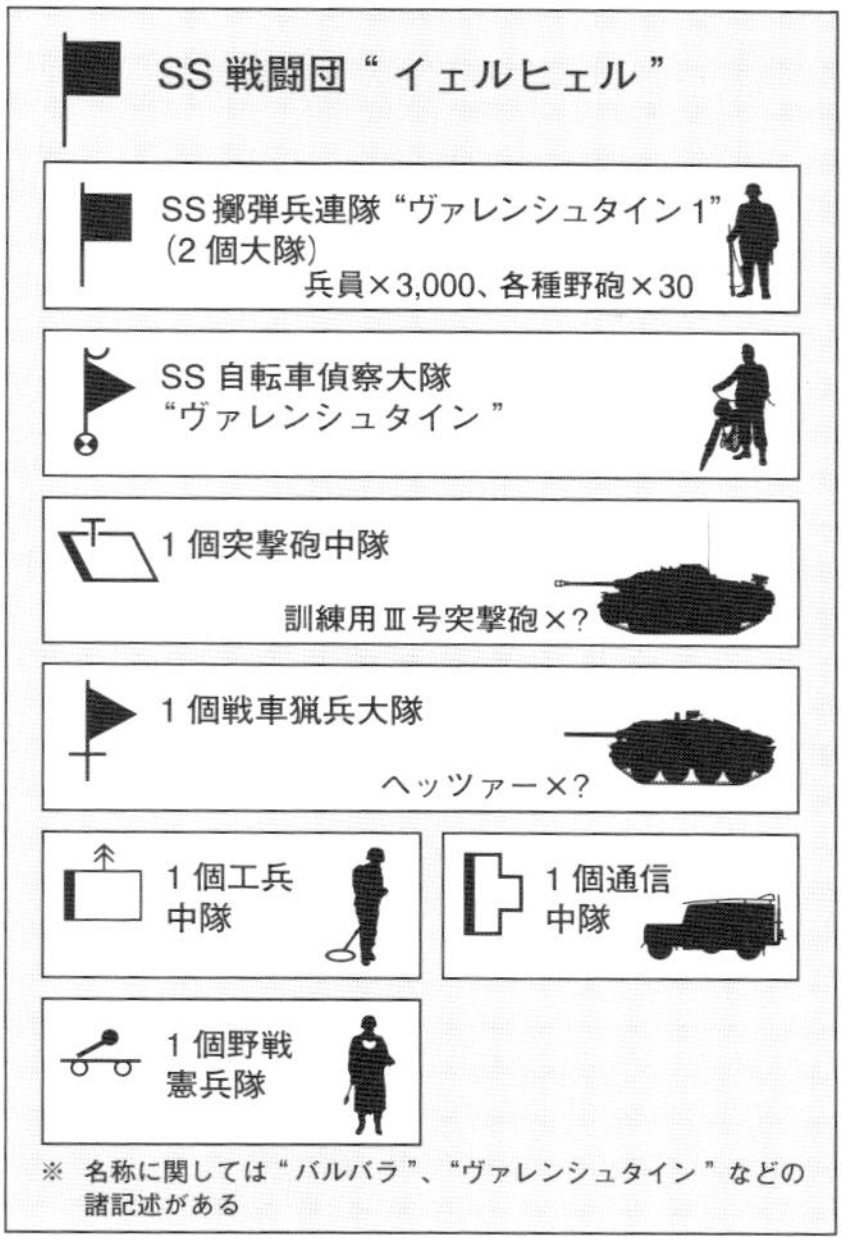

シア歩兵師団／第1ロシア歩兵連隊と戦闘を交えた。編成図7-2に内訳を示す。

(2) SS戦闘団〝イェルヒェル〟

戦闘団の中核はSS緊急動員部隊〝ヴァレンシュタイン〟／SS擲弾兵連隊〝ヴァレンシュタイン1〟とSS自転車偵察大隊〝ヴァレンシュタイン〟であり、SS士官学校〝プラーク〟(または〝ティーネツ〟)やSS砲兵学校IIの教官と生徒を中心とした部隊であった。指揮官はSS下士官学校〝プラーク〟校長のヴォルフガング・イェルヒェルSS大佐であり、増強された1個連隊程度の兵力であったと推察される。この戦闘団は、モルダウ河の西岸と東岸の2ルートに分かれて進撃を開始した。東岸を北上したのはSS自転車偵察大隊〝ヴァレンシュタイン〟であり、5月6日夜から戦闘を開始して翌日夕方にはプラハの南街区に到達した。イェルヒェルSS大佐直率の残り1個連隊はモルダウ河西岸から北進したが、プラハ郊外に達したのが5月8日夕方であり、戦闘を行なわずに翌日には撤退することとなった。詳細を編成図7-3に示す。

(3) SS戦闘団〝ジュラメルヒャー〟

戦闘団の中核はSS緊急動員部隊〝ヴァレンシュタイン〟／SS擲弾兵連隊〝ヴァレンシュタイン2〟であり、SS戦

編成図7-4　1945年5月5日　SS戦闘団“シュラメルヒャー”の編成

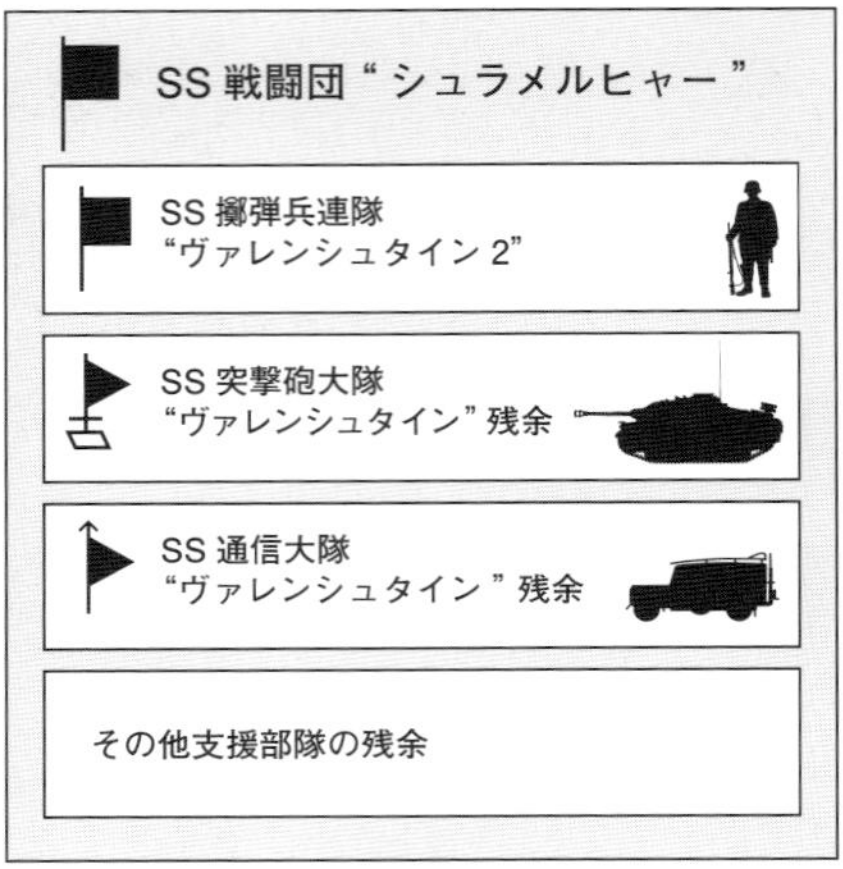

編成図7-5　1945年5月5日　戦闘団“ライマン”の編成

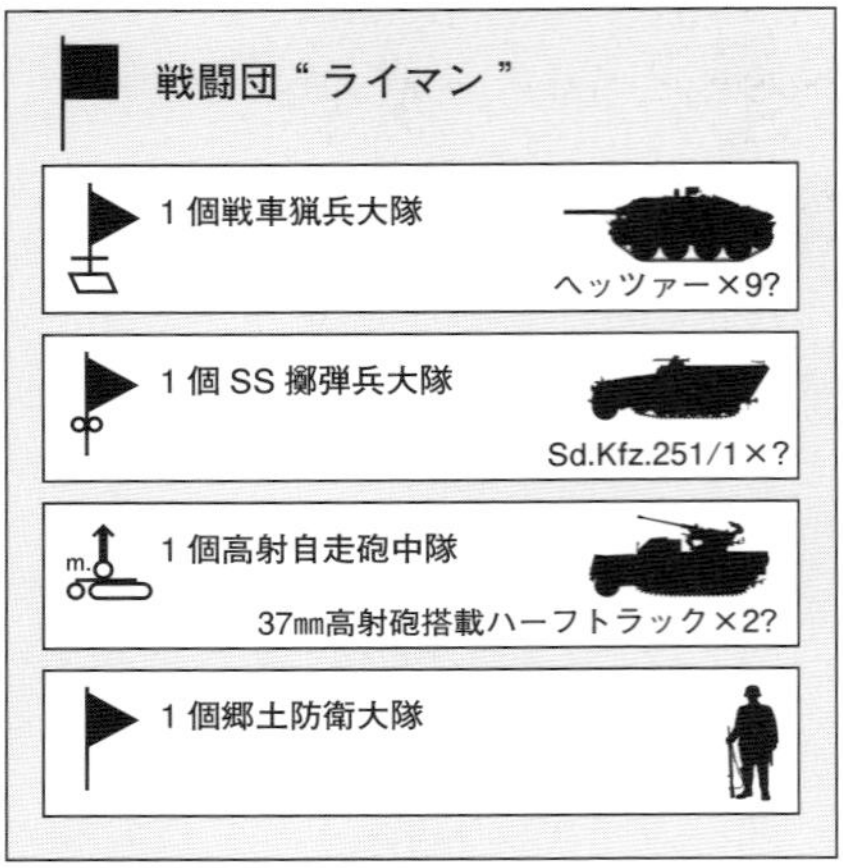

闘団〝イェルヒェル〟、同〝クライン〟の発進に間に合わなかった部隊などから編成された。この部隊は最後までプラハ地区には投入されずに終わった。なお、ＳＳ突撃砲大隊〝ヴァレンシュタイン〟（または〝アルヴェルデン〟）の突撃砲や重火器、その他車両の一部が、鉄道貨車によりミロショヴィツェ手前の信号切り替え所まで到達したが、それより北方のプラハ方面の鉄道線路は破壊されており、セノフラビ付近まで引き返して卸下の準備作業を行なっているうちに5月8日を迎えた。詳細は編成図7-4のとおり。

(4) 戦闘団〝ライマン〟

チェスキー・ブロト付近に展開する第1高射砲軍団が周辺の部隊を糾合して編成した戦闘団で、名称は同軍団長の柏葉付騎士十字章拝領者リヒャルト・エデュアルト・ライマン空軍大将に由来するが、戦闘団の指揮官は不明である。兵力は最大でも増強された1個連隊程度と推察されるが、少なくともヘッツァー数両、37㎜高射自走砲ハーフトラック2両を装備していた。5月7日から8日にかけてプラハ市街の東地区に到着し、戦闘団〝ミロヴィッツ〟と合流して戦闘を行なっている。編成図7-5に詳細を示す。

(5) 戦闘団〝ミロヴィッツ〟

ＳＳ演習場〝ミロヴィッツ〟のＳＳ乗馬および車両学校〝ミ

編成図7-7　1945年5月5日　SS戦闘団“デア・フューラー(DF)”の編成

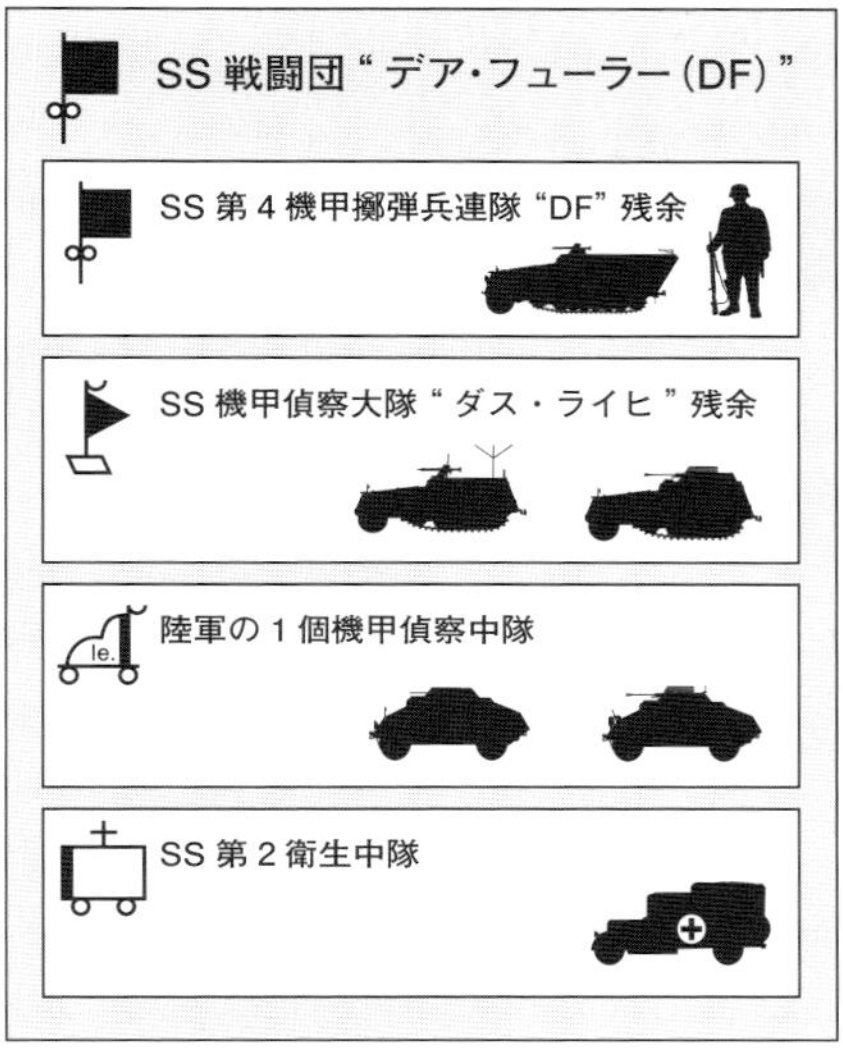

編成図7-6　1945年5月6日　戦闘団“ミロヴィッツ”の編成

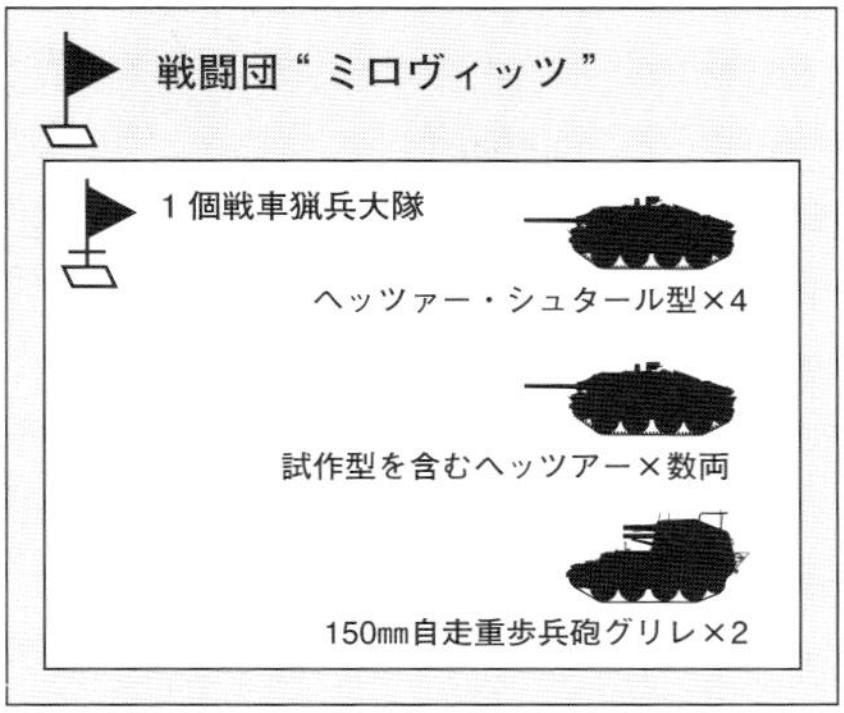

ロヴィッツ〟や陸軍の戦車猟兵学校〝ミロヴィッツ〟の教官や生徒を中心にした戦闘団であり、シュタール型を含むヘッツァーと150㎜自走重歩兵砲〝グリレ〟を少なくとも2両装備していた。5月7日から8日にかけてプラハ市街の東地区に到着し、戦闘団〝ライマン〟とともに戦闘を行なっている。陣容には諸説あるが編成図7-6に示す。

なお、ヘッツァー・シュタール型4両については前述したように、1945年3月に戦車猟兵学校〝ミロヴィッツ〟が受領した8両の残りである。

(6) SS戦闘団〝デア・フューラー(DF)〟

ヴィーン防衛戦で大損害を蒙ったSS第2戦車師団〝ダス・ライヒ〟の残余は、4月20日にはザンクト・ペールテンへと撤退していた。ここでSS第4機甲擲弾兵連隊〝デア・フューラー(DF)〟を中心としたSS戦闘団〝DF〟は、未訓練の補充兵620名を受領して再編が行なわれ、南側面からのベルリン救出作戦へ投入されることとなった。同戦闘団の指揮官は剣付柏葉付騎士十字章拝領者のオットー・ヴァイディンガーSS中佐であり、武装SS最強部隊として名高いDFの生き残りとして未だに高い士気を維持していた。

戦闘団は4月26日より鉄道輸送によりベルリン方面へと移動を開始したが、5月1日のヒトラーの死によりこの命令は無効となり、5月5日にはアルンスドルフへ向かうことと

Photo7-12：1945年4月13日、ヴィーン市内のフロリズドルファー橋の橋頭堡で作戦中のSS第2戦車師団／SS第4機甲擲弾兵連隊“DF”。中央が連隊長の剣付柏葉付騎士十字章拝領者オットー・ヴァイディンガーSS中佐、その右隣りで背中を見せているのはヴィーン要塞司令官のルドルフ・フォン・ビューナウ大将である。

なった。

１９４５年5月6日、ＳＳ戦闘団〝ＤＦ〟（編成図7-7を参照）は、ピュックラー＝ブルクハウスＳＳ中将の緊急出動命令を中央軍集団経由で受領し、ドレスデン付近から南下を開始。５月７日早朝にはプラハ市街のトロヤ橋に到着して激しい市街戦を展開した（＊21）。

7　5月6日の戦闘——第1ロシア歩兵師団——

第1ロシア歩兵師団のプラハへの進撃に対して、いち早く対応したのは意外にもドイツ空軍であった。プラハ北西にあるルジニェ飛行場にあるドイツ第8航空軍団は、偵察飛行により第1ロシア歩兵師団の行動は把握していたが、第3および第4ロシア歩兵連隊により飛行場が直接攻撃される恐れが高まっていた。同飛行場には、第7、第51、第54戦闘航空団などの残余で増強された第6戦闘航空団、すなわちＭｅ２６２ジェット戦闘機を装備したヘルマンネン・ホゲバク中佐指揮の強力な戦闘機部隊〝ホゲバク〟が展開していた。

そして、５月６日16時頃には、戦闘機部隊〝ホゲバク〟のルドルフ・アブラハムチクス空軍大尉率いるＭｅ２６２ジェット戦闘機約30機が迎撃に発進した。各戦闘機は、最大で５００kg集束爆弾（10kg×50個）、Ｒ４Ｍロケット弾24発、30㎜機関砲弾１００発を搭載しており、第二次世界大戦末期にドイツ空軍が実施したジェット戦闘機による陸上攻撃では

1945年5月5日〜5月7日　プラハ蜂起　戦況図

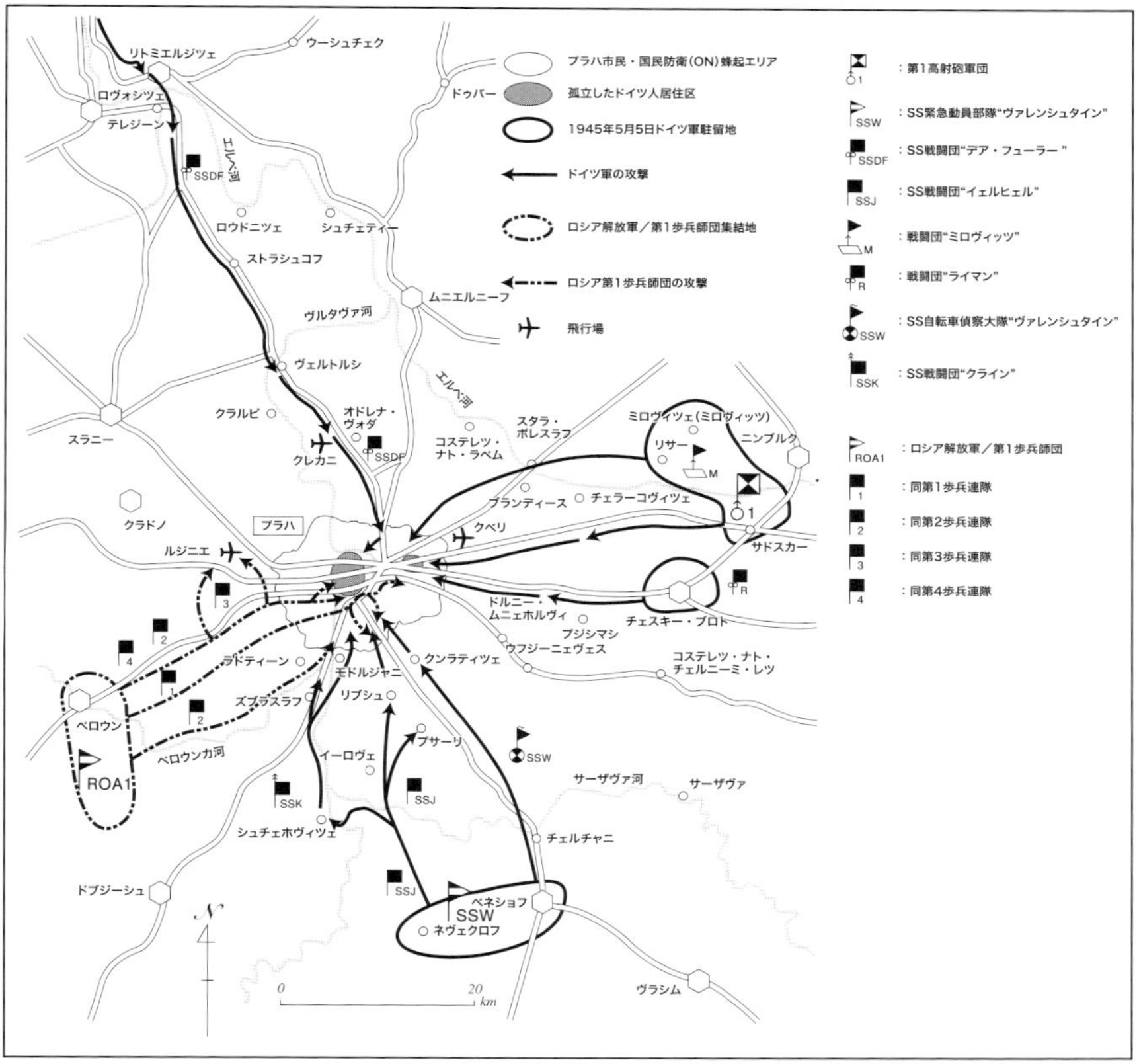

最大規模のものであった。

飛行悌団はベロウン〜プラハ街道を進む第1ロシア歩兵師団の縦隊にR4Mロケット弾を斉射して銃爆撃を加え、弾薬輸送車2台、トラック4台などを撃破し、同師団は多数の死傷者を出す甚大な損害を蒙った。この戦闘で1機のMe262が対空機関銃によりオルジェフ付近で撃墜されているが、これがロシア解放軍の最初の撃墜機となった。なお、約30機のMe262のうちルジニェ飛行場に戻ったのは7機のみで、その他はオーストリアのザーツやその他の飛行場へと退避した。

ルジニェ飛行場に一番近い部隊は、ゲオルギー・ペトロヴィッチ・ルイエブジェフ＝アレクサンドロフ大佐指揮の第3ロシア歩兵連隊であった。同連隊は、とりあえず飛行機の離着陸を妨害するため、随伴する砲兵部隊によりルジニェ飛行場の滑走路へ遠距離砲撃を開始した（＊22）。

一方、プラハ南西方面では、コステンコ少佐率いる偵察大隊がラドティーンを経て南方のズブラスラフ地区へと進出した。午前10時、イノニツェの師団本部に偵察大隊から、「ティーガー戦車6両に支援された武装SS部隊」がモルダウ河西岸沿いに進撃中であり、偵察大隊はいったん後方のスミーホフ方面へ退却するという報告が入った。この武装SS部隊はSS戦闘団〝クライン〟の先鋒部隊であり、ティーガー

Photo7-13：ロシア解放軍第1ロシア師団／第1ロシア戦車猟兵大隊は鹵獲T-34戦車9両を装備していた。これはその1両で、1945年5月6日にパラツキー広場近くのツィトコヴィ・サディ公園で撮影されたものである。車体右側面はチェコスロヴァキア国旗が掲げられている。

戦車は御愛嬌としても、機甲兵力を有する武装SS部隊がプラハ目指して進撃しているという情報は事実であった（＊23）。

師団長ブンヤチェンコ少将は、スミーホフに本部を置く第1ロシア歩兵連隊長のアーチポフ大佐に緊急出撃命令を発し、至急ラドティーン方面へ進出するよう命じた。同連隊の先鋒部隊はラドティーンを経て夕方にはズブラスラフまで達し、砲兵の支援を得てズブラスラフ市街への攻撃を開始した。さらに18時15分には、1個中隊がモルダウ河東岸のベロウンカへ分派され、SS戦闘団〝クライン〟の先鋒部隊と交戦した。

この戦闘で中隊は戦死2名、負傷2名の被害を受けたが武装SS部隊を撃退し、22時頃になって武装蜂起部隊に陣地を交代して攻撃発起点へと帰還した。別の1個中隊は、モルダウ河をフェリーで渡河してモドルジャニへと進み、そこで迫撃砲陣地を設置した蜂起部隊と協力してコモジャニまで進んだ。この攻撃により、ズブラスラフより北方のモルダウ河東岸に進出したSS戦闘団〝クライン〟の先鋒部隊はモルダウ河西岸へと追いやられ、またSS戦闘団〝イェルヒェル〟の先鋒部隊は、モドルジャニから南方へと撃退されてしまった。

この日の夕方、師団本部と武装蜂起部隊司令部との間で電話でのブリーフィングが行なわれた。これにより、ブンヤチェンコはドイツ軍部隊やゲシュタポが立て篭もる各地域の情報、南方の武装SS増援部隊（戦闘団〝クライン〟、同〝イェルヒェル〟）の情報などを入手し、翌日の作戦行動を以下のように立案した（＊24）。
◎第1ロシア歩兵連隊：後方のイラースクーフ鉄道橋〜ヌスレ〜ヴルショビツェ付近に堅固な防衛線を構築し、南からのドイツ増援部隊を阻止する
◎第2ロシア歩兵連隊：オルジェフ、スルヴェネツ、ヴェルカ・フフレ地区で予備部隊として待機
◎第3ロシア歩兵連隊：ルジニェ飛行場の占領、ブジェヴノフ、デイヴィツェ地区への進撃
◎第4ロシア歩兵連隊：モトル地区の占領、コシールジェ、ストラホフ、フラドチャニ地区への攻撃

8　5月6日の戦闘――ドイツ鎮圧部隊――

武装SS緊急出動部隊〝ヴァレンシュタイン〟の中で、最初に出撃準備が完了したのは、エミール・クラインSS准将率いる戦闘団〝クライン〟であった。戦闘団は5月5日午後にモルダウ河西岸に沿って行軍を開始したが、ムニェヘニツェ鉄道橋付近で武装蜂起軍が築いたバリケードに遭遇した。ここで、先鋒部隊のSS混成大隊〝シュミット〟の一部は、迂回して真夜中にはプラハ南西12kmのズブラスラフまで達したが、武装蜂起軍の封鎖拠点にぶつかり、ひとまず後方のストルナディへと戻った。

5月6日の夜明け前、戦闘団はモルダウ河東岸に工兵大隊〝ボロソフ〟を派遣し、6時にはプラハ南方13㎞のドルニー・ブルジェジャニにおいて攻撃を開始し、同じ頃、SS混成大隊〝シュミット〟もズブラスラフの攻撃を再開した。しかしながら、戦闘団〝クライン〟はズブラスラフとドルニー・ブルジェジャニの武装蜂起軍の抵抗に手間取り、夕方になって第1ロシア歩兵連隊が戦闘に介入したため、5月6日はこれ以上前進することはできなかった。なお、この戦闘の際には、武装蜂起鎮圧につきものの非武装民間人の射殺事件も多数発生している。

イエルヒェルSS中佐率いる戦闘団〝イエルヒェル〟は、6月6日の夜明けとともにモルダウ河に沿って進撃を開始した。突撃砲またはヘッツァー2両がブドヴァイス通りをソウドニー方面へ、同3両が5月5日通り、そして同2両がイエゼルカ方面へそれぞれ北上した。戦闘団〝イエルヒェル〟の右翼部隊は、カチェロフからミフレ、さらにはドルニー・ブルジェジャニからプラハ南方9㎞にあるモドルジジャ方面へと進出したが、ここで第1ロシア歩兵連隊の先鋒部隊とぶつかり、この日はそれ以上の進撃がストップしてしまった。

プラハ北方においては、オットー・ヴァイディンガーSS中佐率いる戦闘団〝DF〟も行動を起こしていた。戦闘団はヴェルヴァリを経てモルダウ河沿いのヴェルトルシへと進んだ。そして、16時頃には、先鋒のSS機甲偵察大隊〝ダス・ライヒ〟の残余部隊がドルニー・ハブリへと達した。ここで、武装蜂起軍の封鎖拠点に遭遇したが、百戦錬磨のダス・ライヒの生き残りはこれを一蹴し、プラハ北東僅か7㎞のコビリシまで到達して真夜中までに市街を占領した。

陸軍については戦闘団〝ミロヴィッツ〟の先鋒部隊が、5月6日の午前中に演習場を進発し、たいした抵抗も受けずにプラハ東部のクベリ、そしてプラハ北東13㎞のクリーチョフまで達していた。しかしながら、ミロヴィッツ演習場近くのレドツェ付近にある燃料補給基地と弾薬貯蔵庫が武装蜂起部隊に攻撃され、プラハへ行軍する予定の部隊を転用せざるを得ない状況となった。このため、戦闘団本部はミロヴィッツに留まったままで、その日は先鋒部隊のこれ以上の行軍を中止することとなった。

ミロヴィッツ演習場の南にあるチェスキー・ブロトでは、戦闘団〝ライマン〟が編成を整え、車両約50両の先鋒部隊を先頭にウーヴァリ方面へと進んだ。先鋒部隊には37㎜高射自走砲2両が随伴しており、蜂起軍のバリケード、封鎖拠点に対して連続射撃を加えて迅速に突破し、民兵多数が捕虜となって処刑された。夕方にはウイェズド、レシを通過し、夜間行軍を継続した結果、5月7日の夜明けにはプラハ東方13㎞のビェホヴィツェにまで達し、ここで休止することとなった。

Photo7-14:大変珍しい写真。弾薬運搬戦車“グリレ”K型の車体を流用し、30㎜高射機関砲FlaK103／38“ヤーボシュレック”を搭載したものである。おそらくはスコダ工場で大急ぎで改造した即席自走砲であろう。ダークイエローのベースにレッドブラウン、そしてそれを縁取るような細い線のダークグリンのスプレー塗装による3色迷彩である。場所が特定できないが、いずれにせよスミーホフ広場の近くと推定される。

Photo7-15：戦闘団“ライマン”に所属する37㎜ FlaK37搭載5tハーフトラック高射自走砲。1945年5月9日の朝にプラハ旧市街地で撮影されたもので、これから西方へと撤退を開始するところである。2両ともスプレー塗装による細い線の3色迷彩で、連結バーで結合されているようである。

総括すると、5月6日の戦況は、第1ロシア歩兵師団がプラハ西方から市街中心へ進みつつあり、一方、ドイツ軍側の緊急動員部隊の各戦闘団は、南方、北方および東方の三方向からプラハへと進撃を開始したが、蜂起部隊のバリケードや封鎖拠点などにより時間を浪費し、さらには南方では第1ロシア歩兵連隊の介入もあって、いずれもプラハ中心から7km～13kmの地点に到達するのがやっとという状況にあった（＊25）。

9　5月7日の戦闘——第1ロシア歩兵師団——

5月6日の夜間のうちに、第3ロシア歩兵連隊の一部はルジニェ飛行場近くまで進出し、早朝から航空機の出撃を阻止するべく飛行場への砲撃を行なったが、その合間を縫ってMe262ジェット戦闘機が飛び立ち、ロシア義勇兵部隊に銃爆撃を加えた。これにより、師団補給段列の馬匹23頭と補給物資に被害が生じ、補給部隊に多数の死傷者が出た。

飛行場の空軍警備部隊は、高射砲の水平射撃により防衛戦を展開していたが、兵力は約1000名から1500名と弱体で、装備もひと握りの高射砲のほかは小火器が主体であり、とても第3ロシア歩兵連隊に対抗することは不可能であった。

午後になると、第3ロシア歩兵連隊の一部がホスティヴィツェ～ルジニェ区間の鉄道土手を占領し、滑走路へ小火器の射撃を開始した。ここに至って戦闘機部隊長のホゲバク大佐は、すべての可動機をジャテツ飛行場へと移動することを決意し、これで航空攻撃の継続は不可能となった。この後の戦闘で、第3ロシア歩兵連隊は飛行場の大部分を占領し、故障や燃料不足で放置された航空機46機を鹵獲したが、空軍警備部隊の一部は飛行場北部で頑強に抵抗を継続した。第3ロシア歩兵連隊の本隊は、さらに東方へと進んでプラハ中心街から西方5㎞のブジェヴノフ、デイヴィツェ方面まで進出した（＊26）。

イゴール・コンスタンチノヴィッチ・サハロフ大佐率いる第4ロシア歩兵連隊は、第3ロシア歩兵連隊の南側面に位置し、プラハ市民の大歓迎に遭いながらモルダウ河西岸の市街中心地へと進んだ。そしてペトジニの丘に陣地を構えて、付近一帯の重要施設を制圧した。また。第4ロシア歩兵連隊に追従していた第1ロシア砲兵連隊の主力は、コシールジェ、ズルーホフの中間に展開し、プラハ中心街を火砲の制圧下に置いた。この措置は、西方から進撃してくる戦闘団〝ライマン〟および戦闘団〝ミロヴィッツ〟に対抗するものであった。

一方、南方の第1ロシア歩兵連隊は、連隊本部および重装備小隊を含む2個大隊を、明け方にスミーホフからモルダウ河に架かるイラースクーフ橋やパラツケーホ橋などを渡ってモルダウ河東岸へ派遣し、イラースクーフ鉄道橋～ヌスレ～ヴルショビツェの区間で堅固な防衛線を構築した。

コステンコ少佐率いる偵察大隊も、第1ロシア歩兵連隊と共にモルダウ河東岸沿いに南下した。ポドリーの墓地付近に1個小隊、中央のロムニツケーホ通りに75㎜軽歩兵砲中隊、左翼にもう1個小隊を位置し、残りは後方で予備となった。

これは北進して来るSS戦闘団〝イェルヒェル〟に対しての備えであり、これに伴ってモドルジャニ方面で防衛戦を展開している先鋒部隊を撤退させた。なお、この日の10時頃、ベーメン・メーレン保護領国防軍総監トゥーサン大将（ドイツ語読みはトウサイント）の使者が、第1ロシア歩兵連隊の前線に現れ、休戦交渉を申し入れるという一幕もあったが、アーチホフ大佐は即座にこれを拒否している。

モルダウ河西岸では、パヴロヴィッチ・ヴィァチェスラフ・アルテミエフ大佐率いる第2ロシア歩兵連隊が第1連隊と入れ替わり、ヴェルカ・フフレ～スリベネツ地区へと進出した。同連隊はラホヴィツェ方面で北進する戦闘団〝クライン〟と激戦を展開し、モルダウ河のベロウンカ橋は奪取されたものの、ラホヴィツェ北方で完全に進撃を食い止めることに成功した。

こうして第1ロシア歩兵師団は、プラハ南方で武装SS部隊の進撃を食い止め、北方ではルジニェ飛行場を占領し、プラハ西方の大部分を制圧することに成功した。そしてこの日

Photo7-16：1945年5月6日に、バルトロムニェイスカ通りの武装蜂起部隊司令部前で撮影された非常に珍しい写真。第1ロシア師団／第1歩兵連隊長アーチポフ中佐が乗車していたと言われるSd.Kfz.251/16型（火焔放射器搭載型）装甲兵員輸送車である。太めの帯状3色迷彩でナンバープレートは「WH-108502」と読める。車体上部の環状になっているものは火焔放射器の燃料用ホースである。

の夕方までに、同師団は4000名～10000名のドイツ兵捕虜を武装蜂起部隊へと引き渡した。これはロシア義勇兵にとって輝かしい戦果であり、このままアメリカ軍が進撃してプラハへ入城し、民族主義グループ主体の暫定政府が樹立した場合、新生チェコスロヴァキアの国軍の一部になるという夢も膨らむ一方であった（＊27）。

確かに、アメリカ軍総司令官アイゼンハワーは、第3軍をエルベ河、モルダウ河まで前進させる用意があるとソ連軍に伝えていた。しかしながら、5月5日にソ連軍参謀総長アントノフが至急電でカルロヴィ・ヴァリ～プルゼニ（ピルゼン）～チェスケー・ブジョヴィツェ（ブトヴァイス）の線を越えぬよう要求すると、アイゼンハワーは唯々諾々とそれに従って第3軍の攻勢目標を変更し、それ以上の東進を禁じる命令を発していた。ロシア義勇兵達はそのことを知らなかったのである。

10　5月7日の戦闘――ドイツ鎮圧部隊――

5月7日の早朝、SS戦闘団〝DF〟は行動を開始し、コビリシから2㎞にあって重要なモルダウ河に架かるトロヤ橋へと向かった。ここでも武装蜂起部隊が北岸にバリケードを構築して道路封鎖を行なっていたが、戦闘団は野砲により陣地を粉砕し、武装蜂起部隊は南岸に撤退した。

しかしながら、7時頃にはコビリシで鹵獲したヘッツァー

Photo7-17：プラハ旧市街の共和国広場に遺棄されたヘッツァー。戦闘団“ライマン”または戦闘団“ミロヴィッツ”所属で、ドイツ軍部隊が撤退した後の1945年5月9日以降に撮影された写真である。側面の番号は「353」であろうか?

1両に支援されたプライヒェル中佐率いる武装蜂起部隊が反撃を開始したため、ヴァイディンガーSS中佐は側面防御の必要から、トロヤ橋方面の戦闘はいったん中止した。10時に再び武装蜂起部隊から攻撃を受けたが、これはなんなく撃退することができ、コビリシ方面は小康状態となった。

間髪入れず、ヴァイディンガーは高射砲小隊〝ソコル〟を繰り出し、トロヤ橋付近から対岸のプラハ・ホレショヴィツェ駅へ88㎜高射砲の射撃を開始する一方、白旗を掲げさせたチェコ民間人20名に北岸道路のバリケード除去作業にあたらせた。

午後2時、戦闘団はモルダウ河南岸に集中砲火を浴びせ、装甲車両を先頭にトロヤ橋を強襲した。戦闘は2時間ほど続いたが16時までに完全に橋を制圧し、南岸に橋頭堡を構築することに成功した。さらに夜中の2時頃には、SS第4機甲擲弾兵連隊／第7中隊が夜襲を敢行し、600m前進してプリナールニー通りとアルゼンチンスカ通りの十字路まで進み、一部はホレショヴィツェ駅構内を占領した。しかしながら、そこでまたもやバリケードに遭遇し、そのまま5月8日の朝を迎えることとなった。

一方、戦闘団〝ライマン〟は5月7日の夜明けと共に行動を開始し、ヘッツァー1両、装甲車4両と兵士50名の分遣隊はビェホヴィツェからキイェへと進んだ。ヘッツァー8両を有する主力部隊は、大きな戦闘もなくフルドロジェシに達した。午前10時、戦闘団〝ライマン〟の主力は、フルドロジェシの南方のマレシツェで、不期遭遇戦によってヘッツァー1両が撃破されたが屈せず進み、昼頃にはプラハ旧市街中心から6㎞のヤロフのバスターミナルにまで達した。そして、近くのナ・プラジャチツェ高校に立て篭もって包囲されていたSA連隊〝フェルト・ヘルン・ハレ〟/第V大隊と合流することに成功した。

後方地域の武装蜂起で行軍を一時停止していた戦闘団〝ミロヴィッツ〟は、5月7日の早朝から進撃を再開した。クリーチョフの封鎖拠点をヘッツァーの砲撃で粉砕し、クラーロヴスカ通り（現チェスコモラヴスカ通り）を西進した。そして、ロキトゥカを経由して10時には中心街のバラベンカ広場へ達した。ここで戦闘団は例によってバリケードに遭遇したが、付近の住民をかき集めてバリケードの撤去作業に従事させ、生きた盾として活用してパルモカ交差点まで進撃した。

そしてその後、戦闘団は当面の目標であるプラハ旧市街を目指してさらに戦闘を継続することとなり、夕方にはカーリン地区まで進んだ。ここで、後続していた戦闘団〝ライマン〟が南方から合流し、ドイツ側の戦闘力は倍増して士気は一気に高まった。

武装蜂起軍はナ・ポジーチ通りのインペリアル・ホテル〜プラハ・マサリク駅〜ブルハラ通りの鉄道管理局までを南北防衛線とし、主要道路にはバリケードを築いていた。しかしながら、ヘッツァーや自走重歩兵砲グリレに対抗する対戦車兵器はドイツ軍から鹵獲したパンツァーファウストだけであり、所詮は蟷螂の斧であって突破されるのは時間の問題であった。

北進するSS戦闘団〝イェルヒェル〟は、モルダウ河東岸で第1ロシア歩兵連隊に対して悪戦苦闘を続けていた。ヌスレ〜ヴルショビツェの防衛線は強力であり、戦闘団は一日中釘づけのままで、進撃は完全にストップしてしまった。

モルダウ河西岸のSS戦闘団〝クライン〟は、早朝からラホヴィツェにあるベロウンカ橋を攻撃したが、第2ロシア歩兵連隊と武装蜂起軍約100名の抵抗に遭遇した。戦闘団はヘッツァー5両を繰り出して集中攻撃を行ない、ようやく11時頃に橋を制圧した。この戦闘で、ロシア義勇兵16名と武装蜂起軍11名が戦死を遂げた。この後、戦闘団はラドティーン方面とヴェルカ・フフレ方面に二手に分かれて進撃を継続し、スミーホフから駆けつけたロシア義勇兵側の高射砲小隊もヘッツァーに粉砕された。しかしながら、午後になると第2ロシア歩兵連隊の主力が到着し、戦闘は膠着状態になって戦闘団〝クライン〟のそれ以上の進撃は不可能となってしまった。

総括すると、プラハ南方のSS戦闘団〝クライン〟と〝イェルヒェル〟は、第1および第2ロシア連隊に阻まれていた。

また、北方のSS戦闘団〝DF〟は、ホレショヴィツェ駅構内まで達したが武装蜂起軍のバリケードに阻まれ、この三つの戦闘団のそれ以上の進出は望み薄であった。

唯一、東方からの戦闘団〝ミロヴィッツ〟と戦闘団〝ライマン〟の進撃が順調であり、明日にも暫定目標のプラハ旧市街に達する見込みであった。しかしながら、プラハ旧市街の西方には、第3および第4ロシア歩兵連隊が待ち構えており、この2個戦闘団だけでプラハ蜂起を鎮圧することは到底不可能な情勢にあったのである（＊28）。

11 幻影の終わり

1945年5月7日までの戦闘で、ロシア義勇兵はプラハ市民から熱狂的な歓迎を受け、あちこちの壁にはウラソフの写真が貼られ、チェコの国旗とともにウラソフのロシア解放軍の軍旗が掲げられた。しかしながら、夕方になると状況は序々に変化を見せていた。プラハ市内の各所には赤旗が掲げられ、街頭ではスターリンの写真が現れ始めていた。

また、コステンコ偵察大隊長からの報告によれば、パラシュート降下したソ連人民委員が現れ、スターリンの伝言として「ブンヤチェンコが全師団将兵を率いて故郷に帰還するのを楽しみにしている」ことが伝えられた。

ルジェポリエの第1ロシア歩兵師団本部では、17時から国民委員会から派遣された2人の代表者――実は2人とも共

Photo7-18：「プラハ旧市街貸付金庫」の前に遺棄されたヘッツァー。側面には様々なフックや金具などが溶接されており、蜂起軍側が鹵獲して使用していた可能性もある。これも1945年5月9日以降に撮影された写真である。

産主義者であった——が訪れて、この後のことについて話し合った。ブンヤチェンコ師団長は、将来のことには触れず、ロシア解放軍の立場、すなわち反ナチズム、反ボルシェビキを繰り返し主張し、ラジオ放送でチェコ語とロシア語でコミュニケを流すよう要求した。
　代表者は帰還して、国民委員会で会議が行なわれたが、すでにロンドンの亡命政府から、ソ連との関係が悪化するため、これ以上のロシア解放軍と関係するのは危険、との訓令が届いており、結局、国民委員会では何の声明も出されることはなかった。

　そして夜中になって、アーチホフ連隊長から次のような報告が、第1ロシア歩兵師団本部にもたらされた。

「アメリカ軍の特別任務を担った将校と会談したが、彼の任務はプラハを経てヴェリホヴキへ行き、シェルナー中央軍集団司令官へデーニッツ政府の降伏命令と無条件降伏の調印を行なう予定であることを伝えることである。そしてアメリカ軍はベーメン（ボヘミア）地方で行軍を停止し、プラハにはソ連軍が入城することになっている」

　ここに至って、ブンヤチェンコはようやく計画が挫折したことを認め、真夜中過ぎにプラハから西方へ師団の撤退を指示した（＊29）。

12　5月8日

　5月8日の明け方4時、断末魔のような最後の戦闘が発起した。戦闘団〝ライマン〟と戦闘団〝ミロヴィッツ〟の両戦闘団が、擲弾兵とヘッツァーをもってヒベルンスカー通りとフッテン通り(現フシツカー通り)で攻撃を開始したのである。武装蜂起軍は、鉄道管理局に立て篭もって応戦したが、建物がグリレ自走重歩兵砲の射撃により崩落してしまった。第二次攻撃はインペリアル・ホテル付近のバリケードに加えられ、7時には完全に武装蜂起側の防衛線は崩壊し、30分後には旧市街の共和国広場にヘッツァー4両と1個擲弾兵小隊がなだれ込んだ。

　しかしながら、ドイツ側にも無条件降伏の情報は既に伝えられており、10時には国民委員会の代表者が保護領国防軍総監トゥーサン大将へ停戦交渉の打診を行なった。

　同じ頃、ホレショヴィツェ駅付近でなおも交戦を継続していたSS戦闘団〝DF〟の指揮官ヴァイディンガーSS中佐は、武装蜂起部隊の指揮官と話し合ってローカルな停戦協定を結んだ。ヴァイディンガーは「ソ連軍が北方からプラハへと急進している。1時間も食い止められるかどうかだ。我々に残された選択肢は2つ、チェコ人によって捕えられるか、西方のアメリカ軍まで移動するかだ」とピュックラー＝ブルクハ

Photo7-19：1945年5月8日の撤退時に撮影された戦闘団“ライマン”または戦闘団“ミロヴィッツ”所属のヘッツァー。旧市街からパジージュスカー通りへと移動中で、右手奥にはPhoto7-7で紹介したⅢ号突撃砲“Blücher（ブロッヒャー）”が擱座している。車体側面には黄色（?）で“162”の番号が確認できる。

ウスSS中将へ伝えた。

実際の停戦協定の第1回の交渉はようやく11時過ぎに行なわれ、保護領国防軍総監トゥーサン大将と国民防衛のプラハ地区司令官クトルヴァシュル大将が交渉にあたった。

そうこうしている間にも、戦闘団〝ライマン〟と戦闘団〝ミロヴィッツ〟は、旧市街のドロウハー通りとツェレトナ通りまで進出し、武装蜂起軍は旧市街の西外縁へと追い詰められつつあった。

2回目の交渉は14時から開始され、下記のような条件で停戦が確認された。

◎ドイツ人市民の婦女子は国際赤十字で保護されること
◎撤退前にドイツ軍がすべての民間人および軍人の捕虜を解放すること
◎撤退に際して重火器は残置し、軽火器のみ携行すること

この休戦協定の知らせは、公式には19時18分に武装蜂起側のラジオ放送で全チェコ領へと伝えられた。しかしながら、すでに16時30分には、旧市街の西外縁にあった戦闘団〝ミロヴィッツ〟が戦闘を停止したほか、コビリシではSS戦闘団〝DF〟の車両が撤退準備を行なっていた。そして、夕方になるとすべてのドイツ軍部隊、すなわち戦闘団〝ミロヴィッツ〟、同〝ライマン〟、SS戦闘団〝DF〟、そしてプラハ要塞部隊などの駐在部隊が一斉に西方へと移動を開始した。先

PhotoX7-1：1945年5月8日に撮影された戦闘団“ライマン”と思われる一連の連続写真。通常型のヘッツァーは大戦末期らしくダークイエローの面積が少ない3色迷彩である。民間人が不安そうに見守っている。

PhotoX7-2：兵士8名が鈴なりに跨乗するヘッツァー。右フェンダーには、人形の形をしたペーパークラフトが釣り下げてあるが、何かの縁起担ぎであろうか?

PhotoX7-3：前衛部隊のヘッツァーが過ぎた後、徒歩で撤退する戦闘団“ライマン”のSS擲弾兵大隊の兵士達。皆、驚くほど若い。右から3人目の兵士はSS襟章が確認できる。

PhotoX7-4：同じ道を通り過ぎる戦闘団"ライマン"のSd.Kfz. 251/1。彼らが後述するスリヴィツェの戦闘を切り抜けて生き残ったことを祈るばかりである。

PhotoX7-5：これまた鈴なりに兵士を跨乗させて退却するIII号突撃砲短砲身型。おそらくはプラハ要塞部隊の残存車両であろう。右手前のフォード社製のバスは臨時の衛生車両として使用中で、車内には女性の姿も見える。

PhotoX7-6：戦闘団"ミロヴィッツ"の150㎜自走重歩兵砲"グリレ"M型。これも1945年5月8日の撤退開始直前に撮影されたものであろう。大戦末期に多いダークイエローの面積が少ない3色迷彩である。

頭は車両部隊で徒歩部隊が追従し、その後を数知れぬドイツ人難民の群れが続いた。

一方、プラハ南方のSS戦闘団〝イェルヒェル〟と同〝クライン〟は、停戦協定を無視してのまま夜まで戦闘を継続した。その後、戦闘団〝イェルヒェル〟はいったんモドルジャニ、ロートカ、クンラティツェ方面へ集合し、ズブラスラフへと移動して撤退の準備を行なうこととなったが、ロートカに展開していた砲兵部隊は真夜中までプラハ方面への砲撃を継続した。モルダウ河西岸のSS戦闘団〝クライン〟についても、ズリーホフ方面で真夜中過ぎまで戦闘を継続した。しかしながら、両戦闘団も5月9日朝にはアメリカ軍との軍事境界線を目指して、西方へと移動を開始した。

そして、ソ連第1ウクライナ戦線／第3および第4戦車軍の先鋒部隊が、プラハに到着したのは5月9日午後4時のことであった(＊30)。

13 終焉

5月9日の夕方、第1ロシア歩兵師団本部はベロウン地区の宿営地に戻った。通過したある町では町長が夕食にブンヤチェンコ師団長以下を招待し、将校数名が出かけたところ、食事中に家はチェコ・パルチザンに包囲され、将校たちは殺されるか捕えられてソ連軍に引き渡された。この24時間の間に、プラハ蜂起の英雄的ロシア義勇兵部隊は、敗残のドイツ傭兵部隊に落ちぶれてしまったのである。

師団は第4ロシア歩兵連隊を後衛として、スホマスティ、プルシーブラム方面へと進んだ。5月9日夜から10日の朝にかけて、プルシーブラム、ブジェズニツェ周辺において退却する第1ロシア歩兵師団とドイツ軍部隊との間で小競り合いが勃発したが、これは機関銃と迫撃砲どまりの戦闘であった。そして5月10日の午後、アメリカ第4機甲師団の管轄であるロジュミタール～ブラトナー地区へと到着した。

アメリカ軍は、当初、赤軍の変装部隊と思い込んだため、師団は無事に境界線を通過することができた。そして、ルナージェの北方6㎞の地点に集結し、武装解除されてそこで宿営することとなった。ブンヤチェンコ師団長以下は、アメリカ軍が亡命を受け入れてくれることにまだ一縷の望みを持っており、ウラソフ将軍がアメリカ軍と交渉中との噂も広がった。しかしながら、ウラソフ自身も5月11日午後2時前には、ルナージェからプルゼニ（ピルゼン）に護送される途中でソ連軍部隊に身柄を拘束されていたのであった。

5月12月の正午、アメリカ軍の将校2名がブンヤチェンコの下を訪れ、「軍事境界線は15時をもって西へ後退し、その後はソ連軍が進駐する」との通告を受けた。この時点で師団には約1万5000名のロシア義勇兵が生き残っており、アメリカ軍の退却の混乱の中で1000から2000名が西方への脱出に成功したが、大半は進駐して来たソ連軍によってその場で射殺されるか東方へと運ばれた。なお、プラハには傷病兵やその他の理由で残留したロシア義勇兵が存在したが、進駐して来たソ連軍に約６００名以上が射殺されており、その中にはモトル病院で治療中の負傷兵約２００名が含まれる（＊31）。

ちなみに、ドイツやフランス、イタリアまでようやく逃げたとしても、そこでは米英軍が終戦時70万人いたロシア志願兵を狩り集めており、ロシア解放軍のロシア義勇兵達もその網に引っ掛かって強制送還され、本国送還を免れたのは少数の兵士に過ぎなかった。そして、元ロシア義勇兵達の大半は、処刑されるかシベリアの強制収容所で無期限の強制労働を科せられ、その後の運命については歴史の闇に埋もれたままである。

一方、ピュックラー＝ブルクハウスＳＳ中将は、５月８日の真夜中になって後衛としてプラハを脱出し、混乱の中で多数のドイツ人難民を保護しながら、鎮圧部隊の残余や中央軍集団残余と共に５月10日夕方までにはプルシーブラム、ミリーン、チメリツェ付近まで辿り着いた。しかしながら、アメリカ軍の軍事境界線までの道路は、パルチザン部隊に閉鎖されており、北方のプルシーブラムからはソ連第25戦車軍団、ミリーン東方からは第７親衛軍、第２および第９親衛機械化軍団が迫りつつあった。

ピュックラー＝ブルクハウスＳＳ中将は、約２万名の敗残兵を集めてプルシーブラム〜ミリーン〜ミロヴィッツェ〜チメリツェを結ぶ防衛線を構築して、パルチザンとソ連軍を相手に最後の抵抗を試みた。この最後の戦闘団の主力は次のとおりである。

◎戦闘団〝ピュックラー＝ブルクハウス〟
・第６戦車師団の残余
・戦闘団〝ミロヴィッツ〟の残余
・戦闘団〝ライマン〟の残余
・ＳＳ戦闘団〝イェヒエル〟の残余
・ＳＳ戦闘団〝クライン〟の残余
・ＳＳ戦闘団〝ジュラメルヒャー〟の残余

戦闘は５月11日午後に開始された。最初にプルシーブラムのパルチザンがミリーン北西のスリヴィッツェ村のドイツ軍拠点を攻撃し、これに対してドイツ軍砲兵が反撃し、プルシーブラムのソ連軍カチューシャ部隊が応戦した。ドイツ軍は、残存する数少ないヘッツァーやパンターなどを中心にして、勝ち誇った圧倒的に強力なソ連軍戦車部隊を相手に悪鬼のように戦った。ソ連軍側はこの抵抗に手を焼き空軍に爆撃を要請するなどしたが、ドイツ軍側は屈せず12時間以上も死闘を繰り広げた。そして燃料・弾薬も尽きた５月12日午前３時に、

Photo7-20：1945年5月9日、プラハ西南約40㎞のホジョヴィツェを通過して退却する第1ロシア歩兵師団のヘッツァー。街道のチェコ市民は解放軍として歓迎している。しかしながら、彼らの運命も数日後には尽きてしまうのである。

ピュックラー＝ブルクハウスSS中将が6000名の将兵とともに降伏し、中将は降伏文書に署名した後に自殺を遂げた（＊32）。

この戦闘、すなわちスリヴィツェの戦闘は、第二次世界大戦のヨーロッパにおける最後の戦闘としても知られており、この戦闘の間に多数のドイツ人難民がアメリカ軍境界線内へと逃げ込むことができたとされている。なお、厳密にはヨーロッパにおける最後の戦闘は、5月12日朝にブジェツニツェ付近でソ連軍戦車がドイツ軍装甲兵員輸送車を撃破したコジ・プラツェクの戦闘というのが定説である。

ちなみに、ドイツ軍部隊の一部はパルチザンの封鎖を突破してプラトナーまで達し、そこでアメリカ軍に武装解除されたが、その後、プルゼニ（ピルゼン）に送られてソ連軍に引き渡された。

プラハ蜂起の鎮圧部隊の中で、一番恵まれていたのはオットー・ヴァイディンガーSS中佐率いるSS戦闘団〝DF〟であった。戦闘団は5月9日真夜中の午前2時にプラハを出発し、プルゼニ（ピルゼン）へと向かったが、プラハの戦闘で戦闘団は約1000名を失った。そして、最後に残った車両にドイツ人難民を手当たり次第に乗車させ、数千人の難民とともに苦難の道を歩んだ。そして、5月10日午前10時、先鋒部隊がプルゼニ南東のロキツァニ付近でアメリカ第2歩兵師団に接触し、戦闘団はその日の夕方までに投降した。

Photo7-21：スリヴィツェ村にある戦勝記念碑。ヴァーツラフ・ヒルスキによってデザインされ、1970年に建てられた。毎年、5月11日〜12日には、チェコ軍事史クラブ、博物館とチェコ共和国軍などの協力によって戦闘を再現するイベントが行なわれている。

多くの将兵はその後にソ連軍へ引き渡されているが、少なからぬ数の武装ＳＳ兵士が混乱に乗じてドイツへの逃避行を敢行している（＊33）。

Photo7-22：2010年にスリヴィツェ村で行なわれた戦闘再現イベントでのひとコマ。画面左側は第二次大戦後にチェコで製造されたOT-810装甲車であるが、右側は本物のシュタイアー1500トラック。しかも後期型のカーゴトラック仕様である。思わず当時の写真と見間違えそうな迫力である。

1945年5月9日〜5月12日　アメリカ軍／ソ連軍境界線付近の戦闘

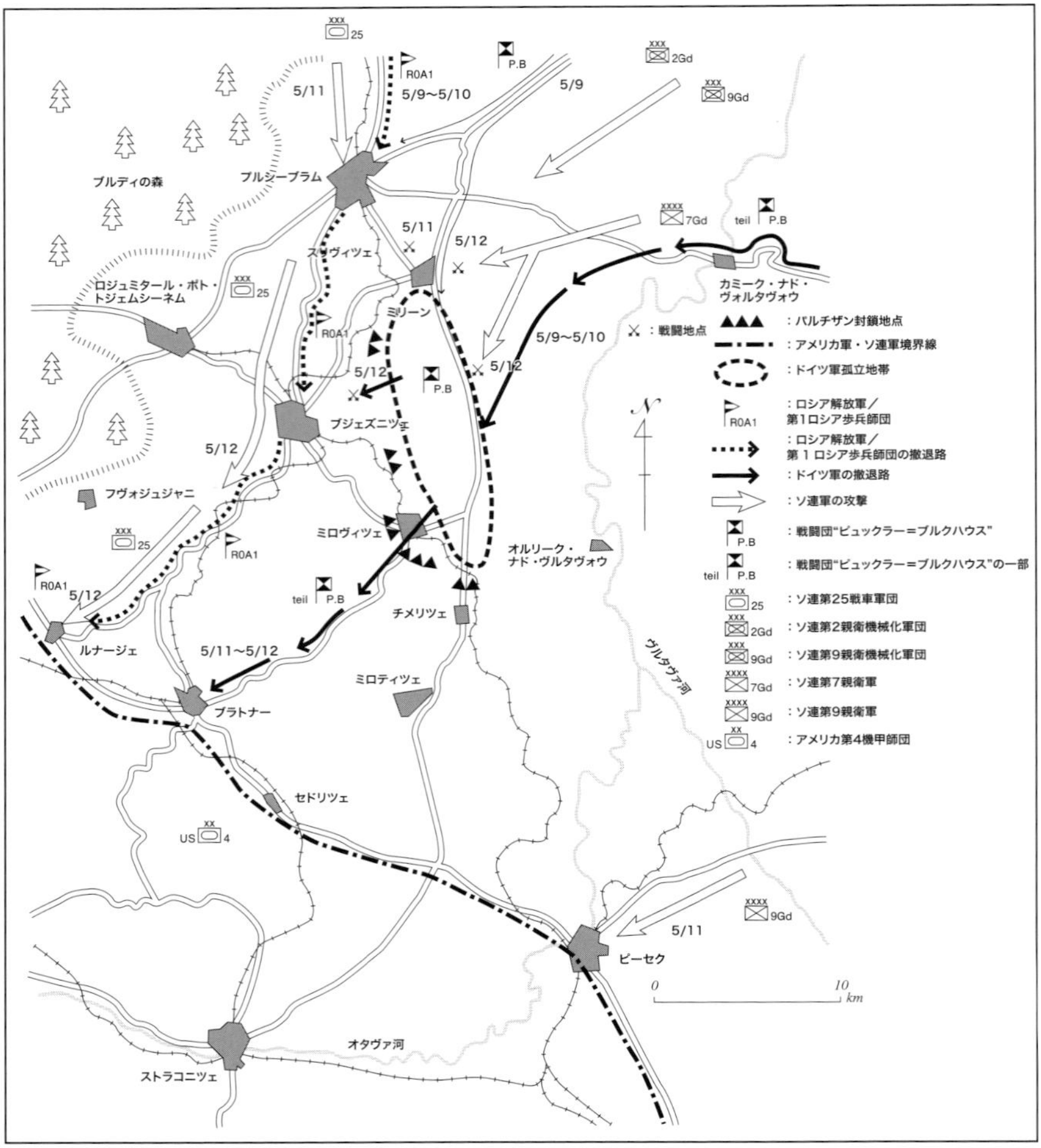

Photo7-23：1945年5月9日の朝、アメリカ軍に投降するためロキツァニの市街を行くSS戦闘団“DF”所属のフォード・マウルティーアS型。車体左フェンダーには師団マークと第11砲兵中隊の戦術マークが描かれている。車体後部には空軍兵士や女性民間人の姿も見える。

Photo7-24：こちらは2012年のスリヴィツェ村における戦闘再現イベントの模様。アメリカ軍のM8グレイハウンド装甲車の重機関銃による空包連射の硝煙が立ちこめており、軍服が新しすぎる以外はまるで実戦写真のようである。

ちなみに、これまでの解説でお分かりのとおり、師団番号については、編成構想や計画があった師団を第39から第45まで単純に並べただけであり、決して戦争末期の1945年4月や5月に編成が具体的に検討されたものではありません。この架空の師団番号は、1983年に発刊されたBruce Querrie著“Hitler' s Samurai”によって有名になり、武装SS専門の軍事雑誌の“Siegrunen”や“Freiwillige”によっても取り上げられて今や通説となりつつあるのですが、戦後に付けられた何の根拠もない番号なのです。

ですから、戦争がもう2週間ほど継続して緊急動員部隊“ヴァレンシュタイン”の師団編成が実現していれば、おそらくはSS第39機甲擲弾兵師団“アルブレヒト・フォン・ヴァレンシュタイン”となっていたことでしょう。

Photo7-25：2010年5月4日に撮影されたもので、プラハの旧市街共和国広場に展示された蜂起軍側の未完成ヘッツァー。いつもはレシャニー軍事技術博物館の野外展示場に常設してある車両であるが、プラハ蜂起の65周年のイベントとして展示したものである。車体色はブルーまたはグリーン系のオリーブドラブで、塗装は当時を正確に復元したものであると言われている。

おわりに

さて、冒頭に掲げた幻の武装SS師団群については、なかなか名前も勇ましく、どのような編成計画であったかが気になるところです。私が知る得る知識では、以下のような計画であったらしい、ということですが、詳細はもちろん不明のままです。

◆SS第39山岳師団“アンドレアス・ホーファー”

1944年初め、チロル地区ガウライターのホーファーが構想したもので、予備役に編入されて再起を狙うフォン・オーバーカンプSS少将（元SS第7山岳師団“プリンツオイゲン”師団長）が陰で画策したものである。なお、アンドレアス・ホーファーは18世紀に活躍したチロル独立戦争の英雄であり、同姓のガウライターの名前ではない。

ヒムラー SS長官の許可を得ようと二人は躍起になったが、最終的に1944年2月22日付のヒムラーの書簡において、「チロル地方でそのような募兵ができるはずもなく、下士官、将校が大幅に欠乏している中で、新たなSS山岳師団の編成は完全に不可能」とダメ出しされてそれ以上は進展しなかった。

◆SS第40義勇戦車師団“フェルト・ヘルン・ハレ”

SS野戦司令本部の1944年7月16日付の覚書には、次のように書かれている。「総統は（壊滅した）機甲擲弾兵師団“フェルト・ヘルン・ハレ”の再編成を武装SSで行なうことを望んでいる。SS長官は、SS義勇機甲擲弾兵師団“ホルスト・ヴェッセル”とSS義勇戦車師団“フェルト・ヘルン・ハレ”で1個軍団を編成する考え」この計画はSA志願兵が前提であり、さっそくSAが募兵を開始したが遅々として新兵は集まらなかった。そうこうしているうちに、陸軍が第109戦車旅団などを基幹に戦車師団“フェルト・ヘルン・ハレ”として再編したため、計画は幻に終わった。

◆SS第41武装擲弾兵師団“カレワラ（カレヴァラ）”（フィンランド第1）

SS第5戦車師団“ヴィーキング”には、フィンランド義勇兵大隊が配属されていた。1943年3月に、これをSS快速連隊“カレワラ”へ拡充し、さらにそれを中核として1個師団を編成する構想が検討された。しかしながら、フィンランド義勇兵は純然たる傭兵であり、契約満了の1943年6月に大半が母国へと帰還した。1944年9月現在で残ったフィンランド義勇兵は将校5名、兵60名にすぎず、計画は放棄された。

◆SS第42機甲擲弾兵師団“ニーダーザクセン”

ニーダーザクセン地区ガウライターであるラウターバッヒャーが構想したもので、1944年5月17日付のSS長官宛の要請書に名称が確認できる。これについても、ヒムラーは5月25日付の書簡で、「既存の武装SS師団群が兵力不足で苦しんでいるなかで、新たな師団のために募兵することは不可能」と、にべもなく断っており、これ以上の進展はなかった。

◆SS第43機甲擲弾兵師団“ライヒスマルシャル（国家元帥）”

1944年夏にSS野戦司令本部で検討が行なわれたもので、空軍兵士を人的資源にした武装SS版空軍地上師団であった。しかしながら、例によって下士官と将校の不足がネックとなっており、さらに加えて兵器と装備も欠乏しているため、ヒトラーとヒムラーとの間の話し合いで編成は不可ということになった。SS野戦司令本部の1944年7月16日付の書簡には、「SS戦車師団“ライヒスマルシャル”の編成は取り止め」との記述がある。

◆SS第45機甲擲弾兵師団“ヴァレーガー（ヴァリャーグ）”

この師団についての詳細は不明である。1943年2月にSS第11義勇機甲擲弾兵師団“ノルトラント”編成のさい際に、師団名の候補として挙がっている。なお、ヴァレーガー（ヴァリャーグ）は、ヴィーキング（ヴァイキング）に対する東スラブ人の呼称であり、スカンジナヴィア義勇兵またはバルト三国義勇兵からなる師団構想であったとする説があるほか、ウクライナ、白ロシア義勇兵とする説もある（*34）。

(＊1)出典：　Tomas Jakl "Kveten 1945" Miroslav Mily P.12-P.18
(＊2)出典：　同上　P.19-P.21
(＊3)出典：　同上　P.22-P.23
(＊4)出典：　同上　P.37-P.38
(＊5)出典：　Stanislav Kokoska "Prag im Mai 1945" P.175-P.176
http://forum.panzer-archiv.de/viewtopic.php?t=6198
(＊6)出典：　Stanislav Kokoska "Prag im Mai 1945" P.112-P.113
(＊7)出典：　Tomas Jak l "Kveten 1945" Miroslav Mily P.41-P.42
(＊8)出典：　同上　P.136
(＊9)出典：　Stanislav Kokoska "Prag im Mai 1945" P.192-P.193
(＊10)出典：ユルゲン・トールヴァルト『幻影』フジ出版　P.102-P.108
(＊11)出典：Wladyslaw Anders "Russian Volunteers in Hitler' s Army 1941-1945" Axis Europa Books P.54（一部補完）
(＊12)出典：Joachim Hoffmann "Die Tragödie der Russischen Befreiungsarmee 1944/1945" Herbig Verlagsbuchhandrung P.157-P.179
(＊13)出典：Stanislav Kokoska "Prag im Mai 1945" P.215-P.220
(＊14)出典：Mark C.Yerger "Waffen-SS Commanders" Schiffer Military History P.169-P.171
(＊15)出典：Stanislav Kokoska "Prag im Mai 1945" P.195
(＊16)出典：Kurt Mehner "Die Waffen-SS und Polizei 1939-1945" Militair Verlag Klaus D,Patzwall P.306-P.308
(＊17)出典：Vojenský ústřední archiv- Vojenský historický archiv in Prag (Tchechia) "Befehlshaber Waffen SS Böhmen und Mähren : Gliederung der KGr. Wallenstein Tgb. Nr 254/45 vom 4.05.1945"
http://www.zweiter-weltkrieg-lexikon.de/index.php/Waffen-SS/Artikel/SS-Division-Wallenstein.html
(＊18)出典：ヴァルター・J・シュピールベルガー『軽駆逐戦車』　大日本絵画　P.84
(＊19)出典：Stanislav Kokoska "Prag im Mai 1945" P.195-P.213
(＊20)出典：ヴァルター・J・シュピールベルガー『軽駆逐戦車』　大日本絵画　P.38、P.68-P.69
(＊21)出典：Otto Weideinger "Division Das Reich BandV" Munin Verlag P.534-P.549
(＊22)出典：David E.Brown/Ales Janda/Tomas Poruba/Jan Vladar "Messerschmitt Me262s of KG & KG(J) units Ⅲ" Japo P.47-P.51
(＊23)出典：Joachim Hoffmann "Die Geschichte der Wlassow-Armee" Verlag Rombach P.219
(＊24)出典：Stanislav Kokoska "Prag im Mai 1945" P.221-P.223
(＊25)出典：同上　P.195-P.212
(＊26)出典：同上　P.232
David E.Brown/Ales Janda/Tomas Poruba/Jan Vladar "Messerschmitt Me262s of KG & KG(J) units Ⅲ" Japo P.52-P.54
(＊27)出典：Joachim Hoffmann "Die Geschichte der Wlassow-Armee" Verlag Rombach P.229-P.235
(＊28)出典：Stanislav Kokoska "Prag im Mai 1945" P.227-P.232
(＊29)出典：同上　P.241-P.245
(＊30)出典：同上　P.285-P.298
(＊31)出典：Joachim Hoffmann "Die Geschichte der Wlassow-Armee" Verlag Rombach P.244、P.270-P.285
(＊32)出典：http://en.wikipedia.org/wiki/Battle_of_Slivice
(＊33)出典：Otto Weideinger " Division Das Reich BandV" Munin Verlag P.560-P.562
(＊34)出典：Richard Landwehr "Siegrunen Anthology Number3" P.34
Bruce Querrie "Hitler' s Samurai" Arco Publishing P.32-P.34
http://forum.axishistory.com/viewtopic.php?f=50&t=93550&start=0

第II部

第8章

第三帝国最後の戦車師団出撃す！
――戦車師団“クラウゼヴィッツ”――

さて、前章で第二次大戦において最後に編成された武装SS師団は？ という問いかけがありましたが、皆さんは最後に編成されたドイツ戦車師団はお分かりになるでしょうか？

まさか第233戦車師団とか言って、筆者を苦しめる人はいませんよね？（笑）

定説では戦車師団“クラウゼヴィッツ”というのが正解で、編成が下令されたのが1945年4月4日といいますから、終戦の1ヶ月前ということになります。

この戦車師団“クラウゼヴィッツ”については、昔から様々な書籍で取り上げられていますが、多くが不正確な資料に基づいていたり、断片的なデータをつなぎ合わせたりしており、事実誤認も数多く含まれています。

筆者もおよそ20年前から調査や研究を続けていますが、なかなか部隊の全体像を正確に把握することが困難で今日に至っています。これは師団が編成途中で、出撃可能な部隊を細切れに戦闘団として次々と進発させたためです。

そこで、現在でも不明な点はあるものの筆者なりの考察を加え、改めて戦車師団“クラウゼヴィッツ”を皆さんにご紹介しようと思います。もちろん、当時の写真は一枚も存在しないのですが（笑）、そこは現地調査の写真で補完してあります。

『ラスト・オブ・カンプフグルッペ』の原点とも言える題材ですので、是非、お楽しみ下さい！

Photo8-1：ヴァルター・ヴェンク大将のポートレート。少将に昇進したのが1943年2月1日であり、おそらくは3月15日に第1戦車軍参謀長に就任した前後に撮影されたものと推定される。彼は45歳で第12軍司令官を拝命しており、第二次大戦における連合軍側、枢軸側を含めた最年少の軍司令官としても知られる。
（BA 101I-237-1051-15A／Schneider／Kunath）

1　西部戦線の崩壊

１９４５年４月の西部戦線の状況は、もはや断末魔の様相であった。ベルリン前面で連合国軍に対する防衛の盾となるはずのモーデル元帥麾下のB軍集団約32万名はルール・ポケット地域で包囲され、アメリカ第9軍、第1軍、第3軍の強力な3個軍がエルベ河へ突進中。それに対してドイツ軍側は、中部ドイツに急編成した弱体なルヒト大将指揮下の第11軍と兵力が減少したG軍集団／第7軍の2個軍を持つに過ぎなかった（＊1）。

ＯＫＷ（国防軍総司令部）としては、まず第11軍をハルツ山地に集結させてアメリカ軍の東進を妨げ、編成中のヴァルター・ヴェンク大将指揮の第12軍と連絡して反撃を開始し、あわよくばB軍集団の解囲を図る計画であった。しかしながら、アメリカ軍第9軍およびイギリス第2軍はハルツ山地の北側からブラウンシュヴァイク方面へ、アメリカ第1、第3軍は南側からノルトハウゼン、エアフルト、ヴァイマール方面へと進撃し、ハルツ山地を迂回して直接エルベ河を目指したため、第11軍は自ら求めて包囲孤立することとなった。

このため、ＯＫＷは第12軍に配属を予定して編成中である部隊を一部抽出し、まず第11軍の救出を優先することとなった。ヴェンクの第12軍は１９４５年４月１日から編成が開始されていたが、新編成の10個師団（表8－1を参照）の配属が計画されていた（＊2）（＊3）。

これらの師団群は広い地域に散在しており、戦車師団〝クラウゼヴィッツ〟と歩兵師団〝アルベルト・レオ・シュラゲーター〟が北方のリューネブルク、プトロス、ラウエンブルク方面、歩兵師団〝ポツダム〟から〝フェルディナント・フォン・シル〟までの6個師団はデッサウ、デーベリッツ、マクデブルク方面で編成中であった。

なお、バイエルンのバート・テルツにて編成中のＳＳ戦車師団は、兵員・装備・機材不足のため擲弾兵師団へ途中改編され、ＳＳ第38擲弾兵師団〝ニーベルンゲン〟となってドナウ河戦線へ投入された。最後の第４（ＲＡＤ）歩兵師団または歩兵師団〝ギュストロフ〟については未編成のまま終戦を迎えている。

表8-1　1945年4月1日　第12軍配属予定師団群

戦車師団“クラウゼヴィッツ”
歩兵師団“アルベルト・レオ・シュラゲーター” ――第1（RAD）歩兵師団
歩兵師団“ポツダム”
歩兵師団“シャルンホルスト”
歩兵師団“ウルリヒ・フォン・フッテン”
歩兵師団“フリードリヒ・ルードヴィヒ・ヤーン” ――第2（RAD）歩兵師団
歩兵師団“テオドール・ケルナー” ――第3（RAD）歩兵師団
歩兵師団“フェルディナント・フォン・シル”
SSユンカー士官学校にて編成中の1個SS戦車師団
歩兵師団“ギュストロフ” ――第4（RAD）歩兵師団

第12軍配属予定の師団群のうち比較的早く編成が進んでいたのは、北方に展開していた戦車師団〝クラウゼヴィッツ〟と歩兵師団〝アルベルト・レオ・シュラゲーター〟であり、再編中の第84歩兵師団とともに第39戦車軍団を構成する計画となっていた。

ＯＫＷが立案したＢ軍集団の救出作戦は、二段階に分かれていた。まず、第12軍本隊がデッサウ方面から西進する一方で、北方のラウエンブルク方面から第39戦車軍団が南進し、包囲された第11軍と合流する。そして第二段階として、合体した第11軍および第12軍がルール方面へ西進してＢ軍集団の包囲を解くというものであった（＊４）。

机上の空論の典型のような作戦計画である！

2　第39戦車軍団の編成

第39戦車軍団司令部とその要員は、4月初旬にヴァイクセル軍集団より抽出輸送され、ラウエンブルクにて編成が開始された。軍団司令官はカール・デッカー大将であり、編成中のドイツ陸軍最後の戦車師団である〝クラウゼヴィッツ〟を

1945年4月　第39戦車軍団　第12軍によるB軍集団救出作戦計画

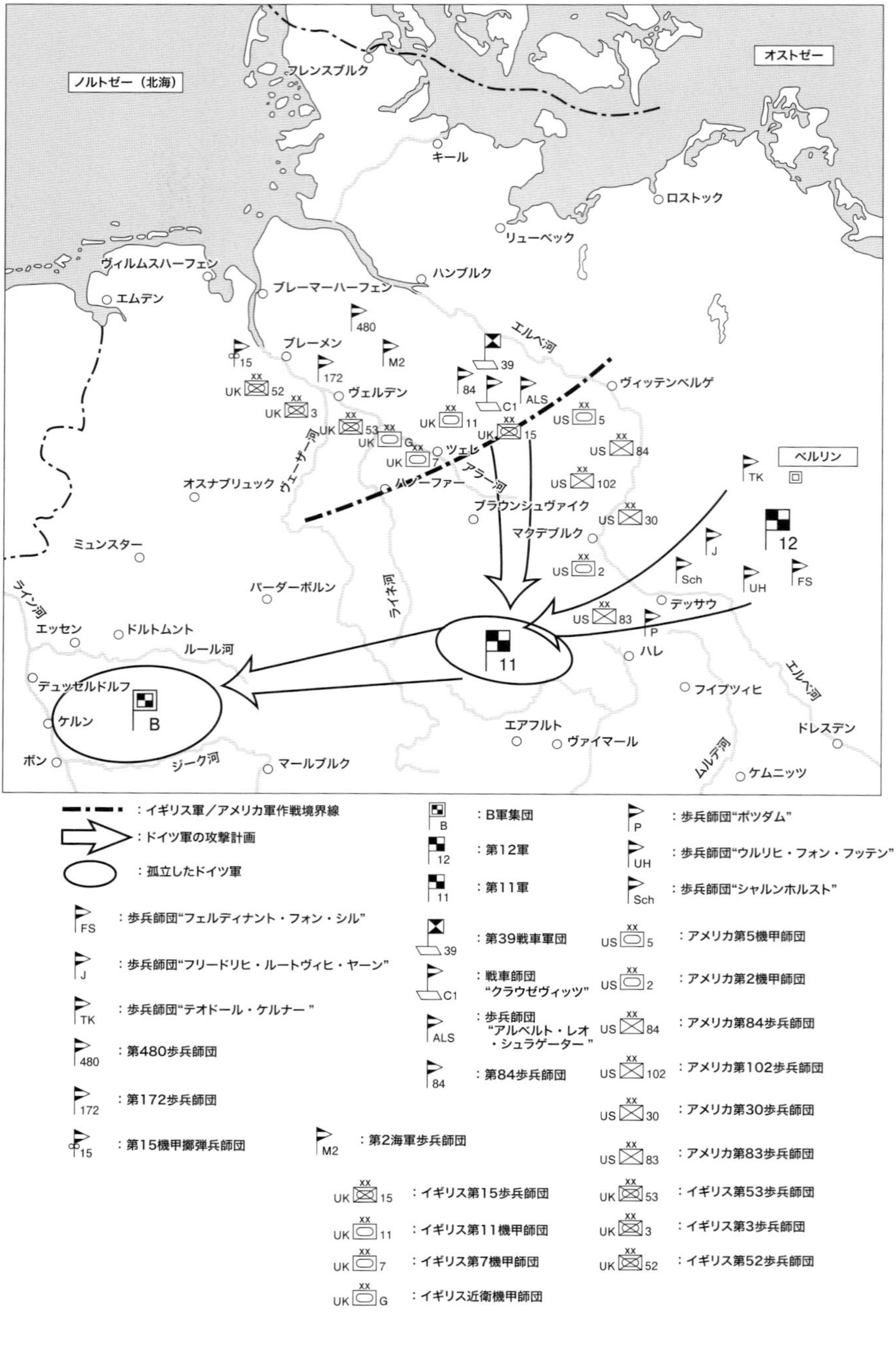

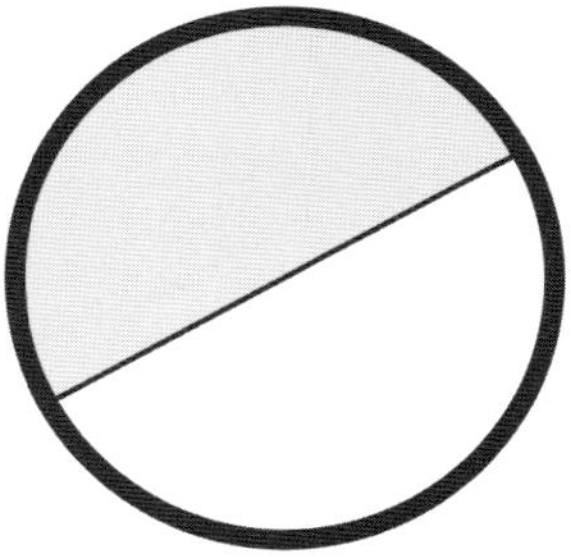

Marking8-1：第39戦車軍団の軍団マーク。黒いサークルの中に緑色とシルバーが斜線で2分割されている。

Photo8-2：カール・デッカー大将のポートレート。1944年5月4日付で柏葉付騎士十字章を授与されており、その際に撮影されたものであろう。デッカーは大戦後半のドイツ軍の主要な作戦、すなわちオストプロイセン攻防戦、アルデンヌの反撃作戦、ポンメルン／アルンスヴァルデ付近の反撃作戦を指揮しており、戦後まで生きていれば我々にとって有用な素晴らしい情報を提供していたに違いない。

含む3個師団により、4月28日までに編成を完了する予定であった（＊5）。

◎第39戦車軍団（司令官：カール・デッカー大将）
・戦車師団〝クラウゼヴィッツ〟
・歩兵師団〝アルベルト・レオ・シュラゲーター〟
・第84歩兵師団

カール・デッカー大将は、1897年11月30日ポンメルンのボラティンに生まれた。1914年9月に士官候補生として帝国陸軍へ入隊。第一次大戦では1915年6月に二級鉄十字章、1916年11月に一級鉄十字章を授与されている。再軍備時の1936年に再入隊し、第二次大戦勃発時は第38対戦車砲大隊長であった。彼が一躍有名になったのは、第2戦車師団／第3戦車連隊／第I大隊長当時の1941年3月におけるギリシャ侵攻作戦であり、戦闘団〝バルク〟の先鋒としてラリッサを強襲してこれを占領。この戦功によりデッカー中佐（当時）は1941年6月13日付で騎士十字章を授与された。さらに1944年2月から3月にかけて、第5戦車師団長として中央軍集団戦区のロガチェフ付近で激烈な防衛戦を展開。同年4月5日には反撃作戦により包囲されたコヴェリを再び解放することに成功し、この戦功によりデッカー少将（当時）は1944年5月4日付で柏葉付騎士十字章を授与された。

その後、1944年10月15日より第39戦車軍団長を拝命し、オストプロイセン、アルデンヌ、ポンメルン、シュレージェンへと転戦。1945年4月12日、第39戦車軍団はラウエンブルクにて再編成中にOKW（国防軍最高司令部）直轄とされ、デッカーは大将は部隊未編成のまま圧倒的に優勢な連合軍に対して第11軍救出作戦を指揮することとなる。

後述するが、作戦の失敗が明らかになった1945年4月21日に自殺を遂げ、5日後に全軍149番目の剣付柏葉付騎士十字章を殁後授与されている（＊6）。

戦車戦の専門家として一貫して前線にあり、気骨あるプロイセン魂を持ったドイツ軍人らしい人物であった。

(1) 戦車師団〝クラウゼヴィッツ〟

戦車師団〝クラウゼヴィッツ〟は、4月4日付機密命令「ツェッペリン2648」により緊急編成が下令され、1945年型戦車師団としてリューネブルクーローエンブルク／エルベープトロス（第12／13軍管区）にて編成開始された。1945年4月6日付で戦車師団〝クラウゼヴィッツ〟と正式に命名され、師団長にはマルティン・フリードリヒ・カール・ウンライン中将が就任した（＊7）。

マルティン・ウンライン中将は、1901年1月1日、ヴァイマールに生まれた。1918年3月に士官候補生として帝国陸軍へ入隊。同年9月5日付で二級鉄十字章を授与されている。

第一次大戦終了後、ヴァイマール共和国軍に奉職し、第二次大戦勃発時は第9軍団副官であった。その後、第6戦車師団第6オートバイ大隊長、同師団第4機甲擲弾兵連隊長を歴任し、スターリングラード戦における第6軍救出作戦（〝冬の突風〟作戦）時にはウンライン戦闘団を形成し、厳寒のアクサイ河付近で赤軍と死闘を演じ、1943年9月10日付で騎士十字章を授与された。1943年11月5日には第14戦車師団長を拝命。1944年3月から5月にかけてルーマニアへの苦しい撤退戦を指揮し、柏葉付騎士十字章を授与された。また、彼はルーマニアの高位勲功である〝des Halsordens Steaua Romaniei〟をルーマニア全軍162番目に授与されるという栄誉に浴している（＊8）。

その後、1945年2月にSS第3軍団長としてポンメルン／アルンスヴァルデの反撃作戦を指揮し、祖国存亡の危機を迎えた4月1日付でドイツ陸軍最後の戦車師団長に任命され、包囲された1個軍の救出を再び命ぜられたのであった。

なお、デッカー大将の死後は第39戦車軍団長を引き継いだが、3日後の1945年4月24日にアメリカ軍の捕虜となっている。

師団の編成は、兵員や器材の不足、交通網の破壊により困

Photo8-3：マルティン・ウンライン中将のサイン入りポートレート。ウンラインは地味な防衛戦であるルーマニア戦線が長く、戦歴は苦労した割には報われていない。軍団長から格下の戦車師団長となって未編成部隊の指揮を執り、最後は紙上の存在となった第39戦車軍団長となったが、それも3日間だけに過ぎなかった。

Photo8-4：機甲部隊学校（射撃課程）"プトロス"の中庭にある記念碑。珍しいラインメタル社製ライヒトトラクトール（軽トラクター）の詳細が見てとれる。1940年8月に除幕された記念碑には教育訓練で殉職した8名の兵士達の名前が彫られているが、この後、彼らの後に数知れぬドイツ戦車兵の名前が続くこととなる。

難を極めたが、ＯＫＷは必死の思いで陸軍予備部隊や壊滅した部隊の残余を各地からかき集めた。

　師団本部は壊滅した戦車師団〝ホルシュタイン〟の師団本部より編成され、主力の戦車連隊〝クラウゼヴィッツ〟／第Ｉ戦車大隊は、第１０６戦車旅団〝ＦＨＨ（フェルトヘルンハレ）〟／第２１０６戦車大隊、第II（ＳＰＷ＝装甲兵員輸送車）大隊は再編された機甲擲弾兵連隊〝ＦＨＨ〟／第II大隊が流用された。戦車猟兵大隊〝ＧＤ（グロースドイッチュラント）〟については、機甲擲弾兵補充旅団〝ＧＤ〟／補充戦車大隊〝ＧＤ〟から編成された。

　また、機甲擲弾兵連隊については、第２３３戦車師団／第42機甲擲弾兵連隊、機甲擲弾兵教育補充連隊〝ＦＨＨ〟から３個連隊が改編された（1個連隊は機甲擲弾兵予備旅団〝ＧＤ〟から編成されたという説がある）（＊9）。

　さらに、戦闘団〝ベニングゼン〟が機甲部隊学校（射撃課程）〝プトロス〟の教官・生徒から編成されて師団へ緊急に追加配備された。

　改編母体となった部隊は、この他に機甲部隊学校II〝クランプニッツ〟、工兵部隊学校〝ロスラウ〟および第25軍の一部と予備軍などであった。１９４５年４月当時、ドイツ陸軍に残された最後の機甲兵力をかき集めたと言っても過言ではないだろう。しかしながら、母体となる部隊がばらばらに到

編成図8－1　1945年4月17日　戦車師団“クラウゼヴィッツ”

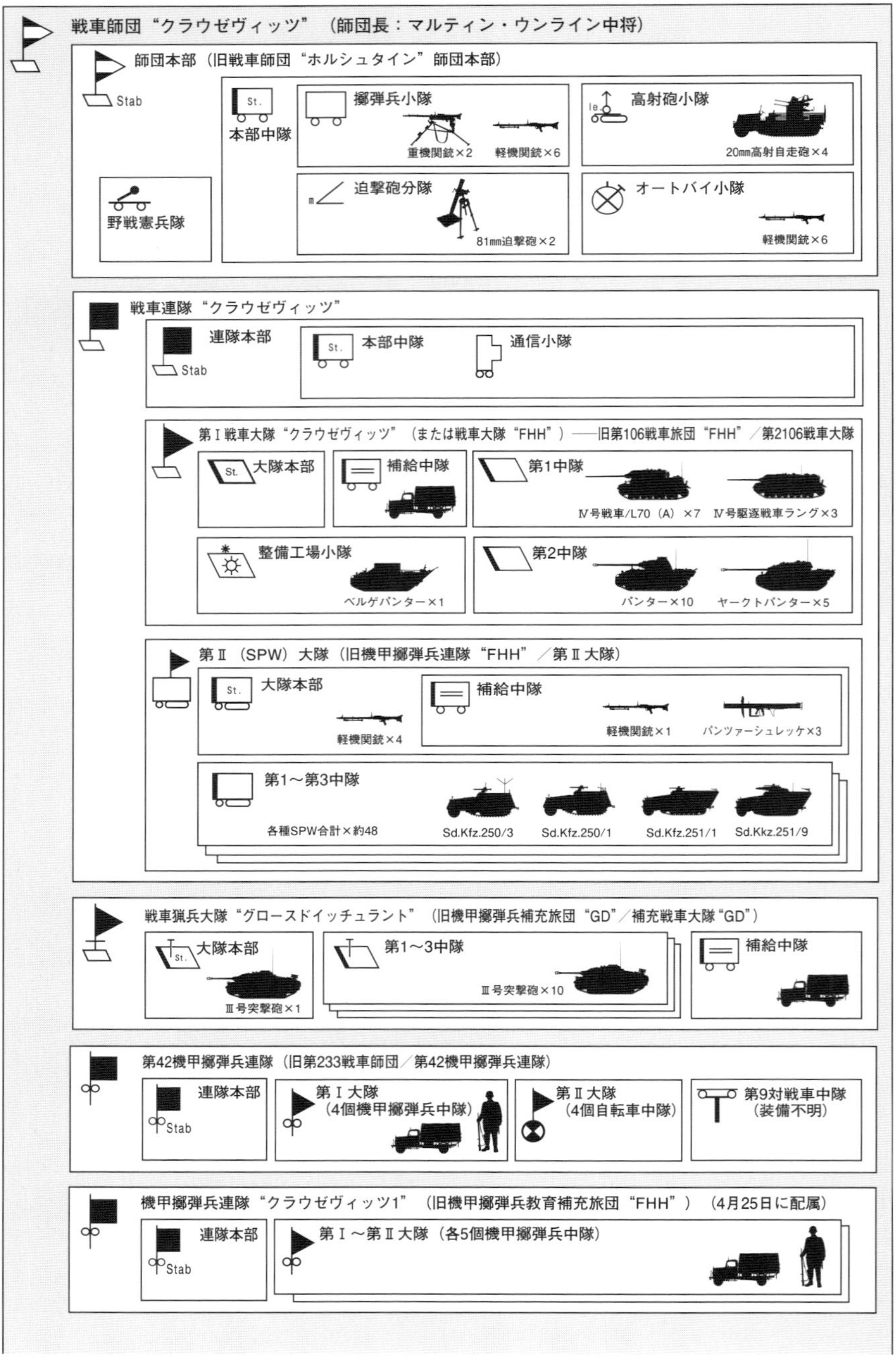

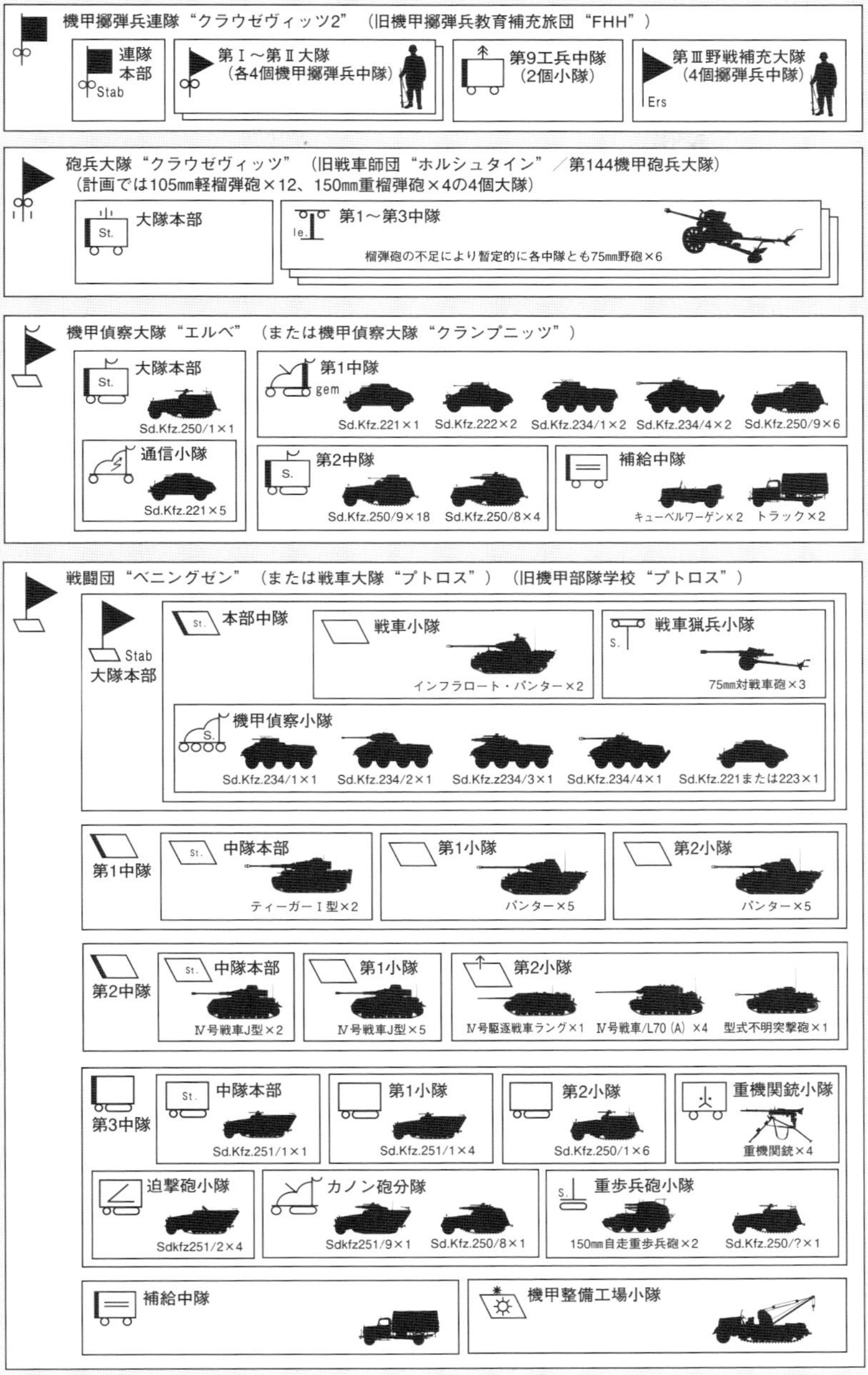
機甲擲弾兵連隊“クラウゼヴィッツ2”（旧機甲擲弾兵教育補充旅団“FHH”）
連隊本部
Stab
第Ⅰ～第Ⅱ大隊
（各4個機甲擲弾兵中隊）
第9工兵中隊
（2個小隊）
第Ⅲ野戦補充大隊
（4個擲弾兵中隊）
Ers
砲兵大隊“クラウゼヴィッツ”（旧戦車師団“ホルシュタイン”／第144機甲砲兵大隊）
（計画では105㎜軽榴弾砲×12、150㎜重榴弾砲×4の4個大隊）
大隊本部
St.
第1～第3中隊
le.
榴弾砲の不足により暫定的に各中隊とも75㎜野砲×6
機甲偵察大隊“エルベ”（または機甲偵察大隊“クランプニッツ”）
大隊本部
St.
Sd.Kfz.250/1×1
第1中隊
gem
Sd.Kfz.221×1
Sd.Kfz.222×2
Sd.Kfz.234/1×2
Sd.Kfz.234/4×2
Sd.Kfz.250/9×6
通信小隊
Sd.Kfz.221×5
第2中隊
S.
Sd.Kfz.250/9×18
Sd.Kfz.250/8×4
補給中隊
キューベルワーゲン×2
トラック×2
戦闘団“ベニングゼン”（または戦車大隊“プトロス”）（旧機甲部隊学校“プトロス”）
Stab
大隊本部
St.
本部中隊
戦車小隊
インフラロート・パンター×2
戦車猟兵小隊
S.
75㎜対戦車砲×3
機甲偵察小隊
S.
Sd.Kfz.234/1×1
Sd.Kfz.234/2×1
Sd.Kfz.z234/3×1
Sd.Kfz.234/4×1
Sd.Kfz.221または223×1
第1中隊
St.
中隊本部
ティーガーⅠ型×2
第1小隊
パンター×5
第2小隊
パンター×5
第2中隊
St.
中隊本部
Ⅳ号戦車J型×2
第1小隊
Ⅳ号戦車J型×5
第2小隊
Ⅳ号駆逐戦車ラング×1
Ⅳ号戦車/L70（A）×4
型式不明突撃砲×1
第3中隊
St.
中隊本部
Sd.Kfz.251/1×1
第1小隊
Sd.Kfz.251/1×4
第2小隊
Sd.Kfz.250/1×6
重機関銃小隊
重機関銃×4
迫撃砲小隊
Sdkfz251/2×4
カノン砲分隊
Sdkfz251/9×1
Sd.Kfz.250/8×1
S.
重歩兵砲小隊
150㎜自走重歩兵砲×2
Sd.Kfz.250/?×1
補給中隊
機甲整備工場小隊

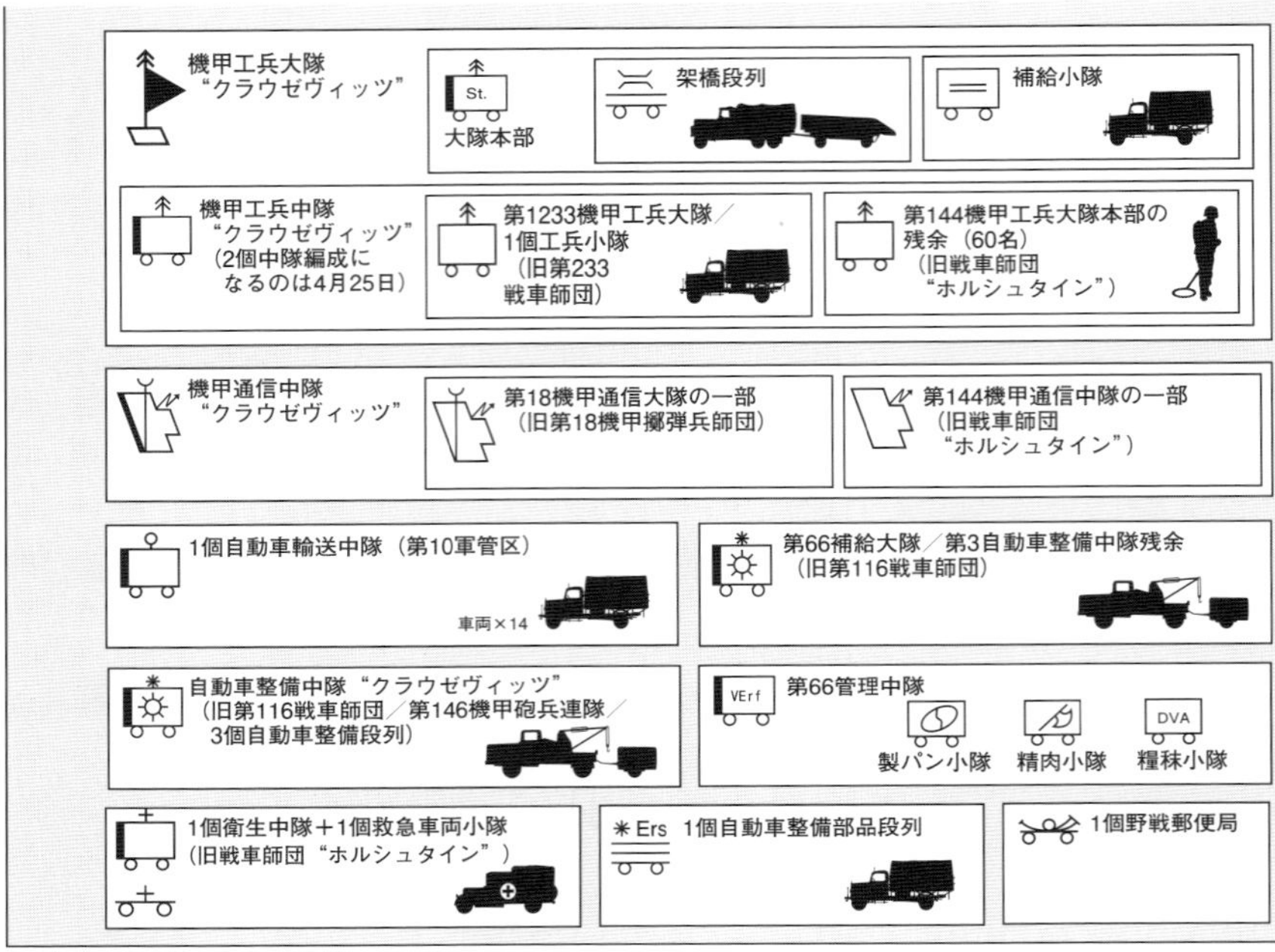

着して、未編成のまま逐次戦闘団として戦線へ投入されて消耗したため、師団の編成率が50％以上になることは一度もなかった。

編成図8-1は1945年4月17日時点での師団編成予定である。実際はこれらの部隊の半数は各地から輸送中であり、到着した部隊もラウエンブルクからリューネブルク付近に広く分散して編成中であり、戦闘準備が整った部隊は後述するように僅かしかなかった（＊10）。

なお、4月16日までに機甲戦闘団〝ノルト〟が機甲部隊学校〝ベルゲン〟から増強され、その中にはⅢ号突撃砲シャーシを流用した新型対空戦車が配属されていたとする説がある（＊11）。機甲戦闘団〝ノルト〟の車両を装備表8-1に示す。

Ⅲ号対空戦車については、突撃砲学校〝ブルク〟において、ヴィルベルヴィント型やオストヴィント型の対空砲塔を突撃砲用シャーシに搭載する製造開発が独力で進められており、もしこれが誤記でないとすれば、この7両は突撃砲学校〝ブルク〟で製造された可能性が強い。なお、1945年3月にオストヴィント砲塔18基が工場に引き渡されており、完成したⅢ号37㎜対空戦車は、第244突撃砲旅団に2両、第341突撃砲旅団に3両、第667突撃砲旅団に4両が配備され

装備表8-1　1945年4月16日
機甲戦闘団“ノルト”の装甲車両

たと言われている。従って、戦車師団〝クラウゼヴィッツ〟／機甲戦闘団〝ノルト〟に4両が配備されたとすれば、残り4両の行方が気になるところである（＊12）。

(2) 歩兵師団〝アルベルト・レオ・シュラゲーター〟

歩兵師団〝アルベルト・レオ・シュラゲーター（ALS）〟は、第1（RAD）歩兵師団として1945年3月31日付でムンスター演習場にて編成開始され、4月8日付で正式師団となった。編成母体は7500名のRAD兵士と、壊滅した第299国民擲弾兵師団の残余が予定されていたが、どの程度まで動員が可能であったかは不明である。主力は擲弾兵連隊〝ALS1〟〜〝ALS3〟3個連隊で、他に〝ALS〟の名称を有する砲兵連隊、軽歩兵大隊、戦車猟兵大隊、工兵大隊、通信大隊と支援部隊からなっていた。重火器を装備する砲兵連隊と戦車猟兵大隊の編成は、編成図8-2のとおりである（＊13）。

編成図8-2　1945年4月1日　歩兵師団
“アルベルト・レオ・シュラゲーター”重火器装備部隊

(3) 第84歩兵師団

第84歩兵師団については、1944年2月2日にディエップで予備軍より編成された。1944年8月には第1降下猟兵軍に属し、ニーダーハイム付近に展開。その後、ヴェーザー河橋頭堡の戦闘で大損害を受けて壊滅し、リューネブル

Marking8-2：第84歩兵師団の師団マーク。1944年2月の編成時に制定されたと言われているが、確証されていない。

ガー・ハイデで再編途中に１９４５年４月12日より第39戦車軍団に配属となった。標準編成は、各２個大隊編成の３個擲弾兵連隊、砲兵連隊〝エルベ〟、牽引式75㎜対戦車砲を装備した第１８４戦車猟兵中隊、第84軽歩兵大隊、第１８４工兵大隊、第１８４通信大隊などであったが、１９４５年４月の時点でどこまで戦力が回復していたかは不明である（＊14）。

なお、師団長のハインツ・フィービッヒは１８９７年生まれの47歳であり、第２４６歩兵師団長、第４軍兵器学校長を経て第84歩兵師団長に就任。終戦の１９４５年５月８日付で騎士十字章を授与されている（＊15）。

3　セル～イルツェンの戦況

すでにアメリカ軍の先鋒はエルベ河に近づきつつあり、第39戦車軍団が第12軍へ合流するのは次第に困難な情勢となってきていた。このため、ＯＫＷは第39戦車軍団の第12軍への配属予定を取りやめ、極めて異例なことであるが４月12日付でＯＫＷ直轄軍団とし、集結地のラウエンブルクからブラウンシュヴァイク方面へ突破南進して孤立する第11軍との合流を下令した。すなわち、まず北方から第39戦車軍団を南下させ、その後東から第12軍が攻撃して第11軍と合流し、その２・５個軍が西方へ進撃して包囲されているＢ軍集団を救出する作戦を立案した。この作戦は最初から無理筋であり、第39戦車軍団が強力なアメリカ軍４個師団のなかを突っ切ることは、素人が考えても成功するはずもなかったが、ＯＫＷとしても座して死を待つより僅かな可能性があればそれに賭けるほかはなかった。大和を沖縄へ片道燃料で突っ込ませた菊水作戦と同類の非現実的な作戦と言えよう。

この頃、ハルツ山地を迂回したイギリス第２軍は、エルベ河へ向かうアメリカ第９軍の側面防御を行なうべく北上しつつあり、すでにラウエンブルクから約１００㎞南西のツェレは、先鋒の第15スコットランド歩兵師団の猛攻により４月12日の夜に陥落していた。第44、第46、第２２７歩兵旅団から構成される同師団は、さらに第６近衛機甲旅団の支援を受けており、兵力約１万２０００名、戦車・装甲車２９８両という強大な戦力を有していた。

４月13日の朝、第15スコットランド歩兵師団はツェレか

Photo8-5：雑木林に遺棄された弾薬運搬車型マウルティーアと6連装300㎜ラケーテンヴェルファー56型。1945年4月11日にセレ西方のハンビューレンで撮影されたものである。戦闘団“シュトロー”の装備が意外に恵まれていたことがよくわかる。

ら北西約50㎞にあるイルツェンへ進撃するよう命令を受け、第２２７歩兵旅団を先鋒に国道１９１号線を北上し始めた。ツェレからイルツェンの間は、ツェレ防衛戦で市街を退却して来たネーベルヴェルファー学校の戦闘団〝シュトロー〟の残余が散在しているだけであった。

この戦闘団は教官と生徒、士官候補生などから編成された弱体な7個大隊からなっていたが、ネーベルヴェルファー教導連隊／第Ⅱ大隊（ネーベルヴェルファー12門）とSSネーベルヴェルファー教育補充大隊が含まれていた。ツェレの北方には敗残兵８００名程度が展開しており、時折、残存する数少ないネーベルヴェルファーを発射しては森林の中へ隠れるというヒットエンドラン戦法で遅滞戦闘を繰り広げた。

しかしながら、圧倒的優位を誇るイギリス第15歩兵師団はこれを物ともせず、夕方18時までにはウンターリュース、ヴァイハウゼンに到達した。ここには、シェーラー大佐指揮のネーベルヴェルファー学校の教官・学生の残余とSSネーベルヴェルファー教育補充大隊が薄い抵抗線を構築していたが、あっという間に粉砕されて突破された。

その後もイギリス第15歩兵師団は北上を続け、夜を衝いて行われた進撃により4月14日の深夜3時には国道4号線上のホルデンシュテットにまで達した（＊16）。イルツェンの市街から僅か7㎞の地点である！

Photo8-6：Photo8-5の連続写真。第15スコットランド歩兵師団の兵士が、鹵獲した弾薬運搬型マウルティーアを珍しそうに検分している。ネーベルヴェルファー学校の教官や生徒の烏合の衆では、百戦錬磨の同師団相手に戦っても所詮は蟷螂の斧であったに違いない。

4 イルツェン防衛戦

イルツェンの都市防衛部隊は、基本的にはヒトラーユーゲントと国民突撃隊のみであり、その他に第55高射砲連隊（88㎜高射砲装備）の一部と第116砲兵連隊の2個砲兵中隊がイルツェン南東のハンブロック地区に、南西のフェアーセン地区には88㎜高射砲2門が展開しているだけであった。しかしながら、イルツェンは第39戦車軍団にとってブラウンシュヴァイク方面へ南下進撃する際の国道4号線上の重要な拠点であり、デッカー大将は緊急に編成途中にある部隊をイルツェン防衛のために抽出し、4月13日までに表8-2のような兵力を集結させることができた。

この抽出された部隊のうち、第8、第9機甲擲弾兵補充大隊とヘッツァー10両はフェアーセン地区、第491擲弾兵補充大隊はハンブロックの北西地区に配備された。そして、主力である戦車師団〝クラウゼヴィッツ〟の2個機甲擲弾兵大隊は、敵がいずれの方向から来ても対処できるようにフェアーセンとハンブロックの中間に位置して戦闘準備に入った。

4月14日朝8時頃、朝もやの中をイギリス第15歩兵師団の先鋒である第277旅団／ハイランド軽歩兵連隊／第10大隊と第6近衛機甲旅団／近衛スコットランド連隊／第3機甲大

表8-2　1945年4月13日　イルツェン防衛部隊

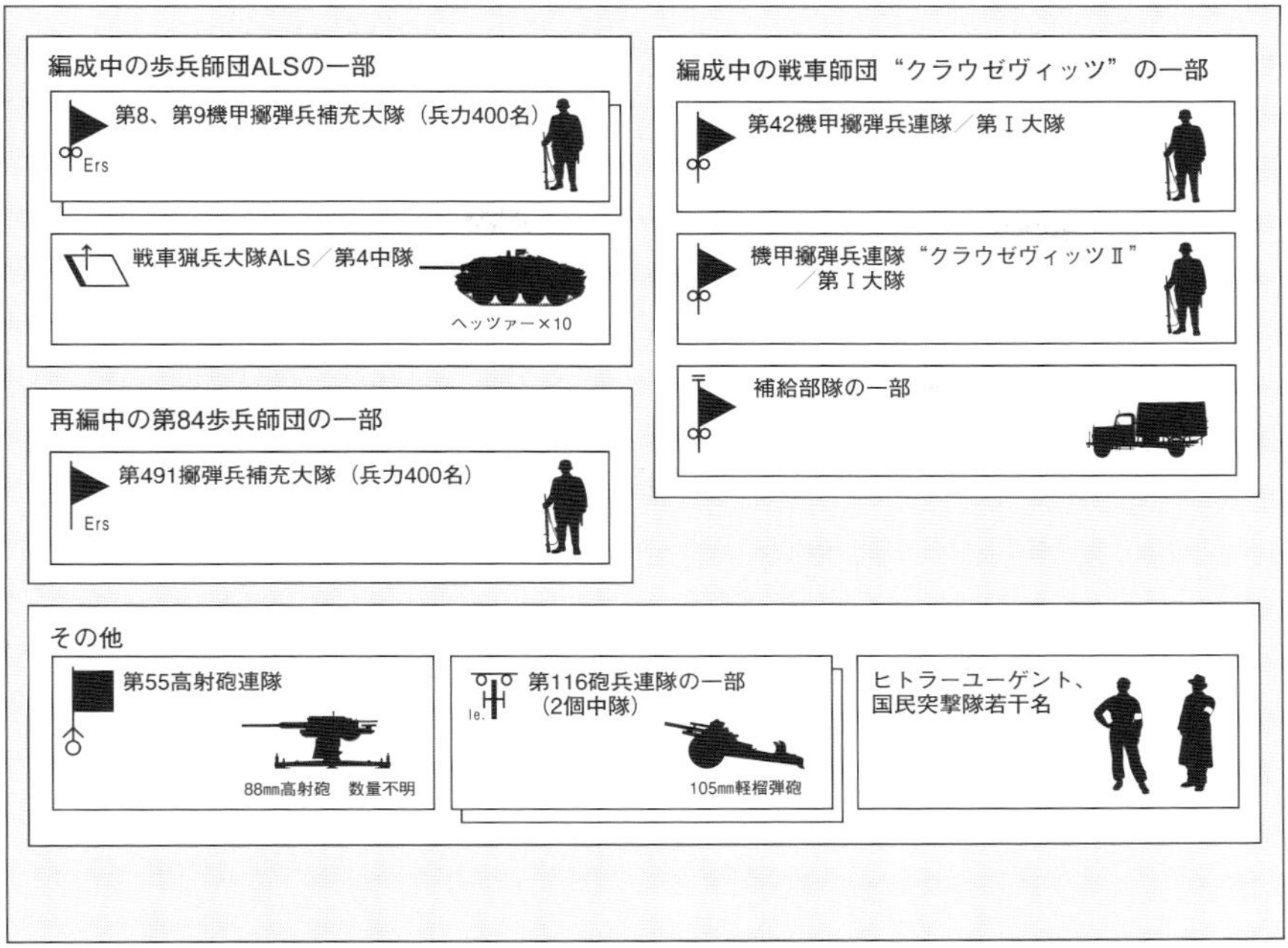

隊が、市街中心から南西２㎞の鉄道線に到達し、踏切を渡って縦列でゆっくりと国道４号線を進んだ。

突然、左翼のフェアーセン方向から砲撃が開始され、たちまち最終尾のタンクローリーが被弾して爆発炎上し、先頭の車両にも命中、擱座した。国道上で身動きがとれなくなったイギリス車両群は、森林に展開したよく偽装されたヘッツァー10両から狙い撃ちされ、次々と撃破されていった。

ヘッツァーの乗員は機甲部隊学校の射撃教官であり、初弾から命中弾が相次いだ。ハイランド軽歩兵連隊／第10大隊は右翼の森のなかへと逃げ込んだが、急進して来たドイツ軍側の２個機甲擲弾兵大隊により攻撃を受けた。この戦闘でイギリス軍先鋒部隊は、戦車４両を含む多数の装甲車両（15両という説あり)を破壊され、行方不明者多数(大半は捕虜となった）と戦傷者22名という損害を蒙って撃退された。ドイツ軍側の損害は僅か３名であり、イルツェンを巡る緒戦はドイツ軍側の完勝に終わった（＊17）。

5　ネッテルカンプの夜間戦闘

翌日の４月14日、戦車師団〝クラウゼヴィッツ〟では、さらなる２個戦闘団の出撃準備が整った。その内訳を編成図8-3に示す。

戦車連隊〝クラウゼヴィッツ〟／第Ⅱ（ＳＰＷ）大隊は、ハンガリーで戦闘を行なっている機甲擲弾兵連隊〝ＦＨＨ〟

1945年4月14日午前　イルツェンの戦闘

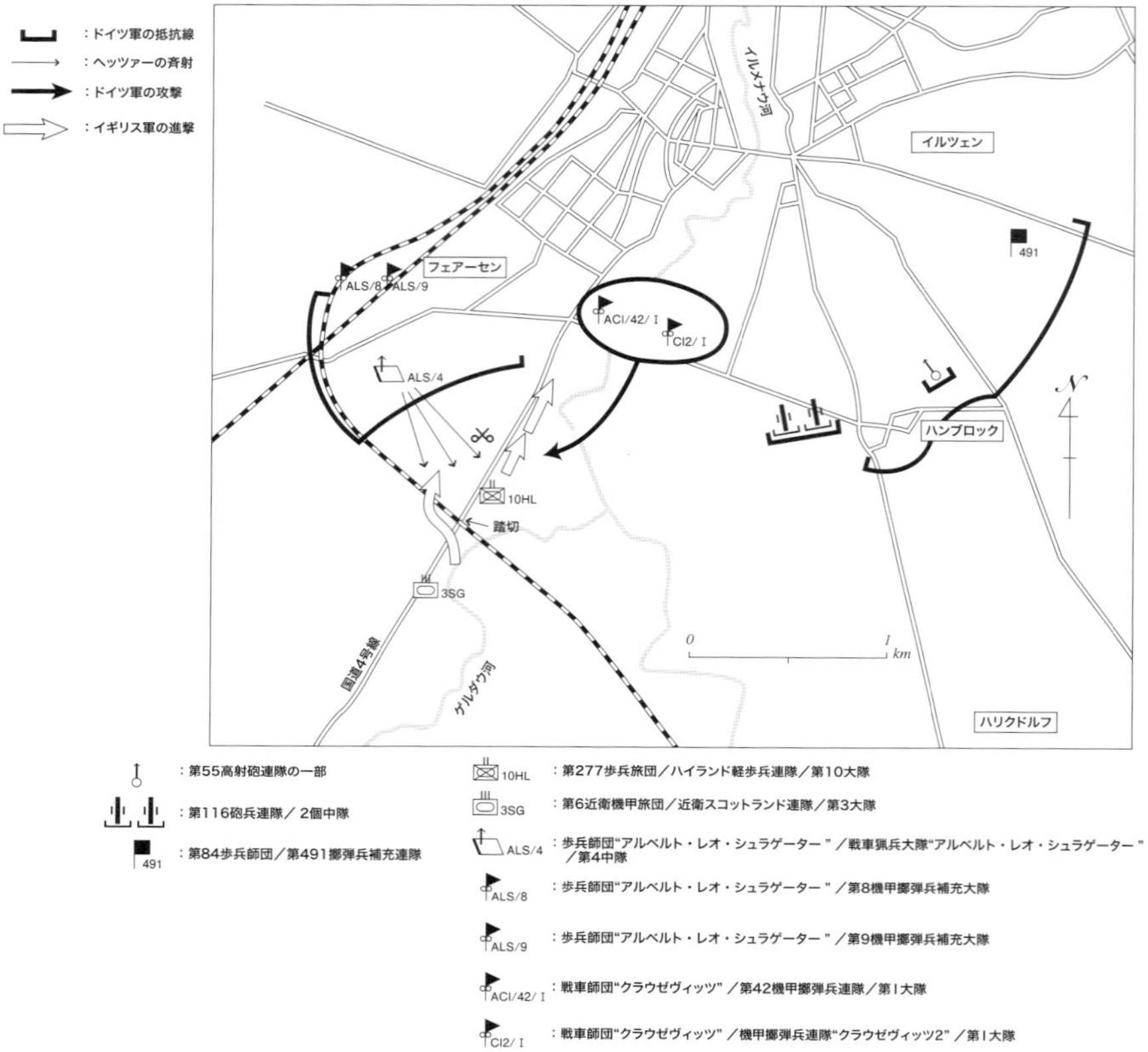

Photo8-7：現在のフェアーセンの踏切を北側から見たところで、イギリス軍は写真奥側から進軍して来た。ごらんの通り、この周辺は畑や牧草地が広がって遮るものがなく、側面から待ち伏せ攻撃をされたらお手上げであった。

編成図8-3　1945年4月14日　戦闘団“ペーター”／戦闘団“ヴァレ”

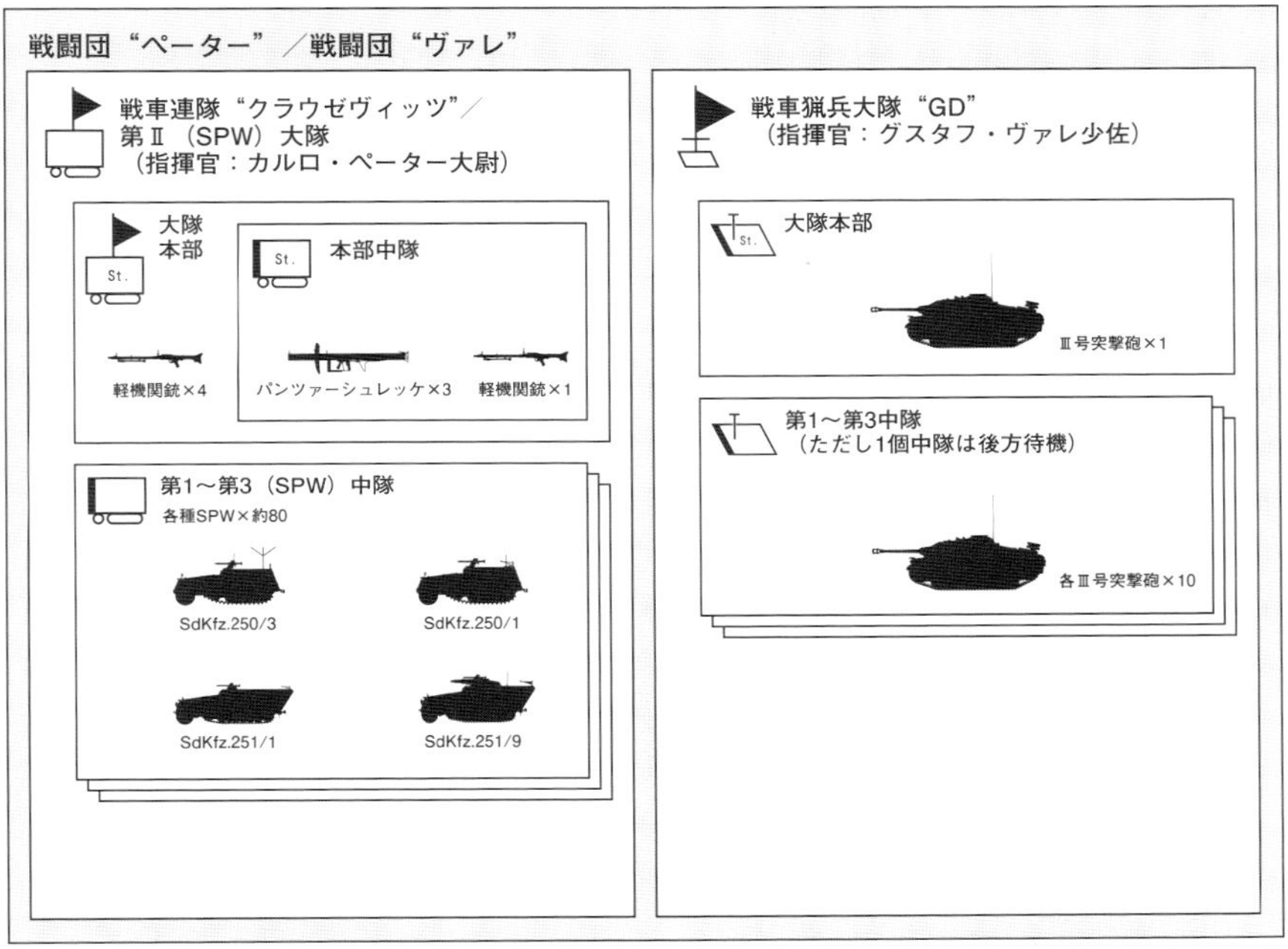

／第Ｉ大隊の装備改編のため、旧機甲擲弾兵教育補充旅団〝ＦＨＨ〟を母体に編成中であったが、途中で戦車師団〝クラウゼヴィッツ〟に転用されたものである。装備は素晴らしいもので、大隊本部がＳＰＷ（装甲兵員輸送車）約10両、各3個中隊はいずれも工場からロールアウトしたばかりの各種ＳＰＷを22両から24両、キューベルヴァーゲン4両、オートバイ1個小隊を装備していた。なお、このＳＰＷのなかにはエリコン製12・7㎜機関銃を装備したＳｄＫｆｚ２５０または同２５１系列の装甲兵員車両が含まれていたという。

戦車猟兵大隊〝ＧＤ〟は、ビッペンに駐留していた機甲擲弾兵補充旅団〝ＧＤ〟の戦車補充大隊〝ＧＤ〟約80名が母体となって編成されたものである。なお、この大隊も元々は機甲擲弾兵連隊〝ブランデンブルク〟／第Ⅱ大隊とする計画であったが、途中で転用されたものである（＊18）。

大隊長のグスタフ・ヴァレ少佐は、１９１５年9月6日生まれの29歳。１９４２年から歩兵師団（自動車化）〝ＧＤ〟へ配属され、１９４３年には軽歩兵連隊〝ＧＤ〟／第Ⅲ大隊の中隊長へと昇進し、ハリコフ戦の戦功により１９４３年5月13日付でドイツ黄金十字章を授与されている。オスプロイセン戦後の１９４５年3月、新編成の戦車猟兵大隊〝ＧＤ〟の指揮官となり、グラーフェンヴェール演習場にて教育訓練を指導していた。彼は30歳前であったが実戦経験豊かな将校であり、二級／一級鉄十字章、白兵戦章（銀色）を授与されている（＊19）。

この時点で戦車師団〝クラウゼヴィッツ〟は、主力の戦車部隊、砲兵と高射砲部隊、偵察大隊、工兵部隊が欠落していたが、ウンライン師団長は今日戦闘可能になったばかりの部隊を投入し、撃退したイギリス第２７７旅団を背後から追撃して夜間戦闘で撃滅することを決意した。こうして戦闘団〝ペーター〟と〝ヴァレ〟は、敵情不明のまま夜になってイルツェン南方のネッテルカンプ、シュターデンゼン方面へと進発した。なお、戦車猟兵大隊〝ＧＤ〟のⅢ号突撃砲は20両（18両という説あり）が出撃し、その他の約10両は後方に予備部隊として配置された。

Photo8-8：グスタフ・ヴァレ少佐のポートレート。襟には騎士十字章が確認できるが、おそらくは後で写真に描き込まれたものであろう。右腕には戦車撃破章が見えるが、一番上が5両撃破を意味する金章、その下の4個は1両撃破を意味する銀章であるが、これも後で描き込まれたかレプリカと思われる。

一方、手痛い損害を被ったイギリス軍は、ネッテルカンプとシュターデンゼンに増援部隊が集結していた。ネッテルカンプには、イギリス機甲偵察連隊の１個中隊が戦車10両とともに夕方に到着し、南西２㎞にある隣街のシュターデンゼンは、夜20時にグラスゴー・ハイランダーズ歩兵連隊／第２大隊により占領され、市街とその周辺は第46歩兵旅団、近衛コールドストリーム連隊／第機甲大隊の１個戦車中隊、２個砲兵中隊、１個工兵小隊、１個対戦車砲小隊などが集結した。すなわち、イギリス軍は、兵士約２０００名と車両約１２０両をこの方面に配備していたのである。

そして、ここでは１９４５年４月14日は何事も無く終わろうとしていた……。

先鋒となった戦闘団〝ペーター〟は、真夜中の24時前に北西からネッテルカンプの街へと入った。突然、銃声が響き、先頭のＳＰＷの無線手が崩れ落ちた。ペーター大尉は、この日、洗い立ての白い手袋をはめて自信満々であった。彼は街にいるのは敵の弱体な前哨部隊であると考え、強引にＳＰＷを先頭に突破しようと考えた。ところが先に進むに従い、迎撃する敵戦車10両の側面砲撃により多数のＳＰＷが被弾し、燃え盛る建物の間や狭い農家に逃げ込んで隠れるのが精一杯の状況となった。

４月15日を30分過ぎた頃、戦闘団〝ヴァレ〟はⅢ号突撃砲20両とともに、北東から燃え盛るネッテルカンプの市街へ

Photo8-9：現在のネッテルカンプ村の中心広場。記念碑は村創立1,000年を記念して2005年に建立されたものである。レンガ造りの大きな農家が多いが、道路は曲がりくねっていて狭く、夜間戦闘にはまったく不向きな場所であった。

突っ込んでいった。ちょうどこの方向はイギリス軍部隊にとっては背後に当たり、たちまち戦況は逆転した。敵の機甲偵察部隊は、被害が続出して苦境に陥って敗走を始めた。戦闘団の先鋒はフリードリヒ・アンディング少尉の突撃砲であり、彼は敵を追撃しながら短機関銃を撃ちまくり手榴弾を投げ続けた。

街の南端まで来ると、少尉は暗がりに装甲車両がうずくまっているのを発見した。「戦車、2時方向！」Ⅲ号突撃砲はすぐに右を向き、照準手は目標を捕らえて射撃命令を待った。少尉は躊躇した。戦車の脇で2つの白い点がひらひらと動いていたためである。ゆっくり近づいて行くと、それはドイツ軍のSPWであり、傍らにペーター大尉が立っているのが確認できた。白い点は大尉の真新しい手袋だったのである。こうしてペーター大尉は白い手袋によって命を救われ、両戦闘団は合流に成功したのであった。

フリードリヒ・アンディング少尉は1915年6月26日生まれの29歳であり、兵卒からの叩き上げの将校であった。ロシア戦線では機甲擲弾兵師団〝GD〟戦車猟兵大隊に所属し、鹵獲したT-34に乗車して戦車5両、装甲車6両を撃破し、ドイツ黄金十字章候補者に推挙されていた。1945年2月、負傷した戦友を背負って厳寒のオーデル河を泳いで渡り、友軍戦線まで帰り着いた剛毅な兵士でもあった。二級／

Photo8-10：フリードリヒ・アンディング少尉のポートレート。この写真は戦後に撮影されたもので、おそらく騎士十字章と戦車撃破章はレプリカと思われる。右腕には戦車撃破章金章が3本、銀章が3本で撃破数は18となるが、真偽のほどは不明である。なお、アンディングは戦後、ドイツ共和国軍に奉職し大尉まで昇進している。

Photo8-11：ネッテルカンプ側から見たシュターデンゼンへの村の入り口。戦闘団“ペーター”と“ヴァレ”は、この道を通ってシュターデンゼンへの夜襲を敢行した。なお、写っているのは筆者である。

一級鉄十字章、歩兵突撃章（銀色）、白兵章（銀色）、戦傷章（金色）を授与されている（＊20）。

6 シュターデンゼンの戦闘

ドイツ軍部隊の損害は10名と軽微で士気は天を衝くばかりであり、ネッテルカンプから敵を駆逐した後、次なる目標は隣街のシュターデンゼンであった

4月15日の1時前に、両戦闘団はまだ燃えているネッテルカンプの街を後にした。

ヴァレ少佐は何事も用心深い性質であり、アンディング少尉を彼の突撃砲から下車させて、運転手のシュティッツレ伍長とともに大量のパンツァーファウストを少佐のフォルクスヴァーゲンに積み込ませ、一緒に乗るよう命令した。

両戦闘団は東側からシュターデンゼンへと突入し、たちまち駐車してあった敵の弾薬輸送車や燃料輸送車が爆発し、蜂の巣をつつくような大混戦となった。イギリス軍は不意をつかれたものの、その反撃は迅速であらゆる建物から銃撃が加えられた。暗闇の死闘が2時間ばかり続き、ドイツ軍は市街北部と東部を占領することに成功したが、敵を迅速に市街へ駆逐することには失敗し、膠着状態に陥った。

敵は大部隊であり、時間が経過すれば郊外に展開した敵の部隊、特に機甲部隊が攻撃して来ることは確実であった。そしてその場合、もし南方から側面攻撃されれば、弱小なドイ

ツ軍はあっと言う間に撃滅されてしまうであろう……そう考えたヴァレ少佐は、南からの敵部隊を阻止するため、燃え上がる建物の合間を通ってフォルクスヴァーゲンを市街の南端へと走らせた。

明け方の4時、彼らは街外れに辿り着いた。ヴァレ少佐は無線で配下のIII号突撃砲に追従するよう命じたが、いずれも市街戦で釘付けになっており、増援を得られる見込みはなかった。果たして、白々と東方が明るくなり始めた時、大尉の双眼鏡は南からチャーチル歩兵戦車がゆっくりと近づいてくるのを捕らえた。この戦車群は近衛コールドストリーム連隊／第4機甲大隊所属の2個戦車中隊であり、急報によりニーンヴォールデ方面から進撃して来た部隊であった。

少佐は自らジャガイモ畑の盛り土の後方に、1ダースほどのパンツァーファウストを携えて位置に就き、アンディング少尉とシュティッツレ伍長も20mほどの間隔で同じように散開した（＊21）。

ヨハン＝ネポムーク・シュティッツレ伍長は1924年5月17日生まれで、21歳の誕生日まであと1ヶ月足らずであった。1942年7月にRADから補充および教育旅団〝GD〟／第7戦車猟兵中隊に配属され、その後、機甲擲弾兵連隊〝GD〟／第15中隊の一員としてクルスク、ハリコフおよびオリュール戦を戦った。負傷して一時入院を余儀なくされたが、復帰後はオストプロイセン戦、クールラント戦を戦い抜き、ピラウから海路で脱出した後、グラーフェンヴェール演習場へと輸送され、戦車猟兵大隊〝GD〟の編成要員となったのである。二級／一級鉄十字章、歩兵突撃章（銀色）、戦傷章（銀色）を授与されており、歳に似合わない豊富な実戦経験を持つ沈着冷静な下士官であった（＊22）。

7　3人対30両！

万にひとつの勝ち目もない戦闘であったが、3人はそれぞれの思いを秘めていた。ヴァレ少佐は、なんとしてでもここで敵部隊を阻止して、市街で奮戦している彼の戦車猟兵部隊が壊滅するのを食い止めようと決意していた。アンディング少尉はロシア戦線の古狐であり、どのような絶望的な状況でも生き残ってきたという自信があった。そしてシュティッツ

Photo8-12：ヨハン＝ネポムーク・シュティッツレ伍長のポートレート。撮影時期が不明であるが、戦傷章（銀色）が見当たらないので、クルスク戦、すなわち1943年7月以前の撮影かもしれない。もちろん、騎士十字章は後で描き込まれたかレプリカである。

Photo8-13：“3人対戦車30両” の戦闘が行なわれたシュターデンゼンの南側のニーンヴォールデ街道の入り口付近。左側を見ると今もジャガイモ畑が広がっている。ここでヴァレ、アンディング、シュティッツレの3名は、写真の奥から進んで来た近衛コールドストリーム連隊のチャーチル戦車群を散開して迎え撃った。

レ伍長は下士官としての自負があり、２人の将校を前にして背中を見せることは絶対にしまいと自分に言い聞かせていた。

最初の戦車が50ｍまで近づいた時、ヴァレ少佐は突進して10ｍの距離でパンツァーファウストを発射した。他の２人もほとんど同時であった。３両のチャーチル歩兵戦車から煙が立ち昇り、火炎に包まれたかと思うと戦車は大爆発を起こして停止した。戦車中隊は歩兵を随伴しておらず、敵が視認できなかったため、主砲の75㎜砲を盲撃ちしながら強引に突進しようとした。

３人は目標を変えながら前進し、ヴァレ少佐は4両、他の２人は各々3両に命中弾を与えた。「退却！」ヴァレ少佐は叫ぶと、パンツァーファウストがストックしてある盛り土の地点まで戻り、再びパンツァーファウストを数発もって敵戦車に立ち向かい、後の２人もそれに習った。

シュティッツレ伍長は7両目（6両目という説あり）の戦車を撃破した直後、機関銃弾を腰に受け、さらに戦車砲弾により右足を負傷し、樫の木の陰に倒れこんだ。なんとか立ち上がった伍長は、出血により目がかすみながらも北東へ歩き始め、しばらくしてネッテルカンプへの街道へ辿り着いた。そして、幸運にも遺棄された味方オートバイを見つけ、伍長はふらふらと蛇行しながら運転してネッテルカンプへと引き返した。

この時、市街戦で戦闘団〝ペーター〟と〝ヴァレ〟は、郊外から馳せ参じた増援部隊により強力になったイギリス軍に圧倒され、ペーター大尉は負傷して敵の捕虜となり、残ったⅢ号突撃砲群とSPW部隊は東方へ退却していた。ヴァレ少佐とアンディング少尉がシュターデンゼンに残った最後のドイツ兵であった。

ヴァレ少佐は7両、アンディング少尉は6両の戦車を撃破し、なおもニーンヴォールデ街道の入り口を死守していた。周辺には20両のチャーチル歩兵戦車が擱座しており、数両が煙を上げて炎上していた。

突然、2両の敵戦車が街道に平行して突進して来た。ヴァレ少佐はその2両の中間にある納屋の2階の窓に陣取っていたが、上から機関室を狙い撃って2両とも炎上擱座させた。こうして阿修羅のごとく奮戦して9両目を撃破した少佐であったが、ついにこの戦闘で下顎に被弾、骨折する傷を負った。アンディング少尉は少佐を手当てし、燃えるシュターデンゼンの市街を抜けて北西へと向かった。途中、アンディング少尉も銃撃により両脚を負傷し、2人は這うようにしてネッテルカンプへと辿り着いた。そして、そこで車を調達したアンディング少尉とヴァレ少佐は、4月15日の昼頃、イルツェンへようやく帰還し、そこでシュティッツレ伍長と再会した。

イギリス側の記録によれば、シュターデンゼンの戦闘で戦闘団〝ペーター〟および〝ヴァレ〟は、Ⅲ号突撃砲12両とSPW10両を遺棄したとあり、両戦闘団はかなりの損害を蒙ったことがわかる。また、イギリス軍の損害は、ブレンガンキャリア22両、ハーフトラック10両、対戦車自走砲2両とその他車両31両とされている。イギリス軍の公式損害報告書は比較的正確なことで定評があるが、この戦闘については例外であり、撃破されたチャーチル歩兵戦車22両については、その他車両にカウントしたと推定される（＊23）。

なお、アンディング少尉は6両ではなく9両撃破したという文献も見られる（＊23）。

そして、ヴァレ少佐、アンディング少尉およびシュティッツレ伍長は、1945年5月8日付で3名同時に騎士十字章を授与されるという栄誉に浴した。戦争末期における稀有な出来事と言って良い（＊24）。

8 第Ⅰ戦闘団の出撃

1945年4月15日、OKWは第39戦車軍団長のデッカー大将に対し、軍団は4月15日付で北西軍集団（旧H軍集団を改称）の第25軍（ブルーメントリット軍）に配属されたことを告げた。そして、編成途中にある戦車師団〝クラウゼヴィッツ〟の部隊のうち、すべての戦闘可能な部隊を、第11軍が戦闘継続中と思われるハルツ山系のブラウンシヴァイク

1945年4圧14日24:00〜15日6:00　ネッテルカンプ／シュターデンゼンの戦闘

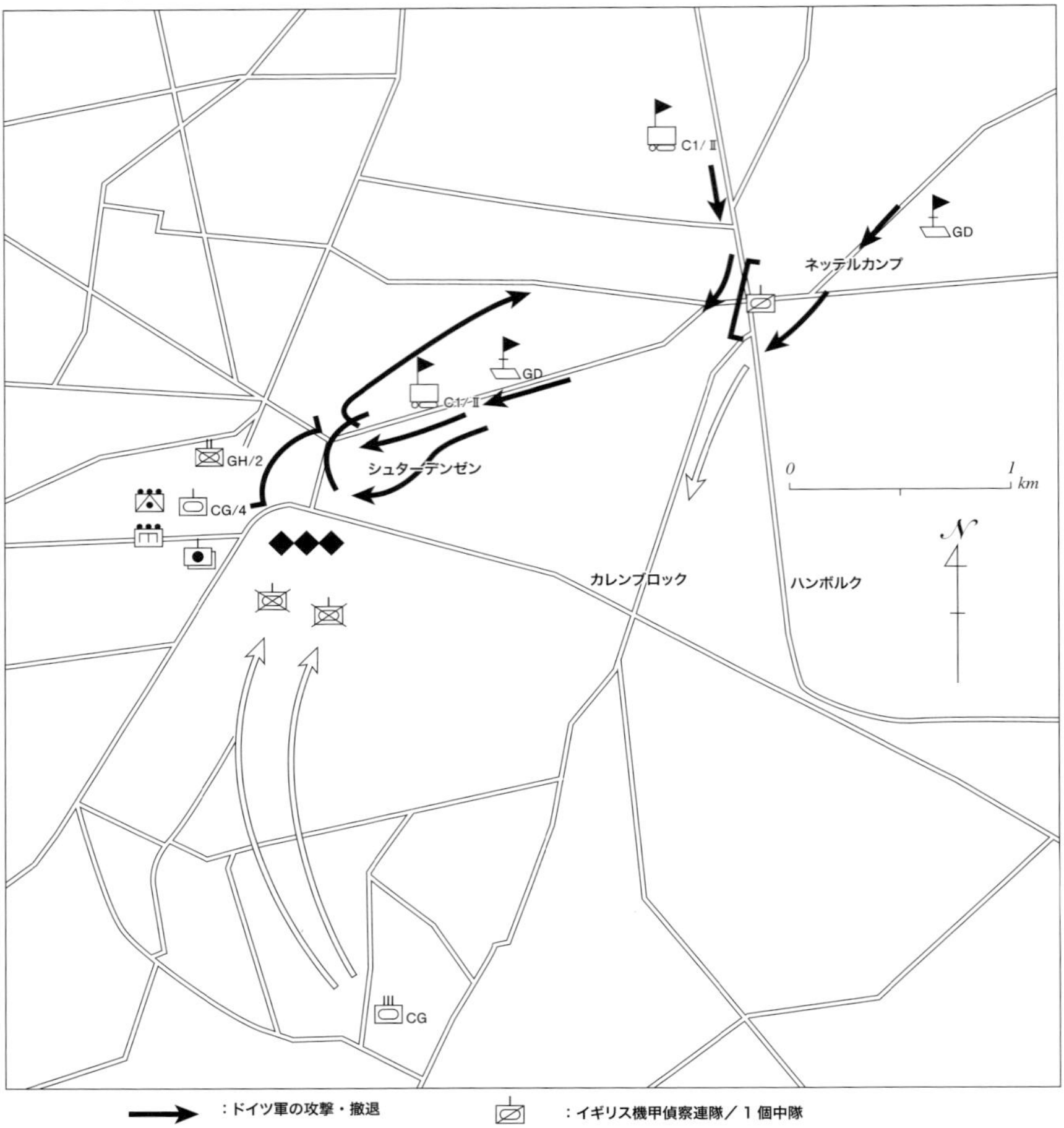

：ドイツ軍の攻撃・撤退
：イギリス軍の進撃・撤退
：イギリス軍の抵抗線
：ヴァレ・アンディング・シュティッツレ三名の抵抗線
：撃破された２個戦車中隊
GD：戦車師団“クラウゼヴィッツ”／戦車猟兵大隊“グロース・ドイッチュラント”
C1/Ⅱ：戦車師団“クラウゼヴィッツ”／戦車連隊“クラウゼヴィッツ”／第Ⅱ(SPW)大隊
：イギリス機甲偵察連隊／１個中隊
GH/2：グラスゴーハイランダース歩兵連隊／第２大隊
CG/4：近衛コールドストリーム連隊／第４大隊／１個中隊
：2個砲兵中隊
：1個対戦車砲小隊
CG/4：近衛コールドストリーム連隊／第4大隊／2個
：1個工兵小隊

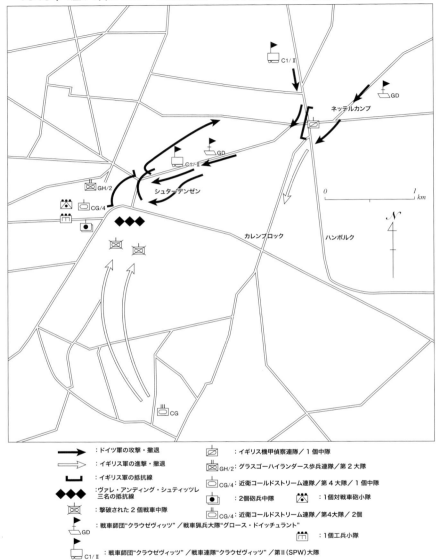

～ケーニヒスルター方面へ南進させるよう下令した。
直線でケーニヒスルターまでは84㎞もあり、しかもヴェーザー・エルベ運河を渡河しなければならなかった。その中間にはアメリカ第9軍の強力な後衛部隊の4個師団が待ち構えており、制空権がないなかで砲兵部隊、高射砲部隊が欠落している部隊が突進するのは狂気の沙汰であった。しかしながら、命令は命令である。

ウンライン師団長は、とりあえず前衛部隊としてシュターデンゼンの戦闘から帰還したばかりの残余を中心に第I戦闘団を構成し、夕方にはロシェ西方から南進を下命した。なお、第II（SPW）大隊長ペーター大尉は前日の戦闘で捕虜となり、新指揮官はヴァレンベルク少佐となった。また、負傷した戦車猟兵大隊〝GD〟大隊長ヴァレ少佐の後任には、ゲオルク・ブッシュ大尉が任命された。編成図8-4に第I戦闘団の編成を記す。

また、ロシェ西方でまだ編成中の師団部隊の南側面をイギリス軍から防御するため、イルツェンに展開していた部隊を東方8㎞のレーツリンゲンへ移動させた。

◎レーツリンゲン防衛隊
・戦車猟兵大隊ALS／第4駆逐戦車中隊
【ヘッツァー×10】
・第42機甲擲弾兵連隊／第I大隊
・機甲擲弾兵連隊〝クラウゼヴィッツII〟／第I大隊
・補給部隊の一部

4月16日の昼過ぎまでに第I戦闘団は45㎞前進し、国道248号線のブロメ北西2・5㎞の地点まで到達して、敵装甲車両と車両多数を殲滅した旨の無線報告を行なった。目標のケーニヒスルターまではあと半分の道のりである！

4月17日の真夜中過ぎ、ウンライン師団長はグラーフェンヴェール演習場から到着したばかりの第I戦車大隊〝クラウゼヴィッツ〟／第2中隊（戦車大隊〝FHH〟残余）、プトロス戦車学校長ヴァルター・フォン・ベニングゼン少佐率い

編成図8-4　1945年4月15日　戦車師団“クラウゼヴィッツ”／第I戦闘団

る戦闘団〝ベニングゼン〟(戦車大隊〝プトロス〟)の一部を中心に、第Ⅱ戦闘団を編成して進発させた(編成図8-5を参照)。幸いなことに、この戦闘団は17日中にブロメの北方で第Ⅰ戦闘団と合流することができた。

アメリカ第9軍の先鋒はすでにエルベ河に到達しており、この北側面からの攻撃は予想外のことであった。しかしながら、第9軍はすぐに第5機甲師団の1個戦車大隊を急派して第Ⅰ戦闘団の進撃を食い止め、続いて第102歩兵師団の第407歩兵連隊を送って、さらに南10㎞の地点で防衛線を構築した。

第Ⅰ/第Ⅱ戦闘団は翌日の4月17日、ブロメの西方クレッツェの森まで進んだが、そこで完全に行き詰ってしまった。近くには運悪くアメリカ第13軍団本部が駐屯しており、この危険なドイツ軍部隊に対して3個歩兵大隊、2個機甲偵察連隊と2個砲兵大隊をかき集めて投入したため、次の日の夕方までには完全に包囲されてしまったのである(*25)。

9 第Ⅲ戦闘団の出撃

第11軍と合流して救出しようとしていたB軍集団は、すでに4月16日に軍集団司令官モーデル元帥から解散宣言が出され、軍集団全体は4月18日に降伏した。また、この日は師団編成地の西側面防御の要であるイルツェンがイギリス軍の猛

編成図8-5　1945年4月17日　戦車師団“クラウゼヴィッツ”／第Ⅱ戦闘団

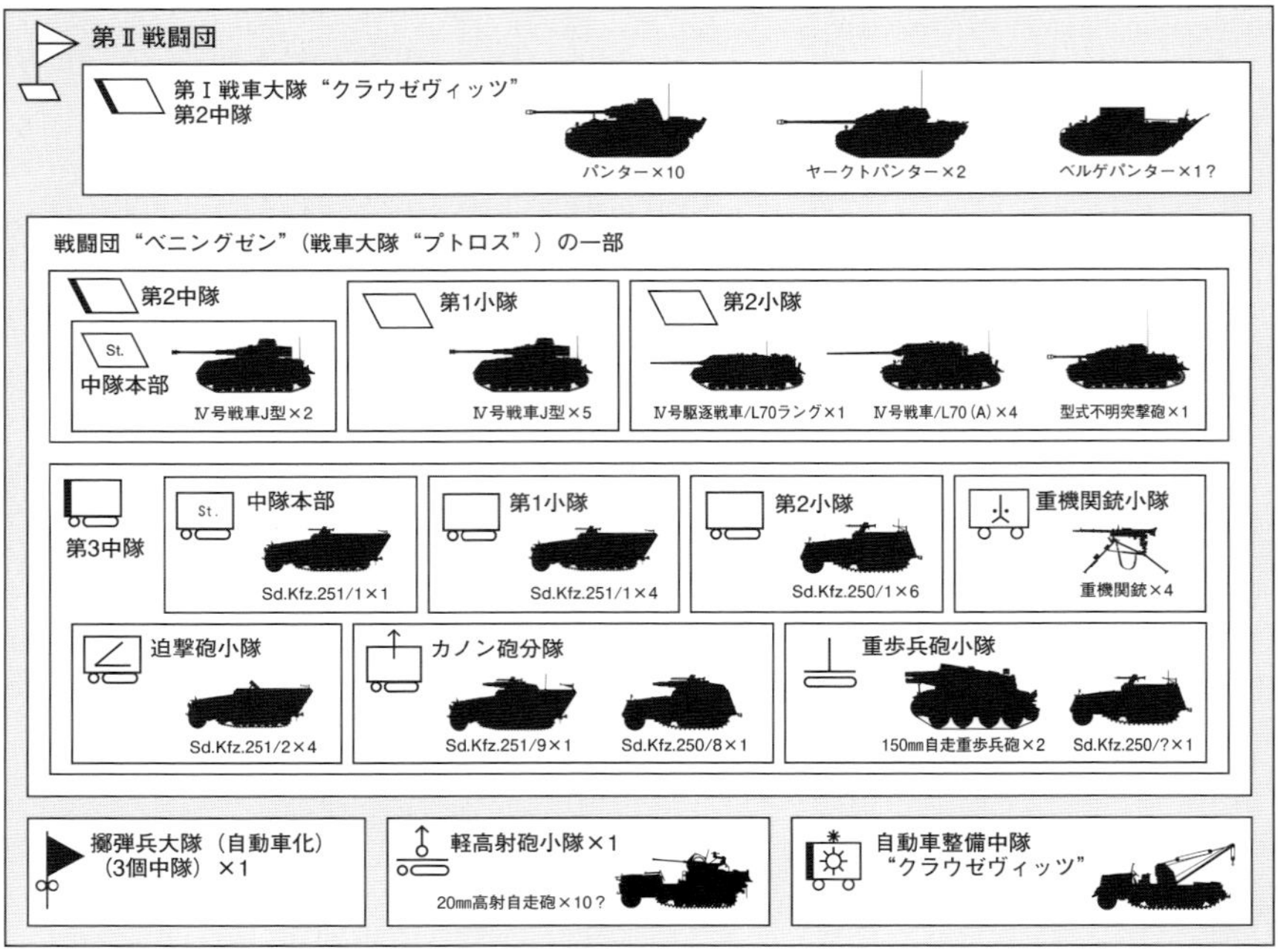

Photo8-14：1945年4月18日、イルツェンの市街を進む第15スコットランド歩兵師団。おそらくは第46歩兵旅団の第2グラスゴー・ハイランダーズ第2大隊または第7シーフォース・ハイランダーズ大隊の兵士と、それを支援する第6近衛機甲旅団のチャーチル歩兵戦車。

攻で陥落しており、師団自身も危機的状況を迎えようとしていた。

第39戦車軍団長デッカー大将はOKWの命令を受け、4月18日までに到着した戦闘団〝ベニングゼン〟（戦車大隊〝プトロス〟）の残余、機甲偵察大隊〝エルベ〟（または同〝クランプニッツ〟）を中核とした第Ⅲ戦闘団を編成するよう命令し、師団本部と軍団司令部もこの戦闘団に随伴して南進することを決意した。もはや戦略的に見て何ら価値のない作戦であった。

4月18日現在の第Ⅲ戦闘団の推定される編成を、編成図8-6に示す。なお、この編成は師団編成地周辺に到着していた出撃可能部隊を記載したものであり、実際に出撃したかどうかは疑義があるものも含まれている。また、機甲戦闘団〝ノルト〟については確証が得られないため、記載をしていない。

なお、レーツリンゲンを防衛する戦車猟兵大隊〝アルベルト・レオ・シュラゲーター〟／第4駆逐戦車中隊を中心に、4月19日夕方に第Ⅳ戦闘団が編成され、師団本隊の後を追撃したという説もある。

◎第Ⅳ戦闘団
○戦車猟兵大隊ALS／第4駆逐戦車中隊
【ヘッツァー×10】

○師団本部残余
○機甲通信中隊〝クラウゼヴィッツ〟の一部
○補充部隊からの2個緊急警戒大隊

4月18日の夕方、第Ⅲ戦闘団は南方へ向けて進発を開始した。これは、西部戦線におけるドイツ陸軍戦車師団による組織的な最後の攻勢でもあった。その日の真夜中、戦闘団の先鋒である戦車小隊は、ヴィッティンゲンの北西12㎞にある森林地帯まで進出した。次の目標のヴェーザー・エルベ運河までは、あと50㎞ほどであった。

4月19日の明け方、第Ⅲ戦闘団の主力はリンドホフに達した。敵情はまったく不明であったが、このまま南進するか、そこから方向転換して西方のハッセルホルストを抜けてヴィッティンゲンの南へ進むか迷った末、後者を選ぶこととなった。

これが結果的には部隊を破滅から救うこととなった。というのは、この地点はアメリカ第84歩兵師団の戦区であり、前日に第Ⅰ戦闘団との戦闘があったため、ハッセルホルスト、ハーヌム、ユーバー、ボルンゼンに迎撃拠点を設営し、B戦闘団を中心に対戦車砲、歩兵、砲兵による半円状の防衛線を構築して待ち伏せしていたのである。

フォン・ヴェニングゼン少佐は、偵察によりアメリカ軍の対戦車砲陣地があるのを知ると、北方から攻撃を加えた。そこへ偶然、道に迷った先鋒部隊の戦車小隊が南方から側面攻撃を加えたため、敵は砲口を南へ向ける暇なく戦車砲の餌食になってしまい、ハッセルホルストは戦闘団の占領するところとなった。

一方、ウンライン師団長は先鋒の戦車小隊が行方不明となったため、師団本部の本部中隊へ探索を命じ、部隊はリンドホフから南西2㎞の森まで移動して探索を行なった。朝の8時頃、突然、アメリカ軍の激しい砲撃を浴びて本部中隊は四分五裂となり、一部は北方のディースドルフへ撤退したが、そこでアメリカ軍の捕虜となり、残余もハーヌムから進出して来たアメリカ第84歩兵師団／B戦闘団の一部により、同じ運命を辿った。

こうして、戦車師団〝クラウゼヴィッツ〟／師団本部の本部中隊は、道半ばで壊滅することとなった。

第39戦車軍団司令部を含む第Ⅲ戦闘団は、さらにジューダーヴィッティンゲンへと進み、4月19日の夕方にはエーラ・レシエンの北方にある森林地帯まで達した。当面の目標であるヴェーザー・エルベ運河まであと25㎞である（＊26）。ところで、合流した第Ⅰ戦闘団と第Ⅱ戦闘団は、その後どうなったのであろうか？

編成図8－6　1945年4月18日　戦車師団“クラウゼヴィッツ”／第Ⅲ戦闘団

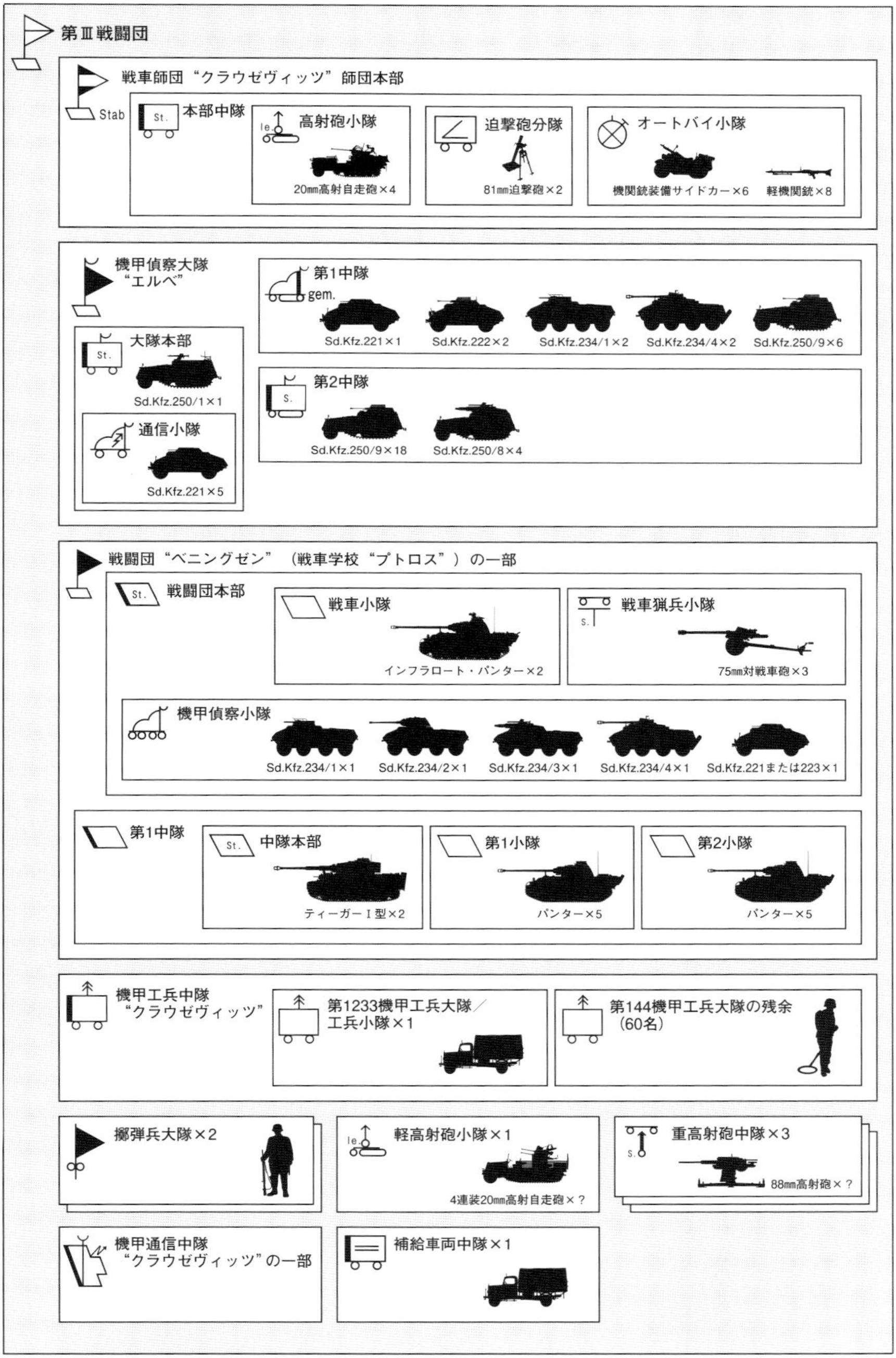

10　第Ⅰ／第Ⅱ戦闘団の最期

デッカー大将の戦車軍団司令部から東方約30㎞の地点では、ヴァレンベルク少佐率いる第Ⅰ／第Ⅱ戦闘団が、クレッツェの森で強力なアメリカ軍に包囲されていた。

連日のアメリカ軍の殺戮的砲撃により、戦闘団は大隊規模にまで兵力低下しており、４月20日にはヴァレンベルク少佐は砲撃で重傷を負ってアメリカ軍の捕虜となり、ブッシュ大尉がその後を引き継いだ。

４月21日の早朝５時、最後の脱出が試みられた。戦闘団の残余は、アロイス・シュルツ少尉の最後に生き残ったⅣ号戦車1両を先頭にクゼイ北方まで血路を開き、その後、方向を南に転じて突破を図ったが、Ⅳ号戦車はアメリカ砲兵部隊の直接照準射撃により撃破され、脱出は失敗に終わった。

ブッシュ大尉は最後の力を振り絞り、方向を北西に変更してインメカト〜シュヴァルツェンダムの間で突破を試みたが、アメリカ軍の第７７１および第６５４機甲歩兵大隊が先回りして待ち受けており、北方から第36機甲偵察連隊が攻撃を開始したため、戦闘団の残余の多くは負傷するか捕らえられ、ここに第Ⅰ／第Ⅱ戦闘団は最期を迎えた。

なお、アメリカ軍記録によれば鹵獲されたⅢ号突撃砲は２両であるが、残りの８両程度はブッシュ大尉とシュルツ少尉

Photo8-15：ハッセルホルストの村の東側入り口をリントホフ方面から撮影した写真。戦後は東ドイツであったため、村自体は当時とそれほど変わっていない。この村にはアメリカ軍が対戦車砲陣地を構えていたが、第Ⅲ戦闘団は戦闘団“ヴェニングゼン”の攻撃により強行突破することに成功している。

Photo8-16：エーラ・レシエンの北方にある森林地帯。この付近は鬱蒼と樹木が生い茂っており、第Ⅲ戦闘団は一本道を縦列で進むしかなかった。

1945年4月16日～21日　戦車師団“クラウゼヴィッツ”の攻撃

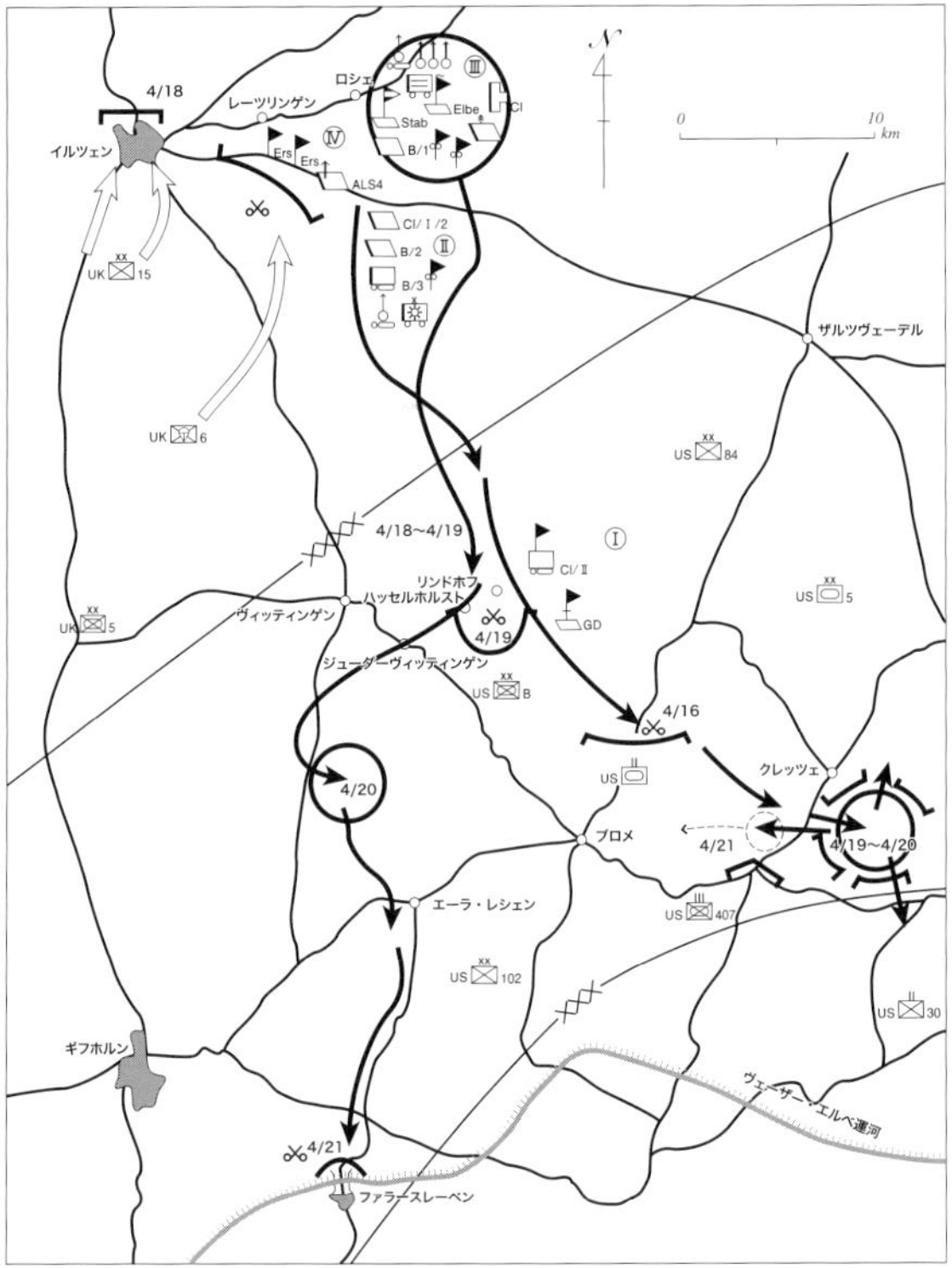

1945年4月16日～21日　戦車師団“クラウゼヴィッツ”の攻撃

—XXXX— ：イギリス第2軍とアメリカ第9軍の作戦境界線
—XXX— ：アメリカ第19軍団とアメリカ第13軍団の境界線
➡ ：ドイツ軍の攻撃
⇨ ：イギリス軍の攻撃

〈連合軍〉

UK 15 ：イギリス第15スコットランド歩兵師団
UK 6 ：イギリス第6パラシュート師団
UK 5 ：イギリス第5歩兵師団
US 84 ：アメリカ第84歩兵師団
US 5 ：アメリカ第5機甲師団
US 102 ：アメリカ第102歩兵師団
US 407 ：アメリカ第102歩兵師団／第407歩兵連隊
US B ：アメリカ第84歩兵師団／B戦闘団
US ：アメリカ第5機甲師団／1個戦車大隊
US 30 ：アメリカ第30歩兵師団
US ：アメリカ第30歩兵師団／1個大隊

〈ドイツ軍〉

Ⅰ ：第Ⅰ戦闘団
Cl/Ⅱ ：戦車連隊“クラウゼヴィッツ”／第Ⅱ(SPW)大隊残余
GD ：戦車猟兵大隊“グロース・ドイッチュラント”残余

Ⅱ ：第Ⅱ戦闘団
Cl/Ⅰ/2 ：戦車連隊“クラウゼヴィッツ”／第Ⅰ大隊／第2戦車中隊
B/2 ：戦闘団“ヴェニングゼン”／第2戦車中隊
B/3 ：戦闘団“ヴェニングゼン”／第3(SPW)中隊
：1個機甲擲弾兵大隊
：1個20㎜高射自走砲小隊
：自動車整備中隊“クラウゼヴィッツ”

Ⅲ ：第Ⅲ戦闘団
Stab ：師団本部
Elbe ：機甲偵察大隊“エルベ”
B/1 ：戦闘団“ヴェニングゼン”／第1戦車中隊
：1個機甲擲弾兵大隊
Cl ：機甲通信中隊“クラウゼヴィッツ”
：1個20㎜高射自走砲小隊
：重高射砲中隊
：機甲工兵中隊“クラウゼヴィッツ”
：1個補給車両中隊

Ⅳ ：第Ⅳ戦闘団
Ers ：緊急警戒大隊
ALS4 ：戦車猟兵大隊“アルベルト・レオ・シュラゲーター”／第4駆逐戦車中隊

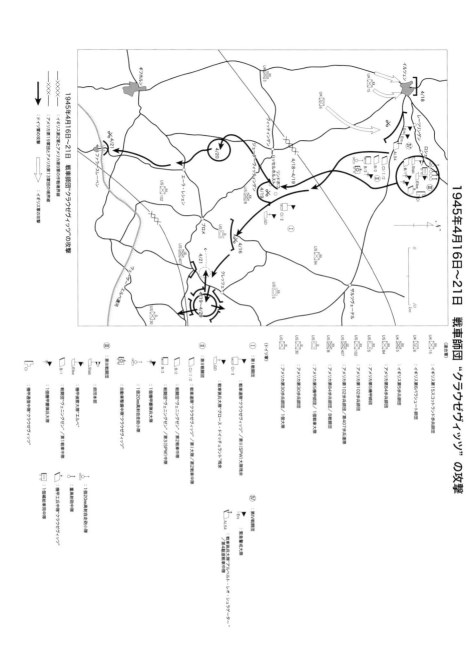

とともに西方への突破に成功し、最終的にはギフホルン付近まで到達したが、4月23日にアメリカ軍により掃討されたとする説がある(＊27)。

11　ヴェーザー・エルベ運河へ！

4月20日の夕方、第Ⅲ戦闘団は最後の攻撃に出るべく出撃準備を開始した。デッカー大将は、ウンライン師団長、参謀長キューライン大佐、作戦参謀シャルンホルスト少佐と本部将校ブラント中佐を招集した。面々は最後の訓示があるものと思い、緊張した顔つきで軍団司令部へ集合すると、驚いたことに大将は一同をトランプゲームへ招待した。

大将はブリッジの名手であり、出撃前に皆とトランプゲームに興じたかったのである。一同はこうしてトランプゲーム〝17と4〟をプレイし、デッカー大将が大負けして終了した。そして、大将はひとりひとりに握手を求め、最後にこう言ったという。「明日は死か捕虜か2つの選択肢しかない。しかし、アメリカ軍は私を捕虜にすることはできないだろう」。

1945年4月21日真夜中1時過ぎ、戦車師団〝クラウゼヴィッツ〟の第Ⅲ戦闘団は出撃した。

今までの戦闘や故障により、主力の戦車兵力は可動戦車10両にまで減少していた。

◎第Ⅲ戦闘団の残余
・第39戦車軍団本部残余
・戦車師団〝クラウゼヴィッツ〟師団本部残余
・偵察機甲大隊〝エルベ〟／1個中隊
・戦闘団〝ベニングゼン〟残余【各種戦車×10】
・機甲工兵中隊〝クラウゼヴィッツ〟の残余
・補給車両中隊

ほどなくエーラ・レシエン市街でブロメ～ギフホルン街道の十字路に達すると、アメリカ軍の補給部隊の隊列が延々と東へ移動しているのが確認できた。先鋒のベニングセン少佐は命令した。「撃ち方始め！」

戦車中隊のティーガーとパンターが砲撃を開始し、たちまち街道は修羅場となって数両のトラックは火に包まれた。そこから戦闘団は、エーラ・レシエン～ファラースレーベン街道を全速力で南下した。交通要衝にある各監視所は強行突破し、アメリカ兵30名を捕虜にしてトラックで追走させた。

ファラースレーベン付近には、ヴェーザー・エルベ運河を渡る橋梁が3ヶ所あったが、一番東寄りの国道248号線の架橋だけが戦車の重量に耐えられる橋であった。これはアメリカ軍もよく理解しており、この付近に対戦車砲部隊を展開し、橋から300m北方には戦車部隊を待機させた。この強力な敵の存在は、先行して敵情偵察を行なった機甲偵察大隊

〝エルベ〟によってすでに無線報告がなされていた。
戦闘団〝ベニングゼン〟にとって、勝機は夜陰に紛れて迅速に突破できるか否かにかかっていたが、戦闘団には新兵器の切り札があった。すなわち、戦闘団の残存戦車中隊には、戦車学校〝ファリングボステル〟に属していたインフラロート(赤外線暗視装置)装備の新型パンター2両がまだ生き残っていたのである。

Photo8-17：エーラ・レシエン市街にあるブロメ～ギフホルン街道の十字路。標識の通り、左がブロメ、右がギフホルンへ至る。第Ⅲ戦闘団はこの十字路を突っ切って、直進してファラースレーベンへと向かった。

このパンター2両が先頭に立って戦車中隊の最後の各種戦車8両が後続し、その後ろにはデッカー大将とシャルンホルスト少佐が乗ったＳｄＫｆｚ２３４／２〝プーマ〟が続き、無線装甲車、キューライン大佐以下の幕僚が乗車したキューベルヴァーゲン、そして機甲工兵中隊のＳＰＷ、補給部隊とタンクローリーが追走した。

戦闘団の隊列が橋から３００ｍまで接近した時、突如として照明弾が多数打ち上げられ、アメリカ軍戦車と対戦車砲が発砲を開始した。ちょうどその時、先頭のパンター2両は左右の横道を走行中で、明々と照らされた国道２４８号線から偶然外れていた。そのため、まだ国道上にあった3番目の戦車が標的となり、応戦したものの撃破されて道路側溝へ転落し、4番目の戦車も命中弾を浴びた。この間にパンター2両は良好な射撃地点に移動し、赤外線暗視装置による砲撃を開始した。この砲撃は暗夜の中でも非常に正確で、敵対戦車砲は1門、また1門と撃破されていった。敵の砲撃はまばらで不正確であり、やがて完全に沈黙した。

デッカー大将のＳｄＫｆｚ２３４／２〝プーマ〟はこの機を捉え、いち早く国道を全速力で前進して国道の左右に展開した敵歩兵中隊を５０㎜砲と機関銃で掃射しながら橋へと向か

Photo8-19：インフラロート（赤外線暗視装置）の詳細写真。右側が120V - 200W赤外線フィルター付ヘッドライト（500m投射可能）、左側は反射した赤外線を可視光線に変換するコンバーターである。現在は物質が発する微弱な熱赤外線を直接可視化するサーモグラフィー（熱線映像装置）が主流である。

Photo8-18：インフラロート（赤外線暗視装置）を装備して試験を行うパンター戦車A型。同装置を装備した鮮明な戦車の写真はこれが唯一無二であり、いささか手垢が付いているがありがたい写真である。

い、その後を戦車中隊が迫った。橋を渡って西進し、さらに1ブロック過ぎて街の中心街へと通じるバーンホフ通りを南へ曲がって線路の踏切を渡る。プーマと無線装甲車に続き、ティーガーI型が線路を渡って前進すると、突如として敵の激しい射撃を浴びた。デッカー大将のプーマに付き従っていた無線装甲車が火に包まれ、その後ろのティーガーI型は敵が急遽敷設した地雷により擱座し、燃料輸送トラックが火を噴いた。

この戦闘でプーマの操縦手は、市街は危険と判断して枝道を西へと曲がり、ジュールフェルト方面へ向かったが、戦車中隊との連絡は途切れてしまった。後続した車両は僅かにトラック2両であり、1両には擲弾兵1個分隊が乗車していたが、皮肉にもあとの1両は30名のアメリカ軍捕虜であった。そして夜明けには、ヴェントハウゼンの北方2kmまで辿り着いた。

ファラースレーベンにおける戦闘は、第二次大戦中にインフラロート（赤外線暗視装置）装備の装甲車両が、夜間戦闘を行なったという実証のある極めて珍しい一例である。

インフラロート装備のパンターについては、1945年1月12日付の戦車兵総監の指令により、総統擲弾兵師団（FGD）／第101戦車連隊／第I大隊／第1中隊のパンター10両がアルテングラボウにて改造されたのが最初と言われてい

Photo8-20：ファラースレーベンのヴェーザー・エルベ運河に架かる橋梁を北側から撮影した写真。今から73年前の4月21日の真夜中、戦車師団“クラウゼヴィッツ”の最後の残余が夜間戦闘を行なった地点である。こちら側へ歩いてくる人物は、同行した筆者の親友のトーマス・アンダーゾン氏。

る。

その後、次の部隊が同装置を装備したというのが定説であるが、戦車学校〝ファリングボステル〟教育教導部隊を除いては、すべて東部戦線投入の部隊である（＊28）。

○1945年3月1日：第3戦車師団／第6戦車連隊／第I大隊：パンター10両
○1945年3月16日：戦車学校〝ファリングボステル〟教育教導部隊：パンター4両
○1945年3月23日：第25戦車師団／第130戦車連隊／第I大隊：パンター10両
○1945年4月5日：戦車師団〝ミュンヘベルク〟／第29戦車連隊／第I大隊：パンター10両
○1945年4月8日：第11戦車連隊／第4中隊：パンター10両

12 終焉

ベニングゼン少佐は戦車中隊の残った戦車6両とSPWを従えて、何としてでもファラースレーベン市街を突破しようと決意していた。そして、南西のエーメン目指して狭い市街の道を進んだ。途中で敵歩兵砲の近接射撃により戦車1両が行動不能となったが、残りは市街の建物を掃射しながら進み、ベルネッケンベルクまで通り抜けた。

この時点で、戦車中隊は戦車5両とSPW3両となったが、ベニングゼン少佐はなおも南進し、ハノーファー〜ベルリン高速道路を越えて、午前中にデシュテットの東にあるエルムの森まで来たところで燃料切れとなった。

この付近で防衛線を構築しているはずの第11軍はもぬけの殻であり、居るのは敵だけであった。少佐は知る由もなかったが、第11軍部隊は敵に圧倒されて遥か南方へ撤退し、エルムの森から50㎞も離れた南のブランケンブルク付近で、第11軍司令官ルヒト大将以下の敗残兵が最後の戦闘を行なっていたのである。

一方、第Ⅲ戦闘団の後方にあった師団本部残余と、故障で遅れたヘルマン本部付曹長のパンター1両、1個機甲工兵小隊および補給部隊の一部は、デッカー大将とベニングゼン少佐の部隊とは離れ離れになり、ウンライン師団長の指揮でファラースレーベンの街を東南へと進んだ。ハンス・ケンペ中尉指揮する補給中隊は、途中の分岐点でケーニヒスルター方面へ進み、本隊は朝の6時30分にはアッベンローデへと辿り着いた。

ここでも約束された第11軍の兵士は、ひとりもいなかった。ウンライン師団長は自らマイクを握って拡声器付の車を走らせて付近を回り、四散した兵士をなんとか集合させようと躍起になった。

しばらくすると、敵砲兵2個大隊とB機甲戦闘団によりエルムの森は包囲されてしまい、猛烈な砲撃が開始された。ウンライン師団長は残余の70名の兵士を10グループに分け、エルベ河方面へ脱出してヴェンク大将指揮の第12軍まで突破するよう最後の訓令を与えた。最後に残ったパンター1両は、ヘルマン本部付曹長の指揮でランゲレーベンまで進み、そこで爆破された。

ウンライン師団長はキューベルヴァーゲンで北西へ脱出し、燃料が無くなった後は自転車でエルベ河を目指し、ケーニヒスルターから北西に約45㎞まで進んでロックスフェルデ付近に辿り着いたが、そこでアメリカ軍の機甲偵察部隊に発見され捕虜となった。目指すエルベ河までは、あと30㎞の地点であった。

ヴェントハウゼンの北方の森では、デッカー大将、参謀シャルンホルスト少佐と本部付将校ブラント中佐など第39戦車軍団司令部幕僚が、最後の時を迎えようとしていた。もはや、この地区には第11軍部隊がいないことは明白であった。昼過ぎには、アメリカ軍の車両群が北方から接近してくるのが報告され、しばらくして砲撃音が聞こえ始めた。そして、南のヴェントハウゼンからはエンジン音が聞こえて来た。包囲された彼らは書類を燃やし、その他の車両や装備機器はプーマの50㎜砲で破壊した。

シャルンホルスト少佐は、捕虜となったアメリカ兵30名の中で最上位の大尉に対し、隠れている場所を教えないという条件で解放する旨を申し渡した。大尉は「ＯＫ！」と頷くと、30名の兵士とともに北方へと向かって歩き始めた。少佐は途中まで随伴して彼らを見届け、プーマまで引き返す途中で1発の銃声が聞こえ、向こうからブラント中佐が走って来るの

1945年4月21日2:00～14:00　戦車師団“クラウゼヴィッツ”／第III戦闘団の最期

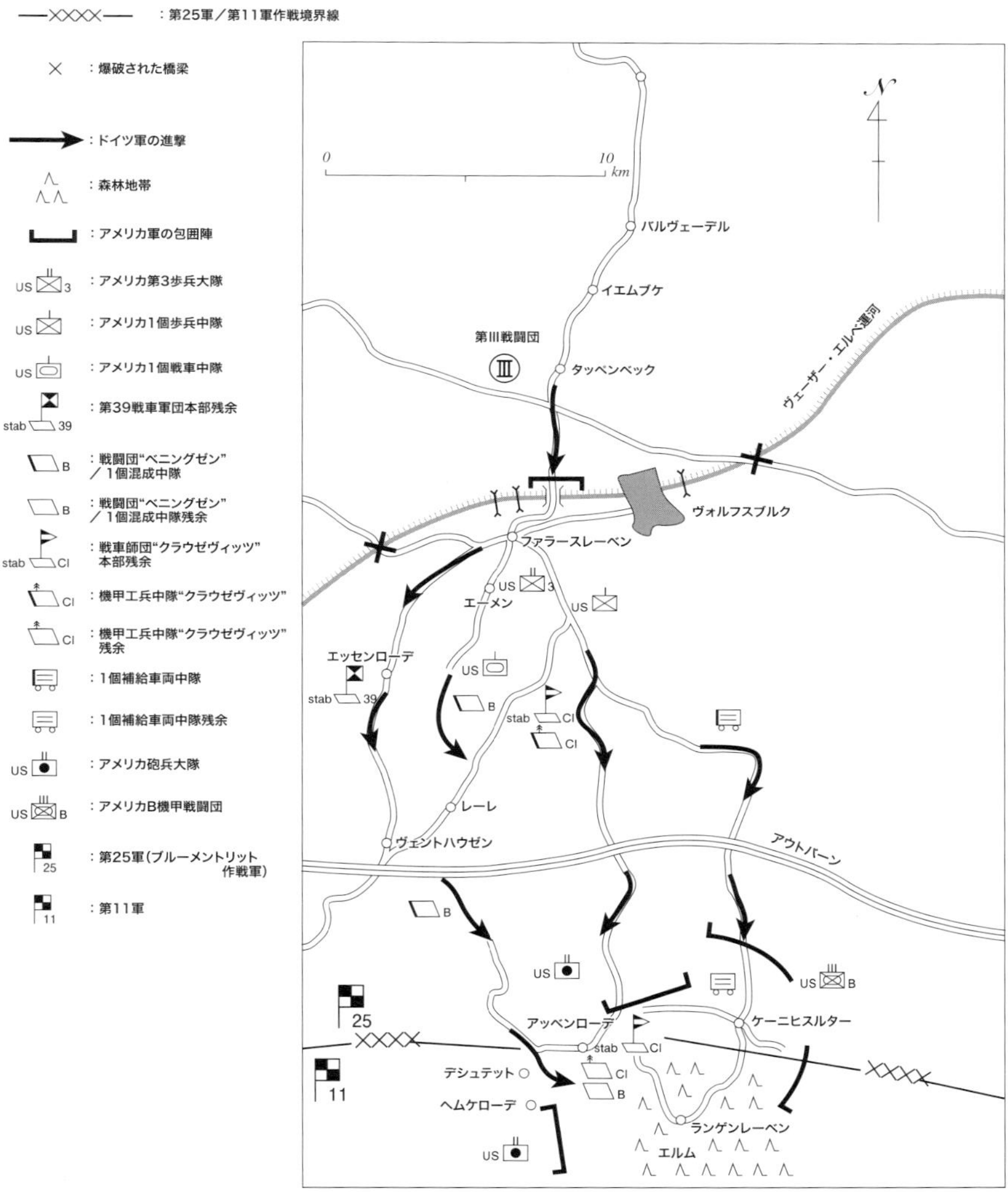

が見えた。中佐は取り乱した様子でこう言った。「さあ行こう、ここを離れるんだ。将軍は自殺した」

2人の将校は、その後、北東のボックスホルンベルクを目指し、ヴェーザー・エルベ運河を泳いで渡り、シャルンホルスト少佐はホイア付近で捕虜となった。

カール・デッカー戦車兵大将の墓は、ヴェントハウゼンにある。最初は質素な木製の墓標であったが、後に彼の妻が頑丈な石造りの墓標に換えた。そしてそれは、ヴェーザー河からエルベ河にかけての戦闘で戦死した最も高位なドイツ軍人の墓でもあった（＊28）。

戦車師団〝クラウゼヴィッツ〟の出撃については、冷静に考えれば不必要な犠牲、極論すれば無駄死にであったと言えよう。ハルツ山系まで到達しても、そこには第11軍は存在せず、救うはずのB軍集団はすでに降伏した後であり、戦局にはなんら影響せずに終わったのである。最初から第12軍に配属されていれば、もっと多くの兵士と難民がエルベ河を西へ渡ることができたと考えるのは筆者だけであるまい。

13　その後

1945年4月21日、第39戦車軍団の残余は第12軍へ編入され、戦車師団〝クラウゼヴィッツ〟のうち、配属が遅れて出撃できなかった部隊を中心に戦闘団が形成された。

1945年4月21日以降、軍団残余はイルツェンからエルベ河方面へ退却、ラウエンブルクでエルベ河を渡河した。一部はダンネンベルク、デーミッツ付近でエルベ河に橋頭堡を構築して4月25日まで防衛戦を展開してから、エルベ河東岸へと撤退した。

4月26日、第39戦車軍団司令官にはカール・アルント中将が就任し、ボイツェンブルク〜ハーフェルベルクまでの戦区を防衛することとなった（＊29）。

戦車師団〝クラウゼヴィッツ〟の残余、すなわち戦闘団〝戦車師団クラウゼヴィッツ〟の1945年4月28日現在の戦車兵力は、僅かにパンター3両とヤークトパンター4両のみである。これは第Ⅰ戦車大隊〝クラウゼヴィッツ〟（戦車大隊〝FHH〟）／第2中隊の残存車両であると思われる。また、同第1中隊のⅣ号駆逐戦車L／70〝ラング〟10両については、最後まで配属されなかった可能性が強い。

その翌日の4月29日、第39戦車軍団のすべての部隊は、ルドルフ・ホルステ中将指揮の第41戦車軍団へ配属されることとなった（＊30）（＊31）。第41戦車軍団の編成を表8-3に示す。

この雑多な部隊は、今度はソ連軍を迎撃することとなったが、5月1日に南部のフリーザック付近で突破蹂躙されて軍団は夕方には壊滅した。大部分の兵士は死傷するかソ連軍の

表8-3　1945年4月29日　第41戦車軍団の編成

第41戦車軍団（ルドルフ・ホルステ中将）
師団“フォン・ハーケ”
第199歩兵師団の一部
特別編成師団“ガウデッカー”（V兵器師団） zbv
第1ヒトラーユーゲント戦車撃滅旅団
第115機甲偵察大隊
戦車猟兵旅団“ヘルマン・ゲーリング”
歩兵師団“ハンブルク”（第324）
師団“マイアー”
戦闘団“戦車師団クラウゼヴィッツ”

Photo8-21：ヴェントハウゼンにあるカール・デッカー大将の墓。質素な石造りの墓標には、「GENERAL DER PZNZERTRUPPEN KARL DECKER（戦車兵大将カール・デッカー）」と刻まれている。この墓標も風化してやがて読めなくなる日も近い。

捕虜となったが、特別編成師団〝ガウデッカー〟を中心とした一部は、ハーフェルベルク付近でエルベ河を渡河してアメリカ軍の捕虜となった（＊32）。

第I戦車大隊〝クラウゼヴィッツ〟の残余については、ラウエンブルクを経由してエルベ河を渡河してシュヴァルツェンベックへ移動し、シュヴェリン付近まで行軍したところで終戦となっている。従って、おそらく戦闘団〝戦車師団クラウゼヴィッツ〟の本隊についても、シュヴェリン付近でイギリス軍の捕虜となったのではないかと推察されるが詳細は不明である。（＊33）。

こうして、ドイツ陸軍最後の戦車師団〝クラウゼヴィッツ〟は、命名されてから僅か25日でその生涯を終えた。しかしながら、同師団は第三帝国の断末魔の中で、現実と遊離した不可能とも思える命令を忠実に遂行し、編成途中の寄せ集めの部隊により作戦目標のハルツ山系まで見事に到達したのであった。

そしてそれは、天才的軍事戦略家カール・フォン・クラウゼヴィッツの名にふさわしい、プロイセン陸軍の鋭気の最後の煌めきをそえた戦闘であったとも言える。しかしながら、彼らが命をかけて勝ち得た戦果は、戦局には何ら影響することなく終わり、一瞬の光を放った後の歴史の暗黒の中で今もなお埋もれているのである。

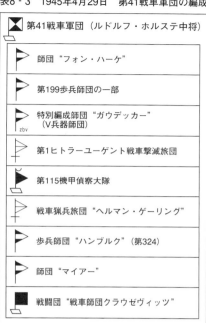

Photo8-22：ダンネンベルクで鹵獲されたインフラロート装備のSd.Kfz.251/1系列の車両。奥にあるカバーが被せられているのはSd.Kfz.251/20“ウーフー”（60㎝赤外線探照灯搭載型）であろう。どれも迷彩はダークイエローの面積が少ない末期仕様の3色迷彩である。（TMB 1914-A2）

Photo8-23：Photo8-22の連続写真。Sd.Kfz.251/20“ウーフー”（60㎝赤外線探照灯搭載型）の内部がわかる素晴らしい写真。ダンネンベルクは戦車師団“クラウゼヴィッツ”の残存部隊の撤退経路であり、確証はないが同師団が装備していた可能性もある。（TMB 3176-C3）

おわりに

本章に登場した戦車師団“クラウゼヴィッツ”と歩兵師団“アルベルト・レオ・シュラゲーター”に因んで、師団名となったカール・フォン・クラウゼヴィッツとアルベルト・レオ・シュラゲーターをこの場を借りて簡単にご紹介しましょう。

■カール・フォン・クラウゼヴィッツ

1780年6月1日ブルクに生まれた。1792年プロイセン軍隊に入隊し、ライン戦争（対仏革命軍）に参加後、隊付勤務を経て1801年ベルリン陸軍士官学校に入学、当時校長だったシャルンホルストの薫陶を受けた。卒業後の1806年、プロイセンのアウグスト公の副官としてイエナの会戦に参加したが、ナポレオン軍の捕虜となる。その後、プロイセン国防軍の編成に参画し、ベルリン陸軍大学校校長となった。

1831年にはグナイゼナウの参謀長となりポーゼンに赴任したが、10月16日にブレスラウで没した。著作集10巻は死後、妻のマリー・ソフィー・クラウゼヴィッツによって整理刊行され、最初の3巻が有名な『戦争論』であり、他は概ね戦史であった。『戦争論』は、ナポレオンにより本質的な変化遂げた戦争形態、すなわち国民戦争を精密に分析して近代戦の特質を明らかにし、戦争哲学として軍人のみならずエンゲルス、レーニン等に影響を与えた。

■アルベルト・レオ・シュラゲーター

1894年8月12日スイスのシェーナウに生まれた。1914年8月、第76野戦砲兵連隊へ志願兵として入隊。1917年には少尉に任官し、1918年12月には一級鉄十字章を授与された。終戦後は、レットラント、ルール地方およびオーバーシュレージェンにおいて義勇軍団に参加。1922年の末にはナチス党の前身である大ドイツ労働者党（NSDAP）に入党する。

1923年4月にルール地方のフランス占領に抗議して、大規模な労働者達によるゼネスト、サボタージュを扇動指揮し、フランスによる軍事裁判により死刑を宣告され、5月26日にデュッセルドルフで絞首刑に処せられた。ナチス党が政権を執ると神格化され、兵学校や通りの名称などに用いられたほか記念碑も各地で建造されている。

Photo8-24：1830年にカール・ヴィルヘルム・ヴァッハにより描かれたクラウゼヴィッツの肖像画。

Photo8-25：1918年頃に撮影された二級鉄十字章の略章リボンをつけたシュラゲーターのポートレート。

(＊1)出典： 児島襄『ヒトラーの戦い9』 文春文庫　P.277-P.424
(＊2)出典： Günther W.Gellermann "Die Armee Wenck-Hitlers letzte Hoffnumg" Bernard & Graefe Verlag P.24-P.27
(＊3)出典： Franz Kurowski "Endkampf um das Reich 1944-1945" Podzun-Pallas Verlag P.190-P.191
(＊4)出典： Ulrich Saft "Krieg in der Heimat Das bittere Ende zwischen Weser und Elbe" Militär Verlag Saft P.244-P.245
(＊5)出典： Gunther W.Gellermann "Die Armee Wenck-Hitlers letzte Hoffnumg" Bernard & Graefe Verlag P.32
(＊6)出典： Franz Thomas "Eichenlaubträger 1940-1945 BandI" Biblio Verlag P.110
Wolf Keiling "Die Generale des Heeres" Podzun-Pallas Verlag P.65
(＊7)出典： Rolf Stoves "Die Gepanzerten und Motorisierten deutschen Grossverbände 1935-1945" Podzun-Pallas Verlag P.243
(＊8)出典： Franz Thomas "Eichenlaubträger 1940-1945 BandII" Biblio Verlag P.397
Wolf Keiling "Die Generale des Heeres" Podzun-Pallas Verlag P.352
(＊9)出典： Rolf Stoves "Die Gepanzerten und Motorisierten deutschen Grossverbände 1935-1945" Podzun-Pallas Verlag P.243-P.244
(＊10)出典： Bundes Archiv 資料 "17.4.1945 Der Generalinspekteur der Panzertruppen Betr. : Aufstellungsstand Pz.Div. Clausewitz"
同上 Anlage1およびAnlage2
(＊11)出典： Klaus Voss/Paul Kehlenbeck "Letzte Divisionen 1945" AMUN-Verlag P.55
(＊12)出典： ヴァルター・J・シュピールベルガー『突撃砲』 大日本絵画 P.188
(＊13)出典： Georg Tessin "Verbände und Truppen der deutschen Wehrmacht und Waffen-SS im Zweiten Weltkrieg 1939-1945 Band14" P.224-P.225
(＊14)出典： Georg Tessin "Verbände und Truppen der deutschen Wehrmacht und Waffen-SS im Zweiten Weltkrieg 1939-1945 Band6" P.75-P.76
(＊15)出典： Wolf Keiling "Die Generale des Heeres" Podzun-Pallas Verlag P.90
Walther-Peer Fellgiebel " Die Träger des Ritterkreuzes des EisernenKreuzes 1939-1945" Podzun-Pallas Verlag P.179
(＊16)出典： Ulrich Saft "Krieg in der Heimat Das bittere Ende zwischen Weser und Elbe" Militär Verlag Saft P.236-P.246
(＊17)出典： 同上　P.246-P.248
(＊18)出典： Klaus Voss/Paul Kehlenbeck "Letzte Divisionen 1945" AMUN-Verlag P.53-P.54、P.109-P.110
(＊19)出典： Ralph Tegethoff "Die Ritterkreuzträger des Panzerkorps Grossdeutschland" DS-Verlag P.190
(＊20)出典： Ulrich Saft "Krieg in der Heimat Das bittere Ende zwischen Weser und Elbe" Militär Verlag Saft P.246-P.251
(＊21)出典： 同上　P.251-P.255
(＊22)出典： Ralph Tegethoff "Die Ritterkreuzträger des Panzerkorps Grossdeutschland"　DS-Verlag P.181
(＊23)出典： Ulrich Saft "Krieg in der Heimat Das bittere Ende zwischen Weser und Elbe" Militär Verlag Saft P.252、P.255-P.257
(＊24)出典： Walther-Peer Fellgiebel "Die Träger des Ritterkreuzes des EisernenKreuzes 1939-1945" Podzun-Pallas Verlag P.116、P.416、P.435
(＊25)出典： Ulrich Saft "Krieg in der Heimat Das bittere Ende zwischen Weser und Elbe" Militär Verlag Saft P.351-P.353
Ralph Tegethoff "Die Ritterkreuzträger des Panzerkorps Grossdeutschland" DS-Verlag P.134（一部補完）
Friedrich Bruns "Die Panzerbrigade 106FHH"　私家版　P.686-P.687
(＊26)出典： Ulrich Saft "Krieg in der Heimat Das bittere Ende zwischen Weser und Elbe" Militär Verlag Saft P.355-P.359
Ralph Tegethoff "Die Ritterkreuzträger des Panzerkorps Grossdeutschland" DS-Verlag P.134（一部補完）
(＊27)出典： Ulrich Saft "Krieg in der Heimat Das bittere Ende zwischen Weser und Elbe" Militär Verlag Saft P.359-P.362
(＊28)出典： 同上　P.362-P.371
(＊29)出典： Gunther W.Gellermann "Die Armee Wenck-Hitlers letzte Hoffnumg" Bernard & Graefe Verlag P.32、P.97
(＊30)出典： ヴァルター・J・シュピールベルガー 『重駆逐戦車』 大日本絵画　P.48
(＊31)出典： Gunther W.Gellermann "Die Armee Wenck-Hitlers letzte Hoffnumg" Bernard & Graefe Verlag P.31
(＊32)出典： 同上　P.100-P.103
(＊33)出典： Friedrich Bruns "Die Panzerbrigade 106FHH"　私家版　P.688-P.702

第II部

第9章

老骨に鞭打つ
――ドイツ海軍 高射砲艦――

私事で恐縮なのですが、筆者は最初からドイツ軍に興味があったわけではありません。子供の頃はまだ昭和30年代でしたから、それこそ旧帝国陸海軍の「零戦・大和」というのが定番で、漫画は『ゼロ戦ハヤト』や『紫電改の鷹』などに熱狂していました。初めて模型というものを見たのが、確か「大和」の木製ソリッドモデルだったような気がします。そして、小学校高学年から中学にかけては、兄が買って来る月刊誌 『丸』の熱烈な愛読者となっていました。今でも旧日本海軍の空母、戦艦、重巡洋艦と軽巡洋艦のすべての名前を覚えていますし、駆逐艦名も相当数いけると思います。さらに、排水量や主武装、最大戦速などの主要スペックも、大体は見当がつきますが、まあ、ここ40年間くらい役立ったためしはありません。

当時、私が興味を持った艦艇は「大和」や「武蔵」ではなく、戦艦であれば改装後の「伊勢」と「日向」であり、空母でも小型の護衛空母の「海鷹」や「神鷹」、巡洋艦であれば改装後の「最上」や「五十鈴」でした。さらに興味の対象は、水上機母艦、潜水母艦、工作艦や海防艦となり、特に「松」型駆逐艦については、その1隻1隻の運命に子供心に涙したことも覚えています。そして、さらに興味の対象は甲標的とか震洋とか伏竜などになって、段々深みにはまって行くのですが、まあ、その話は別の機会にするとしましょう。

さて、筆者の専門はドイツ陸軍部隊史なのですが、上述の通り、海軍にも並々ならぬ関心があり、ドイツ海軍の艦船史についても長年研究や調査を少しずつしています。私が興味を持っている艦船は、もちろん「ビスマルク」や「プリンツ・オイゲン」の類ではありません。ドイツ海軍が鹵獲運用した外国艦船、第二次大戦で運用された第一次大戦の旧式戦闘艦艇、武装漁船やK戦隊などがテーマなのですが、あまりにもマイナー過ぎて資料不足に悩まされているのが現状です。それでも、最近はインターネットで公開される新しい情報も増えつつあり、不明な部分がかなり明らかになって来ています。

そこで、今回は「ドイツ海軍が鹵獲運用した外国艦船」で、なおかつ「第二次大戦で運用された第一次大戦の旧式戦闘艦艇」、さらに「マイナーな艦種」というひとつで3度美味しい？高射砲艦のお話を皆さんにご紹介しましょう。まあ、言って見れば、ドイツ海軍版最貧部隊のお話ですな（笑）。

Photo9-1：イギリス海軍の防空巡洋艦の栄えある一番艦となった“ダイドー”。計画では133㎜両用砲連装砲塔5基であったが、生産が間に合わず4基となった。1941年に102㎜単装高角砲1基を連装砲塔1基へ換装して計10門となったが、ダイドー級11隻のうち4隻は両用砲または高角砲連装4基で我慢しなければならなかった。(IWM FL-024425)

1　防空巡洋艦と高射砲艦

第二次大戦前の１９３０年代、航空機の急激な性能向上に伴って、将来の船団護衛艦の防空力を高める必要性を感じたイギリス海軍は、第一次大戦時代の旧式軽巡洋艦である〝コヴェントリー〟と〝カーリュー〟について、１９３５年にプロトタイプ的な改装を行なった。

すなわち、魚雷発射装置と15㎝カノン砲を撤去して、１００㎜高射砲10門と射撃指揮装置を設置したのである。これが、防空巡洋艦（Anti-Aircraft Cruiser）というコンセプトが具現化された最初であった。

この結果に満足したイギリス海軍は、同様な旧式軽巡洋艦６隻を改造して増強に乗り出し、さらに１３３㎜連装両用砲４基（８門）、１０２㎜単装高射砲１基、40㎜４連装機関砲２基（８門）を装備する〝ダイドー〟級11隻や〝ベローナ〟級防空巡洋艦５隻を新規に建造した。

それを見た金満アメリカ海軍は、豪勢にも最初から〝アトランタ〟級防空巡洋艦（11隻）の建造を開始し、空母部隊の随伴艦として１９４２年から実戦投入を開始した。初期の兵装は１２７㎜連装両用砲８基（16門）、28㎜機関砲４連装３基（12門）というものであったが、船体の復元性に問題があったため、５番艦から１２７㎜連装両用砲６基（12門）として重心を下げている。なお、後期には28㎜機関砲を40㎜連装機関砲4基（8門）に換装強化している。

一方、日本海軍は船団護衛任務については旧式艦や海防艦を充てるという考えがあり、専用の防空巡洋艦を開発するという発想はなく、そもそもそのような余裕はなかった。しかしながら、戦艦や空母の直衛艦という位置づけで、代わりに防空駆逐艦を開発した。すなわち、100㎜連装高角砲4基（8門）と25㎜連装機関銃2基（4門）を装備する〝秋月〟級防空駆逐艦（12隻竣工、1隻未完成）である。なお、日本海軍の防空巡洋艦としては、1943年12月に空襲で損傷した軽巡洋艦〝五十鈴〟について、14㎝単装砲7門、8㎝高角砲2門を撤去し、40口径12・7㎝連装高角砲3基（6門）、25㎜3連装機関銃11基（33門）を搭載した事例が唯一あるのみである。ただし、魚雷発射装置などは残置されており、中途半端な改造であったと言える。

さて、日本海軍よりさらに予算的制限のあったドイツ海軍は、通常主力艦艇の増強と潜水艦の開発・建造で手いっぱいであり、とても専用の防空巡洋艦を建造する贅沢は許されなかった。もっとも、イギリス海軍のように防空巡洋艦で守るべき大船団もなく、アメリカ海軍や日本海軍のように空母中心の機動部隊を持たず、通商破壊作戦で単艦行動が多いドイツ海軍としては、最初からその必要に乏しかったと言えなくもない。ただし、例えばビスマルクの最後の出撃において、

Photo9-2：アトランタ級のネームシップである“アトランタ”。第三次ソロモン海戦の際、戦艦比叡、軽巡洋艦長良の砲撃、戦艦“サンフランシスコ”の誤射により大損害を蒙り、さらに魚雷2発が命中して動力を失って漂流。曳航中の1942年11月13日20時15分にルンガ岬沖西方5㎞の地点で自沈した。

Photo9-3：ノルウェーのホルテン港湾で停泊中の“ハーラル・ホールファグレ”。奥に並んで停泊しているのは姉妹艦の“トルデンスギョル”。前部甲板の20.8㎝単装砲が目につくが、全長に比べて船体幅が狭く連装砲の搭載は不可能であった。

重巡洋艦〝プリンツ・オイゲン〟ではなく防空巡洋艦が随伴していたとしたら、前時代的なソードフィッシュの雷撃で舵を損傷することはなかったのかもしれない。

しかしながら、ドイツ海軍にも空襲から守るべき重要なものは存在した。それは港湾施設であり、そこに停泊中の艦船である。そこで考え出されたのが、高射砲艦（Flak Kreuzer：直訳的には高射砲巡洋艦）というドイツ独特のコンセプトであった。すなわち、港湾の周辺に停泊して、空襲時に高射砲弾幕を張って爆撃機を牽制する役割の防空艦艇で、ある程度の数の高射砲が搭載でき、操作に必要な広さがあれば、基本的にはどんな艦種でも転用可能であった。さらに、遠洋航行を前提としないので、停泊場所の変更は低速でもＯＫで、極端な話をすると動力機関がない曳航式でも構わなかった。

そして、このようなコンセプトの下で、栄えある高射砲艦への改装に選ばれた艦艇の多くが、緒戦の勝利により鹵獲された外国製の旧式艦艇ということになったのは、当然の帰結であったと言えよう。なお、ドイツ海軍は第二次大戦中に高射砲艦９隻を就役させたが、そのうち自国建造の艦艇を流用・改装した事例は〝アルコナ〟と〝メドゥーザ〟の２隻に過ぎない。

2 高射砲艦〝ニンフェ〟および〝テティス〟

１９００年代に、ノルウェー海軍は、沿岸防衛とパトロール任務に主眼を置いた海防戦艦（Coastal Battleship）４隻を就航させた。これらの海防戦艦は、〝ハーラル・ホールファグレ（Harald Haarfagre）〟級2隻と〝ノルゲ（Norge）〟級2隻である。その要目は表9-1のとおりである。

この兵装内容でおわかりのように、主砲と副砲で敵巡洋戦艦や駆逐艦に対抗し、敵水雷艇については７・62cm単装砲や機関砲で追い払うという思想であった。海防戦艦は主に戦艦を持てない小国海軍で発展したコンセプトであり、巡洋艦クラスの船体に口径20cmから30cm級の主砲を少数装備したものであった。

当時、日本海軍の装甲巡洋艦〝出雲〟の主砲が20・３cm砲４門であったことを考えると、単装2門とはいえ20・８cm砲を有する海防戦艦は、弱小ノルウェー海軍にとって精一杯の贅沢であったと言える。そして、ノルウェー海軍はこの数少ない貴重な海防戦艦を大切に運用し、第一大戦後も改装を施して、第二次大戦が勃発した１９３９年になってからも第一線で使用し続けたのである。

１９４０年４月７日、ドイツ海軍と陸軍はノルウェー進攻を開始し、ナルヴィク上陸作戦へは駆逐艦10隻と商船団が投入され、４月９日真夜中にドイツ軍部隊はナルヴィク港へ接近した。警戒中であった〝アイツヴォル〟は、ドイツ駆逐艦群に対して停船命令を出し、ドイツ側は士官を派遣して降伏を勧告したがこれを拒否。ドイツ士官が乗ったボートが離艦するや否や、ドイツ駆逐艦〝ヴィルヘルム・ハイドカンプ〟が魚雷２本を発射し、狙い違わず〝アイツヴォル〟に命中、同艦は４月９日４時37分に撃沈された。

同じ頃、波止場付近に停泊中であった〝ノルゲ〟は、駆逐艦〝ベルント・フォン・アルニム〟を認めて砲撃の火蓋を切ったが、４時55分に魚雷２本が命中して転覆沈没してしまった。〝アイツヴォル〟は１７５名が戦死して生存者は僅かに８名、

表9-1　1900年代　ノルウェー海軍海防戦艦

"ハーラル・ホールファグレ"
Harald Haarfagre

"トルデンスギョル"
Tordenskjöld

基準排水量 3,850t、最大速度 16.9ノット／時、
20.8cm単装砲×2、12cm単装砲×6、
7.62cm単装砲×6、37mm 5砲身ガトリング機関砲×6、
45.6cm単装魚雷発射管×2

"ノルゲ"
Norge

"アイツヴォル"
Eidsvold

基準排水量 4,166t、最大速度 16.5ノット／時、
20.8cm単装砲×2、15cm単装砲×6、7.62cm単装砲×6、
47mm機関砲×4、
45.6cm単装魚雷発射管×2

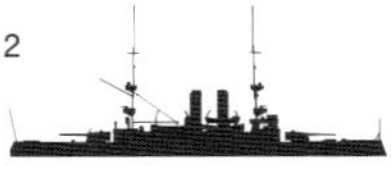

〝ノルゲ〟は戦死101名で生存者は90名であった。そして、ホルテンに停泊中であった他の2隻、すなわち〝ハーラル・ホールファグレ〟と〝トルデンスギョル〟については、港湾内に急進して来たドイツ陸軍に拿捕されてしまった。

鹵獲した船舶はフェリーや漁船の果てまでも活用したドイツ海軍ではあったが、低速で艦齢40年を過ぎた日露戦争当時の海防戦艦について、その用途を検討した結果、主砲塔が2基のみで改造が容易であり、前部と後部甲板に広いスペースがとれることを考慮し、高射砲艦として運用することを決定した。この改装においては、主砲と副砲、魚雷発射管などはすべて撤去され、新たに前部と後部甲板に45口径105㎜高射砲C／32型6門、60口径40㎜機関砲2門、20㎜機関砲C／38型14門と高射砲射撃統制装置36型が設置され、後にはヴュルツブルクレーダーも増設された。

そして〝ハーラル・ホールファグレ〟と〝トルデンスギョル〟の2隻は、1941年3月までに改装を終えて、それぞれ〝テティス〟および〝ニンフェ〟と改名され、高射砲艦としてドイツ海軍へ編入されて再就役した（表9-2参照）。

〝テティス〟は第709海軍高射砲大隊に所属し、初期はナルヴィク周辺のオフォトフィヨルド、そして戦艦〝ティルピッツ〟が停泊するアルタフィヨルドで対空任務に就いた。1944年秋からはキルボトン湾にてUボート部隊に対する防空任務を開始し、1945年5月4日のイギリス軍の空襲にも無傷で生き残ることができた。戦後はノルウェー海軍に返還され、高射砲などの兵装は取り払われて、再び〝ハーラル・ホールファグレ〟として沿岸警備任務に就いた。その間、ドイツ軍捕虜の輸送などにもあたったが、1948年に解体処分となっている。

なお、写真を見る限り、〝テティス〟については、当初は前部および後部甲板に設置された105㎜高射砲C／32型6門は、非密閉式とはいえ砲塔内に収納されており、他の高射砲艦と比較して防御力が格段に優れていた。しかしながら、

表9-2 高射砲艦“ニンフェ”および“テティス”

高射砲艦“ニンフェ”

高射砲艦“テティス

武装：45口径105㎜高射砲C/32×6、
60口径40㎜機関砲×2、20㎜機関砲C/38×14

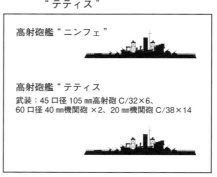

Photo9-4：戦艦“ティルピッツ”が停泊するアルタフィヨルドで対空任務に就く“テティス”。大変珍しい写真で、おそらくは1943年末から1944年初めに“ティルピッツ”側から撮影されたものであろう。Photo9-3に比べて優雅さが消えて、精悍な姿に変身している。初期の40mm単装機関砲2門が20mm4連装高射機関砲2門に換装されているのが確認できる。

後期になると砲塔は廃止されているのが確認されている。

一方、〝ニンフェ〟は第710海軍高射砲大隊に所属し、初期にはトロムソ方面へ投入されたが、戦争後半にはキール方面に投入された。戦争末期、〝ニンフェ〟は連合軍の航空機を迎撃したが、空爆によって損傷。1945年5月にノルウェー海軍へ返還されることとなり、一路ノルウェーに向かったが浸水が激しく、沈没を免れるために5月17日にスヴォルヴェル付近のモルドラ海岸へ乗り上げた。その後、ノルウェー海軍が修理を行なって一時期は宿泊艦として使用されたが、1948年に解体された。

ちなみにドイツ海軍の高射砲艦の名称は、いずれも1890年から1900年代に建造された〝ガツェレ〟級小型巡洋艦10隻のなかから命名されており、〝ニンフェ〟と〝テティス〟は、〝ガツェレ〟級小型巡洋艦の3番艦および4番艦の名称を受け継いだものである。

3 高射砲艦〝ウンディーネ〟および〝アリアドネ〟

ノルウェー海軍と同様に、オランダ海軍も1900年代から海防戦艦を建造配備した。これらは〝エフェルトツェン〟級3隻、〝コーニンギン・レゲンテス〟級3隻と〝マールテン・ハーペルソン・トロンプ〟、〝ヤコブ・ヴァン・ヘームスケルク〟および〝デ・ゼーヴェン・プロヴィンシェン〟の計9隻である。その要目を表9-3に示す。

Photo9-5-1：ノルウェーのトロムソ方面で対空防御任務に就く“ニンフェ”。直線的な幾何学模様の迷彩が特徴的である。（NHF 71444）

Photo9-5-2：Photo9-5-1の連続写真で、オープン式の105㎜高射砲C/32型の全数6門が良くわかる素晴らしいショット。40㎜単装機関砲2門が取り外されているようであるが、20㎜4連装機関砲に換装する途中なのであろうか？（NHF 71445）

表9-3　1900年代　オランダ海軍　海防戦艦

“エフェルトツェン”
Evertsen

“ピート・ハイン”
Piet Hein

“コルテノール”
Kortenaer
基準排水量 3,464t、最大速度 16 ノット／時、
21 cm連装砲 ×1、21 cm単装砲 ×1、15 cm単装砲 ×2、
7.5cm単装砲×6、37mm機関砲×8、
45cm単装魚雷発射管×3

“マールテン・ハーペルソン・トロンプ”
Maarten Harpertszoon Tromp
基準排水量 5,210t、速度・兵装は
ヘルトーグ・ヘンドリックと同じ

“ヤコブ・ヴァン・ヘームスケルク”
Jacob van Heemskerck
基準排水量 4,920t　最大速度 16.5 ノット／時、
24 cm単装砲 ×2、15 cm単装砲 ×4、
7.5 cm単装砲 ×6、
37 mm単装ガトリング機関砲 ×4、
45 cm単装魚雷発射管 ×2

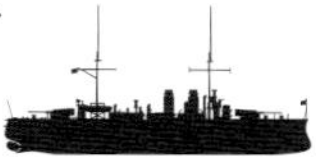

“コーニンギン・レゲンテス”
Koningin Regentes

“デ・ロイテル”
De Ruyter

“ヘルトーグ・ヘンドリック”
Hertog Hendrik
基準排水量 5,002t、最大速度 16.5 ノット／時、
24 cm単装砲 ×2、15cm単装砲×4、7.5 cm単装砲 ×8、
37mm 5連装ガトリング機関砲×4、
45cm単装魚雷発射管×3

“デ・ゼーヴェン・プロヴィンシェン”
De Zeven Provinciën
基準排水量 5,644t、最大速度 16 ノット／時、
28.3 cm単装砲 ×2、7.5 cm単装砲 ×10、
7.5 cm単装迫撃砲 ×1、37 mm機関砲 ×4

これらの9隻の海防戦艦は、どちらかというと自国の沿岸防衛というよりは、ジャワやスマトラなどの植民地シーライン防衛と治安維持任務のために運用された。例えば、〝デ・ゼーヴェン・プロヴィンシェン〟の場合、しばらくはオランダ本国に配備されていたが、1921年にインドネシアへ配備された。1936年には第一線を退き、〝スラバヤ〟と改名され練習艦として運用された。

1942年12月18日の日本軍による空襲により大破し、日本軍によるジャワ島上陸が開始されると、翌日、閉塞艦として港湾内で自沈した。その後、日本軍により浮揚され、浮き砲台として使用されていたが、1943年に連合軍の爆撃により沈没した。なお、再自沈したという説もある。

この9隻のうち〝ヤコブ・ヴァン・ヘームスケルク〟と〝ヘルトーグ・ヘンドリック〟の2隻は、1940年5月のドイツ軍によるオランダ進攻時に自沈したが、後に浮揚されてドイツ海軍によって高射砲艦として改装されたのであった。

〝ヤコブ・ヴァン・ヘームスケルク〟は、1939年4月19日付で第一線を退き、一部武装を撤去されて浮き砲台〝イムイデン〟と改名された。1940年5月14日に港湾内で自沈したが、同年7月16日に浮揚され、その後、高射砲艦へ改装するためにキールへ曳航された。発電機は修理されて電力系統は復旧できたが、石炭専焼ボイラーの損傷は激しく修理不能であり、自力航行はあきらめて曳航式高射砲艦とせざるを

Photo9-6：“ヘルトーグ・ヘンドリック”の在りし日の姿。1918年にインドネシアに向けて出航する直前にデン・ヘルダー港湾で撮影された写真である。

得なかった。

主砲と副砲、魚雷発射管などはすべて撤去され、新たに前部と後部甲板に45口径105㎜高射砲C／32型8門、60口径40㎜機関砲5門、20㎜4連装機関砲C／38型4門と高射砲射撃指揮装置36型が設置され、ヴュルツブルクレーダーも増設された。この改修工事は1942年4月から1943年8月までかかり、同年9月から高射砲艦〝ウンディーネ〟としてペーネミュンデ付近に実戦投入された。そして1944年秋には、シュテッティン＝ペーリッツへと移動して防空任務にあたった（表9-4参照）。

戦争を生き延びた〝ウンディーネ〟は、1946年にオランダ海軍へ返還された。そして、1948年2月23日に再改装されて〝ネプチューン〟と改称され、宿泊艦として1974年まで使用された。同年9月13日付で除籍、その後10月4日に解体されている。

一方、〝ヘルトーグ・ヘンドリック〟は〝ヤコブ・ヴァン・ヘームスケルク〟と同じく、ドイツ軍の進攻時に自沈したがその後に引き揚げられ、キールに曳航された後、改装されて曳航式の高射砲艦〝アリアドネ〟として再生された。兵装については、〝ウンディーネ〟とまったく同じである。1943年夏からドイツ本国沿岸で実戦投入され、1944年秋にはダンチヒ＝ゴーテンハーフェン戦区へと曳航された（表9

Photo9-7：“アリアドネ”を真横から撮った写真。不鮮明なうえに時期と場所が不明であるが、針ネズミのような対空兵装が確認できる。

-4を参照）。

終戦後の1945年にオランダ海軍へ返還された〝アリアドネ〟は、再改装されて宿泊艦〝アリアドネ〟として1972年まで在籍した。なお、オランダ海軍は、ドイツ海軍が命名した〝アリアドネ〟という名称を気に入り、戦後も継続して使用した。海防戦艦〝ヘルトーグ・ヘンドリック〟、そして高射砲艦〝アリアドネ〟を経て宿泊艦となった彼女は、1972年に解体され、艦齢68年余の長くて数奇な運命を閉じている。

ちなみに、〝アリアドネ〟と〝ウンディーネ〟は、〝ガツェレ〟級小型巡洋艦の5番艦および10番艦の名称を受け継いだものである。

表9-4　改装後の高射砲艦

高射砲艦“ウンディーネ”

45口径105㎜高射砲C/32型×8、
60口径40㎜機関砲×5、
20㎜4連装機関砲C/38型×4

高射砲艦“アリアドネ”

45口径105㎜高射砲C/32型×8、
60口径40㎜機関砲×5、
20㎜4連装機関砲C/38型×4

表9-5　1900年代　オランダ海軍
ホランド級防護巡洋艦

Photo9-8：仲良く港湾に停泊中の“ウンディーネ”（手前）と“アリアドネ”（奥）。“ウンディーネ”にはヴュルツブルクレーダーが装備されて迷彩も施されているが、“アリアドネ”はまだである。おそらくは1943年にキールで撮影された写真であろう。

4　高射砲艦〝ニオベ〟

皆さんは「防護巡洋艦（Protected Cruiser）」をご存じであろうか？

あまり耳慣れない言葉であるが、1890年代から1900年代にかけて、各海軍で競って建造された巡洋艦の型式名である。装甲艦、戦艦や装甲巡洋艦とは違って、舷側に装甲板を持たず、主機関室の上部を装甲化した甲板（防護甲板）で覆ってダメージ防禦を行なうというコンセプトであった。この防護巡洋艦は工期が短縮できる上に重量が軽く、同じ主機関の出力で高速が得られた。その上、通常の装甲巡洋艦に比べて建造費が3分の1程度で済むとされ、各国で多数が採用されて配備された。

しかしながら、第一次大戦においてその防御力の脆さが明らかになると、急速に廃れてしまった。その後、小型のものは軽巡洋艦へ、大型のものは重巡洋艦へ発展して行く過渡的な艦種であった。なお、日本海軍では防護巡洋艦を二等巡洋艦と呼称したが、世界最初の防護巡洋艦は、実は日本海軍の二等巡洋艦〝和泉〟（旧チリ海軍〝エスメラルダ〟）であることは、意外に知られていない。

オランダ海軍もご多分に漏れず、1892年から防護巡洋艦〝コーニゲン・ウィルヘルミナ・デア・ネーダーランデン〟

を配備し、さらに1895年から〝ホランド〟級防護巡洋艦6隻を続々と配備した。それらの一覧は表9-5のとおり。

防護巡洋艦〝ゲルダーランド〟は、〝ホランド〟級防護巡洋艦の4番艦として1898年に竣工した。第一次大戦時の戦訓により、防護巡洋艦の防御力の欠陥が明らかになると、第一線を退いて砲術練習艦として運用された。こうして、〝ゲルダーランド〟は、オランダ海軍の基礎となる人材育成に努め、平穏な毎日を送っていたが、1940年5月のドイツ軍のオランダ進攻により、デン・ヘルダー港湾内で停泊中のところを拿捕された。

この時点ですでに艦齢42年に達していたが、〝ゲルダーランド〟は高射砲艦に改装されることとなり、ロッテルダム近郊のクリンペン・アーン・デン・エイセルにあるギーセン&ツォーネン社で、1941年から改装工事が開始された。工事は他の高射砲艦と同様に、主砲、副砲などの武装を撤去し、45口径105㎜高射砲C/32型8門、60口径40㎜機関砲4門、20㎜4連装機関砲C38型4門、高射砲射撃指揮装置36型2基とヴュルツブルクレーダーが設置された。

しかしながら、改装工事は難航して長期化し、1944年3月1日になってようやく就航となり、艦名を〝ニオベ〟と命名された（表9-6を参照）。

一方、東部戦線の北部戦区の戦況は刻々と悪化しつつあり、1944年1月20日にはソ連軍はフィンランド湾におけるドイツとフィンランドの海上交通を遮断し、レニングラードは1月27日に包囲から解放された。そして2月6日には独ソ戦始まって以来のヘルシンキへの空爆が開始され、2月10日には重要港湾都市であるコトカへ爆撃機150機による大規模な空襲が敢行された。

フィンランドはソ連との単独講和交渉を秘密裏に行なっていたが、これを牽制するためにも、ドイツはフィンランドに対する突撃砲や対戦車砲などの軍需援助物資の供与を約束せざるを得なかった。その一環として高射砲艦の派遣も決定され、白羽の矢が立てられたのが、改装されたばかりの高射砲艦〝ニオベ〟であった。〝ニオベ〟の詳細な作戦行動は明ら

Photo9-9：練習砲術砲艦として航海中の“ゲルダーランド”。前部甲板上の15㎝単装砲が頼りないほど小さいが、その分、船体には余裕があり、弾薬庫を縮小して居住区域区画を増設するだけで優秀な練習艦として供用可能であった。

表9-6　高射砲艦“ニオベ”

高射砲艦“ニオベ”
45口径105㎜高射砲C/32型×8、
60口径40㎜機関砲×4、
20㎜4連装機関砲C/38×4

Photo9-10：“ニオベ”の詳細が写る写真。前部甲板には20㎜4連装機関砲C/38が1門、105㎜高射砲C/32型が4門、そして40㎜機関砲2門が搭載されている。煙突の後ろにはヴュルツブルクレーダーが確認できる。

表9-7　1944年7月　フィンランド海軍
海防戦艦“ヴァイナモイネン”

海防戦艦“ヴァイナモイネン”
基準排水量3,900t、最大速度16ノット／時、
25.4㎝連装砲×2、10.5㎝連装砲×4、
40㎜機関砲×4、20㎜高射機関砲×8

かではないが、遅くても1944年5月から6月にはフィンランドへと移動を開始し、7月初めにはコトカ港湾付近に配備されたと考えられる。

ヘルシンキ東方120㎞にあるコトカは、フィンランド海軍の一大根拠地であり、軍事施設と港湾施設が集中する重要都市であった。1944年2月10日以来、コトカは度重なる空襲を受けており、第二次大戦を通じてフィンランドで最も激しい空襲を受けた都市であった。

コトカの入り組んだ港湾奥深くには、海防戦艦〝ヴァイナモイネン〟が厳重なカモフラージュのなかで停泊中であった。海防戦艦〝ヴァイナモイネン〟は、1932年4月に就役したフィンランド海軍の最強艦であり、低速ではあったが侮りがたい攻撃力を有していた。なお、姉妹艦の〝イルマリネン〟は、すでに1941年9月13日に触雷により沈没しており、ソ連空軍および海軍が血眼になって探している残された最大の獲物でもあった。〝ビスマルク〟を失って、フィヨルドに身を潜めていた〝ティルピッツ〟と良く似ている（表9-7を参照）。

フィンランド軍も乏しい対空兵器をコトカへ優先的に配備しており、1944年夏の時点ではフィンランド第2高射砲連隊が布陣していた。その内訳を装備表9-1に示す。

Photo9-11：“ヴァイナモイネン”を真横から撮影した写真。バルト海が冬に凍結することを考慮し、前進・後退いずれも氷砕して進むことが可能とするようシンメトリックな兵装配置が採用された。高射砲艦の兵装配置も敵機を全方向から迎撃できるように、これまたシンメトリックとならざるを得ない。Photo9-7と比較して“ヴァイナモイネン”と高射砲艦は非常に良く似た外見であることがおわかりであろう。

装備表9-1　フィンランド第2高射砲連隊（コトカ駐留）

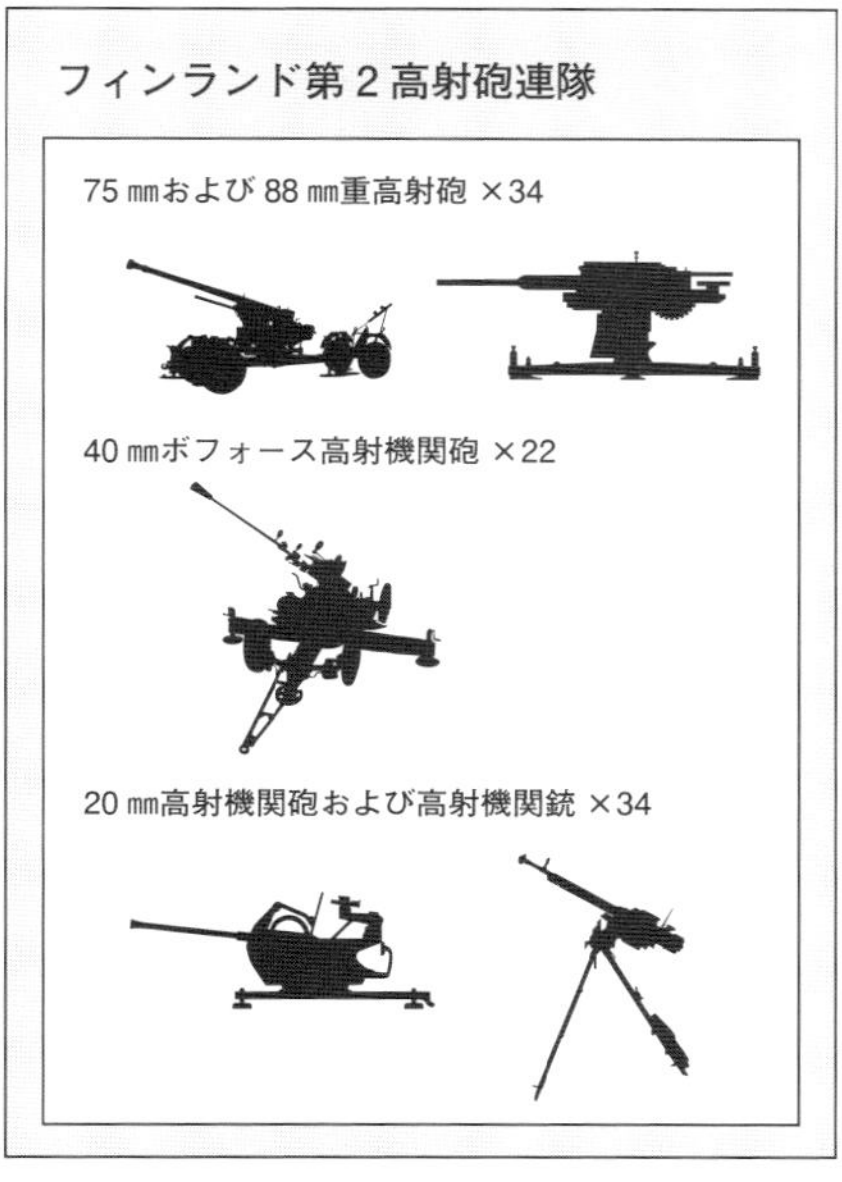

5　1944年7月16日の防空戦

〝ニオベ〟は1944年7月10日〜12日にはコトカ港湾西方に停泊していたが、7月13日からはコトカ港湾とハッラ島の中間へと移動した。すでにこの頃、カレリア地峡ではソ連軍の大規模な攻勢が開始されており、キミに展開していたフィンランド航空部隊は全機移動してカレリア地峡防衛任務に投入されていた。従って、〝ニオベ〟が期待できる支援は、陸上からの第2高射砲連隊の対空砲火のみであった。

一方、ソ連バルチック艦隊司令部は、偵察飛行による航空写真から、コトカ港湾内に大型戦闘艦艇が停泊していること

編成図9-1　1944年7月16日　ソ連空軍コトカ攻撃隊

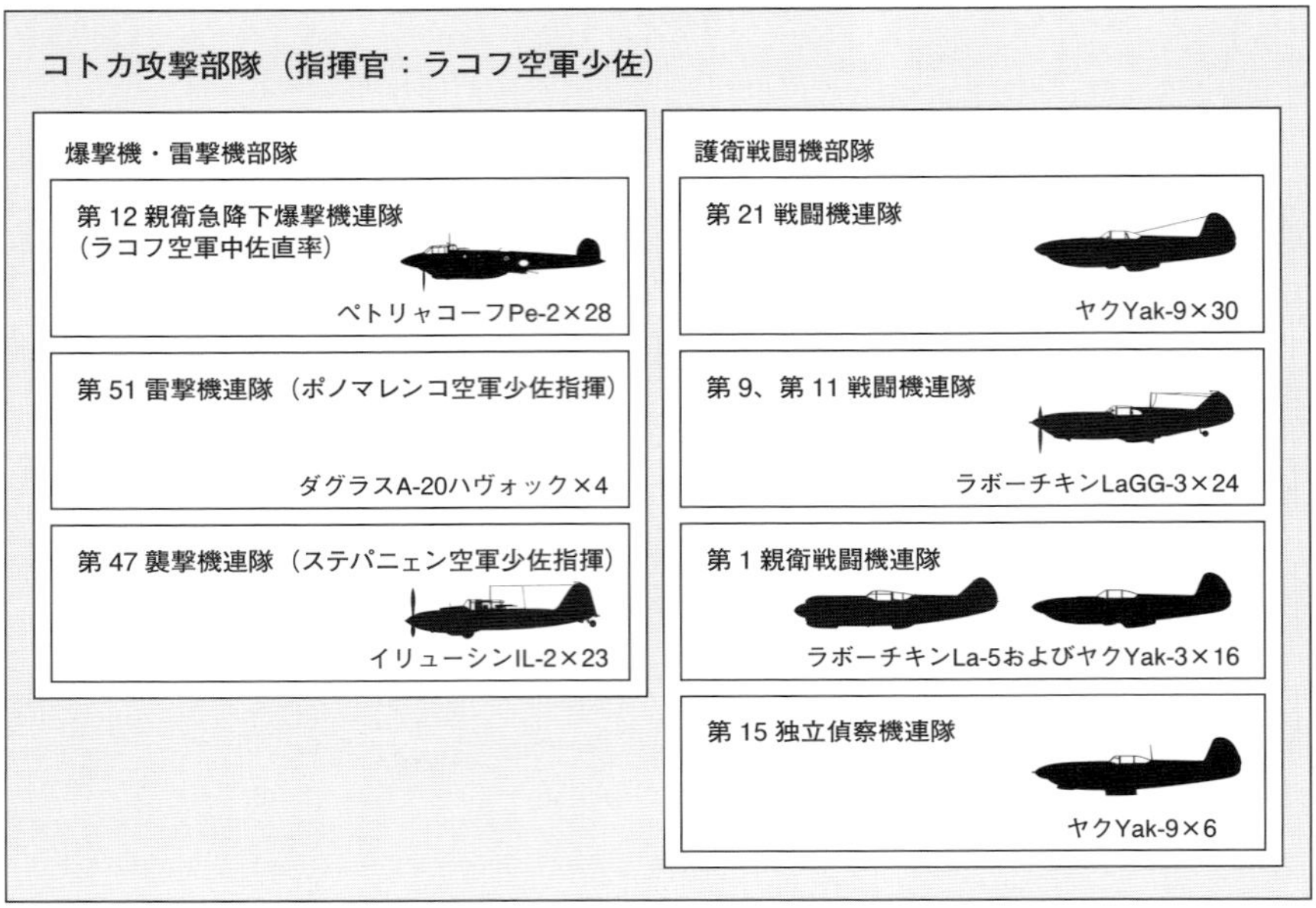

を既に確認していた。そして同司令部は、これを〝ヴァイナモイネン〟と認定し、撃沈するための大規模な空爆作戦が立案された。この作戦の中核部隊はラコフ空軍中佐指揮の第12親衛急降下爆撃機連隊であり、その他の各航空部隊からも増強し、合計131機の強力な戦爆連合攻撃部隊を編成し、攻撃準備を行なっていた。おそらく、単一目標攻撃のために編成した航空部隊としては、当時としてはソ連空軍最大規模のものであったと言える。その詳細は編成図9-1のとおり。

1944年7月16日の早朝、ソ連空軍攻撃部隊は各飛行場を飛び立ち、編隊を組んでコトカ港湾目ざして飛行を開始した。攻撃目標は、直前に行なった偵察飛行でコトカ港湾内に確認された〝ヴァイナモイネン〟であったが、それは実は〝ニオベ〟だったのである。

攻撃の第一波は23機のイリューシンIL-2による攻撃であったが、〝ニオベ〟は全対空兵器を動員して応戦しつつ、すべての爆弾を回避することに成功した。第二波は三次に渡って行なわれた28機のペトリャコーフPe-2による急降下爆撃であったが、これも〝ニオベ〟は激しい対空砲火を撃ち上げながら、巧みに舵を切って難を逃れた。しかしながら、第二波攻撃終了直後に行なわれた第三波のダグラスA-20ハヴォック4機による低空攻撃は、急降下爆撃機に気をとられて高空に注意を集中していたため、対空射撃と退避行動が一瞬遅れてしまった。高空と低空の順番の違いはあるものの、ミッドウェー海戦と同じ状況が再現したのである。

ダグラスA-20ハヴォックは1t反跳爆弾を搭載しており、4発のうち2発が〝ニオベ〟の喫水線近くに命中した。元々は舷側に装甲板を持たない防護巡洋艦で、艦齢46年に達していた〝ニオベ〟は、この攻撃に対してはひとたまりもなく、あっという間に浸水して船体が傾き着底した。なお、その他に爆弾7個が命中したとする説もあり、〝ニオベ〟の兵員の損害は戦死者60名、負傷者約100名に上った。

しかしながら、ソ連攻撃部隊もただではすまなかった。殊勲のダグラスA-20ハヴォック4機のうち1機は撃墜され、その他の3機も出撃基地まで帰り着くことはできなかった。結局、〝ニオベ〟の必死の対空射撃により、ハヴォック4機を含む航空機9機が撃墜または撃破された。

なお、ハヴォックの搭乗員3名と指揮官のラコフ空軍中佐に対しては、ソ連邦英雄勲章が授与されている。

その日の夕方、ソ連は全世界に向けてフィンランド海軍の象徴たる海防戦艦〝ヴァイナモイネン〟を撃沈したことを誇らしげに発表したが、フィンランドは即座にこれを全面否定した。ソ連はそれを信じようとせず、あらゆる新聞、雑誌に記事を掲載し、果てはポスターまで作成して〝ヴァイナモイネン〟の撃沈を報じた。しかしながら、これは後から完全な誤報だと言うことがわかり、ソ連は赤恥をかくこととなった。

その後、〝ニオベ〟は海上から上部構造を突き出したまま着底・放置されていたが、1953年に浮揚してオランダ海軍に返還された。ところが、さすがに物持ちの良いオランダ海軍も使い道に窮したと見えて、すぐに解体処分されている。なお、〝ニオベ〟は、〝ガツェレ〟級小型巡洋艦の2番艦の名称を受け継いだものである。

6 デンマーク海軍の海防戦艦

海防戦艦については、小国デンマーク海軍も〝ヘルルフ・トロル〟クラス海防戦艦3隻を1900年前後に相次いで就役させた。343ページの表9-8に詳細を示す。

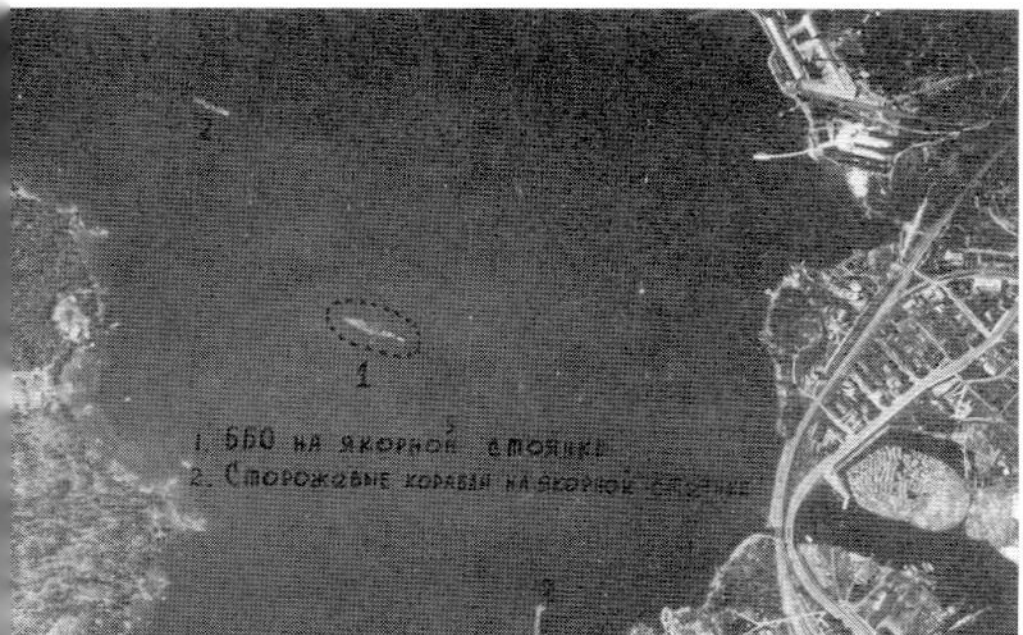

Photo9-12-1：事前の偵察飛行で撮影されたコトカ港湾の写真。点線で囲まれて「1」という番号が付記されているのが“ニオベ”である。この位置で敵機131機に襲われたらひとたまりもあるまい。

1944年7月16日　ソ連空軍のコトカ攻撃

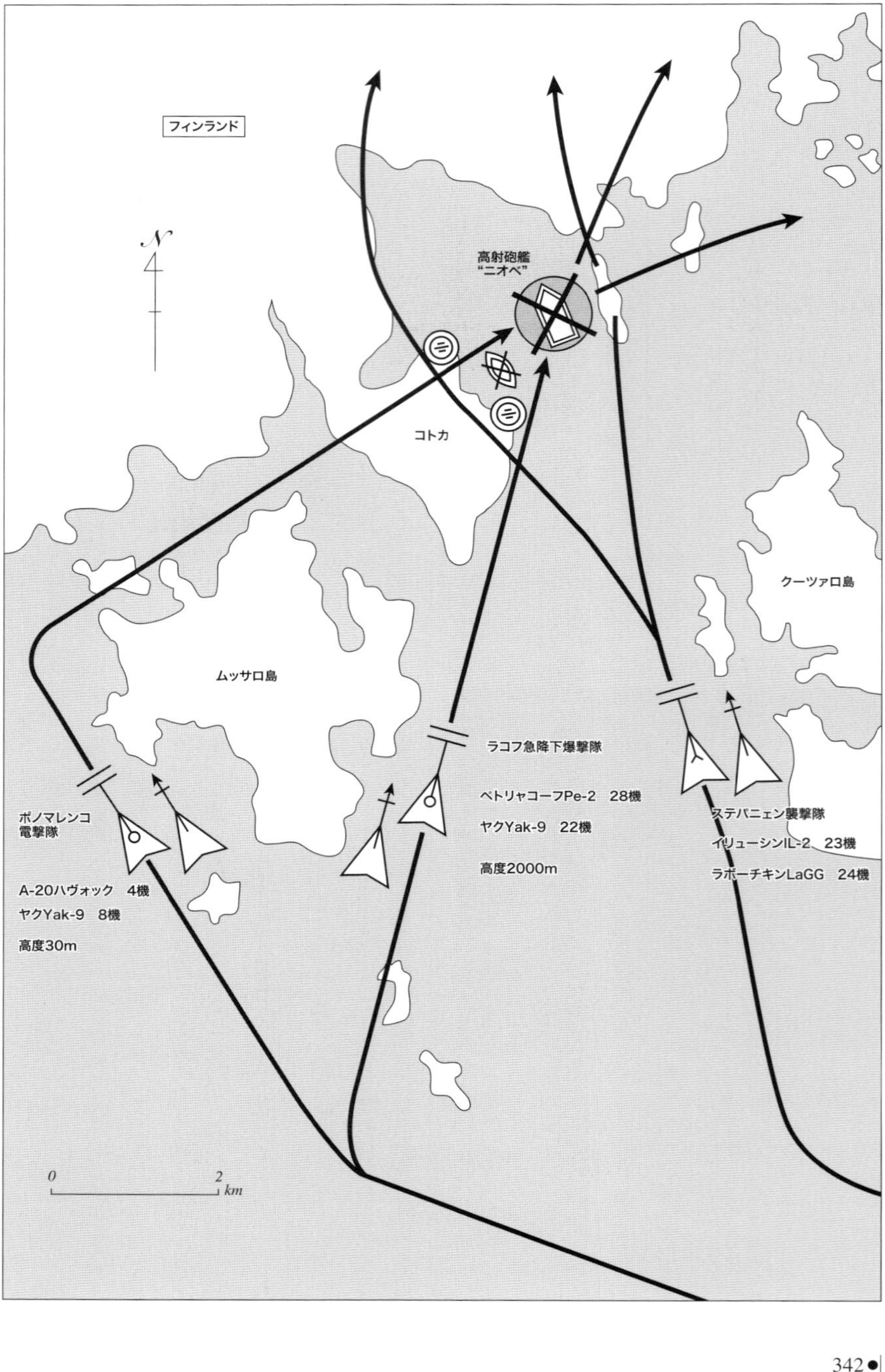

Photo9-12-2:1944年10月18日に撮影された写真で、浸水して横倒しになって着底した“ニオベ”の無残な姿。ヴィルツブルクレーダーや40mmおよび20mm高射機関砲などの装備は失われていて、上部構造物がむき出しになっている。(FWPA 167199)

さらにデンマーク海軍は、1918年には〝ペダー・スクラム〟の改良型である〝ニールス・ユール〟を進水させたが、クルップ社に発注した30・5cm砲が第一次大戦により調達できず、大戦後の1923年に就役した。主兵装はクルップ社の30・5cm砲を断念したことで15cm砲10門となり、装甲巡洋艦な要素が強い海防戦艦となった。第二次大戦時、デンマーク海軍最大の戦闘艦であった（表9-9を参照）。

7 艦艇接収作戦〝サファリ〟

1940年4月9日早朝、ドイツ軍は作戦〝ヴェーザー演習〟を発動し、デンマークとノルウェーに侵攻を開始し、侵

表9-8 1900年代 デンマーク海軍の海防戦艦

“ヘルルフ・トロル Herluf Trolle”
(基準排水量 3,650t、1932 年解体)

“オルフィアツ・フィッシャー Olfert Fischer”
(基準排水量 3,700t、1932 年解体)

“ペダー・スクラム Peder Skram”
(基準排水量 3,783t)

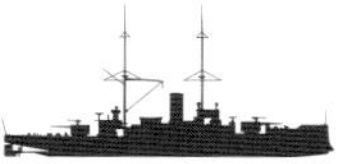

最大速度 15.6 ノット／時
(ペダー・スクラムは 16 ノット／時)、
24 cm単装砲 ×2、15 cm単装砲 ×4、
5.7 cm単装砲 ×10、37 mm機関砲 ×8、
45 cm魚雷発射管 ×3 - 4

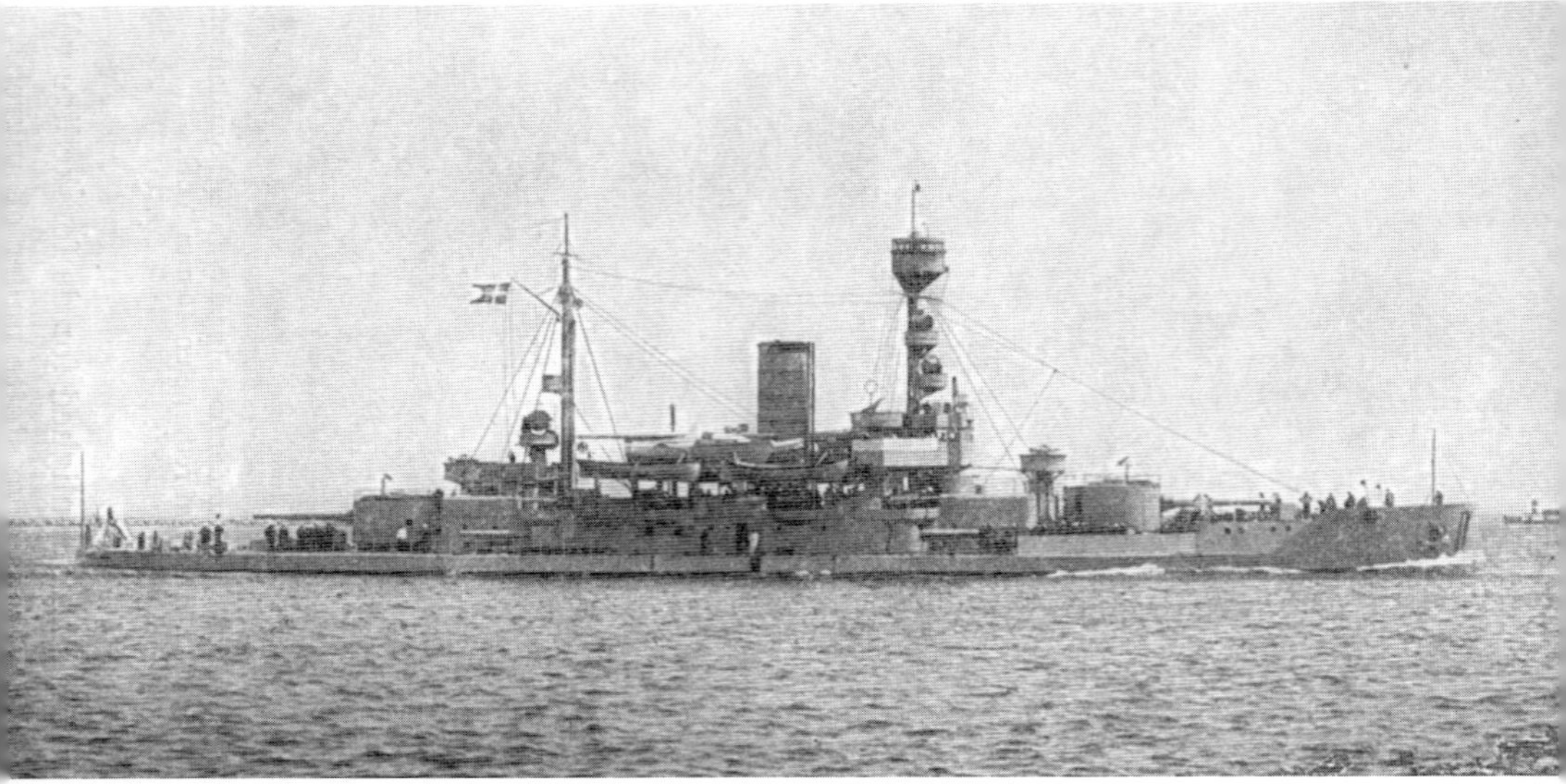

Photo9-13：1908年に撮影された海防戦艦“ペダー・スクラム”。雰囲気で言うと日本海軍の扶桑級に良く似ている。船体に不釣り合いな24㎝単装砲塔が目を引く。

攻初日にデンマーク政府は降伏した。デンマーク海軍の艦艇については内海に行動範囲が制限されたものの保有が認められ、ドイツ海軍の掃海作業を支援することとなった。

　しかしながら、１９４３年になると占領政策への不満からサボタージュや地下抵抗組織の活動が活発化し、デンマーク海軍内においてもスウェーデンへ艦艇を脱出させる計画が検討された。これを察知したドイツ軍は、１９４３年８月29日未明にデンマーク海軍の艦艇接収作戦〝サファリ〟を発動し、各軍港に陸軍部隊が進出して主要艦艇を接収しようと試みた。１９４２年11月27日に発動されたツーロン軍港内のフランス艦隊の接収作戦〝リラ（ライラック）〟の焼き直しである（『ラ

表９-９　デンマーク海軍の海防戦艦“ニールス・ユール”

海防戦艦“ニールス・ユール”
Niels Juel
（基準排水量 3,800t）
最大速度 16ノット／時、15 ㎝単装砲 ×10、
5.7 ㎝単装砲 ×4、47 ㎜機関砲 ×2、
45 ㎝魚雷発射管 ×2

表９-10　高射砲艦“アドラー”

高射砲艦“アドラー”Adler
45 口径 105 ㎜高射砲 C/32 型 ×6、
60 口径 40 ㎜機関砲 ×4、
20 ㎜ 4 連装機関砲 C/38 型 ×4

表９-11　高射砲艦“ノルトラント”

高射砲艦“ノルトラント”Nordland
45 口径 105 ㎜高射砲 C/32 型 ×3、
37 ㎜機関砲 ×3、20 ㎜ 4 連装機関砲 C/38 型 ×4、
7.92 ㎜機関銃 ×4

Photo9-14：近代化改修を行った後の“ニールス・ユール”。15㎝単装砲塔は前部および後部甲板に各2基、そして左右舷側に各3基、合計10基が搭載されていた。

スト・オブ・カンプフグルッペⅢ』を参照)。

デンマーク海軍司令官ヴェデル海軍中将は予てからこのことを予期し、ドイツ軍が事を起した際には、中立港への逃亡かそれが不可能な場合は自沈せよとの秘密命令を各艦艇長に伝えていた。このため大型艦艇でドイツ軍が鹵獲できたのは14隻のみであり、32隻が自沈に成功した。なお、小型艦艇は9隻がスウェーデンへの脱出に成功したが、50隻が鹵獲されている。

〝ヘルルフ・トロル〞クラス海防戦艦3隻のうち、近代化改修を受けて解体されずに残っていた〝ペダー・スクラム〞は、8月29日にドイツ軍接収前にコペンハーゲンのホルメン軍港で自沈した。

ヴェスターマン艦長率いるデンマーク海軍最大の戦闘艦〝ニールス・ユール〞は、当日は訓練任務でホルベック軍港に停泊中であったが、出港することに成功。イス・フィヨルドを抜けてフネステズ沖へと進みスウェーデンを目指した。途中でJu87型急降下爆撃機シュトゥーカの威嚇攻撃により南へ転針し、その後に5度の爆撃を受け、至近弾の衝撃により電力系統に重大な損傷を負った。

このため〝ニールス・ユール〞は、座礁して自爆することを計画し、ニュークビン・シェラン海岸に乗り上げたが起爆に失敗、翌日にはドイツ軍に鹵獲された。

Photo9-15：現存するバングスボー沿岸要塞の“ニールス・ユース”の15㎝単装砲塔。高射砲艦に改修された際に撤去されたおかげで、今でもこうして観光客を楽しませてくれる。

8 高射砲艦〝アドラー〟および〝ノルトラント〟

自沈した海防戦艦〝ペダー・スクラム〟は、後に引き揚げ作業が行なわれ、キール軍港にて高射砲艦に改修されることとなり、〝アドラー〟と命名された。なお、〝アドラー〟は動力機関を有しない曳航式高射砲艦であったと考えられる。

ちなみに、〝アドラー〟は1883年に就役した砲艦〝アドラー〟（1889年サモア島でサイクロンにより沈没）から命名されたものである（表9-10を参照）。

高射砲艦〝アドラー〟の戦歴は不詳である。キール軍港にて防空任務に就いたが、1945年4月1日の連合軍の爆撃により沈没している。

一方、〝ニールス・ユール〟については1943年10月に引き揚げ作業が行なわれ、キール軍港で高射砲艦としての改修を受けた。主砲の15㎝単装砲10門は撤去されて沿岸要塞へと転用され、代わりに高射砲が増強され、〝ノルトラント〟と命名された（表9-11を参照）

高射砲艦〝ノルトラント〟は1944年9月に就航し、他の高射砲艦とは違って動力機関も健全であったため、砲術練習艦として運用された。乗員200名に対して訓練人員400名の受け入れが可能であったと言われている。1945年5月3日、空襲下にあったキール軍港から脱出し、エッカー

Photo-9-15-1：1925年春にシヴィーネミュンデで撮影された“アマツォーネ”の素晴らしいスナップ写真。この当時、宿泊艦として使用されており、主砲は撤去されて左右舷側の副砲のみ装備している。ガツェレ級のなかでは一番長寿を保った幸運艦で、標的艦として第二次大戦を生き抜いた後、1954年に除籍されている。

ンフェルデへ向かう途中のエッカーンフェルデ・フィヨルド付近で、大型爆弾が命中して大破・自沈した。

戦後の1952年に引き揚げ作業が実施されてスクラップとして売却後に除籍されているが、引き揚げられなかった船体部分は水深25m付近に水没したままである。

9　ドイツ海軍のガツェレ級小型防護巡洋艦について

ところで、前述のとおり、高射砲艦の名称はドイツ海軍が1900年代に建造したガツェレ級小型防護巡洋艦から名付けられていることが多いが、ここでこのガツェレ級小型防護巡洋艦についてご紹介しよう。

ドイツ海軍は1890年代から1900年代にかけて、小型の防護巡洋艦を多数建造した。〝ガツェレ〟級小型防護巡洋艦については、〝ブレーメン〟級小型防護巡洋艦の後を受けて1900年代に建造された9隻のシリーズであった。この頃になると、小型防護巡洋艦は軽巡洋艦の要素を包含しており、〝ガツェレ〟級も21・5ノット／時と比較的高速で、薄いとは言え25㎜のデッキ装甲が施され、10・5cm砲10門を搭載していて駆逐艦群には充分対応できた。

しかしながら、まだ石炭ボイラーを搭載しており、速度、航洋性と後続距離も中途半端で艦隊行動には制約があった。事実、第一次大戦も沿岸パトロールや偵察など補助的な役割

Photo9-16：1915年から16年にかけて撮影された出航準備中の“メドューザ”。古色蒼然とした防護巡洋艦であるが、ご覧の通り小型といっても全長105mもあって実に堂々としている。(BA 134-B0249 ／ unknown)

しか果たすことができず、あくまでも軽巡洋艦へ発展する上での過渡的な艦種と言えよう。

これらの小型巡洋艦10隻のうち4隻は、第一次大戦において失われた。〝ガツェレ〟は1915年に触雷により大破し、修理中に終戦を迎えてそのまま1920年に解体された。また、〝ウンディーネ〟は1915年11月7日にイギリス潜水艦の雷撃によりスウェーデンのスカニア沖で沈没。〝フラウエンロープ〟は1916年5月31日から6月1日に行なわれたジェットランド（ユトラント）沖海戦で、〝アリアドネ〟は1914年8月28日に発起したヘルゴランド・バイト海戦でそれぞれ沈没した。

生き残った6隻のうち〝ニンフェ〟、〝テティス〟については、1929年に除籍されて1930年と1932年にそれぞれ解体された。

〝ニオベ〟は1926年8月7日付でユーゴスラヴィア海軍へ譲渡され、新興国の数少ない有力艦としてその後も大切に使用された。第二次大戦が勃発すると1941年4月にイタリア海軍により拿捕。名前を〝カッタロ（Cattaro）〟と改称されて、イタリア海軍の砲術練習艦として使用されが、ユーゴスラヴィア沿岸のパルチザン掃討作戦にも投入された。イタリア降伏後の1943年9月11日、今度はドイツ海軍によって拿捕され、再び〝ニオベ〟として第11沿岸警備戦隊へ

Photo9-17："メドューザ"の姉妹艦である"アルコナ"。1929年8月の除籍直前に撮影されたもので、この時点で多少は近代化改修が行なわれたようである。（BA 102-08181 ／ Georg Pahl）

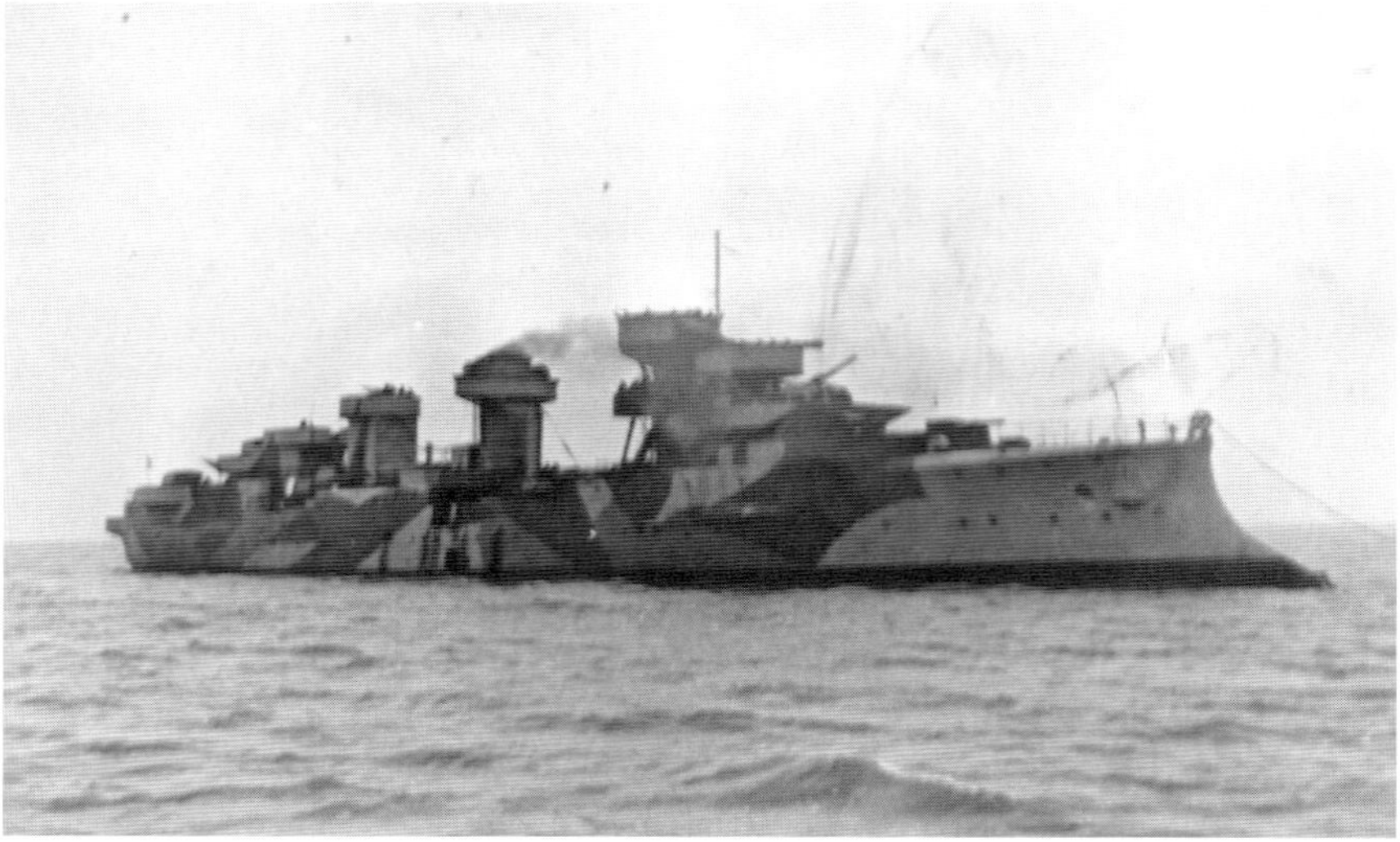

Photo9-18：戦争前半に撮影された名誉ある（?）ドイツ海軍初の高射砲艦である“アルコナ”。動力機関が取り払われたはずであるが、煙突から煙が出ている。多分、ボイラーだけはシャワーや調理などに使われていたのであろう。艦首からは何やらケーブルらしきものが確認できる。

編入され、アドリア海沿岸のパトロール任務に就いた。

１９４３年12月22日夜、ジルヴァ（セルヴェ）島沖でイギリス海軍魚雷艇ＭＴＢ２９８とＭＴＢ２７６の攻撃を受け、魚雷２本が命中して浅瀬に座礁。そのまま放置され１９５２年に解体された。

そして、〝アマツォーネ〟は、キールを根拠地として１９３１年からＵボート部隊の標的艦として訓練に使用され、第二次大戦も生き抜いた末に１９５４年に解体処分とされた。

10　高射砲艦〝アルコナ〟および〝メドゥーザ〟

さて、高射砲艦の話に戻ろう。

〝ガツェレ〟級小型巡洋艦の7番艦と9番艦である〝メドゥーザ〟と〝アルコナ〟については、第一次大戦後もドイツ海軍で継続して使用された。１９２９年と１９３０年にそれぞれ除籍され、１９３９年まで宿泊艦として使用されたが、１９４０年になって運命の悪戯により高射砲艦へ改装されることが決定され、同年5月と6月に改装を終了した。従って、ドイツ海軍の初の高射砲艦は〝アルコナ〟ということになり、二番艦が〝メドゥーザ〟である。

両艦とも全武装を撤去して対空装備が設置されたが、動力機関も撤去されて曳航式の高射砲艦となり、排水量は２６５０ｔとなった。なお、両艦とも当初はレーダーを装備していなかったが、後にヴュルツブルクレーダーを追加されている。

Photo9-19：1944年4月に撮影された“アルコナ”。迷彩が塗り替えられており、ヴュルツブルクレーダーも確認できる。Photo9-18に写っていた艦首のケーブルの正体は、ご覧の通り、通信ケーブルであり、これによって陸上にある指令本部との間で円滑な命令・情報授受や報告などが可能であった。

Photo9-20：戦争前半に撮影された"メドューザ"の素晴らしい写真。前部甲板に105㎜高射砲2門が確認できる。その背後の上部艦橋デッキには37㎜高射砲1門があるはずであるが、整備中らしく確認できない。この時点ではヴュルツブルクレーダーは装備されていないようである。

〝アルコナ〟は、105㎜高射砲4門、40㎜高射砲2門と20㎜機関砲6門が搭載され、1940年6月より第2海軍高射砲連隊（1942年5月1日より旅団に改編）／第282海軍高射砲大隊に配属され、シュヴィーネミュンデの港湾沖で防空任務に投入された。その後、ヴィルヘルムスハーフェンへ曳航され、ノルトオステンデにあるクリューガー潮力ダムの防空任務に就いた。1945年5月4日、〝メドゥーザ〟と同様にイギリス軍が港湾を占領する前に乗員によって爆破され、残骸は1948年に解体処分された（表9-12参照）。

〝メドゥーザ〟は、105㎜高射砲5門、37㎜高射砲2門と20㎜機関砲4門が搭載され、1940年8月より第2海軍高射砲連隊／第222海軍高射砲大隊に配属され、〝アルコナ〟とともにヴィルヘルムスハーフェンの港湾沖で防空任務に投入された。終戦直前の1945年4月19日に敵爆撃機の攻撃により中破し、乗員22名が戦死して41名が負傷した。ちなみに、〝メドゥーザ〟の乗員数は将校2名、下士官25名、兵員約220名であった（表9-13参照）。

その後、戦闘力を失った〝メドゥーザ〟は、曳航されてヴィルヘルムスハーフェン港のヴィースバーデン橋付近に係留されていたが、同年5月3日、イギリス軍の攻撃により港湾が占領される前に乗組員の手で爆破された。彼女の残骸は1948年に浮揚されたが、1950年に解体処分されている。

Photo9-21：右舷前方から見た“メドューザ”。まったく変わってしまった雰囲気と艦首の衝角（ラム）に萌えるのは筆者だけであろうか？　それにしても、このような艦艇が第二次大戦で戦闘を行なったこと自体が信じられない。

Photo9-22：ヴィルヘルムスハーフェン市立公園の北側には慰霊園（Ehrenfriedhof）があり、各戦闘艦艇の乗組員の忠魂碑が置かれている。写真は、1945年4月19日の空襲により戦死した“メドューザ”の乗組員22名の碑である。

表9 - 12　高射砲艦“アルコナ”

高射砲艦“アルコナ”

45口径105㎜高射砲C/32型×4、37㎜高射砲×2、20㎜機関砲×6

表9 - 13　高射砲艦“メドゥーザ”

高射砲艦“メドゥーサ”

45口径105㎜高射砲C/32型×5、37㎜高射砲×2、20㎜機関砲×4

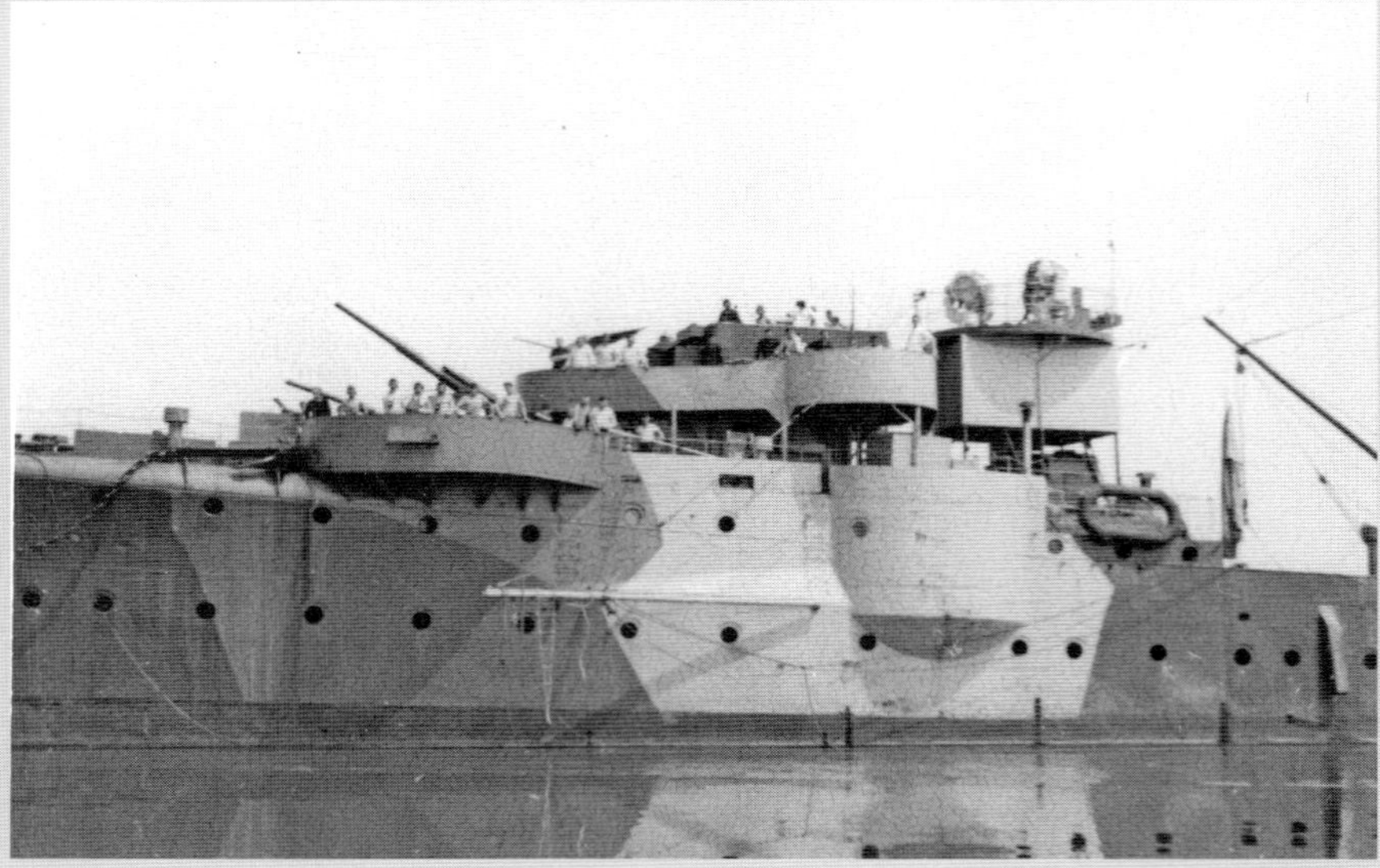

photoX9-1：以下は“メドューザ”の各部位の詳細写真。艦首付近の105mm高射砲2門と40mm高射砲1門の搭載箇所。

photoX9-2：船首付近の45口径105mm高射砲C/32型とエリコン20mm機関砲。左側には測距儀が確認できる。

photoX9-3：船首付近の45口径105㎜高射砲C/32型の詳細。最大射程は15,000mで、88㎜高射砲41型とほぼ同じであった。

photoX9-4：船体中央部分の煙突付近。このエリアには20㎜機関砲1門しかなく広々としている。

photoX9-5：中央部分のエリコン20㎜機関砲の搭載箇所。意外に戦闘スペースが狭いことがわかる。

photoX9-6：艦尾付近の105㎜高射砲と40㎜高射砲の搭載箇所。40㎜高射砲の独特の防弾板形状に注意。

おわりに

ドイツ海軍の高射砲艦、いかがだったでしょうか？

私は高射砲艦の写真を見た時、非常にインパクトを受けたことを覚えています。

何しろ、船首に衝角があるんですよ!?（笑）こんな艦船が第二次大戦において、現役で戦闘に投入されたこと自体驚きでした。まあ、さすがに艦隊戦闘というわけにはいかなかったのですが、貧弱な対空能力しか有しない旧日本海軍の海防艦や砲艦などよりは、大戦末期における港湾施設の防空という限定された任務では、非常に有用であったと言えるかもしれません。

昨今は『艦これ』ブームですが、誰か高射砲艦の艦娘（艦婆？）を作ってくれませんかねえ？　イメージは、車いすに乗った（自力航行不能）ドイツの魔女風の老けた中年太りのおばさんが、ドイツ海軍のセーラー服を無理やり着て(腹や太ももがはみ出している)、ヴュルツブルクレーダーを背負い、手足には105㎜高射砲、37㎜高射砲やら20㎜4連装機関砲を装着してクロスボウ（ボウガン）と小さな矢を一杯持っている感じなんですが……。

Photo9-23：フィンランドのコトカにある旧高射砲陣地跡。港湾を見降ろす公園には、今なおフィンランド第2高射砲連隊に属していた88㎜高射砲が空を仰いでいる。
（斎木伸生氏提供──Nobuo Saiki Collection）

Photo9-24：88㎜高射砲36/37型の詳細。野外展示にしては保存状態は良いようである。この高射砲も1944年7月16日に薄幸なニオベのために対空射撃をしてくれたのであろうか？
（斎木伸生氏提供
──Nobuo Saiki Collection）

（＊1）出典：　この章の主な出典は下記の通りであり、主にWikipediaを中心としたWebの内容を参考としている。従って、一部検証されていないものも含んでいることに注意されたい。
http://en.wikipedia.org/wiki/HMS_Curlew_(D42)
http://en.wikipedia.org/wiki/HMS_Coventry_(D43)
http://en.wikipedia.org/wiki/Atlanta-class_cruiser
http://ja.wikipedia.org/wiki/秋月型駆逐艦
http://ja.wikipedia.org/wiki/五十鈴_（軽巡洋艦）
http://en.wikipedia.org/wiki/HNoMS_Harald_Haarfagre
http://en.wikipedia.org/wiki/HNoMS_Tordenskjold
http://en.wikipedia.org/wiki/HNoMS_Norge
http://en.wikipedia.org/wiki/HNoMS_Eidsvold
http://www.wehrmacht-history.com/kriegsmarine/flak-batteries/thetis-flak-batterie.htm
http://kbismarck.com/kriegsmarine-floating-batteries.html
http://en.wikipedia.org/wiki/Evertsen-class_coastal_defence_ship
http://en.wikipedia.org/wiki/Koningin_Regentes-class_coastal_defense_ship
http://en.wikipedia.org/wiki/HNLMS_Jacob_van_Heemskerck_(1906)
http://nl.wikipedia.org/wiki/Hr._Ms._Hertog_Hendrik
http://en.wikipedia.org/wiki/Protected_cruiser
http://en.wikipedia.org/wiki/Holland-class_cruiser
http://en.wikipedia.org/wiki/HNLMS_Gelderland
http://en.wikipedia.org/wiki/Finnish_coastal_defence_ship_Ilmarinen
http://en.academic.ru/dic.nsf/enwiki/3829799
http://forum.axishistory.com/viewtopic.php?t=65762
http://rafiger.de/Homepage/Artgallery/Historic02.htm
http://de.wikipedia.org/wiki/Gazelle-Klasse
http://de.wikipedia.org/wiki/SMS_Medusa_(1900)
http://de.wikipedia.org/wiki/SMS_Arcona_(1902)
http://en.wikipedia.org/wiki/Herluf_Trolle-class_coastal_defense_ship
http://www.navalhistory.dk/english/theships/p/pederskram(1908).htm
http://www.navypedia.org/ships/germany/ger_oth_adler.htm
http://de.wikipedia.org/wiki/Niels_Juel_(1923)
http://navalhistory.dk/Danish/Skibene/N/NielsJuel(1923).htm
http://www.bubblewatcher.de/bericht_Nordland_50_Wracks.html
http://en.wikipedia.org/wiki/Royal_Danish_Navy
Friedrich August Greve "Die Luftverteidigung im Abschnitt Wilhelmshaven 1939-1945" Verlag Hermann Luers

謝辞（敬称略）（Acknowledgements）（Person's without title）

Thomas Anderson, Stuart Wheeler（The Tank Museum）, Martina Caspers（Bundesarchiv, Koblenz）, Margret Schulze（Ullstein Bild）, Parveen Sodhi（The Imperial War Museum）, Elina Pylsy-Komppa（The Maritime Museum of Finland）, SariSari Mäenpää（The Maritime Museum of Finland）, Alain Verwicht, Päivi Vestola（Sotamuseo / Kuva-arkisto）, Ivo Vranical, Andrejes Edvins Feldmanis
Akira Takiguchi（滝口彰）、Hisashi Hidaka（日高尚）、Nobuo Saiki（斉木伸生）、Hiroyoshi Takata（高田洋義）

From the Author：Please accept my sincere and profound appreciation for your cooperation and kindness for me.
著者より：本書のために写真・資料や情報などを提供して頂き、あるいは専門家を紹介して下さった皆さんに対しまして心から感謝いたします。

公式写真クレジット（Offical Photo Credits）

BA: Bundesarchiv, Koblentz（ドイツ公文書館／コブレンツ）
UB: Ullstein Bild, Berlin（ウルシュタインビルト／ベルリン）
IWM: The Imperial War Museum, London（帝国戦争博物館／ロンドン）
TMB: The Tank Museum, Bovington（戦車博物館／ボーヴィントン）
NAC: National Archives of Canada, Ottawa（カナダ公文書館／オタワ）
NCAP: The Royal Commission on the Ancient and Historical Monuments of Scotland (RCAHMS) National Collection of Aerial Photography, Edinburgh（スコットランドの古代および歴史的記念碑についての英国審議会（RCAHMS）航空写真国有コレクション／エジンバラ）
NHF: Naval Historical Foundation, Washington DC（海軍歴史財団／ワシントンDC）
FWPA: Finnish Wartime Photograph Archive（フィンランド戦時写真公文書館）
MOL: The Museum of the Occupation of Latvia（ラトヴィア占領時博物館／リガ）

【著者紹介】

高橋 慶史《よしふみ》

1956年岩手県盛岡市生まれ。慶応義塾大学工学部電気工学科卒業後、ベルリン工科大学エネルギー工学科へ留学。電力会社を経て電気工事会社に勤務し、現在は国内外のプロジェクトを担当している。

定年退職後は恐山に修行へ行き、イタコの口寄せ秘術を会得してパウル・カレルの霊を呼び出し、第1部『バルバロッサ作戦』、第2部『焦土作戦』に続く第3部『ベルリン攻防戦』を口述筆記して編纂することを計画している。

また、いつの日か、第二次大戦末期のドイツ国民突撃隊やロシア解放軍、海軍師団、帝国労働奉仕団（RAD）師団などの超マニアックな部隊史を出版し、出版社と筆者で莫大な借金を背負い込むという物凄い夢を抱いている。

著書に『ラスト・オブ・カンプフグルッペ』、『〈続〉ラスト・オブ・カンプフグルッペ』、『ラスト・オブ・カンプフグルッペⅢ』『ラスト・オブ・カンプフグルッペⅣ（本書）』、『カンプフ・オブ・ヴァッフェンSS〈1〉武装SS師団全史』、『ドイツ武装SS師団写真史1』、『ドイツ武装SS師団写真史2』。訳書に『軽駆逐戦車』、『パンター戦車』、『突撃砲』、『突撃砲兵』〈上巻・下巻〉、『ケーニッヒス・ティーガー重戦車1942-1945』『ヘルマン・ゲーリング師団史』〈上巻・下巻〉（すべて大日本絵画刊）などがある。現在、『ラスト・オブ・カンプフグルッペⅤ』を執筆中。

Email:kampf@br4.fiberbit.net
HP:http://www3.plala.or.jp/Last-Kampf/index.html

ラスト・オブ・カンプフグルッペⅣ

2015年8月16日　初版第一刷

著　者／高橋慶史
発行人／小川光二
発行所／株式会社 大日本絵画
〒101-0054　東京都千代田区神田錦町１丁目７番地
Tel : 03-3294-7861（代表）　Fax : 03-3294-7865
http://www.kaiga.co.jp

企画・編集／株式会社 アートボックス
編集担当／浪江俊明
装　丁／大村麻紀子
作　図／梶川義彦、おぐし篤、大村麻紀子
本文DTP 、地図作成／小野寺徹
印　刷／大日本印刷株式会社
製　本／株式会社 ブロケード
ISBN978-4-499-23151-0　C0076

内容に関するお問い合わせ先：03(6820)7000　㈱アートボックス
販売に関するお問い合わせ先：03(3294)7861　㈱大日本絵画